KB006586

동물 도감

세밀화로 그린 보리 큰도감

동물 도감

1판 1쇄 펴낸 날 2014년 5월 20일
1판 6쇄 펴낸 날 2024년 4월 19일

그림 강성주, 권혁도, 김경선, 문병두, 박소정, 백남호, 이원우, 이주용, 임병국, 조광현, 천지현
글 김성수, 김익수, 김종범, 김진일, 김태우, 김현태, 명정구, 민미숙, 박병상, 박인주, 변봉규, 신유항, 신이현, 심재한, 오홍식, 이건휘, 이만영, 장용준, 전광진, 전동준, 조성장, 차진열, 최득수, 황정훈, 보리 편집부
감수 고철환, 김익수, 김태우, 박병상, 한상훈

편집 전광진, 김용란, 김소영
디자인 이안디자인

제작 심준엽
영업마케팅 김현정, 심규완, 양병희
영업관리 안명선
새사업부 조서연
경영지원실 노명아, 신종호, 차수민
분해와 출력, 인쇄 (주)로얄프로세스
제본 과성제책

펴낸이 유문숙
펴낸 곳 (주) 도서출판 보리
출판등록 1991년 8월 6일 제 9-279호
주소 경기도 파주시 직지길 492 (우편번호 10881)
전화 (031)955-3535 / **전송** (031)950-9501
누리집 www.boribook.com **전자우편** bori@boribook.com

ⓒ 권혁도, 토박이, 보리, 2014
이 책의 내용을 쓰고자 할 때는 저작권자와 출판사의 허락을 받아야 합니다.
잘못된 책은 바꾸어 드립니다.

값 80,000원
보리는 나무 한 그루를 베어 낼 가치가 있는지 생각하며 책을 만듭니다.

ISBN 978-89-8428-838-6 06490 978-89-8428-832-4 (세트)
이 도서의 국립중앙도서관 출판시도서목록(CIP)은 서지정보유통지원시스템(http://seoji.nl.go.kr)과 국가자료공동목록시스템(http://www.nl.go.kr/kolisnet)에서 이용하실 수 있습니다. (CIP 제어번호 : CIP2014007814)

동물 도감

세밀화로 그린 보리 큰도감

우리나라에 사는 동물 223종

그림 강성주 외 / 글 박인주 외 / 감수 한상훈 외

보리

일러두기

1. 이 책에는 우리나라에 사는 동물 가운데 흔히 볼 수 있는 223종이 실려 있다. 동물은 모두 일곱 갈래로 나누어 놓았다. 분류에 따라 엮되 무척추동물은 여러 분류에 속하는 동물을 한데 묶었다.
2. 갈래마다 동물의 특징과 살아가는 모습, 사람과 어떤 관계를 맺고 살아가는가 하는 것을 갈래 앞부분에 따로 풀어 썼다.
3. 분류와 싣는 순서, 우리말 이름, 학명은 저자, 감수자의 의견과 《국가생물종목록》(환경부 국립생물자원관, 2023), 《한국곤충총목록》(자연과생태, 2010)을 따랐다.
4. 맞춤법과 띄어쓰기는 국립 국어원 〈표준국어대사전〉을 따랐으나, '고양이과' 처럼 몇 가지 예외를 두었다.
5. 설명 글 아래에는 한눈에 쉽게 알 수 있도록 정보 상자를 따로 묶었다. 정보 상자에 쓰인 기호의 뜻은 아래와 같다.

몸길이
몸무게
젖먹이동물 몸길이
젖먹이동물 꼬리 길이
육식 동물
초식 동물
잡식 동물

텃새
겨울 철새
여름 철새
나그네새
산에서 사는 새
물에서 사는 새
짝짓기 하는 때

겨울잠 자는 때
알 낳는 때
계곡에 사는 물고기
냇물, 강에 사는 물고기
저수지에 사는 물고기
물고기 잡히는 때
많이 잡히는 때

6. 갈래마다 몸길이를 재는 기준은 아래와 같다. 몸 크기를 재는 방법이 다를 때에는 따로 적었다.
   1) 젖먹이동물 : 코끝에서 엉덩이 끝까지 가장 긴 길이를 잰다. 꼬리 길이는 따로 표시한다.
   2) 새 : 몸에서 가장 긴 길이를 잰다. 참새 같은 새는 부리 끝부터 꼬리 끝까지를 재고, 백로 같은 새는 부리 끝부터 발끝까지 잰다.
   3) 파충류와 양서류 : 몸에서 가장 긴 길이를 잰다. 거북 종류는 등껍질 길이를 잰다.
   4) 물고기 : 주둥이 끝에서 꼬리자루까지 잰다. 꼬리지느러미는 길이에 넣지 않는다.
   5) 곤충 : 머리끝에서 배 끝까지 잰다. 더듬이는 길이에 넣지 않는다.

분류

학명 여러 종을 묶어서 설명할 때는 분류명을 적기도 했다.

이름

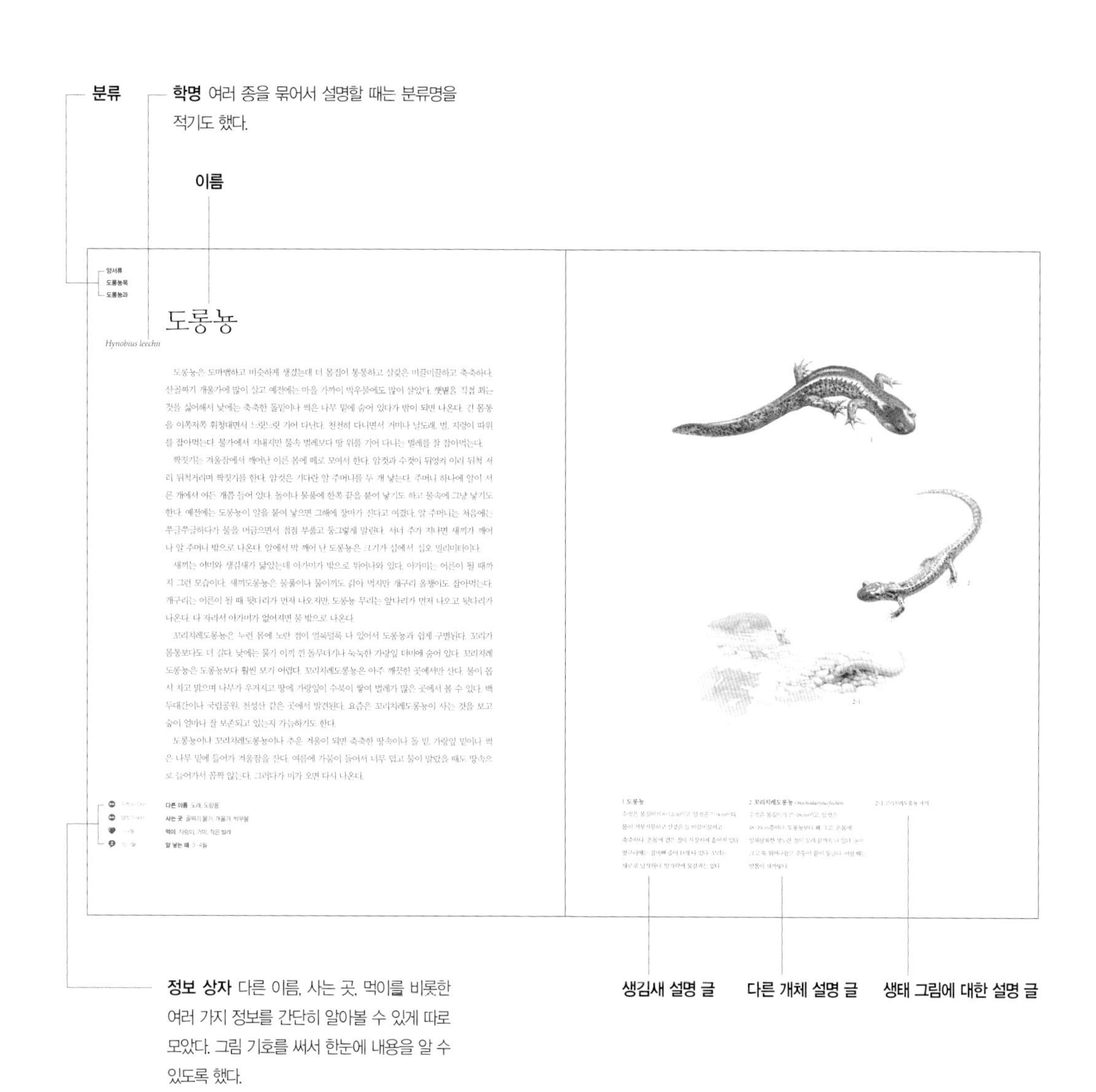

정보 상자 다른 이름, 사는 곳, 먹이를 비롯한 여러 가지 정보를 간단히 알아볼 수 있게 따로 모았다. 그림 기호를 써서 한눈에 내용을 알 수 있도록 했다.

생김새 설명 글

다른 개체 설명 글

생태 그림에 대한 설명 글

차례

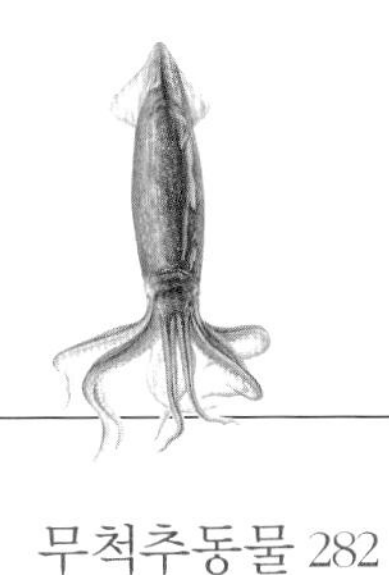

우리나라의 동물

우리 둘레에는 어디에나 동물들이 살고 있다. 깊은 산 반달가슴곰부터, 하늘을 나는 새, 논배미에 가득한 개구리, 바다를 헤엄치는 물고기와, 어디서나 볼 수 있는 벌레들. 도시에 살면 살아 움직이는 것은 마치 사람밖에 없는 것처럼 여기기 쉽지만, 어디에도 사람만 살아가는 곳은 없다.

동물은 흔히 몸속에 뼈가 있는지 없는지로 척추동물과 무척추동물로 나눈다. 척추동물에는 젖먹이동물, 새, 물고기, 양서류, 파충류가 있다. 대개 사람은 스스로가 척추동물이기도 하고, 집에서 따로 기르기도 하는 덕분에 이들 동물을 더 가깝게 여긴다. 무척추동물에는 곤충이나 지렁이 따위 벌레들, 조개나 게 같은 동물, 아메바나 기생충처럼 눈으로 직접 보기 어려운 작은 개체들까지 셀 수 없이 많은 동물이 있다.

이 책에는 숱한 동물들 가운데 우리 겨레가 오래전부터 가깝게 여기고, 살림살이에 중요한 관계를 맺어 온 동물들을 추려 뽑았다.

우리나라의 동물

척추동물

젖먹이동물 (포유류)

새끼에게 젖을 먹인다. 몸에는 털이 나 있고, 몸이 늘 따뜻하다. 다리는 네 개이다.

새 (조류)

하늘을 날아다닌다. 몸에는 깃털이 있고, 몸이 늘 따뜻하다.

무척추동물

원생동물

오직 하나의 세포로 이루어진 동물이다. 아메바나 짚신벌레 따위가 있다.

해면동물

솜과 같은 동물이라는 뜻이다. 모두 바다에 산다. 갯솜동물이라고도 한다.

환형동물

몸이 고리 모양의 마디로 이루어졌다. 지렁이, 거머리, 갯지렁이 같은 동물이다.

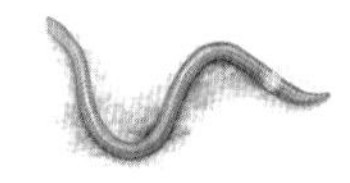

절지동물

다리에 마디가 있는 동물이다. 곤충이 여기에 속한다. 거미, 지네, 노래기 같은 벌레와 게, 새우 같은 갑각류도 절지동물이다.

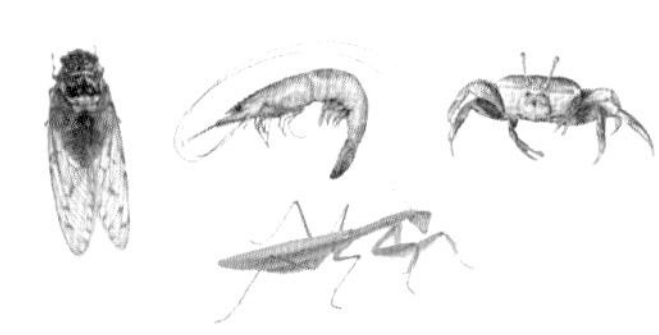

파충류

다리가 아주 짧거나 없어져서 땅을 기어 다닌다. 파충류라는 말이 기어 다니는 동물이라는 뜻이다. 몸이 늘 따뜻하지는 않다. 살가죽은 단단한 비늘로 덮여 있다. 뱀과 거북 무리가 여기에 든다.

양서류

척추동물 가운데 어릴 때와 자란 후의 모습이 가장 많이 바뀌는 동물이다. 어릴 때는 물에서 살고, 자라면 물가 뭍에서 산다. 물과 뭍을 오간다고 양서류라는 이름이 붙었다. 개구리와 도롱뇽 무리가 여기에 든다.

민물고기와 바닷물고기 (어류)

물에서 헤엄치고 산다. 몸에 비늘이 있거나, 단단한 살가죽이 덮여 있다. 물속에서 사는 척추동물로 무악류, 연골어류, 경골어류 무리가 있다.

자포동물

강장동물이라고도 한다. 침으로 쏘는 동물이라는 뜻인데, 말미잘이나 산호, 해파리 같은 동물을 이른다.

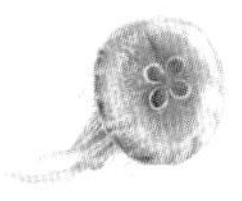

판형동물

몸통이 납작한 동물이라는 뜻이다. 플라나리아나 우리 몸속에 기생하는 촌충 같은 것이다.

연체동물

몸이 연하고 물컹물컹하다. 조개, 달팽이, 오징어 같은 동물이다.

극피동물

몸에 가시나 돌기가 나 있다. 불가사리, 성게, 해삼 같은 동물이 여기에 든다.

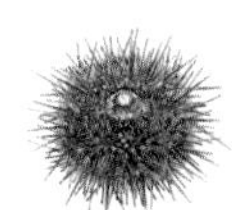

미삭동물

척추와 비슷한 조직이 있거나 어릴 때 이런 조직을 지닌 적이 있는 동물이다. 멍게 같은 동물이 그렇다.

젖먹이동물

젖먹이동물

젖먹이동물은 새끼를 낳아서 젖을 먹여 기르는 동물이다. 포유동물이라고도 한다. 흔히들 동물이라고 하면 젖먹이동물을 떠올린다. 무엇보다 사람이 젖먹이동물이기 때문이기도 하고, 집에서 기르며 가까이 지내는 동물이 거의 다 젖먹이동물이기 때문이다. 자주 보기로야 파리나 모기 따위 벌레를 더 자주 보겠지만, 그런 덕분에 사람은 젖먹이동물을 가장 가깝게 여긴다. 젖먹이동물을 두고는 함께 살아간다고 생각하는 것이다. 우리나라에는 모두 120종쯤 되는 젖먹이동물이 살고 있다. 그 가운데 쥐, 너구리, 삵, 고라니, 반달가슴곰처럼 산과 들에서 사는 젖먹이동물이 82종, 물개와 고래처럼 바다에서 사는 젖먹이동물이 40종쯤 된다. 개나 돼지, 소, 염소, 토끼, 고양이 같은 집짐승과 사람도 젖먹이동물이다.

젖먹이동물은 저마다 먹는 것이 다른데, 식물성 먹이를 먹는 초식 동물, 다른 동물을 잡아먹는 육식 동물, 동물도 먹고 식물도 먹는 잡식 동물이 있다. 초식 동물은 토끼목, 멧돼지를 뺀 우제목 동물들이다. 이들은 어금니가 맷돌처럼 생겨서 먹이를 잘 갈아 먹을 수 있고, 튼튼한 앞니가 있어서 풀을 뜯기 좋게 생겼다. 쥐도 식물성 먹이를 주로 먹지만, 벌레도 먹고, 작은 동물을 먹기도 한다. 육식 동물은 첨서목, 박쥐목과 식육목 가운데 족제비과, 고양이과 동물들이다. 두더지나 땃쥐 따위를 밭에서 보고는 이들이 농작물을 갉아 먹는 게 아닌가 여기기도 하지만, 첨서목에 드는 동물들은 어금니까지 뾰족해서 오로지 벌레나 작은 동물만 먹고 산다. 밭이나 논에 두더지가 많이 다니는 것은 땅속에 지렁이 같은 벌레가 많다는 증거이다. 맹수라고 부르는 짐승들은 고양이과의 큰 동물들이나 곰을 두고 이르는 말이다. 고양이과 동물은 날쌔게 움직이면서 날카로운 이빨과 억센 발톱으로 먹이를 잡아먹는다. 곰이나 오소리, 멧돼지는 철에 따라 많이 나는 것을 닥치는 대로 먹는다. 여름에는 벌레나 작은 동물을 많이 잡아먹고, 가을에는 산열매 따위를 훑어 먹는 식이다. 집에서 기르는 돼지도 멧돼지와 식성이 비슷하다. 개과의 동물들은 늑대나 여우처럼 야생에서는 거의 육식을 하지만, 사람이 길들인 개는 이것저것 무엇이든 먹는다. 너구리도 개처럼 잡식성이다.

우리나라의 젖먹이동물 무리 가운데 땅에서 사는 것은 고슴도치목, 첨서목, 박쥐목, 식육목, 기제목, 우제목, 토끼목, 쥐목이 있다.

고슴도치목과 첨서목 무리는 젖먹이동물 가운데 진화가 가장 덜된 무리이다. 고슴도치, 두더지, 땃쥐, 뒤쥐 따위가 있다. 대부분 주둥이가 길고 뾰족하며, 몸집은 작지만 엄청나게 많이 먹는다.

박쥐목은 젖먹이동물 가운데 쥐목 다음으로 수가 많다. 날개막이 있어서 새처럼 날 수 있다. 다리가 약해서 땅에서는 잘 걷지 못한다. 하룻저녁에 제 몸무게의 3분의 1쯤 되는 먹이를 잡아먹는다. 모기나 나방이나 하루살이 같은 벌레를 많이 잡아먹는다. 날이 추워지면 동굴 벽이나 천장에 거꾸로 매달려 겨울잠을 잔다.

쥐목은 젖먹이동물 가운데 수가 가장 많다. 한 해에 여러 차례 새끼를 친다. 앞니가 크고 튼튼해서 무엇이든 갉아 대고, 이것저것 가리지 않고 잘 먹는 잡식성이다. 대부분 몸집이 작고 꼬리가 길며, 뒷발이 앞발보다 훨씬 크다. 청설모나 다람쥐도 쥐목에 든다. 쥐나 청설모는 겨울잠을 안 자고, 다람쥐는 겨울잠을 잔다.

토끼목 무리에는 토끼가 있다. 토끼는 쥐목에 들어 있다가 토끼목으로 따로 갈라져 나왔다. 쥐처럼 앞니가 발달했다. 먹이를 씹을 때 아래턱을 양옆으로 움직인다. 우리나라에는 집토끼, 멧토끼, 우는토끼가 있다.

식육목은 고기를 먹는 동물 무리라는 뜻이다. 육식성이거나 잡식성 동물들이다. 크고 날카로운 이빨을 지닌 덕분에 고기를 물고 찢기 좋다. 보통 혼자 산다. 우리나라에는 개과, 곰과, 족제비과, 고양이과 동물이 산다. 개나 너구리나 곰이나 오소리 같은 동물이 이것저것 가리지 않고 다 먹는 잡식성이고 나머지는 거의 육식성이다. 너구리, 곰, 오소리는 다른 동물과 달리 겨울잠을 잔다.

우제목은 소처럼 발굽이 두 개씩 있는 동물이다. 우리나라에는 멧돼지과, 사향노루과, 사슴과, 소과 동물이 있다. 거의 다 풀이나 나무만 먹는 초식 동물이고 성질이 순하다. 멧돼지만 잡식성이다. 우제목 동물은 모두 겨울잠을 안 잔다.

땅 위에 사는 동물을 다르게 나누어 볼 수도 있다. 나무 위를 오를 줄 아는 동물, 헤엄칠 줄 아는 동물, 땅굴을 파거나 땅바닥을 파헤치는 동물 하는 식이다. 종별로 꼽아 보면 아래와 같다.

젖먹이동물은 먹이를 찾거나 더위를 피해, 또는 이동하여 집을 옮기거나 천적을 피하려고 물을 찾거나 강을 건너게 된다. 수달, 밍크, 갯첨서, 사향쥐, 곰은 강을 찾아 물고기를 곧잘 잡는데, 수달, 밍크, 족제비, 갯첨서는 물속에 잠수하여 나아갈 줄도 안다. 곰, 사슴, 시궁쥐, 호랑이 같은 동물은 머리를 물 밖으로 두고 개처럼 헤엄친다. 가끔 물가를 거닐거나 웅덩이를 찾아 물을 마시러 가는 짐승은 늑대, 여우, 너구리, 오소리, 담비 따위를 들 수 있다. 이들보다 물에 들어가는 것을 더 싫어하는 동물로는 토끼, 우는토끼, 여러 쥐(시궁쥐 제외) 종류, 첨서류(갯첨서 제외), 다람쥐, 청설모, 하늘다람쥐가 있다. 표범은 물을 싫어하지만 헤엄을 칠 줄 안다. 그 밖에도 멧돼지는 더운 몸을 식히기 위해서, 사슴은 발정기에 물구덩이를 찾아 진흙 목욕을 한다.

주로 나무에 사는 청설모, 하늘다람쥐, 다람쥐 말고도, 나무를 잘 기어오르는 종을 들자면 반달가슴곰, 불곰, 담비 따위가 있다. 작은 동물들은 간단히 나무를 오르내리고, 내려올 때도 머리를 아래로 둔 채 걸어내려오지만 곰은 머리를 언제나 위로 두고 나무를 안고 뒷걸음쳐 내려온다.

복잡한 땅굴을 잘 파는 짐승으로는 오소리가 제일이고 불곰, 너구리, 여우, 늑대도 새끼를 치려고 손수 굴을 파거나, 남의 굴을 빼앗아 늘릴 줄 안다. 두더쥐, 다람쥐, 쥐, 땃쥐, 첨서 따위는 평생 땅굴 속에서 살아서 자연스럽게 땅굴을 잘 파고 여우, 족제비, 수달, 우는토끼도 바위틈을 많이 이용하지만 땅굴을 곧잘 판다. 멧돼지, 사슴, 불곰 같은 짐승은 먹이를 찾아 땅을 많이 파헤친다.

1_1 생김새와 생태

젖먹이동물이라는 이름은 새끼를 낳은 다음 어미가 젖을 먹여 새끼를 기른다고 붙은 이름이다. 새끼는 어미 배 속에서 어느 정도 자란 다음 태어난다. 배 속에 있을 때는 어미와 탯줄로 이어져 있다. 그래서 젖먹이동물은 모두 배꼽이 있다. 탯줄이 있던 자리이다. 대개는 해마다 한 번 새끼를 낳는데, 쥐나 토끼처럼 한 해에 여러 번 낳는 짐승도 있고, 곰이나 호랑이나 사람처럼 몇 해 걸러 한 번 낳는 짐승도 있다. 새끼를 오랫동안 돌봐야 하는 짐승은 자주 안 낳는다.

어미는 온 정성으로 새끼를 돌본다. 무리를 지어 사는 짐승들은 대개 수컷과 암컷이 함께 새끼를 돌보는 것이 많고, 그렇지 않은 짐승은 암컷이 새끼를 돌본다. 새끼들이 젖을 먹는 기간은 몇 달에서 길게는 이삼 년을 넘기기도 한다. 젖은 어미가 먹는 먹이와 전혀 다른 먹을거리인데, 그것만으로도 완전한 먹을거리여서 새끼는 오로지 젖만 먹고 자란다.

어미의 젖꼭지 숫자를 보면 새끼를 몇 마리쯤 낳는지 알 수 있다. 한 번에 새끼를 낳는 숫자는 젖먹이동물과 새가 가장 적은 편인데, 배 속에서 새끼를 얼마쯤 품고 있다가 낳은 다음에는, 다 자랄 때까지 잘 보살핀다. 적게 낳는 것은 낳은 새끼를 거의 죽는 것 없이 잘 기르기 때문이기도 하고, 또 기르는 동안 가르칠 것도 많기 때문이다. 새끼는 어미와 함께 지내면서 먹이를 구하는 법이나, 나무를 타고 헤엄치는 것, 무리와 어울려 살아가는 사회적 행동 같은 것을 배운다.

젖먹이동물의 몸은 머리, 목, 몸통, 꼬리, 앞다리, 뒷다리, 이렇게 여섯 부분으로 나눈다. 사람이 젖먹이동물이니까 자기 몸을 생각하면 어렵지 않게 젖먹이동물의 몸을 그려 볼 수 있다. 육지에서 사는 젖먹이동물은 대개 네 발로 걸어 다니는데, 네 다리가 있는 것은 서로 거의 비슷하지만 발가락 부분은 저마다 많이 다르게 생겼다. 사람 발과 개 발바닥을 보자면 사람은 발뒤꿈치가 땅에 닿지만 개는 뒤꿈치가 한참 들려 있어서 거의 발가락 끝으로 걷는 셈이다. 개나 고양이는 엄지발가락도 들려 있어서 발자국에는 발가락이 네 개만 보이고, 족제비나 곰 무리는 발가락이 다섯 개 모두 찍힌다. 두더지는 앞발이 마치 삽처럼 생겨서 땅을 파기에 좋다. 박쥐나 고래와 같은 젖먹이동물은 이 발가락 모양이 아주 많이 바뀌었는데, 박쥐는 앞발 발가락 사이의 피부가 늘어나 날개 구실을 해서 날아다닐 수 있고, 고래의 발가락은 지느러미가 되었다. 발끝에 있는 발톱은 살갗이 딱딱해진 것인데, 사람은 납작하고 구부러진 모양이고, 개나 고양이는 갈고리처럼 생겼다. 소의 발굽이나 뿔도 발톱과 마찬가지로 살갗이 딱딱해진 것이다.

물고기나 파충류 같은 동물은 꼬리를 쳐서 몸을 많이 움직이지만 젖먹이동물은 네 다리가 있어서 꼬리는 별로 쓰지 않는다. 사람은 아예 꼬리뼈가 흔적만 남아 있다. 하지만 높은 나무에서 뛰어다니는 담비나 청설모는 꼬리로 균형을 잡고, 원숭이는 꼬리로 나뭇가지에 매달리기도 한다. 고양이나 개, 족제비 같은 짐승도 달릴 때에 꼬리로 균형을 잡는다.

젖먹이동물은 뼈와 근육이 발달해서 몸놀림이 자유롭다. 뼈로 중심을 잡고, 근육을 써서 제 뜻대로 움직일 수 있는 범위가 아주 넓다. 사람이 손으로 정교한 일을 할 수 있는 것이나, 짐승이 튼튼한 네 다리로 잘 걷고, 달릴 수 있는 것도 이 때문이다. 이빨도 모양이 여러 가지이고, 다양한 먹이를 먹을 수 있게 생겼다. 앞니, 송곳니, 어금니 같은 이빨로 먹이를 끊거나 잘 씹을 수 있다. 이빨 생김새를 보면 그 짐승이 무엇을 먹고 사는지 알 수 있고, 이빨 생김새만으로 무슨 종인지 알아내기도 한다. 다른 동물을 잡아먹는 동물은 어금니가 뾰족하고, 풀을 씹고 갈아야 하는 소 같은 짐승은 어금니가 펑펑하다. 젖먹이동물은 목이 뚜렷하고 머리가 커서 같은 크기의 파충류보다 대여섯배쯤 머리가 크다. 대개 머리가 클수록 지능도 높아서 동물들 가운데 가장 지능이 높은 것이 젖먹이동물이다. 그리고 두더지나 박쥐처럼 특별한 생활을 하는 젖먹이동물을 빼면 대개 눈과 귀가 밝고 냄새도 잘 맡는다.

젖먹이동물은 겨울잠을 자는 몇몇 동물이 겨울잠 잘 때를 빼고는 몸이 늘 따뜻하다. 몸이 늘 따뜻한 동물은 젖먹이동물과 새밖에 없다. 몸을 늘 따뜻하게 하려면 몸에는 여러 가지 기관이 있어야 하고 에너지가 많이 들어서 먹이를 꾸준히 먹어야 하지만, 언제나 몸을 제 뜻대로 움직일 수 있고, 병에도 잘 걸리지 않는다. 겨울잠을 잘 때는 체온이 많이 떨어진다. 박쥐나 고슴도치는 겨우내 꼼짝 않고 잠을 자는데, 이 때 체온이 가장 많이 떨어진다. 곰이나 오소리, 다람쥐 따위도 겨울잠을 자는데, 이 짐승들은 체온이 아주 낮지는 않고, 날이 따뜻하면 조금씩 깨어나서 움직이기도 한다.

체온을 늘 따뜻하게 하기 위해서는 먹는 것 다음으로 중요한 것이 열이 밖으로 나가지 않게 하는 것이다. 그래서 젖먹이동물의 살가죽은 털로 덮여 있는데, 털 속이 비어 있어서 가볍고 따뜻하다. 해마다 봄과 가을에 털갈이를 하는데, 봄에는 더운 여름을 나기 좋게 솜털이 빠지고, 가을에는 추운 겨울을 나기 좋게 따뜻한 솜털이 빽빽하게 난다. 집에서 기르는 개나 고양이도 털갈이를 하기는 마찬가지여서 봄이면 유난히 털이 많이 날린다. 무산쇠족제비는 겨울털이 흰색으로 아예 빛깔까지 다르다. 털 가운데 남다른 것으로는 촉모라고 해서 촉각을 느끼는 털이 있다. 고양이나 쥐의 수염 같은 것이다. 고양이나 쥐는 어두운 곳에서 이 수염으로 길을 찾고 구멍 같은 것을 지날 때 자신이 빠져나갈 만한지 가늠한다.

몸집이 작은 동물과 초식 동물은 저마다 육식 동물이나 맹금류를 피해 달아나는 방법이 있다. 온몸에 가시가 있는 고슴도치는 적을 만나면 몸을 동그랗게 말아서 밤송이 같은 모양으로 가만히 버티고, 족제비는 똥구멍에서 아주 독한 냄새를 내뿜는다. 무산쇠족제비는 겨울에 털 빛깔을 바꿔서 눈을 피하는데, 멧토끼나 고라니 같은 짐승도 눈에 안 띄는 자리를 골라 숨는 데에 재주가 있다. 소는 뿔로 들이받고, 말은 뒷발로 차버린다. 사나운 맹수들도 뿔에 받히거나 뒷발에 차이면 그대로 고꾸라져서 사냥에 실패하고 크게 다치기도 한다. 수달은 물속으로 숨고, 두더지는 땅속에서 아예 나오질 않는다. 이렇게 몸을 지키는 방법이 여럿 있지만, 그래도 기본이 되는 것은 잘 숨어 있다가 들키면 재빨리 뛰어 달아나는 것이다.

수명은 쥐처럼 작은 짐승은 짧게 한두 해 사는 반면, 길게는 수십 년에서 백 년이 넘게 사는 동물도 있다. 대개 몸집이 클수록 오래 사는데, 이렇게 오래 살면서 새끼한테 많은 것을 가르치고, 같은 무리에 드는 짐승끼리 서로 어울리거나 뜻을 주고받는 일에도 능숙하게 된다.

1_2 집에서 기르는 짐승

사람은 손을 쓸 줄 알아서 연장을 잘 다루고, 말을 하는 덕분에 서로 어울려 살아가는 능력도 뛰어나다. 머리가 아주 좋아서 여러 가지를 배우고 기억하는 것도 잘하지만, 몸의 능력으로 보자면 다른 젖먹이동물에 견주어서 형편없는 것이 한둘이 아니다. 소처럼 힘이 세지도 않고, 고양이처럼 날렵하게 움직일 수도 없으며, 개처럼 냄새를 잘 맡거나, 소리를 잘 듣지도 못한다. 말처럼 달린다는 것은 상상할 수도 없다. 살가죽도 얇고 털도 있으나마나 한 정도여서 추위에도 약하고, 더위에도 약하다.

사람은 처음에는 먹을 것과 입을 것을 구하기 위해 짐승들을 잡았다. 이 가운데 특히 도움이 많이 되고, 쓰임새가 큰 짐승을 사람이 데리고 키우기 시작했다. 닭이나 오리 같은 새도 길렀는데, 이것들을 따로 가금이라 하고, 사람이 길들인 젖먹이동물은 집짐승이나 가축이라고 한다. 집짐승이라고 하면 개, 고양이, 돼지, 소, 토끼, 염소, 양, 말, 당나귀 따위를 이르는데, 당나귀는 우리나라에는 거의 남아 있지 않다. 이 집짐승들이 사람이 할 수 없는 일을 거들거나, 사람한테 꼭 필요한 먹을 것이나 입을 것, 생활에 필요한 것을 대어 주면서 사람과 같이 살게 되었다.

고양이가 똥을 누고 뒷발로 덮는 행동은 야생의 본능이 남은 탓이다. 소는 새끼를 낳으면 탯줄과 태반을 깨끗이 핥아 먹는데, 이것은 냄새가 남아서 다른 맹수가 찾아오는 것을 막기 위해서이다. 고라니나 노루 같은 짐승도 같은 짓을 한다. 소는 집짐승으로 살아도 이런 버릇이 남는 것이다. 그러나 사람과 살면서 바뀌는 것도 많다. 집돼지는 집에서 살기 시작하면서 더 순해져서, 멧돼지처럼 송곳니도 밖으로 삐져나오지 않고 코도 작고 부드러워졌다. 애완동물로 기르는 것은 더 사람과 가까워져서 사람들은 개나 고양이의 행동을 보고 그 기분을 알아차리고, 짐승도 마찬가지로 주인이 하는 말을 잘 알아듣는다. 이렇게 사람과 오랫동안 함께 살면서 같이 지낼 수 있는 동물로 젖먹이동물만 한 것이 없다.

예전에 집집마다 기르던 짐승은 대개 일하는 짐승들이었다. 소나 개나 말이나 나귀 같은 것은 농사일을 돕고, 무거운 물건을 끌고, 집을 지키고, 사람이 타고 다녔다. 특히, 소는 농사를 짓는 집에서는 아주 귀한 짐승이었다. 소 한 마리가 장정 대여섯 몫은 족히 해낸다고 했으니, 이 말대로라면 소 한 마리를 키우는 것이나, 일꾼 대여섯을 집에 두고 부리는 것이나 마찬가지인 셈이다. 소를 키우는 집에서는 사람 끼니는 걸러도 소 끼니는 거르지 않았고, 소가 힘든 일을 한 날에는 따로 특별식을 해 주기도 했다. 시골에서는 최근까지도 소달구지를 끌고 다니는 사람을 더러 볼 수 있었다. 지금도 기계가 일을 하기 어려운 곳에서는 소가 논밭을 가는 곳이 있다. 조금 더 오래전, 그러니까 백 년 전으로 거슬러 올라가면 서울에서도 나귀를 타고 다니는 사람이 흔했다. 그러나 이제는 짐승이 하던 거의 모든 일을 석유를 쓰는 기계가 대신한다. 일을 시키려고 짐승을 기르는 일이 드물다.

짐승을 길러서 사람이 얻는 것으로 가장 큰 것이 고기다. 예전에는 집에서 기르는 짐승은 언젠가는 잡아먹게 마련이었다. 요즘 우리나라에서 사람이 기르는 짐승 가운데 가장 숫자가 많은 것은 고기를 얻기 위해 기르는 짐승이다. 소와 돼지를 합하면 천오백만 마리쯤이고, 소나 돼지 말고도 잡아먹기 위해서 기르는 짐승이 적지 않다. 고기를 얻으려고 소와 돼지를 엄청나게 키우면서 문제도 많이 생겼다. 무엇보다 이렇게 키우는 짐승들은 거의 대부분 태어나서 죽을 때까지 햇볕도 제대로 안 드는 우리에서 꼼짝도 못하고 지낸다. 우리가 너무 좁아서 뒤돌아 서거나 앉아서 쉬는 것조차 어려운 곳도 많고, 짐승이 먹기에 적당하지 않은 먹이를 먹이는 경우도 적지 않다.

고기와 더불어서 젖이나, 털, 가죽 따위도 짐승한테서 얻는 것들이다. 우유는 누구나 거의 날마다 먹는 음식이고, 요즘은 산양유도 제법 마신다. 한때는 털을 얻기 위해서 토끼를 많이 키웠다. 우리나라에서는 기르는 농가가 드물지만, 양 한 마리를 키우면 한 해에 4~7kg의 털을 얻는다고 한다. 옷이나 구두, 붓, 악기 따위를 만드는 데에도 짐승 털과 가죽을 쓴다.

옛날보다 기르는 짐승 숫자가 크게 늘어난 까닭은 무엇보다 고기를 얻기 위한 것이지만, 그 다음으로는 애완동물이 많아진 탓이다. 우리나라도 이제는 애완동물을 많이 기르는 나라에 들어서 너댓 사람 가운데 한 사람꼴로 애완동물을 기른다. 개나 고양이를 식구 못지않게 대접하면서 기르는 사람이 흔하다.

소의 힘을 빌려 쓰는 달구지와 쟁기

1_3 산에서 사는 짐승

사람이 사는 땅이 점점 넓어지면서 야생 동물은 사람에 쫓겨 깊은 산과 구석진 땅으로 내몰렸다. 요즘 우리나라에서 흔히 볼 수 있는 야생 동물로 덩치가 큰 것은 멧돼지 정도이다. 호랑이, 표범, 곰, 늑대, 여우 같은 짐승은 거의 볼 수 없고, 다른 짐승도 살고 있다고는 해도 직접 보기는 어렵다. 산에 올라가서 흔적으로나마 어렵지 않게 찾을 수 있는 것은 고라니, 너구리, 멧돼지, 토끼, 삵, 노루 같은 짐승이다. 다람쥐나 청설모는 직접 보기도 한다. 흔적을 찾아보려면 눈 쌓인 겨울에 나서는 것이 좋다.

간밤에 내린 눈을 밟으며 산길을 오르면, 산 언저리부터 토끼 발자국을 찾기가 쉽다. 토끼가 다니는 길은 산기슭 가장자리의 풀숲이나 떨기나무가 있는 곳이다. 소나무가 우거진 길이나, 높은 나무가 우거져 빛이 들지 않고 풀이 없는 숲이라면 토끼 발자국을 보기는 어렵다.

덩치가 큰 맹수인 호랑이, 표범, 스라소니는 크고 높은 산속 깊은 곳에 살았다. 흔할 때는 서울의 궁궐에도 나타났다고 하지만, 어지간해서는 사람 눈에 잘 띄지 않았다. 늑대, 여우, 삵, 너구리, 오소리 따위는 산기슭을 많이 쏘다니고, 사람이 사는 마을에도 종종 나타나서는, 가축을 물어 가거나 음식 쓰레기를 찾아 마을 근처나 인가까지 기웃거렸다. 족제비는 산이나 들판이나 마을 가까이 어디서나 살지만, 특히 물가에서 발자국을 보기 쉬운데, 때로는 마을을 들락거리면서 집 돌담에도 둥지를 틀고 산다.

멧돼지, 노루, 고라니도 산기슭이나 수풀에 살면서, 밭 가까이까지 다니는데, 노루는 아래가 내려다보이는 높고 훤한 숲을 좋아하고, 고라니는 물 가까운 곳에 사는 것을 좋아해서 노루보다 더 낮은 곳에서 살아간다. 산양은 아주 높고 깊은 산, 바위가 많은 곳을 좋아한다. 다른 짐승은 쉽게 다닐 수 없는 바위산을 어렵지 않게 오르내리면서 산다.

땅속에서 사는 동물로는 두더지가 있다. 밭 가까운 곳이나 산기슭에서 두더지가 지나간 흔적을 볼 수 있다. 집박쥐는 원래 집에도 드나들고 저녁으로 방 안에까지 날아와서는 벌레를 잡아먹는 짐승이지만, 이제 드물어져서 시골에서도 어쩌다가 눈에 뜨일 뿐이다. 수달은 물속에서 보내는 시간이 많고, 물 밖으로 나온다 해도 물가를 떠나지는 않아서 수달 흔적을 보려면 물을 따라 다녀야 한다.

멧토끼를 잡으려고 놓은 올무

1_4 젖먹이동물 흔적

산기슭 밭에는 젖먹이동물들이 와서 작물을 먹고 가는 일이 더러 있다. 사람들은 애써 키운 밭을 망친 짐승이 무엇인지 발자국이나 똥이나 먹은 흔적을 보고 안다. 사냥을 나서는 사람도 짐승 발자국을 따라가면서, 똥이나 먹이를 먹은 흔적을 유심히 살핀다. 새 사냥을 하는 사람들은 새를 기다리지만, 짐승 사냥을 하는 사람들은 짐승을 쫓아간다. 짐승은 대개 사람보다 소리나 냄새를 잘 맡고, 뜀박질이 빠르고, 잘 숨는다. 어지간해서는 짐승을 직접 보기란 쉽지 않다. 게다가 짐승들은 낮에는 거의 숨어 지내다가 날이 어둑해져야 다닌다. 그나마 낮에 볼 수 있는 것은 나무를 타는 다람쥐나 청설모 따위이다. 짐승을 직접 보기 어려우니 짐승 흔적을 알아채는 일이 곧 짐승을 만나는 일이다. 발자국, 똥, 먹이를 먹은 흔적, 보금자리 따위가 짐승이 남기는 중요한 흔적이다. 이것을 보고 짐승이 어디에 사는지, 어디쯤 있는지, 그리고 무엇을 했는지 안다.

발자국은 똥과 함께 동물이 가장 많이 남기는 흔적이다. 발자국을 늘 볼 수 있는 것은 아니다. 단단한 흙바닥이나 나뭇잎이 많이 쌓인 산길에서는 보기 어렵다. 바닥이 진흙이나 모래일 때, 또 겨울에 눈이 내려 쌓였을 때 동물의 발자국을 많이 볼 수 있다. 발은 발톱과 발가락과 발바닥으로 이루어져 있다. 발바닥 못은 발바닥 패드라고도 한다. 발바닥 못은 몸무게를 지탱해 주고, 몸에 오는 진동이나 충격을 줄인다.

쥐 발자국은 작다. 땃쥐 발자국도 무척 비슷한데, 땃쥐는 앞발 뒷발 모두 발가락이 다섯 개이고, 쥐는 앞발 발가락이 네 개다. 너구리 같은 개과 동물은 발톱과 발가락이 떨어져 있는 것처럼 찍히고 고양이과 동물은 발톱은 찍히지 않는다. 발가락 자국이 네 개씩 찍힌다. 발톱은 개과 동물이 가장 잘 찍힌다. 앞발 발자국이 조금 더 크다. 족제비과 · 곰과 · 고슴도치목 · 첨서목 동물은 앞발과 뒷발에 발가락이 다섯 개씩 찍히고, 발톱도 찍힌다. 우제목 동물은 발굽이 발달해서 발굽 자국이 찍힌다. 발굽은 발톱이 변한 것이다. 큰 발굽 두 개와 작은 발굽 두 개가 있는데, 발굽 자국은 두 개가 흔히 찍히고 네 개가 찍히는 경우도 더러 있다. 진흙이나 모래 위에서는 거의 네 개씩 찍히고, 사향노루나 멧돼지가 발굽이 네 개 찍힐 때가 많다.

포유류
첨서목
두더지과

두더지

Mogera robusta

산을 오르다가 산길을 가로질러 땅이 불룩 솟아난 자국을 보거나, 밭 한쪽으로 땅거죽이 길게 솟아 있는 것을 볼 때가 있다. 두더지가 땅속으로 지나가면서 흙이 솟아오른 자국이다. 두더지는 땅속을 파고 돌아다니는데 어지간해서는 땅 위로 잘 올라오지 않는다. 그러니 두더지를 직접 볼 일은 거의 없고, 두더지 지나간 자리를 보고 사는 것을 안다. 두더지는 아주 단단한 땅이 아니라면 일 분에 오륙 미터쯤 간다. 몸길이에 견주어서 어림하면 사람이 걷는 것이나, 두더지가 땅속에서 돌아다니는 것이나 거의 비슷한 속도이다.

몸통이 원통형으로 생겨서 굴을 파고 그 구멍으로 다니기에 좋게 생겼고, 삽처럼 생긴 큰 앞발이 있어서 이것으로 땅을 아주 잘 판다. 발바닥이 바닥이 아니라 옆을 보는 것도 굴을 파기 위해서다. 털은 짧고 무척 부드럽고 반질반질 윤이 난다. 털 사이로 흙이 들어갈 틈이 없고, 뒷걸음질 칠 때에도 털이 거치적거리지 않는다. 땅속에서 지내기에 꼭 알맞게 생겼다. 돌이 많거나 단단한 땅에서는 잘 살지 못한다. 땅속으로 깊숙하게 내려가는 일도 별로 없다.

땅속이 깜깜하니 자연스레 눈으로 쳐다볼 일이 별로 없어서, 시력은 장님이라고 해도 될 정도이다. 대신 귀가 밝아서 굴속에 있으면서도 땅 위로 가까이 다가오는 소리를 금방 알아챈다. 그래서 밭이나 숲길에서 두더지 흔적은 보기 쉬워도, 두더지가 꿈틀거리는 것은 보기가 쉽지 않다.

밭에 두더지 지나간 자리가 많으면 농부는 이것이 채소나 곡식을 해치는 게 아닐까 한다. 그러나 두더지는 풀을 먹는 일이 없다. 지렁이 같은 땅속 벌레를 먹고 산다. 잠시 쉬는 시간을 빼고는 언제든 먹이를 찾아다닌다고 해도 좋을 만큼 많이 먹는다. 땅속을 그렇게 부지런히 파고 돌아다니는 것은 땅속 동물을 찾아다니기 때문이다. 몸집은 작지만 먹성이 좋아서 하루 사이에 거의 자기 몸무게만큼의 벌레를 잡아먹는다. 이렇게 벌레를 잔뜩 먹어 치우는 짐승으로 땃쥐나 뒤쥐가 있다. 모두 벌레를 많이 먹는 동물들인데 첨서목이라는 무리로 묶는다.

두더지는 보금자리도 땅속에 마련하는데, 큰 나무뿌리나 바위 밑에 둔다. 방을 여러 개 만들고 길도 여러 갈래로 뚫어 놓는다. 이런 굴 속에서 새끼를 낳는데, 새끼를 낳는 방에는 마른 나뭇잎이나 부드러운 풀, 이끼 따위를 깔아서 아주 푹신하고 따뜻하게 해 놓는다. 봄에 짝짓기를 해서 두어 달 후에 새끼를 친다. 두 마리에서 네 마리쯤 낳는다. 새끼는 여섯 달이면 어미만큼 자란다.

13~17cm
65~120g
육식 동물

다른 이름 뒤지기, 두돼지, 두디쥐, 두더쥐
사는 곳 산이나 마을 둘레
먹이 땅속 작은 동물
새끼 봄에 2~4마리 낳는다.

몸길이는 13~17cm이고, 몸무게는 65~120g쯤이다. 몸이 원통형이고 목이 짧고 주둥이가 길다. 온몸에 짧고 부드러운 털이 벨벳처럼 나 있다. 색은 밤색이거나 검은빛을 띤다. 앞다리가 무척 짧고, 발톱이 크고 단단하다.

1-1 두더지가 논둑길을 따라 땅굴을 파고 지나간 자리. 밟으면 푹 꺼진다.

박쥐

Chiroptera

해가 지고 어둑해지면 박쥐들이 날아다니기 시작한다. 예전에는 흔했다. 밤에 불을 켜서 나방과 모기들이 모여들면 박쥐도 그것을 잡아먹으려고 마당을 날고, 방 안으로 날아들기도 했다. 집박쥐는 아예 지붕 밑이나 집 안에 자리를 잡고 살았다. 집에서 기르는 동물이 아니면서 사람 사는 집을 제 집처럼 여기는 짐승은 쥐하고 박쥐였다. 쥐는 보이는 대로 내쫓으려고 했지만, 박쥐한테는 그러지 않았다. 요즘은 박쥐가 아주 드물어졌다. 밤에 주로 움직이는 벌레한테는 박쥐만 한 천적이 없다. 농사에 해를 끼치는 나방 애벌레 따위가 훌쩍 늘어난 것은 박쥐가 드물어진 까닭도 있다.

제 마음대로 날아다니는 짐승은 박쥐밖에 없다. 하늘다람쥐나 날다람쥐는 그저 종이 비행기처럼 바람을 타고 미끄러지는 것뿐이다. 박쥐는 길어진 앞발 발가락 사이에 날개막이라는 것이 있어서 새처럼 하늘을 날아다닌다. 날 수 있는 대신 걷는 것은 거의 하지 못한다. 생긴 것은 쥐와 비슷하지만 두더지나 고슴도치처럼 벌레를 잡아먹고 산다. 박쥐는 잘 못 보는 대신 소리를 잘 듣고 냄새도 잘 맡는다. 스스로 초음파라는 소리를 내서 이것이 물체에 닿아 되돌아오는 소리를 듣고 어디에 무엇이 있는지 정확히 알아낸다. 덕분에 깜깜한 곳에서도 나뭇가지 사이를 휙휙 잘 날아다니고, 날고 있는 벌레도 잘 잡는다. 밤에 날아다니는 벌레한테는 박쥐만큼 무서운 것이 없는데, 박쥐도 고슴도치나 두더지 못지않게 먹성이 좋다. 하루에 벌레잡이를 하는 시간은 짧아도 사냥술이 워낙 좋아서 나방 같은 벌레를 수십 마리가 넘게 잡는다.

날이 추워지면 박쥐는 동굴이나 지붕 밑에 머리를 아래로 한 채, 천장에 발톱을 틀어박고는 매달려서 겨울잠을 잔다. 무리를 지어서 겨울잠을 자는 것이 많다. 한겨울이 되면 특별한 위협을 느끼지 않는 한 아주 꼼짝없이 잔다.

새끼는 많이 낳지 않고, 한 해에 한 번 한두 마리를 낳는다. 새끼는 어미한테 매달려서 젖을 먹고 자라는데, 한두 달이 지나면 날아다닐 수 있게 된다. 그때까지는 어미한테 매달린 채로 떨어지지 않아서, 어미는 먹이 사냥을 나갈 때도 새끼를 매단 채 날아다니면서 벌레를 잡는다. 대부분의 박쥐는 제법 수명이 길어서 십오 년에서 이십 년까지 사는데, 관박쥐는 삼십 년까지 산다.

3~11cm
4~34g
육식 동물

다른 이름 뿔쥐, 박지, 복쥐, 빡쥐
사는 곳 산이나 마을 둘레
먹이 나방, 파리, 하루살이 같은 벌레
새끼 여름에 1~2 마리 낳는다.

1

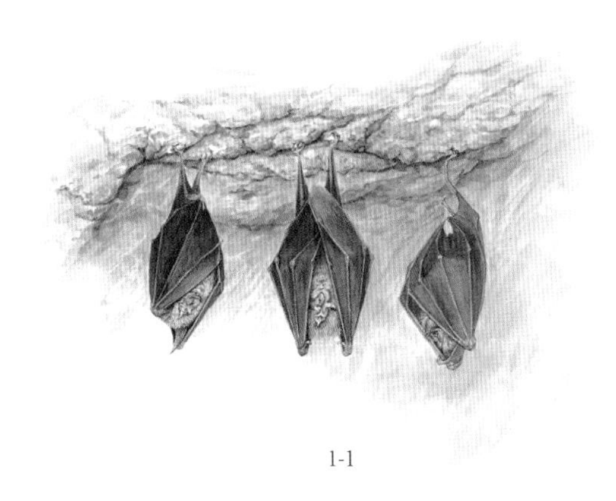

1-1

1 **집박쥐** *Pipistrellus abramus*
집박쥐는 아주 작은 박쥐다. 10년쯤 산다.
털은 잿빛이고, 몸 위쪽에는 털이 촘촘하게 나 있다.
주둥이가 넓고 귀가 둥글고 크다. 발가락 끝이
갈고리처럼 생겨서 그것으로 천장에 매달려 있는다.
몸길이는 3~5cm이고, 몸무게는 5~10g쯤이다.

1-1 겨울잠을 자는 관박쥐. 겨우내 동굴 속에서
이렇게 거꾸로 매달려 잔다. 체온이 떨어져서 몸에
성에가 낄 때도 있다.

포유류
식육목
고양이과

고양이

Felis catus

고양이는 쥐를 잡으려고 기르기 시작했다. 먼 옛날 이집트에서부터 야생 고양이를 잡아 애완용으로 길들였다고 한다. 고양이는 눈이 아주 밝고, 소리도 잘 듣는다. 어두운 곳에서는 사람보다 여섯 배나 더 잘 볼 수 있다. 또 더듬이 구실을 하는 수염이 있어서 쥐가 아무리 살살 움직여도 단박에 알아낸다. 깜깜한 곳에서도 이 수염으로 빠져나갈 만한 구멍인지 아닌지 가늠한다. 몸의 균형을 잡는 능력도 뛰어나서, 높은 곳에서 거꾸로 떨어져도 공중에서 몸의 방향을 바꾸어 네 다리로 사뿐히 땅에 내려설 수 있다.

고양이는 먹이를 찾아내면 몸을 낮추고 살금살금 다가간다. 발바닥도 두껍고 발톱을 살갗 속에 집어넣고 걷기 때문에 발소리가 안 난다. 그러다가 먹이에 가까이 가면 날카로운 발톱을 드러내고 내리쳐 잡는다. 고양이는 들고양이 때부터 지니고 있던 버릇이 많이 남아 있다. 몸에 묻은 냄새를 앞발로 닦아 내고, 똥이나 오줌을 누면 흙으로 덮어 흔적을 없앤다. 새끼를 낳으면 두세 차례 집을 옮긴다. 또 먹이를 잡으면 그 자리에서 먹어 치우지 않고 살려서 가지고 놀다가 나중에 먹기도 한다. 이것은 모두 길들여지지 않았을 때부터 지녔던 버릇이다.

고양이와 비슷한 야생 동물로 삵이 있다. 살쾡이라고도 한다. 고양이보다 조금 더 크고 사납다. 다른 고양이과 동물인 스라소니, 표범, 호랑이는 거의 사라지고 삵만 살아남아서, 요즘 우리나라 산에서는 최고 포식자로 살아간다. 귀 뒤에 하얀 반점이 있는데, 고양이과 동물들은 고양이만 빼고 거의 모두 이 무늬가 있다.

삵은 산속 덤불 숲에서 사는데, 숨을 만한 곳이 있으면 마을 가까이에도 곧잘 내려온다. 어두운 밤에 나와서 사냥을 한다. 고양이가 그렇듯 쥐를 가장 많이 잡아먹고, 그보다 덩치가 좀 더 큰 멧토끼나 고라니 새끼나 꿩도 잡아먹는다. 마을에 내려와서 닭을 물어 가기도 한다. 사냥 솜씨가 매우 좋다. 나무를 잘 타서, 위험을 느끼면 나무에 올라가 몸을 숨기기도 한다.

요즘 산과 들에 고양이가 많이 살아서 발자국만 보고 삵인지 고양이인지 알기는 어렵다. 발자국이 똑같이 생겼다. 다만 똥을 눌 때 삵은 눈에 잘 띄는 곳에 누고, 고양이는 똥을 눈 뒤에 흙으로 덮는다. 또 고양이는 물을 싫어하지만 삵은 헤엄도 곧잘 친다.

30~60cm
22~38cm
2~8.5kg
육식 동물

다른 이름 고내이, 괭이, 귀앵이, 새끼미
사는 곳 집에서 기른다.
먹이 쥐, 작은 동물, 물고기, 새, 벌레
새끼 한 해에 한두 번 4~6마리 낳는다.

1 고양이

고양이도 일찍이 가축화되어서 품종이 여러 가지이다. 대개 몸길이는 30~60cm이고, 꼬리 길이는 22~38cm, 몸무게는 2~8.5kg까지이다. 꼬리는 아주 짧거나 거의 없는 것도 있다. 몸 빛깔은 여러 가지이고, 가로 줄무늬가 있거나 배 쪽에 큰 테가 있는 것이 많다.

2 삵 *Prionailurus bengalensis*

몸집이 큰 고양이와 닮았다. 몸길이는 50~65cm, 꼬리 길이는 23~27cm, 몸무게는 3~5kg이다. 온몸에 검은 점이 있고, 이마에는 흰 줄무늬가 뚜렷하다. 귀 뒤쪽에 흰 점이 있다. 꼬리가 두툼하고 처져 있다.

포유류
식육목
고양이과

호랑이

Panthera tigris

우리나라에서 가장 힘세고 사나운 맹수다. 마을에서 멀리 떨어진 깊고 큰 산에 산다. 조선 시대까지는 서울 경복궁에 호랑이가 드나들 정도로 수가 많았다. 지금은 남녘에서는 사라진 지 오래되었고 북녘에서도 함경북도와 자강도에 다섯 마리에서 열 마리만 살아남아 있다고 한다.

호랑이는 혼자 지낸다. 가끔 대낮에도 소리 없이 돌아다니는 일이 있지만, 거의 밤에 움직인다. 사냥감을 찾아 산마루에서 산등성이를 따라 멀리까지 옮겨 다니는데 쉬지 않고 걷고 뛰고 달려서 상처가 나지 않은 발이 없다. 하룻밤에 수십 킬로미터를 다니고, 백 킬로미터도 어렵지 않게 넘긴다. 울창한 숲 속에서도 소리 없이 달리고, 깊고 넓은 강이나 저수지도 조용하고 재빨리 헤엄쳐 건넌다. 멧돼지나 누렁이, 노루, 고라니 같은 큰 짐승을 잡아먹는다. 여우나 토끼, 오소리, 너구리 같은 짐승도 잡아먹는다. 사냥을 할 때는 길목을 지키고 숨어 있다가 갑자기 덤벼들기도 하고, 짐승 뒤를 살금살금 따르다 덮치기도 한다. 목이나 잔등을 물거나 힘센 앞발로 먹잇감을 후려쳐서 넘어뜨린다. 잡은 먹이는 편안한 곳에 끌고 가서 천천히 뜯어 먹고, 먹은 뒤에는 꼭 물을 마시고 피 묻은 주둥이를 깨끗이 씻는다. 한 해에 멧돼지를 서른 마리쯤 잡아먹는다.

짝짓기 철인 1월에서 3월에 수컷이 큰 울음소리를 내면서 짝을 찾는다. 일 주일 동안 암컷과 수컷이 함께 다니면서 짝짓기를 하고 헤어진다. 5월에 새끼를 한 마리에서 다섯 마리 낳는다. 새끼는 한 달만 지나도 육 킬로그램에 이르는데, 이쯤부터 어미를 따라다닐 수도 있고, 나무에 기어오를 줄도 안다. 어미는 여섯 달 동안 새끼한테 젖을 먹인다. 이삼 년 동안을 데리고 키우면서 돌보고 사냥도 가르친다.

예전에 사람들은 호랑이와 표범을 범이라고 했다. 몸에 줄이 있으면 줄범, 둥글둥글한 반점이 있으면 표범이다. 스라소니는 머저리범이라고 했다. 범, 표범, 스라소니 순서로 몸집이 크다. 표범이나 스라소니는 나무를 아주 잘 타서, 나무 위에서 사냥감을 기다리기도 한다.

호랑이 발자국은 고양이 발자국하고 모양은 거의 같다. 다만 크다. 발자국 하나의 폭이 십에서 십오 센티미터쯤 된다. 뒷발보다 앞발이 훨씬 크고, 걷는 폭도 넓어서 이런 것을 보고 다른 고양이과 동물과 호랑이 발자국을 가려낸다.

160~290cm
90cm쯤
250~300kg
육식 동물

다른 이름 범, 호랭이, 호래이
사는 곳 깊은 산
먹이 멧돼지, 붉은사슴, 노루, 고라니
새끼 봄에 1~3마리 낳는다. 2~3년 동안 키운다.

우리나라에서 가장 덩치가 큰 뭍짐승이다.
몸길이는 160~290cm이고, 꼬리 길이는 90cm,
몸무게는 250~300kg이다. 온몸에 까만 줄무늬가
있다. 앞다리가 뒷다리보다 더 굵고 힘이 세다.
앞다리 앞쪽에는 줄무늬가 거의 없다.

포유류
식육목
개과

늑대

Canis lupus

늑대는 개과 동물 가운데 가장 크다. 썰매 끄는 개와 비슷하게 생겼는데, 몸집이 더 크다. 개는 꼬리를 위로 올리고 잘 흔들지만, 늑대는 꼬리가 발꿈치까지 닿고 아래로 축 늘어진다. 개처럼 짖는 일이 거의 없고 "아우" 하고 길게 운다. 전에는 산과 들에서 무리를 지어 살았지만 요즘은 수가 줄어서 혼자 살기도 한다. 한반도 남쪽에서는 1980년대 이후로 나타나지 않고 있다.

늑대는 머리가 좋고 눈도 밝고 귀도 밝다. 냄새도 잘 맡아서 이 킬로미터 밖에 있는 먹잇감의 냄새도 맡는다. 먹이 냄새를 맡으면 뒤따라가서 엉덩이를 물어 덮친 뒤 배불리 먹는다. 넓은 땅에서 무리 지어 사는 늑대들은 서로 다른 무리끼리도 신호를 주고받아서 사냥하는 것을 돕는다. 남은 먹이는 숨겨 두었다가 나중에 먹기도 한다. 먹을 것이 없으면 며칠씩 굶는다. 노루, 멧토끼, 사슴 따위를 좋아하는데, 쥐나 새 같은 작은 동물도 잡아먹는다. 먹이가 모자라면 마을에 내려와서 돼지나 염소나 닭을 물어 가기도 한다. 새벽이나 해 질 무렵에 굴에서 나와 먹이를 찾아다니는데 새끼를 키울 때는 낮에도 사냥을 한다.

늑대는 암컷과 수컷이 짝을 지으면 대개 죽을 때까지 함께 산다. 짝짓기는 보통 1월에서 2월에 하고 두 달 뒤에 새끼를 다섯 마리에서 열 마리 낳는다. 새끼는 한 달쯤 젖을 먹는데, 젖을 떼기 전부터 어미가 토해 주는 고기를 먹기 시작한다. 세 살이 되면 다 자라서 짝짓기를 한다. 1970년대까지 강원도 삼척이나 경상북도 문경에 살았는데, 지금은 남녘에서는 멸종된 것 같다. 북녘에는 아직 살고 있다.

여우도 남녘에서는 나타난 지 오래되었다. 늑대보다는 한참 작다. 꾀가 많고 영리하다. 옛이야기에 나오는 그대로다. 눈도 밝고 귀도 밝고 냄새도 잘 맡는다. 한참 동안 멀리까지 먹이를 쫓아가서 잡을 줄도 안다. 쥐를 좋아해서 하루에 열다섯 마리에서 스무 마리나 잡아먹는다. 작은 동물이나 새, 물고기와 벌레를 즐겨 먹지만, 가을에는 콩이나 산열매나 채소도 먹는 잡식성이다. 죽은 짐승 고기도 먹고, 남은 먹이를 저장할 줄도 안다.

늑대나 여우나 우리나라뿐 아니라 어디서든 많이 사라지고 있다. 오래전부터 가죽과 털을 귀하게 썼다.

100~120cm쯤
35~79cm
20~30kg쯤
육식 동물

다른 이름 이리, 말승냥이
사는 곳 들, 산
먹이 쥐, 토끼, 노루, 멧돼지, 작은 동물
새끼 봄에 5~10마리 낳는다.

1

2

1 늑대

몸길이는 100~120cm쯤이고, 몸무게는 20~30kg쯤이다. 개와 닮았다. 멀리서는 잘 구별하기 어렵다. 주둥이가 길고 귀가 늘 곧추서 있다. 털은 누렇거나 잿빛이고, 꼬리가 두툼하고 끝이 검은데, 축 늘어져 있다.

2 여우 *Vulpes vulpes*

몸길이는 50~70cm쯤이고, 몸무게는 4~7kg쯤이다. 몸집은 진돗개보다도 작다. 몸이 날씬하고, 꼬리가 길고 털이 아주 북슬북슬하다. 주둥이가 길고 뾰족하며 빳빳한 수염이 잘 보인다.

포유류
식육목
개과

개

Canis familialis

개는 가장 오래된 집짐승이다. 세계 어디를 가든 개를 기르는 것을 어렵지 않게 찾을 수 있다. 사람과 함께 사는 모습도 달라서, 집을 지켜 주거나, 사냥을 하거나, 양 떼를 몰거나, 썰매를 끌기도 한다. 늑대나 여우가 그렇듯이 냄새를 아주 잘 맡는다. 어떤 개들은 비가 억수같이 내리고 난 다음 사흘이 지난 뒤에도 냄새로 사람의 자취를 찾기도 한다. 이 냄새 맡는 능력을 이용해서 사람이나 잃어버린 물건을 찾기도 한다. 게다가 개는 무척이나 영리하고 주인을 잘 따른다. 사람이 보내는 신호도 곧잘 알아듣기 때문에 특별한 훈련을 받고 장님을 안내하는 일을 하기도 한다.

개는 들판을 떠돌아다니던 야생 개의 자손이다. 개과의 동물들이 사막부터 극지방까지 적응하고, 그 몸집도 일 킬로그램부터 팔십 킬로그램에 이르기까지 다양한 것처럼, 개도 그만큼 다양하고, 적응력이 뛰어나다. 개의 다양한 품종은 개과 동물의 다양함을 넘는다. 개가 오줌을 누어 제 구역을 표시하거나 물건을 물어다 놓거나 하는 짓은 인간에게 길들여지기 전 버릇이다.

우리나라에서만 사는 개로는 진돗개, 삽살개, 풍산개, 경주개가 있다. 옛날 진도에서는 사냥꾼이 총 한 방 쏘지 않고도 진돗개만 데리고 노루나 멧토끼를 잡았다고 한다. 집으로 돌아오는 능력도 뛰어나서 멀리 육지로 팔려 갔던 진돗개가 집으로 돌아온 경우도 있다. 삽살개는 보통 때는 순하고 점잖지만 한 번 싸움이 붙으면 물러서지 않는다. 풍산개는 오래전부터 맹수를 사냥하는 사냥꾼들을 따라다녔다.

여전히 개는 사람과 함께 살면서 제 할 일을 하고 있지만, 지금은 애완용으로도 많이 기른다. 우리나라에서도 거의 다섯 집에 한 마리꼴로 개를 기르는 것으로 알려져 있다. 개의 표정이나 몸짓은 사람에게도 익숙한 것이 많다. 화가 날 때는 입술을 위로 들어올려 이를 드러내고, 무서울 때는 귀를 뒤로 젖히고 꼬리를 내린다. 주인에게는 꼬리를 살랑거리거나 몸을 비틀며 응석을 부리기도 한다. 우리나라에서는 고기를 얻기 위해서도 많이 기른다.

개는 너구리처럼 무엇이든 가리지 않고 잘 먹는다. 새끼는 대개 한 해에 한두 번 낳고, 한 번 낳을 때 너댓 마리를 낳는다.

다양하다.
1~120kg쯤
잡식 동물

다른 이름 가이, 강아지, 강생이
사는 곳 집에서 기른다.
먹이 사람이 먹는 것은 가리지 않고 먹는다.
새끼 한배에 4~6마리쯤 낳는다.

개는 가장 먼저 가축화된 짐승이다. 사는 곳에 따라 쓰임에 따라 품종이 아주 많다. 생김새도 품종에 따라 많이 다르다. 몸집도 토끼만 한 것부터 늑대만 한 것까지 있다.

포유류
식육목
개과

너구리

Nyctereutes procyonoides

흔한 산짐승이다. 너구리 발자국은 개 발자국하고 거의 같다. 발자국만 비슷한 게 아니고 사는 것이나 생긴 것이나 다 비슷하다. 눈 언저리가 까맣고, 꼬리가 북실북실한 것을 보고 너구리인 줄 안다. 높은 산만 아니면 어디서든 산다. 먹이를 찾아서 마을에도 내려오고 도시에서도 산다.

대개 암수가 같이 살거나 식구가 모여 산다. 보금자리는 오소리 굴에 들어가 살거나 스스로 굴을 파기도 하고, 돌틈이나 나무통을 굴로 쓰기도 한다. 낮에는 굴에 들어가 있다가 어둑어둑해져서야 돌아다니기 시작하고, 조그만 기척에도 숨어 버려서 보기는 어렵다. 천적을 만나거나 위험을 느끼면 죽은 척할 줄도 안다. 가만히 있다가 때를 봐서 재빨리 달아난다.

너구리는 이것저것 가리지 않고 다 먹는다. 쥐구멍을 파서 쥐를 잡아먹고, 개구리, 뱀, 멧토끼, 고라니 새끼를 잡아먹고, 썩은 고기도 먹는다. 산열매를 따 먹고 채소나 곡식도 먹으며 가랑잎 더미를 뒤져서 도토리나 벌레도 찾아 먹는다. 공원에서 쓰레기통을 뒤지기도 한다.

가을에 나무 열매나 다른 먹잇감을 잔뜩 먹어서 몸을 한껏 불린 다음 굴속에서 얕은 겨울잠을 잔다. 겨울잠을 자다가도 날이 따뜻하면 밖으로 나와서 물을 마시고 먹을 것을 찾아 먹기도 한다. 2월에서 3월에 수컷 한 마리가 암컷 여러 마리와 짝짓기를 하고, 암컷은 오뉴월에 새끼를 다섯 마리에서 여덟 마리쯤 낳는다. 갓 낳은 새끼는 몸에 검은 털이 덮여 있다. 강아지나 다름없이 귀엽다. 새끼는 두 달 동안 어미 젖을 먹고, 너댓 달 뒤면 어미를 떠나 혼자 살아간다. 너구리는 겁이 많고 순한 편이지만, 광견병을 옮길 수도 있어서 물리지 않게 조심해야 한다.

발자국이나 똥을 찾기는 어렵지 않은데, 특히 너구리 똥은 늘 무더기로 쌓여 있다. 자리를 정해 두고 누기 때문이다. 개똥과 비슷한데, 먹는 것이 다르니 벼 낟알이나 풀씨, 벌레 껍질 따위가 섞여 있을 때가 많다. 색깔도 먹은 것에 따라 다르다. 마을에도 자주 내려오기 때문에 똥 속에서 고춧가루 같은 음식물 찌꺼기가 나오기도 한다.

미국너구리는 눈 언저리가 까매서 얼굴이 비슷하게 생겼지만, 너구리하고는 아주 다른 짐승이다. 미국너구리는 꼬리에 흰 줄무늬가 있다.

60cm쓤
15~20cm
5kg쯤
잡식 동물

다른 이름 너우리, 넉구리, 넉다구리
사는 곳 마을 근처 들과 산
먹이 쥐, 벌레, 작은 동물, 나무 열매
새끼 5~6월에 5~8마리쯤 낳는다.

몸길이는 60cm쯤이고, 꼬리 길이는 15~20cm이다. 몸무게는 5kg쯤이다. 너구리는 덩치가 크지 않고 꼬리가 북슬북슬한 개와 닮았다. 온몸이 짙은 밤색이나 검은색 털로 덮여 있다. 주둥이는 뾰족하고 눈언저리와 두 뺨이 까맣다. 다리는 짧고 온몸에 털이 북슬북슬하다.

1-1 너구리 똥 무더기

1-2 너구리가 눈 똥에서 나온 것. 포도 껍질과 벌레 껍데기 들이 나왔다.

포유류
식육목
곰과

반달가슴곰

Ursus thibetanus

곰은 깊은 산에서 산다. 우리나라에 사는 젖먹이동물 가운데 가장 몸집이 큰 것은 고래이고, 땅에서 사는 것 가운데 불곰과 호랑이 다음으로 몸집이 큰 동물이 반달가슴곰이다. 털빛이 검고 앞가슴에 흰 초승달 무늬가 있다. 해질녘에 나와서 먹이를 찾아 멀리 돌아다닌다. 반달가슴곰은 이것저것 다 먹는 잡식성인데 식물을 좀 더 많이 먹는다. 풀과 나뭇잎과 산열매를 즐겨 먹고, 가재나 물고기, 새나 쥐 같은 작은 동물을 잡아먹는다. 배가 고프면 노루같이 제법 큰 짐승도 잡아먹고 죽은 동물 고기도 먹는다. 꿀을 무척 좋아해서 마을 가까이 내려와 벌통에서 꿀을 훔쳐 먹기도 한다. 눈이 특별히 좋은 편은 아니지만 귀는 아주 밝다. 나무에 잘 오르고 뒷걸음쳐서 내려올 줄도 안다. 바위 절벽도 잘 기어오르고, 몸놀림도 아주 날렵하다.

반달가슴곰은 가을에 엄청나게 먹는다. 겨울잠 자러 가기 전에 살을 찌우는 것이다. 가장 즐겨 먹는 것은 도토리로, 굵은 참나무를 타고 올라가서 나뭇가지에 주저앉아 참나무 가지를 꺾어 들고는 도토리를 훑어 먹는다. 따 먹고 난 가지는 엉덩이 밑에 계속 깔고 앉는다. 멀리서 보면 커다란 새둥지처럼 보이는데 이것을 상사리라고 한다. 반달가슴곰이 사는 숲에는 반드시 상사리가 있다. 겨울이 오면 속이 비어 있는 나무통이나 굴에 들어가서 겨울잠을 잔다. 겨울잠을 잘 굴을 찾을 때는 나무통마다 올라가서 하나하나 들여다보고 쓸 만한 것을 고른다. 암컷은 겨울잠을 자면서 새끼를 두 마리 낳고, 두 달 넘게 젖을 먹여서 키운다. 봄에 어미가 겨울잠에서 깨어나 굴 밖으로 나올 때 새끼도 어미를 따라 나온다. 새끼는 여섯 달이 지나면 젖을 떼고, 사 년이면 다 자라서 짝짓기를 할 수 있다.

우리나라에는 불곰도 산다. 불곰은 함경도나 평안북도에 남아 있다고 한다. 반달가슴곰보다 훨씬 크고 몸무게도 두 배 가까이 된다.

반달가슴곰은 네 발로 걷기도 하고 두 발로 서서 걷기도 한다. 발바닥이 크고 두텁고 털이 거의 없다. 앞발과 뒷발 모두 발가락이 다섯 개이고, 발톱이 또렷하게 찍힌다. 똥은 길고 뭉툭한데, 늘 양이 많아서 똥이 주저앉은 느낌이 난다. 묽은 똥은 소똥 같다. 잡식성이라 똥에 산열매 씨나 도토리 껍질, 풀, 나무뿌리, 곤충 껍질, 짐승 털과 뼈 부스러기처럼 온갖 것이 다 들어 있다.

120~180cm
100~150kg
잡식 동물

다른 이름 반달곰, 곰, 능소니
사는 곳 깊은 산
먹이 도토리, 나무 열매, 벌레, 물고기, 꿀
새끼 겨울잠을 잘 때 1~2마리 낳는다.

몸길이는 120~180cm이고, 무게는 100~150kg이다.
몸집이 아주 크다. 일어서면 사람보다 더 크다.
털빛이 검고 앞가슴에 흰 반달무늬가 있다. 머리가
둥글넓적하고, 둥근 귀가 머리 위로 잘 보인다.
꼬리는 짧아서 잘 안 보인다.

포유류
식육목
족제비과

수달

Lutra lutra

수달은 깊은 산부터 바닷가까지 물줄기를 따라 산다. 생김새가 물에서 살기 알맞게 생겼다. 발에는 물갈퀴가 있고, 굵고 긴 꼬리는 헤엄칠 때 방향을 잡아 준다. 몸이 길고 미끈한 데다가 털은 짧고 매끄러워서 물에 흠뻑 젖어도 몸을 한 번 부르르 떨면 물기가 남김없이 털린다. 물속에서 장난치며 헤엄치고 노는 것을 좋아한다. 여름 한낮에 물살에 실려 떠내려오다가 사람을 보고 쏙 들어가기도 하고, 밤에 물에서 나왔다 들어갔다 하면서 논다.

수달은 날이 어두워지면 먹이를 잡으러 나온다. 물고기를 가장 많이 먹고 가재나 새우도 좋아한다. 물고기를 잡기 어려운 추운 겨울에는 물가 돌을 들춰서 겨울잠 자는 개구리를 잡아먹기도 한다. 그물에 걸린 물고기를 훔쳐 먹으려다 그물에 걸리기도 하고, 그물을 다 찢어 놓기도 한다. 때로는 물에 떠 있는 물오리도 잡아먹는다. 물속으로 자맥질하여 물오리쪽으로 몰래 헤엄쳐 가서 물 밑으로 낚아챈 다음, 물 밖으로 가져가서 먹어 치운다.

수달은 물가 바위틈이나 나무 밑동에 있는 굴을 보금자리로 삼는다. 수달은 물에서 생활하는 시간이 아주 길지만 보금자리만큼은 땅 위에 마련한다. 보금자리의 한쪽 입구는 물속에 두고 다른 쪽은 땅으로 둘 때가 많다. 천적이 어느 쪽에서 오든 반대쪽으로 달아난다. 수달만큼 양쪽을 자유롭게 오가는 짐승은 없다.

혼자 살거나 식구가 모여 산다. 물속에서 짝짓기를 하고 두 달쯤 지나 새끼를 두 마리쯤 낳는데, 새끼는 열 달쯤 지나면 다 자라서 어미 곁을 떠난다. 수달 털이 부드럽고 따뜻한 데다가 물기를 잘 막아서 옛날에는 털을 얻으려고 많이 잡았다. 지금은 천연기념물로 정해서 보호하고 있다.

발자국은 냇가나 강가 모래밭에서 볼 수 있다. 발가락은 다섯 개인데, 발가락 다섯 개가 조금 벌어져서 찍힌다. 그래서 몸집에 견주면 발자국이 크게 찍히는 편이다. 발가락 사이에 있는 물갈퀴는 발자국에는 잘 안 보인다. 물에서는 가장 날랜 짐승이지만, 물밖에 나오면 다리가 짧아서 아주 굼뜨다. 사람이 쫓아가서 잡을 수도 있다. 수달 똥은 돌 위에 눈에 잘 띄는 곳에도 누고, 한군데 모아서도 눈다. 수달이 있는 곳이라면 똥을 찾기는 어렵지 않다. 물고기를 많이 잡아먹으니까 똥에서도 비린내가 난다.

70~80cm
30~50cm
7~10kg
육식 동물

다른 이름 수달피, 수피, 물개
사는 곳 계곡부터 바닷가까지 물줄기 있는 곳
먹이 물고기, 게, 새우, 개구리, 물새
새끼 봄에 2~4마리 낳는다.

1-1

1-2

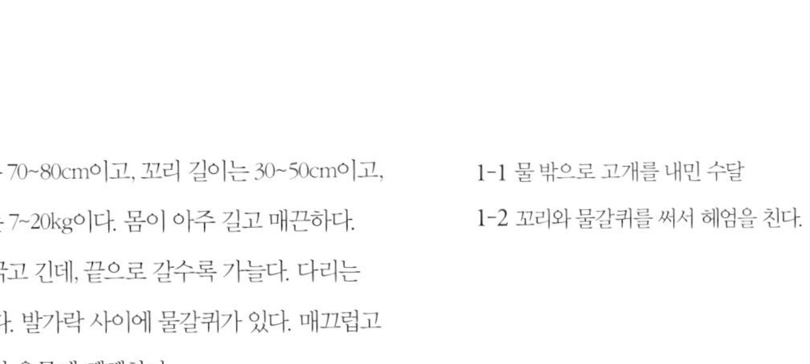

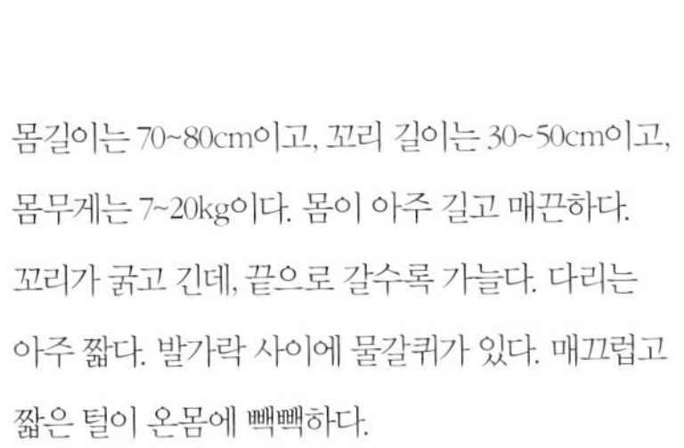

몸길이는 70~80cm이고, 꼬리 길이는 30~50cm이고, 몸무게는 7~20kg이다. 몸이 아주 길고 매끈하다. 꼬리가 굵고 긴데, 끝으로 갈수록 가늘다. 다리는 아주 짧다. 발가락 사이에 물갈퀴가 있다. 매끄럽고 짧은 털이 온몸에 빽빽하다.

1-1 물 밖으로 고개를 내민 수달

1-2 꼬리와 물갈퀴를 써서 헤엄을 친다.

포유류
식육목
족제비과

족제비

Mustela sibirica

족제비는 다른 젖먹이동물을 사냥하는 가장 작은 짐승이다. 몸이 작고 날렵하다. 산에서 사는데, 논밭이나 마을 가까이에도 내려온다. 도시에도 더러 나타난다. 예전에는 마을에 내려와 허술한 닭장에서 닭을 물어 죽이는 일이 많았는데, 자기가 먹을 것보다 더 많이 물어 죽이는 것은 거의 족제비만 하는 짓이다. 이런 습성 때문에 족제비를 더 사납게 여긴다.

그러나 무엇보다 족제비는 쥐잡이 명수이다. 족제비가 살면 둘레에 있는 쥐가 사라진다고 할 만큼 쥐를 잘 잡는다. 특히 쇠족제비는 몸집이 더 작아서 쥐를 잡는 쥐라고도 불린다. 족제비는 몸을 땅에 납작 붙이고 살금살금 기어가다가 재빨리 쥐를 콱 물어 잡는다. 어쩌다가 쥐를 쫓아서 집 안에 들어오기도 한다. 몸이 길어서 커 보이지만, 몸통이 가늘어서 꽤 작은 구멍으로도 빠져나가기 때문에 작은 틈으로 도망치는 쥐를 따라잡는다. 약간 굳은 눈 위로도 빠지지 않고 가볍게 뛰어다니면서 눈 밑으로 다니는 쥐를 기다려서 잡을 줄도 안다. 족제비 한 마리가 하룻밤 사이에 쥐를 예닐곱 마리도 더 잡는다. 쥐뿐 아니라 새나 개구리나 물고기도 잡아먹는다. 새알도 훔쳐 먹고 죽은 짐승 고기를 먹기도 한다. 나무에도 잘 기어오르고, 발가락 사이에 짧은 물갈퀴가 있어서 헤엄도 잘 친다. 어디서든 사냥감을 찾아서 재빠르게 움직인다. 날이 저물 무렵에 많이 돌아다니지만, 새끼를 키울 때는 낮에도 먹이를 찾으러 다닌다. 천적을 만나 위험에 부딪히면 재빨리 좁은 틈으로 들어가거나, 높은 곳으로 뛰어오르거나, 물속으로 뛰어든다. 그러다가도 더 급한 위기에 처하면 똥구멍에서 참을 수 없이 고약한 냄새를 뿜고 달아난다.

보금자리는 굴이나 나무통, 나무 뿌리 밑, 돌 틈 사이를 찾아 쓴다. 굴은 제가 팔 때도 있고, 다른 짐승이 파 놓은 것을 제 것처럼 쓰기도 한다. 굴에는 마른 풀이나 털 따위를 깔아 둔다. 겨울을 나려고 굴 속에 먹이를 모아 두기도 한다. 새끼는 대개 봄에 낳는다. 네 마리쯤 낳아서 암컷이 혼자 기른다. 두 달이 지나면 젖을 떼고, 두 달 반이면 어미를 떠나 혼자 다닌다.

꼬리털로는 붓을 매어 쓰는데, 붓 만들기로는 가장 좋은 털로 쳤다. 또 털이 매끄러워서 겨울옷을 지을 때 목 깃 따위에 쓰기도 했다.

족제비는 앞발자국과 뒷발자국 모두 발가락이 다섯 개씩 찍힌다. 똥은 가늘고 길며, 잘 보이는 자리에 싼다. 한쪽 끝이 뾰족하다. 쥐를 많이 잡아먹어서 똥에 쥐 뼈가 많다. 똥냄새가 고약하다.

25~35cm
16~18cm
250~600g
육식 동물

다른 이름 쪽제비, 쪽지비, 족, 황가리, 서랑
사는 곳 산이나 마을 둘레
먹이 쥐, 개구리, 새, 물고기
새끼 봄에 4마리쯤 낳는다.

1 **족제비**

몸길이는 25~35cm이고, 꼬리 길이는 16~18cm쯤이다. 몸이 가늘고 길다. 다리는 짧고 꼬리가 아주 길다. 털은 무척 매끄럽다. 색은 누렇거나 빛나는 귤색인데, 여름털이 겨울털보다 진하다. 주둥이 둘레만 하얗다.

2 **무산쇠족제비** *Mustela nivalis*

몸길이는 15~17cm, 몸무게는 30~130g이다. 족제비보다 퍽 작아서 쇠족제비라고 한다. 꼬리가 짧고 끝이 뾰족하다. 몸통은 가늘고 길며, 네 발도 짧고 작다. 겨울에 털빛이 하얗게 바뀐다.

포유류
기제목
말과

말

Equus caballus

말은 아주 잘 달린다. 요즘 우리나라에서는 달리기 경주를 하려고 말을 기른다. 말은 발가락 끝이 단단한 발굽으로 덮여 있는데, 발굽이 나뉘어져 있지 않고 하나로 되어 있다. 여기에 말굽을 박아서 잘 달릴 수 있도록 한다.

우리나라에서는 오래 전부터 짐을 나르고, 사람이 타고 다니고, 소처럼 일을 부렸다. 군대에서는 말을 타고 전쟁을 치르고, 소식을 전할 때에도 말을 이용했다. 다른 가축에 견주어 숫자가 웃돌지는 않아도 쓰임새가 많아 조선 시대까지는 나라에서 따로 말을 길렀다. 요즘은 기계가 이 모든 일을 대신해서 말이 따로 할 일이 거의 없다. 그저 달리기 경기에 나서거나 승마에 쓰인다.

제주도에는 오래전부터 길러 온 조랑말이 있다. 조랑말은 몸집이 작고 다리가 짧다. 그러니 걸음 폭도 좁다. 그래도 허리와 다리가 튼튼해서 힘이 세다. 참을성도 뛰어나 오래 걷거나 달려도 지칠 줄을 모른다. 게다가 사람의 말을 아주 잘 알아듣기까지 한다. 다른 곳에서는 농사에 쓰거나 하지는 않고, 사람이 타고 다니기만 했지만, 제주도에서는 말이 밭을 갈았다. 우리나라는 말고기를 즐기지는 않았지만, 제주도에서는 말고기 포를 떠서 먹었다는 기록이 있다. 지금도 제주도에서는 말고기를 먹고 있다.

무리 지어 사는 말들은 우두머리 자리를 서로 차지하려고 수컷끼리 싸움을 벌인다. 그래서 우두머리가 된 수컷만이 마음대로 짝을 차지한다. 싸움에서 이긴 수말은 암말 둘레를 뛰어다니기도 하고 잇몸을 드러내면서 "히힝" 하고 울기도 한다. 이렇게 구애를 하는 것이다. 암말은 짝짓기가 끝나고 열한 달이 지나면 망아지를 한 마리 낳는다. 태어난 망아지는 금세 서고 걷기 시작해서 너댓 시간만 지나도 어미를 따라 걷는다. 망아지는 삼 년에서 오 년을 어미 말과 함께 살다가 그 뒤에는 무리 속에 섞여 산다.

120cm쯤
250~300kg
초식 동물

다른 이름 몰, 모리, 마리
사는 곳 제주도에서 많이 기른다.
먹이 풀, 곡식
새끼 한 해에 1마리 낳는다.

품종에 따라 많이 다르게 생겼다. 제주마는
몸길이가 120cm쯤이고, 몸무게는 250~300kg이다.
다른 말보다 아주 작은 편인데, 똑바로 서 있을 때는
앞쪽이 낮고 엉덩이가 높다. 몸통과 목이 길다.
털빛은 여러 가지이나 밤색이 가장 많다. 적갈색이나
검은색도 있다.

멧돼지

Sus scrofa

몸집이 큰 맹수가 사라지면서 멧돼지만 한 짐승이 없게 되었다. 멧돼지는 성질이 사나운 짐승은 아니지만, 궁지에 몰리거나 놀랐을 때는 사람한테도 달려든다. 몸집이 크고 힘이 좋아서 다 자란 멧돼지가 달려들면 어떤 동물도 쉽게 상대하지 못한다.

멧돼지는 머리가 커서 몸길이의 삼 분의 일이나 된다. 목이 굵고 짧아서 머리를 잘 돌리지 못한다. 수컷은 긴 송곳니가 입 밖으로 삐죽 나와 있다. 귀도 밝고 냄새도 잘 맡지만 눈은 썩 좋지 않다. 수컷은 짝짓기 때가 아니면 혼자 살고, 암컷과 새끼들은 함께 다닌다. 한곳에만 머무르지 않고 먹이를 찾아 여기저기 돌아다닌다. 도토리, 나무뿌리, 고사리, 풀, 버섯, 열매 같은 식물을 주로 먹고, 쥐나 지렁이, 벌레, 뱀 따위도 가리지 않고 먹는 잡식성이다. 산에 먹을 것이 없으면 마을 가까이까지 내려와 산비탈에 있는 옥수수밭, 감자밭, 고구마밭 따위를 엉망으로 만들어 놓기도 한다. 주둥이로 땅을 파는 힘이 세서, 장정 여럿이 괭이질하는 것보다 더 땅을 잘 판다. 먹성이 좋고, 새끼를 데리고 다닐 때도 많아 멧돼지 몇 마리가 지나간 밭은 거의 아무것도 남지 않는다.

멧돼지는 날이 추워져도 먹이를 찾아다닌다. 털이 적은 편이지만 지방층이 두툼해서 추위를 잘 견딘다. 하지만 더위는 잘 못 견딘다. 무더운 여름이면 산속 개울가나 고인 물웅덩이를 찾아 진흙 목욕을 한다. 진흙 구덩이에서 한바탕 뒹굴고 나면 몸에 붙은 기생충도 없어지고 피를 빨아 먹는 곤충도 달라붙지 않는다.

겨울에 짝짓기를 하고 봄에 새끼를 넷에서 여덟 마리 낳는다. 새끼는 태어난 지 일 주일이면 어미를 따라다니고, 두세 주가 지나면 주둥이로 땅을 파서 먹이를 찾아먹는다. 젖은 두세 달 동안 먹는데, 젖을 떼고 나서도 두세 살까지 어미와 함께 살기도 한다. 멧돼지 새끼는 등에 줄무늬가 있다.

집에서 기르는 돼지는 고기를 먹으려고 기른다. 멧돼지를 데려다가 길들인 것이다. 사람이 기르기 시작한 것은 구천 년쯤 전부터이다. 돼지는 아무거나 잘 먹는다. 살이 빨리 찌고 몸집도 부쩍부쩍 잘 자란다. 얼마 전까지만 해도 구정물이나 음식 찌꺼기를 먹여서 길렀는데, 요즘은 거의 모두 사료로 기른다. 돼지도 고기소와 마찬가지로 좁은 우리에서 평생을 갇혀 지내는 것이 대부분이다.

100~150cm
10~23cm
120~250kg
잡식 동물

다른 이름 산돼지, 멧도야지, 멧돗
사는 곳 산
먹이 나무 열매, 곡식, 작은 동물, 벌레
새끼 봄에 4~8마리 낳는다.

1

1-1

2

1 멧돼지

돼지와 비슷한데 몸집이 더 크다. 몸길이는 100~150cm이고, 꼬리 길이는 10~23cm, 몸무게는 120~250kg이다. 머리가 크고 주둥이가 길다. 수컷은 날카로운 송곳니가 위로 솟아나 있다. 다리와 꼬리는 집돼지보다는 길다. 털빛은 잿빛이 많고, 검거나 누렇기도 한다.

1-1 멧돼지 올무

2 돼지 *Sus scrofa domesticus*

우리나라의 집돼지는 몸무게가 70kg이 조금 넘는 것부터 큰 것은 150kg쯤 나간다. 어깨높이는 70~75cm쯤이다. 가축화된 돼지 가운데서는 몸집이 작은 편이다. 온몸이 반질한 검은 털로 덮여 있다.

포유류
우제목
사슴과

고라니

Hydropotes inermis

사슴 무리 가운데 우리나라에서 가장 흔한 것이 고라니다. 동물원에는 드물지만 산이나 들에서 가끔씩 맞닥뜨리는 사슴 비슷한 짐승은 고라니일 때가 많다. 고라니는 중국 황하강 유역 일부와 우리나라 특산종으로, 세계에서 고라니가 가장 많은 곳이 우리나라다. 노루와 닮았는데 좀 더 작다. 엉덩이에 손바닥만 하게 흰 털이 나 있으면 노루고, 없으면 고라니다. 고라니는 암수 모두 뿔이 없고, 수컷만 송곳니가 입밖으로 길게 나와 있다. 노루는 꼬리가 거의 안 보인다.

산기슭이나 풀이 우거진 들, 물가 갈대밭에서 산다. 물을 좋아해서 산골짜기나 물가를 찾아와서 하루에 두세 번씩 꼭 물을 마신다. 헤엄도 잘 친다. 그렇지만 장마철에는 늘 물이 고인 곳을 피해서 산으로 올라간다.

고라니는 철 따라 사는 곳을 옮겨 다닌다. 여름에는 골짜기와 숲에서 더위를 피하다가 겨울에는 눈과 바람이 적은 산기슭을 찾는다. 보드라운 풀과 나뭇잎, 연한 나뭇가지, 열매, 풀뿌리 따위를 즐겨 먹는다. 헤엄을 치고 다니면서 연잎 같은 물풀을 건져 먹기도 한다. 늦가을에는 논에 내려와서 벼 이삭을 훑어 먹고 겨울에는 보리싹을 잘라 먹기도 한다. 밭이나 논에 찾아와 작물을 뜯어 먹는 덩치 큰 짐승으로는 멧돼지 다음으로 자주 온다. 해 질 무렵부터 나와서 먹이를 먹는데, 안전하다 싶으면 낮에도 나온다. 겁이 많아서 조그만 기척에도 잘 놀라고 잽싸게 달아난다.

겨울에 짝짓기를 하고 이듬해 봄에 새끼를 두 마리에서 네 마리 낳는다. 어미는 새끼를 낳을 때 천적한테 들키지 않으려고 풀밭에 앉은 채로 낳는다. 새끼는 어미가 축축한 털만 핥아 주면 바로 일어설 수 있다. 한두 시간이면 걷고, 이삼 일 지나면 달린다. 새끼는 밤색 바탕에 흰 점이 있다.

노루는 고라니 다음으로 흔한 사슴 무리의 짐승이다. 고라니보다 좀 더 높은 산에서 산다. 몇 마리씩 무리를 지어서는 한곳에 자리를 잡고 꽤 오래 지낸다. 해 진 뒤에 나와서 어린 나뭇가지와 풀을 뜯어먹는다. 가을에는 배추, 무, 콩 같은 곡식도 먹는다. 먹이를 먹고 나면 안전한 곳에서 되새김질을 한다. 먹을 것이 모자라는 겨울에는 산 아래 마을로 내려와서 먹을 것을 찾는다. 제주도 한라산에 유난히 많이 산다. 노루 새끼나 사슴 새끼도 어릴 때는 점무늬가 있다.

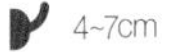 80~120cm
4~7cm
15~20kg
초식 동물

다른 이름 복작노루, 보노루, 고라이, 고래이, 고랭
사는 곳 산기슭이나 물가 풀숲
먹이 풀, 나뭇잎, 나무 열매, 채소
새끼 봄에 2~4마리 낳는다.

1 **고라니**

노루보다 조금 작다. 털빛은 붉은빛이 도는 밤색이다. 몸길이는 80~120cm이고, 꼬리 길이는 4~7cm, 몸무게는 15~20kg이다. 수컷은 송곳니가 입 밖으로 길게 나와 있다. 엉덩이 쪽이 어깨보다 더 높다.

1-1 풀숲에 숨어 있는 고라니 새끼

2 **노루** *Capreolus pygargus*

여름에는 털빛이 밝은 밤색이고, 겨울에는 잿빛이다. 엉덩이에 커다랗게 흰 점이 있다. 몸길이는 100~140cm이고, 꼬리 길이는 2~4cm, 몸무게는 25~40kg이다. 뿔은 수컷한테만 난다. 새끼 때는 몸에 흰 점무늬가 있다.

포유류
우제목
소과

산양

Nemorhaedus caudatus

산양은 높은 산속 험한 바위 지대에서 산다. 암수 모두 작고 뾰족한 뿔이 활처럼 뒤로 뻗어 있다. 뿔은 죽을 때까지 떨어지지 않는다. 다리가 굵고 튼튼하며 발굽이 바위에 알맞게 발달해서 가파른 절벽도 잘 오르내린다. 큰 바위 절벽에서 내달리듯 뛰어다닐 줄 알아서 산양이 바위를 타고 도망치면 어느 짐승도 쫓기 어렵다. 산양은 지금이나 이백만 년 전이나 생김새가 비슷해서 살아 있는 화석이라고 불린다.

산양 수컷은 혼자서 지내고, 암컷은 새끼와 무리를 이루고 산다. 살 곳을 한 번 마련하면 죽을 때까지 한곳에 머물며 산다. 굴이나 집은 따로 없다. 아침저녁으로 돌아다니면서 부드러운 풀과 나뭇잎을 뜯어 먹는다. 가을에는 도토리 같은 나무 열매를 많이 먹는다. 한낮에는 커다란 바위를 등지고 앞이 탁 트인 낭떠러지 위에서 쉬면서 먹은 것을 되새김질하거나 존다. 먹이가 적은 겨울에는 솔잎이나 이끼나 조릿대같이 푸른 잎을 찾아 먹고, 나무 잔가지나 덩굴 줄기도 뜯어 먹는다. 눈이 많이 내리면 먹이를 찾아 산 아래로 내려오기도 한다. 똥은 고라니나 노루 똥보다 조금 더 큰데, 자리를 정해 놓고 거의 한 자리에서 똥을 싼다.

10월에서 11월에 짝짓기를 하고, 이듬해 4월에서 6월에 새끼를 한 마리 낳는다. 더러 두세 마리를 낳기도 한다. 새끼를 낳을 때는 볕이 잘 드는 자리에 이끼나 풀잎을 깔아 자리를 마련한다. 새끼는 두 달쯤 어미젖을 먹고, 이듬해에는 혼자서도 먹이를 찾아 먹는다. 1960년대까지만 해도 깊은 산에 많이 살았는데, 지금은 아주 적은 수만 남았다.

염소는 온 세계에 널리 퍼져 있는 집짐승이다. 염소의 선조인 야생 염소는 산양과 비슷해서 바위가 많은 곳에서 살던 짐승이다. 그래서 염소도 평평한 땅보다는 가파른 산비탈이나 바위가 많은 곳을 좋아한다. 염소는 풀이나 나뭇잎을 잘 먹는데, 칡넝쿨을 아주 좋아한다. 그래서 몸이 아프거나 새끼를 낳은 지 얼마 안 된 염소에게 칡을 준다. 독이 있는 풀을 먹지 않기 때문에 5월 단오날까지 염소가 먹는 풀은 사람이 먹어도 된다는 말까지 있다.

염소 수컷은 짝짓기할 때가 오면 오줌을 자기 몸에 뿌리고 누가 더 힘이 센가 겨룬다. 우두머리가 된 염소는 다른 수컷은 얼씬도 못하게 하고 많은 암컷과 짝짓기를 한다. 가을에 짝짓기를 한 어미 염소는 다섯 달쯤 뒤에 새끼를 두 마리쯤 낳는다.

120~135cm
14~18cm
25~35kg
초식 동물

사는 곳 바위가 많은 높은 산
먹이 풀, 나뭇잎, 나무 열매, 이끼
새끼 봄에 2마리쯤 낳는다.

1

2

1 산양

몸 빛깔은 잿빛인데, 등 가운데로 거뭇한 줄이 길게 나 있다. 몸길이는 120~135cm이고, 꼬리 길이는 14~18cm, 몸무게는 25~35kg이다. 뿔은 암컷이나 수컷이나 모두 난다. 앞다리보다 뒷다리가 훨씬 길고 튼실하다.

2 염소 *Capra hircus*

염소는 품종마다 생김새나 빛깔에 차이가 난다. 우리나라에서 기르는 것은 대개 검은 것인데, 흰색이나 밤색도 있다. 수컷이 몸집이 더 크다.

포유류
우제목
소과

소

Bos taurus

소는 사람에게 큰 도움을 주는 집짐승이다. 특히 우리나라에서는 소가 없이 농사를 짓고 살아간다는 것은 생각하기 어려울 만큼 소와 가까이 살았고, 식구처럼 여겼다. 소의 조상은 들소인데 사람들이 우리에 가두어 기른 지가 만 년 남짓 되었다고 한다. 우리나라에서는 농사를 짓기 시작한 삼한 시대부터 길렀다고 한다. 소는 논밭을 갈았고, 달구지를 끌었다. 힘을 쓰는 일에나 멀리 다니는 일에 소는 없어서는 안 될 짐승이었다.

옛날에는 집집이 외양간을 지어 두고 한두 마리씩 길렀다. 여름에는 싱싱한 풀을 먹이고 겨울에는 콩깍지나 짚 같은 마른 풀을 푹 삶아서 먹였다. 사람 끼니는 걸러도 소 끼니는 안 거른다고 할 만큼 소를 식구처럼 귀히 여겼다. 써레질이나 쟁기질처럼 고된 일을 하는 날은 콩이나 쌀겨를 듬뿍 넣고 여물을 쑤었다.

우리나라 토박이 소는 한우라고도 한다. 한우는 외국에서 들여온 다른 소에 견주어 끈기도 있고 힘도 센 편이다. 성질도 온순하고 잔병치레도 잘 안 한다. 털이 불그스름한 밤색을 띤다. 먹빛에 줄무늬가 띄엄띄엄 있는 것도 있는데, 이것은 칡소라고 한다. 어릴 때 부르던 노래에 나오는 얼룩소는 요즘 흔히 보는 우유 짜는 소가 아니라, 이 칡소를 말하는 것이다. 암소나 황소나 모두 뿔이 있다. 그런데 황소가 몸집도 크고 뿔도 더 억세다. 암소는 두 살쯤 되면 새끼를 낳을 수 있다. 새끼를 밴 지 아홉 달이 넘으면 송아지를 한 마리 낳는다. 송아지는 젖을 먹고 자라다가 서너 달쯤 지나면 풀을 먹기 시작한다.

요즘은 소가 하던 일을 거의 기계가 한다. 일하는 소는 사라지고 삼백만 마리가 훌쩍 넘는 소를 고기를 얻거나 우유를 얻으려고 기른다. 이렇게 기르는 소는 평생 동안 우리에만 갇혀서 지내기 십상이다. 고기를 얻기 위해 기르는 소는 아예 꼼짝도 못하는 틀에 갇혀서 자라고, 우유를 얻기 위해 기르는 소는 젖을 많이 짜내기 위해 강제로 임신 상태로 지낸다. 풀을 뜯어 먹지도 못하고, 공장에서 만든 사료를 먹고 산다. 소는 스무 해 넘게 살 수 있는 동물이지만, 고기소나 젖소로 기를 때는 대개 서너 해를 넘기지 않는다.

300cm쯤
400~1000kg
초식 동물

다른 이름 세, 쇠, 쉐
사는 곳 집에서 기른다.
먹이 풀, 볏짚, 풀씨, 곡식
새끼 한배에 1마리 낳는다.

부리망

우리나라 소에는 황소, 흑소, 칡소가 있는데, 흔한 것이 황소이다. 몸길이는 3m쯤이고, 몸무게는 기르는 것에 따라 400kg에서 1000kg까지 나가기도 한다. 한우는 암소나 수소나 모두 뿔이 있다. 칡소는 얼룩소라고도 한다.

포유류
토끼목
토끼과

멧토끼

Lepus coreanus

까만 눈, 길다란 귀, 짧은 꼬리, 동그랗게 오므린 몸. 토끼는 작고 순하다. 다른 짐승이 해칠까 늘 조심하며 산다. 큰 귀를 이리저리 돌릴 수 있으니, 무슨 소리가 어느 쪽에서 나든 잘 듣는다. 낮은 산이나 풀이 우거진 곳에서 살면서 늘 주위를 살핀다. 낮에는 위험해서 다니지 않고 어둑어둑해져야 먹이를 찾아 돌아다닌다. 풀이나 어린 나뭇잎, 나뭇가지, 나무껍질, 채소, 곡식 같은 것을 먹는다. 쥐처럼 이빨이 계속 자라기 때문에 나무같이 단단한 것을 늘 갉는다. 예전에는 토끼를 쥐 무리로 묶기도 했다. 토끼는 쥐와 달리 앞니가 두 쌍이다.

토끼가 놀라 도망갈 때는 낮은 덤불 사이를 쏜살같이 달린다. 뒷발이 앞발보다 훨씬 크고 길어서 급할 때는 너른 보폭으로 한달음에 뛰어 달아난다. 그런데 이렇게 앞발이 짧은 까닭에 오르막은 잘 달려도 눈 쌓인 내리막은 잘 달리지 못한다. 자칫하다가는 앞으로 고꾸라진다. 눈 쌓인 산에서 토끼몰이를 할 때 토끼를 산 아래로 모는 것도 이 때문이다.

멧토끼는 늘 다니던 길로만 조심스레 다니지 쉽사리 새로운 길을 찾으려 하지 않는다. 눈이 온 날 멧토끼 발자국을 따라가 보면 얼마 가지 않아서 다시 처음 자리로 되돌아 오는 때가 많은데, 그래서 토끼 똥을 보는 것도 늘 비슷한 자리일 때가 많다. 토끼몰이를 할 때도 한나절 토끼를 몰다 보면 다시 제자리로 돌아오기 십상이다. 늘 가까운 자리를 맴돌면서 지내지만 집을 정해 놓고 살지는 않는다. 이리저리 옮겨 다니면서 지낸다. 짝을 짓고 새끼를 낳아 기를 때만 보금자리를 마련한다. 보금자리는 늘 다니는 오솔길에서 조금 벗어나서 땅굴이나 수풀이 우거진 곳에 숨어 있다. 바위틈에 생긴 굴을 찾아서 쓰기도 한다. 보금자리나 쉼터 가까이에서는 똥도 안 누고 풀도 안 뜯는다. 흔적을 남기지 않아야 안전하기 때문이다.

우리나라에는 멧토끼 말고도 우는토끼가 산다. 우는토끼는 백두산과 같은 북녘 고산 지대에서 사는데, 멧토끼와 달리 귀가 짧고, 꼬리가 털 속에 숨어 있어서 안 보인다. "짹 짹" 소리를 내면서 운다고 우는 토끼라고 한다. 집에서 키우는 집토끼는 멧토끼와 색깔과 생김새가 다르다. 집토끼는 다른 나라에서 들여온 것인데, 야생에서는 굴을 파고 살던 토끼들이다. 애완용으로 기르기도 하지만, 털을 얻기 위해서 많이 기르고, 고기도 얻는다.

 42~50cm
Kg 1.2~2kg
초식 동물

다른 이름 산토끼, 토깽이, 토깨이, 투꾸
사는 곳 낮은 산, 풀이 우거진 들
먹이 풀, 풀씨, 어린 나뭇가지, 나무껍질
새끼 한 해에 두세 번 1~4마리쯤 낳는다.

1 **멧토끼**

몸길이는 42~50cm이고, 귀 길이는 10cm, 몸무게는 1.2~2kg이다. 귀가 유난히 크고 길다. 뒷발이 길지만, 뛸 때가 아니면 대개 오므리고 있어서 동그란 몸통에 짧은 다리가 달린 모양새다. 꼬리는 짧고 엉덩이에 거의 붙어 있다.

1-1 토끼 똥

2 **집토끼** *Oryctolagus cuniculus*

집에서 기르는 집토끼는 유럽의 굴토끼를 사람들이 가축으로 삼은 것이다. 털이나 가죽, 고기를 얻기 위해서거나 애완용으로 기른다. 품종마다 크기나 모양새가 다르다.

포유류
쥐목
청설모과

다람쥐

Eutamias sibiricus

산짐승을 직접 만나기란 쉽지 않은데, 그나마 자주 보는 것이 다람쥐나 청설모다. 이들은 낮에 많이 움직이는 데다가 몸집이 작고 도망치는 재주가 좋아서, 멀리서 사람이 온다고 화들짝 놀라 달아나지는 않는다. 둘 다 나무를 잘 타지만, 다람쥐는 땅에 있을 때가 많고, 청설모는 나무 위에 있을 때가 많다. 청설모는 다람쥐보다 몸집이 서너 배 가까이 크고, 머리, 등, 꼬리가 밤색이 도는 잿빛이다. 배는 흰색이거나 젖빛이다. 한때 청설모가 다른 나라에서 들어온 외래종이라는 식으로 잘못 알려지기도 했다.

다람쥐는 도토리나 솔씨나 잣처럼 단단한 나무 열매를 잘 까먹고, 애벌레나 개미, 거미 따위를 잡아먹기도 한다. 청설모처럼 잡식성이다. 쥐처럼 앞니가 줄곧 자라기 때문에 쉬지 않고 나무를 쏠거나 딱딱한 열매를 갉아 먹는다. 먹을 것을 찾으면 볼주머니에 집어넣고 바위 위나 나무 그루터기처럼 주위를 잘 살필 수 있는 곳에서 먹는다. 사람이 가까이 다가가면 재빨리 나무 위나 멀리 도망치는데, 짹짹거리며 우는 소리가 새소리처럼 들린다.

다람쥐는 땅속이나 나무속에 보금자리를 둔다. 땅속에 굴도 잘 파고 가을에 나무 열매를 모아다가 넣어 둔다. 여름에 쓰는 굴과 겨울에 쓰는 굴이 구조가 다르다. 청설모는 높은 나무 위에 나뭇가지로 집을 지어서, 얼핏 보면 까치 둥지처럼 보이기도 한다. 새들이 쓰고 남겨 둔 둥지를 고쳐 쓰기도 한다. 암컷이 둥지를 짓는데, 나뭇가지를 엇갈리게 쌓아 둥근 모양으로 만들고 안에는 부드러운 이끼와 짐승 털과 가랑잎을 깐다.

청설모는 겨울에도 돌아다니면서 가을에 파 묻어 놓은 먹이를 찾아서 꺼내 먹고는 하지만, 다람쥐는 10월 중순이면 겨울잠을 자기 시작한다. 겨울잠을 자는 방에는 부드럽고 잘 마른 풀을 깔아 놓는다. 죽은 듯이 깊이 잠을 자다가, 날이 따뜻해지면 깨어나서 모아 둔 먹이를 먹는다.

3월쯤 겨울잠에서 일어나서 바로 짝짓기를 하고 오뉴월이면 새끼를 세 마리에서 일곱 마리 낳는다. 새끼는 두 달이면 어미 곁을 떠나서 혼자 살아간다.

12~20cm
7~13cm
50~100g
잡식 동물

다른 이름 다래미, 볼제비, 새양지
사는 곳 산
먹이 도토리, 밤, 잣, 개미, 거미
새끼 5~6월에 3~7마리 낳는다.

1 **다람쥐**

몸길이는 12~20cm이고, 꼬리 길이는 7~13cm, 몸무게는 50g~100g이다. 온몸이 밝은 밤색이고 등에 검은 줄이 5개 있다. 꼬리가 북슬하고 몸집만큼 길어 보인다. 눈 옆에 흰 줄이 2개 있고, 눈이 크고 까맣다.

2 **청설모** *Sciurus vulgaris*

몸집이 다람쥐 서너 배쯤 된다. 온몸이 밤색이 도는 잿빛인데, 배 쪽이 하얗다. 몸길이는 20~25cm이고, 꼬리 길이는 12~20cm이다. 꼬리에는 검은빛이 도는 밤색 털이 많이 나 있다. 몸무게는 250~350g이다. 겨울에는 귀 끝에 긴 털이 나 있다.

포유류
쥐목
쥐과

쥐

Muridae

쥐는 젖먹이동물 가운데 종류나 숫자가 가장 많다. 시골뿐 아니라 도시에도 쥐가 많이 산다. 우리나라에는 스무 종쯤 되는 쥐가 사는 것으로 알려져 있는데, 집 가까이에서 흔하게 볼 수 있는 것이 집쥐나 생쥐이고, 들에서는 등줄쥐, 산에서는 흰넓적다리붉은쥐가 흔하다. 쥐는 사람을 많이 괴롭히기도 하지만, 육식을 하는 짐승이나 새들한테 그만큼 많이 잡아먹히기도 한다. 족제비나 황조롱이나 올빼미처럼 쥐를 많이 잡아먹는다고 알려진 동물 말고도 늑대나 여우처럼 몸집이 큰 육식 동물도 쥐를 많이 먹는다. 식물과 육식 동물을 잇는 중요한 짐승인 셈이다.

쥐는 귀가 밝고 냄새를 잘 맡는다. 낮에는 잘 안 돌아다니고, 어두워져야 다닌다. 곡식이나 열매나, 음식 찌꺼기도 먹고, 안 먹는 게 없다. 몸집이 큰 집쥐는 제법 큰 병아리를 잡아먹기도 한다. 앞니가 평생 자라기 때문에 음식 말고도 가구나 옷, 책, 나무, 전선 따위까지 닥치는 대로 쏠아 놓는다. 이렇게 아무것이나 쏠아서 이를 적당한 크기로 다듬는 것이다.

쥐는 대부분 땅속에 굴을 파고 사는데, 방도 여럿 만들고, 굴도 여러 갈래로 뚫는다. 그렇게 파 놓은 땅속 굴이 어지간한 마당보다 넓을 때가 많다. 방에는 겨울을 대비해서 먹이를 쌓아 두기도 한다. 심지어 방 하나에 낟알을 오 킬로그램 넘게 모으기도 한다. 먹이를 많이 모아 두기는 해도, 따로 겨울잠을 자지는 않는다. 겨울에도 눈밭을 돌아다니며 먹을 것을 찾는 쥐도 있다.

새끼를 보통 한 해에 세 번이나 네 번 치는데, 한 번에 열 마리까지도 낳는다. 먹을 것이 넉넉하고 날이 좋으면 더 많이 낳을 수도 있다. 새끼들도 금세 자라서 한 달이 채 되기 전에 혼자 살아갈 수 있게 되고, 석 달이면 새끼를 낳을 수도 있다. 사람이 먹는 것은 무엇이든 먹는 데다가, 금세 숫자가 불어나기 때문에, 집에서나 논밭에서나 쥐들이 양식을 많이 축낼까 늘 골치였다. 사람이 사는 곳에도 곧잘 들락거리면서 전염병을 옮기기도 한다.

등줄쥐는 이름처럼 등에 검은 줄이 또렷하다. 집 근처 논밭이나 산이나 어디서나 산다. 곡식이나 풀씨, 나무 열매를 잘 먹는다. 멧밭쥐는 가장 작은 쥐다. 아주 가벼워서 풀잎에 올라설 정도이다. 여름에는 풀 줄기에 공처럼 동근란 둥지를 지어서 새끼를 기른다. 집쥐는 집 마당이나 창고나 하수구 같은 곳에 살면서 사람이 먹는 것은 다 먹는다. 곡식이나 풀 이삭도 먹는다. 덩치가 무척 커서, 크게 자란 것은 머리끝에서 꼬리 끝까지 사십 센티미터가 넘는다.

48~355mm

20~280mm

5~500g
잡식 동물

다른 이름 서생원, 지, 찌
사는 곳 집, 들, 산, 섬
먹이 곡식, 풀씨, 나무 열매
새끼 한 해에 서너 번 3~10마리쯤 낳는다.

1

3

2

1 **등줄쥐** *Apodemus agrarius*
우리나라에서 가장 흔한 들쥐다. 등 가운데에 검은 줄이 나 있다. 풀 이삭이나 열매를 먹는다. 똥으로 병을 옮기기도 한다. 몸길이는 67~128mm, 꼬리 길이는 66~112mm, 몸무게는 13~53g이다.

2 **집쥐** *Rattus norvegicus*
집 둘레에서 가장 흔하게 볼 수 있는 큰 쥐다. 사람이 먹는 것은 다 먹는다. 경계심이 많고 사납다. 몸길이는 160~230mm이고, 꼬리 길이는 40~190mm, 몸무게는 200~500g이다.

3 **멧밭쥐** *Micromys minutus*
우리나라 쥐 가운데 가장 작다. 몸이 가벼워서 가느다란 풀 줄기에 올라가도 풀이 안 꺾인다. 몸길이는 54~79mm이고, 꼬리 길이는 47~91mm, 몸무게는 5~14g이다.

새

새

옛날 어른들은 뻐꾸기 소리 나면 콩 심고, 목화 심고, 못자리 할 때라 했고, 제비가 새끼를 많이 낳으면 풍년이 든다 했다. 까치가 집을 낮게 지으면 바람이 많은 해가 될 것이라 했다. 고기잡이배는 갈매기를 보고 물고기를 찾아다녔다. 또 집집마다 닭을 키우고, 꿩이나 오리 따위를 사냥했다. 지저귀는 새소리에 눈을 뜨고, 집에서나 들에서나 어디서든 새를 보며 살았다.

새는 깃털이 있고, 날개가 있으며, 먹이에 따라 다르게 생긴 부리가 있다. 몸은 늘 따뜻해서 젖먹이동물보다 체온이 조금 더 높다. 번식을 할 때는 둥지를 틀고 알을 낳아서 새끼를 기른다. 알을 낳는 수와 새끼 치는 횟수는 저마다 다른데, 보통 제비를 비롯한 여름새나 참새, 꿩, 까치 같은 텃새들은 한 해에 두어 번 새끼를 친다. 독수리처럼 큰 새는 알을 하나 낳지만, 작은 새들은 보통 한배에 대여섯 개의 알을 낳는다. 꿩 같은 새는 열여덟 개까지도 낳는다. 하늘을 날면서 생활을 하기 때문에 새들은 대개 시력이 뛰어나다. 소리도 잘 듣는다.

무엇보다 새는 하늘을 난다. 물을 가르며 헤엄치는 물고기가 그렇듯이, 새 몸뚱이는 바람을 가르기에 좋게 날렵하게 생겼고, 앞다리는 날개로 바뀌었으며, 온몸은 가벼운 깃털로 뒤덮여 있다. 그리고 몸뚱이 크기에 견주어 몸무게가 아주 가볍다. 깃털만 가벼운 게 아니라 온몸이 새털처럼 가볍다. 몸이 가볍지 않고서는 하늘을 날 수가 없다. 그래서 뼈는 단단하기는 하되 속이 비었고, 오줌이나 똥을 배 속에 모아 두는 일도 없이, 생기는 대로 곧바로 내보낸다. 소화관도 짧고 소화가 되는 시간도 오래 걸리지 않는다. 새들은 대개 알을 여러 개 낳는데, 한번에 다 낳는 것이 아니라 하루나 이틀에 한 개씩 알을 낳는다. 배 속에 다 큰 알이 여럿 들어 있으면 몸이 너무 무거워져서 하나씩 알을 키워 가며 낳는다.

하늘을 날기 위해서 가장 중요한 것은 당연히 날개이다. 날개는 몸을 얼추 뒤덮을 만큼 크다. 그 큰 날개를 힘차게 휘저으면서 하늘을 난다. 나는 일은 땅 위에서 걷는 일보다 훨씬 힘이 든다. 그래서 새는 날개를 움직이는 근육이 유난히 크고 힘이 세다. 또 날 때에는 그만큼 산소도 많이 필요해진다. 온몸에 피가 빨리 돌아야 하니 심장도 크고 튼튼하다. 비슷한 몸집의 짐승과 견주어 보자면 심장은 거의 두 배쯤 크고, 심장이 뛰는 속도도 훨씬 빠르다. 젖먹이동물처럼 몸이 따뜻하다고 했는데, 오랫동안 날 때는 체온이 더 올라가서 섭씨 45도를 웃돌기도 한다. 하늘을 나는 일은 멋있고 자유로워 보이기는 하지만, 그만큼 중노동인 셈이다.

숨쉬는 것도 짐승하고는 조금 다르다. 새들은 몸 안에 공기주머니가 있다. 그래서 숨을 들이쉬면서 폐에서 산소를 한 번 받아들이고, 공기주머니에 들어 갔던 공기가 되돌아 나올 때 다시 한 번 폐에서 산소를 걸러낸다. 이렇게 더 많은 산소를 얻는다. 먹이를 빨리 분해시켜서 몸밖으로 내보내려고 소화도 서둘러 이루어진다. 새는 이빨이 없어서 부리로 쪼아 먹거나 잡아먹은 먹이를 그대로 꿀꺽 삼키는데, 씹지 않고 넘긴 먹이를 더 빨리 소화시켜야 해서, 위는 망치질이라도 하듯이 먹이를 부순다. 이 때 위 속에 모래나 작은 돌이 있으면 먹이를 부수기가 더 쉬워진다. 먹이와 함께 모래를 집어삼키는 것이 이 때문이다. 더 많이 일을 하고 소화를 빨리 시키니 배고픔도 빨리 찾아온다. 몸집이 작은 새일수록 먹이를 먹지 않고 버틸 수 있는 시간이 짧다.

또, 나는 일은 땅 위에서 걷거나 뛰는 일보다 훨씬 정교하게 몸을 놀려야 한다. 짐승은 힘껏 달리기를 하다가 마음먹은 자리에 멈춰서는 정도만 할 수 있으면 되지만, 새들은 그보다 훨씬 빠른 속도로 하늘을 날다가 순식간에 가느다란 나뭇가지에 내려앉는다. 몸을 움직이는 것으로만 보자면 힘을 쓰는 것이나 정교하게 움직이는 것이나 새를 따를 만한 동물이 별로 없다.

지구에 사는 구천 종쯤 되는 새 가운데 우리나라에서 볼 수 있는 새는 모두 육백 종쯤 된다. 이 가운데 가축과 같이 사람이 따로 가두어서 기르는 새는 닭이나 오리, 거위, 메추리, 꿩 따위이다. 애완동물로 소리를 듣거나 아름다운 모습을 보려고 새를 키우기도 한다. 집에서 기르는 닭이나 오리야 물론 알과 고기를 얻기 위한 것이지만, 꿩이나 메추리 같은 새들도 고기를 얻기 위해 따로 기르거나 사냥을 하는 새들이다. 예전에는 참새나 다른 작은 새들도 잡아먹을 때가 있었다. 고기를 얻는 것 말고도 기러기나 오리의 깃털과 솜털은 따뜻한 옷이나 이불을 만드는 데 귀하게 쓰인다.

요즘은 논농사를 지을 때, 잡초와 벌레를 잡으려고 일부러 논에 오리를 풀어서 기르기도 한다. 오리처럼 사람이 일부러 기르는 것이 아니더라도 새는 농사를 짓는 데 큰 도움을 준다. 해충인 벌레를 잡아먹는 것이다. 그러나 농약을 치기 시작하면서 벌레도 줄고 새도 줄어들었다. 물론 가을에 나락을 쪼아 먹는 참새나, 과일을 파먹는 까치 같은 새들은 늘 골칫거리였다. 아이들은 물풀매나 팡개나 태 따위를 챙겨서 새를 보러 논에 나가고는 했다. 그러나 참새도 봄여름으로는 벌레를 많이 잡아먹는다. 다른 새들도 마찬가지여서 벌레도 먹고 곡식이나 열매도 먹는 새들은 대개 벌레를 더 좋아한다. 그래서 벌레가 많은 여름에는 벌레를 잡아먹다가 날이 추워지고 벌레가 줄면 그제서야 열매나 씨앗을 찾아다닌다. 과수원에서 과일을 먹는 새들도 마찬가지다. 과수원에도 풀이 많고 벌레가 많은 곳은 새가 과일보다 벌레를 먼저 찾는다.

우리나라에서 아예 사라진 젖먹이동물이 적지 않듯이, 새들 가운데서도 더 이상 우리나라에서는 살지 않는 새가 많다. 남아 있는 새들도 사람한테 쫓겨서 더 외진 곳으로 가거나 숫자가 줄어들고 있다. 매나 독수리처럼 몸집이 크고 먹이사슬 꼭대기에 있는 새일수록 더 많이 사라졌다. 흔한 여름 철새였던 제비도 귀한 몸이 되었다. 특히, 갯벌이나 강가는 먹이가 많고 살기에 좋아서 갖가지 새들이 찾는 땅인데, 이런 곳을 가만두지 않는 사람 때문에 새가 살아갈 곳이 급격히 줄어들었다. 새가 벌레를 잡고, 알과 고기, 깃털을 주는 일만 하는 것은 아니다. 백로 한 마리 없는 너른 들판은 그저 모든 것이 멈춘 듯 하고, 지저귀는 새소리 없이 바람 소리만 나는 산속은 적막하기 짝이 없다. 새를 연구하는 사람에 따라서는 새를 철새나 텃새, 혹은 맹금류 따위로 나누는 것 말고도, 경치를 아름답게 하는 새라든가 소리가 듣기 좋은 새로 무리를 나누기도 한다.

2_1 생김새와 생태

새는 날개가 있다. 온몸이 날기에 좋게 생겼지만 특히 날개야 말로 하늘을 나는 데 가장 중요한 기관이다. 날개는 대개 앞은 둥글고 두툼하면서 뒤로 갈수록 뾰족하고 두께도 얇아져서 저항을 줄이고, 바람을 잘 탈 수 있게 생겼다. 몸은 깃털로 덮여 있는데, 깃털은 날개짓을 할 때 바람을 부치기에도 좋게 생겼고, 속에는 공기를 담아서 몸을 따뜻하게 하는 데에도 도움을 준다.

하늘을 날면서 살아가는 새는 시력이 좋아서 잘 본다. 개의 후각이 사람과 비교가 되지 않듯, 새의 시력은 사람이 쉽게 가늠하기 어려울 정도이다. 새의 머리뼈 가운데 반 이상은 눈구멍이 차지하고, 전체 머리 무게에서 눈의 무게도 상당하다. 그만큼 보는 것이 중요하다. 머리 옆쪽에 있어서 보는 넓이도 아주 넓다. 새 가운데 멀리서도 암수를 구분하기 쉬운 종류가 많은 것도 눈으로 보고 암수를 알기 위해서다. 특히 새는 수컷이 화려한 몸치장을 하고 있는 것이 많다. 오리 같은 것이 대표적인데, 멀찍이서 암컷만 봐서는 무슨 오리인지 잘 모르고, 수컷을 보고 안다. 짝짓기를 할 때 암컷에게 잘 보이기 위해서이다.

새는 이빨이 없고 대신 부리가 있다. 짐승이 먹이에 따라 이빨 모양새가 다른 것처럼 새는 부리가 다르게 생겼다. 보통 풀씨나 나무 열매를 많이 먹는 새는 딱딱한 열매를 깨 먹을 수 있도록 짧고 뭉툭하고 아주 튼튼하게 생겼다. 콩새나 참새 같은 새가 그렇다. 반대로 벌레를 잡아먹는 새는 부리가 가늘고 길며 약하게 생겼다. 할미새 같은 새다. 철에 따라 벌레도 먹고 씨앗도 먹는 지빠귀 같은 새들은 그 중간쯤이다. 먹이를 구하는 방식이 특별한 새는 그만큼 부리도 다르게 생겼다. 나무줄기에 구멍을 내서 벌레를 찾는 딱따구리는 부리 끝이 도끼날처럼 날카롭고 튼튼하고, 갯벌에서 먹이를 끄집어내는 도요 무리는 부리가 가늘고 길며 약간 구부러져 있다. 발가락도 마찬가지여서, 보통은 나뭇가지 따위를 움켜쥐고 앉기에 좋게 생겼지만, 땅 위를 많이 걸어다니는 꿩은 발가락이 평평하고 다리가 튼튼하고, 하루종일 거의 날면서 벌레를 잡는 제비는 발가락이 작고 약하게 생겼다. 물에 늘 떠 있는 오리 발가락에는 물갈퀴가 있다.

새 몸에서 가장 눈에 띄고, 종을 구분하는 중요한 기준이 되는 것이 깃털이다. 오로지 새만 깃털이 있다. 온몸을 덮고 있는 깃털은 몸집에 따라 삼천 개에서 이만 개에 이르는데, 빠지고 나기를 되풀이하면서 몸을 지킨다. 깃털은 가벼우면서도 질기고 강하다. 새 몸을 싸고 있는 깃털에는 날개깃, 꽁지깃, 몸 깃, 솜털 들이 있는데 저마다 다른 역할을 한다. 날개깃은 다른 깃털에 견주어 수가 적지만 길고 가벼우면서도 힘이 있다. 날개 크기를 키우고 표면적을 넓혀서 바람을 타고 날기 쉽게 해 준다. 꽁지깃은 하늘을 날 때 방향을 조종하는 데 도움을 주고, 나무나 땅 위에 앉을 때는 몸의 균형을 잡아 준다. 몸 깃은 몸을 유선형으로 만들어서 날 때 공기 저항을 줄여 준다. 부드럽고 가는 솜털은 공기를 품어 겨울에도 몸을 따뜻하게 지켜 준다. 오리 같은 물새들은 깃털에서 나오는 기름 덕분에 몸이 물에 젖어 추워질 걱정 없이 마음껏 헤엄을 친다. 짝짓기를 앞둔 수컷 새들은 날개나 꽁지깃을 활짝 펼치거나 흔들기도 하고 아름다운 치렛깃을 써서 암컷 눈길을 끈다.

깃털은 서로 얽어매고 있는 모양으로 엮여 있지만, 하루 종일 날고 움직이다 보면 상하는 깃털이 있다. 그래서 새들은 저마다 부리로 깃털을 다듬거나 목욕을 하거나 해서 날마다 깃털을 고른다.

새들은 나이나 계절, 성별에 따라 깃털이 많이 달라진다. 갈매기 무리는 나이에 따라 깃털 색이 크게 바뀐다. 태어난 해에는 온몸이 연한 밤색을 띠다가, 갈수록 밝은 색 깃털이 자라면서 색이 섞여 얼룩덜룩하다가 다 자라면 희고 깨끗한 제 빛깔을 찾는다. 백로 무리도 어린 것은 색이 누래서 황로와 헷갈리기도 한다. 겨울부터 이듬해 초여름까지 번식기를 맞이한 흰뺨오리나 원앙 수컷은 깃털 색이 알록달록하고 화려하다. 번식기가 끝나면 수컷은 암컷과 거의 비슷한 깃털로 깃갈이를 한다.

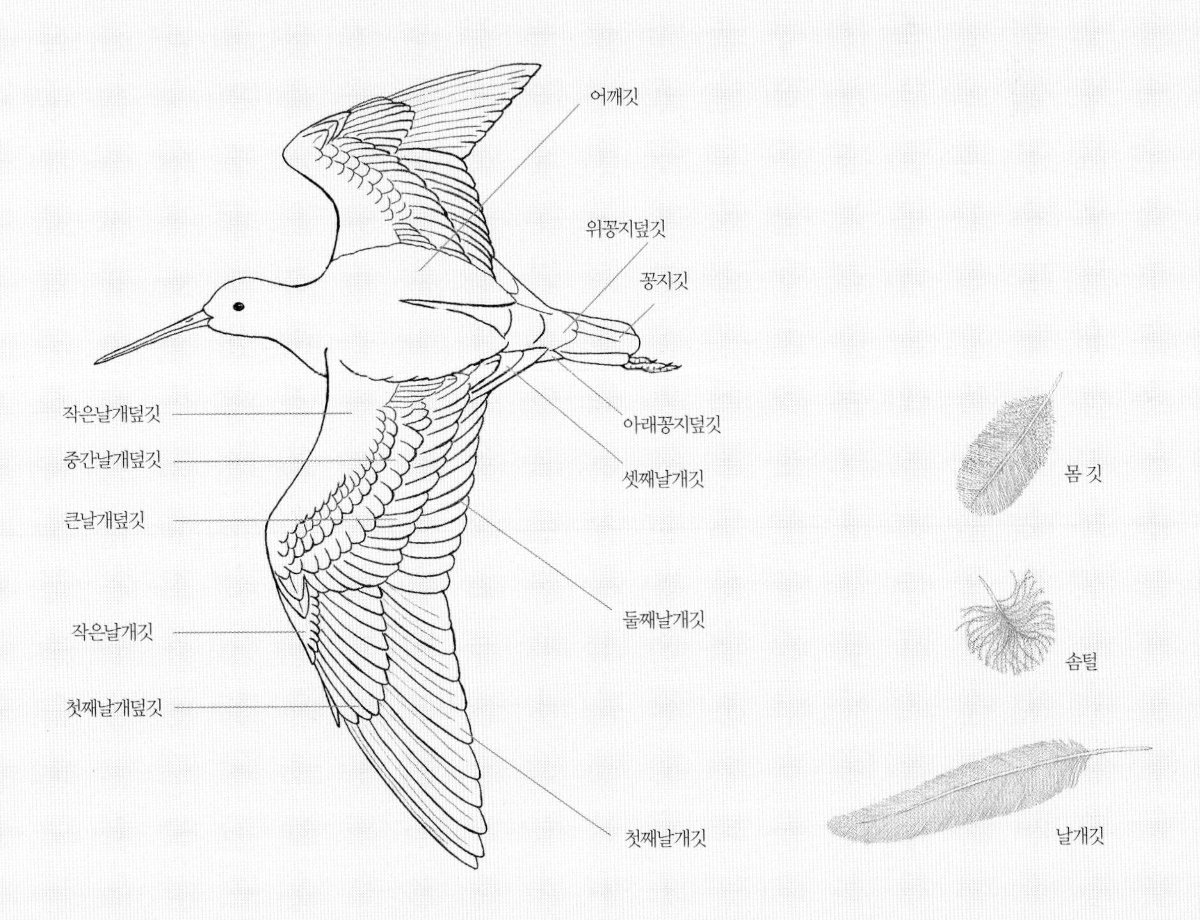

2_2 철새와 텃새

새를 어떤 기준으로 나눌 때 가장 먼저 떠올리는 것이 철새와 텃새이다. 새처럼 먼 거리를 오가며 사는 곳을 바꾸는 동물은 거의 없다. 짐승이나 바닷물고기도 멀리 움직이는 것이 있지만 새에 견줄 것은 못된다. 하늘을 날 수 있는 새만이 이렇게 철마다 까마득히 먼 곳으로 옮겨 다니며 산다. 우리나라에서 볼 수 있는 새들 가운데서도 종 숫자로만 보면 철새가 텃새보다 더 많다. 우리나라가 계절이 뚜렷한 나라이기 때문이기도 하고, 대륙과 바다를 잇는 길목에 있어서 철 따라 먼길을 오가는 새들이 쉬어 가거나 한 철 머물러 지내기에 알맞은 땅이어서 그렇다. 삼면이 바다로 둘러싸여 있고, 갯벌이 넓은 데다, 높고 큰 산도 있고, 너른 들도 펼쳐져 있는 덕분에 환경이 다양하고, 그만큼 새 먹이 또한 갖가지이다. 바닷가와 갯벌에는 물고기나 조개, 게 따위가 살고, 산에는 벌레와 나무 열매, 작은 동물들이 있으며, 들에는 풍성하게 자라는 곡식이나 떨어진 낟알이 흔하다. 특히 서해안 갯벌은 수많은 철새들이 이동하는 길 중간에 있다. 그래서 새들이 갖가지 먹이를 먹고 쉬면서 목적지까지 날아갈 힘을 얻을 수 있는 중요한 장소이다.

텃새라고 해서 한 해 내내 한곳에 머물러 지내는 것은 아니다. 많은 텃새들이 여름에 새끼를 칠 때는 산속에서 지내다가 먹이가 귀해지는 겨울에는 마을 가까이로 내려온다. 조금 더 옮겨 다니는 새는 여름에는 중부 지방에서 지내다가 추워지면 남쪽 바닷가로 옮겨 가 살기도 한다.

시골의 낮은 산과 마을 둘레를 옮겨 다니며 사는 새로는 참새, 까마귀, 굴뚝새, 종다리, 딱새, 노랑턱멧새, 까치, 때까치, 멧새 들이 있다. 이런 새들은 낮은 산에서 새끼를 치고 겨울이면 마을 둘레를 돌아다니며 먹이를 찾는다. 사람 사는 집 처마나 다리 틈, 논밭 가에 있는 나뭇가지 같은 곳에 둥지를 틀기도 한다. 물가에 사는 텃새로는 흰뺨검둥오리, 원앙, 물닭 들이 있다. 미꾸라지 같은 작은 물고기나 곤충을 잡아먹고 산다. 물 위에 물풀을 쌓아 둥지를 틀기도 하고, 높은 나무 위에 나뭇가지를 쌓기도 한다. 원앙은 다른 오리과 새들과는 달리 나무 구멍을 둥지로 쓴다. 산속에서는 딱따구리, 박새, 어치, 동고비, 붉은머리오목눈이, 호랑지빠귀, 올빼미 같은 새들이 산다. 숲 속에 날아다니는 곤충과 애벌레, 나무 열매, 씨앗을 비롯해 쥐나 작은 새를 먹이로 삼는다. 새끼를 치고 나면 거의 마을 둘레나 낮은 산 개울가로 내려와 지낸다. 참새, 까치, 직박구리, 비둘기 무리는 도시에서도 자주 볼 수 있는 텃새다.

여름 철새는 봄에 우리나라에 와서 짝짓기를 하고 새끼를 친 다음, 가을이 오면 따듯한 남쪽으로 가서 겨울을 난다. 이르면 3월 초부터 찾아왔다가 10월 말이면 거의 다 떠난다. 흔히 동남아시아와 우리나라를 오가며 지내는데, 멀리 가는 새는 오스트레일리아까지 다녀오기도 한다. 우리나라를 찾는 여름 철새로는 제비, 뻐꾸기, 꾀꼬리, 파랑새, 물총새, 개개비, 백로, 왜가리 들이 있다.

겨울 철새는 가을에 우리나라를 찾아와 겨울을 나고 이듬해 봄에 북쪽으로 가서 새끼를 치는 새다. 9월부터 시작해 10월에서 11월까지 가장 많이 찾아왔다가 이듬해 3월이면 거의 다 떠난다. 몽골, 러시아와 우리나라를 오간다. 우리나라를 찾는 겨울 철새 가운데 가장 많은 것은 오리과 새다. 독수리, 콩새, 고니, 기러기, 두루미도 겨울에 볼 수 있는 철새다.

나그네새는 봄가을에 새끼를 치거나 겨울을 나려고 우리나라보다 북쪽이나 남쪽으로 먼 거리를 이동하는 도중에 중간 지점인 우리나라에 잠시 들러 쉬었다 가는 새다. 물새 가운데 도요 무리는 거의가 나그네새다. 수많은 도요들이 봄가을마다 갯벌이 넓은 서해안을 찾는다. 긴 부리로 갯벌 바닥을 꾹꾹 찌르거나 물을 따라 걸으면서 조개나 새우, 달팽이, 지렁이, 벌레 들을 잡아먹는다. 갯벌에 사는 여러 가지 생물들은 새한테 좋은 먹이가 된다. 도요들은 이것들을 먹으면서 지친 몸을 쉬고 다시 날아갈 힘을 얻는다. 개꿩이나 물떼새도 도요 무리와 함께 갯벌에서 먹이를 먹고 쉬다가 다시 먼 길을 떠나는 나그네새다. 울새나 유리딱새도 봄가을에 우리나라에 들른다. 산맥을 따라 이동하고 서해를 건너면서 남북을 오가는데, 그러다가 지쳐 쉬는 모습을 볼 수 있다.

새들은 저마다 제 몸에 맞는 방식으로 먼 여행을 하는데, 어떤 새는 일단 길을 나서면 온종일 계속 날아가는가 하면, 어떤 새는 하루에도 몇 번씩 쉬어 간다. 그리고 낮에만 나는 새도 있고, 밤에만 나는 새도 있다. 바다를 건널 때는 며칠 쉬지 않고 가기도 하는데, 긴 여정 사이에 길을 잃거나 지쳐서 죽거나 무리에서 떨어지는 새가 적지 않다.

2_3 산새와 물새

산새는 주로 산에서 사는 새를 말한다. 독수리, 참매, 꿩, 멧비둘기, 뻐꾸기, 부엉이, 딱따구리, 참새, 딱새, 멧새, 박새, 까치, 오목눈이 같은 새들이 있다. 산새가 먹는 식물성 먹이로는 나무와 꽃, 풀에서 나오는 꿀, 꽃가루, 풀씨, 나무 열매 들이 있고, 동물성 먹이로는 땅 위와 나무에서 사는 딱정벌레, 나비, 벌, 파리, 매미, 거미 같은 여러 가지 벌레 들이 있다. 산속 계곡 둘레에 사는 호반새는 먹이도 계곡에서 작은 물고기나 가재, 게 들을 찾아 먹는다. 독수리나 솔부엉이처럼 몸집이 큰 새들은 뱀, 쥐, 두더지, 새, 토끼, 박쥐 같은 동물을 고루 잡아먹는다.

산새들은 흔히 둥지를 나뭇가지 위에 튼다. 마른풀, 작은 나뭇가지, 나뭇잎, 이끼 따위를 쌓고 다져서 만든다. 둥지 모양은 저마다 다르고, 좋아하는 자리도 다르다. 제비 같은 새는 사람이 사는 집을 좋아한다. 꿩은 땅 위의 수풀 속에 둥지를 숨기고, 딱따구리는 자연스레 생긴 나무 구멍 속을 둥지로 삼기도 하지만 보통 단단한 부리로 나무에 구멍을 파서 쓴다. 천적의 눈을 피해 바위틈이나 수풀 속 둥지에서 새끼를 치는 새도 있고, 물총새나 호반새는 흙 벼랑에 옆으로 긴 구멍을 파서 둥지로 쓴다. 산새는 물새에 견주어 부리가 짧고 날카로운 편이다. 발가락도 물새 발가락보다 길이가 짧으면서 발톱은 길고 날카롭다.

물새는 주로 물가에서 사는 새를 가리킨다. 오리, 기러기, 고니 같은 오리과 새를 비롯해 백로, 논병아리, 갈매기, 물떼새, 도요 무리 들이 우리나라에서 볼 수 있는 물새들이다. 물새는 물속과 갯벌에 사는 물벌레와 물고기, 조개, 다슬기, 새우, 게, 갯지렁이 같은 동물을 많이 잡아먹는다. 물풀을 뜯어 먹기도 하고, 물가에서 쉬다가 논까지 날아가서 낟알을 주워 먹기도 한다. 둥지는 물풀과 이끼를 쌓아 물 위에 뜨도록 만들거나 물가 축축한 땅이나 풀밭 위에 짓기도 한다. 백로 무리는 산새처럼 높은 나무 위에 둥지를 튼다. 물새는 산새에 견주어 부리가 길쭉하고 넓적한 새들이 많다. 물을 휘젓거나 갯벌 속에 숨은 먹이를 찾기 위해서다. 발가락도 길이가 길면서 물갈퀴가 있는 새가 많다. 가마우지 같은 새는 헤엄을 아주 잘 친다.

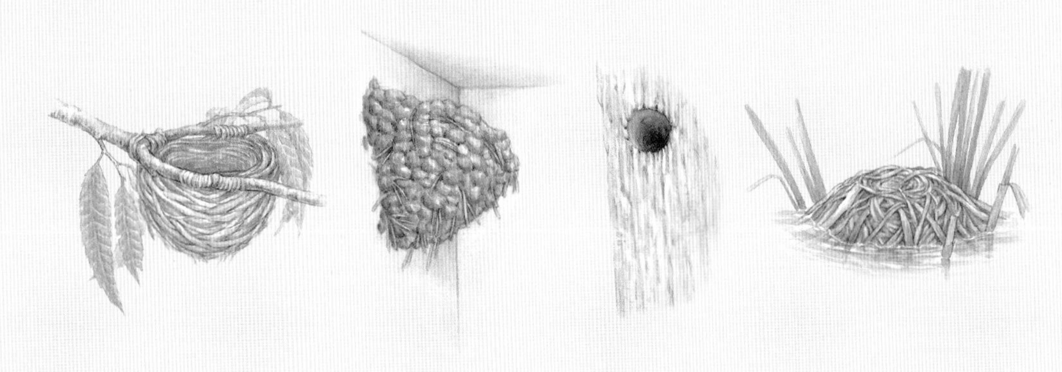

여러 가지 새 둥지

2_4 새 관찰하기

새는 언제든 날아서 도망칠 수 있기 때문에 적당히 떨어져 있으면서 놀래키지 않으면, 사람이 오기도 전에 도망가거나 그러지 않는다. 젖먹이동물은 직접 마주칠 일이 없어서 흔적만 볼 때가 많은데, 새는 늘 사람 가까이에 있는 것을 볼 수 있다. 둥지나 깃털이나 발자국 따위를 발견했다면, 새가 언젠가는 돌아올 테니, 기다렸다가 새를 보기도 한다. 새가 남기는 흔적으로는 둥지나 깃털, 알, 발자국, 먹은 흔적, 펠릿 같은 것이 있어서 새를 직접 보는 것 말고도 이런 것을 살펴서 새가 어떻게 살아가는지도 알 수 있다.

거의 모든 새는 스스로 둥지를 짓는다. 새끼를 낳고 키우는 데는 무엇보다 둥지가 중요하다. 그래서 짝짓기 철이 되면 수컷은 천적 눈에 잘 띄지 않으면서도 비나 눈, 햇빛을 피할 수 있는 곳을 찾아 집 지을 재료를 나르느라 바빠진다. 알의 생김새는 새가 사는 곳이나 둥지 생김새에 따라 달라진다. 주어진 환경 속에서 잘 보살필 수 있으면서도 천적 눈에는 띄지 않도록 발달한 것이다. 흔히 새알은 달걀처럼 생겼으나 한쪽이 좀 더 뾰족하다. 특히 알이 굴러 떨어질 염려가 있는 곳에 사는 새일수록 더 뾰족해서 알이 잘 구르지 않는다. 둥지가 어두운 새의 알은 빛깔이 하얗다. 그래야 더 잘 보이기 때문이다. 자갈밭이나 땅 위에 마른풀을 깔고 알을 낳는 새의 알은 주위와 비슷한 색깔, 무늬이다. 눈에 덜 띄기 위해서다. 깃털이 떨어진 것을 보고는 어느 새가 살고 있는지 알 수 있다.

땅에 내려와서 걷는 새들은 발자국을 남긴다. 새는 발가락이 네 개인데, 세 개는 앞으로 뻗어 있고, 나머지 하나는 뒤로 나 있다. 딱따구리처럼 발가락 두 개가 앞으로 나 있고, 나머지 두 개는 뒤로 나 있는 새도 있다. 물 가까이 사는 기러기나 오리나 갈매기는 발가락 사이에 물갈퀴가 있어서, 모래나 눈이나 진흙 바닥에서 물갈퀴가 또렷하다. 눈밭에는 새가 땅으로 내려앉으면서 찍힌 발자국이 나기도 한다.

새는 날아다니기 때문에 몸이 가벼워야 한다. 그래서 창자가 짧아 먹은 것을 빨리 소화시키고, 똥도 자주 눈다. 새는 오줌보가 따로 없다. 새똥에 허옇게 묻어 나오는 것이 오줌이다. 똥에는 새가 무엇을 먹었는지 알 수 있는 것들이 들어 있기도 한다. 펠릿은 새가 입으로 토해 내는 찌꺼기 덩어리다. 얼핏 보면 육식 동물이 싼 똥 덩어리처럼 보인다. 부엉이나 올빼미, 수리, 매같은 새들이 펠릿을 토해 낸다.

여러 가지 새의 깃털

여러 가지 새의 알

꿩

Phasianus colchicus

꿩은 울릉도나 아주 외딴 섬을 빼면 우리나라 어디서나 산다. 암수가 무척 다르게 생겨서, 수컷은 화려하고 장식이 많기로는 어느 새에 뒤지지 않고, 암컷은 마른풀 사이에 있으면 도무지 눈에 띄지 않을 만큼 수수하다. 부르는 이름도 수컷은 장끼, 암컷은 까투리로 달리 부른다. 새끼는 꺼병이라고 한다.

꿩은 높은 산이 아니면 어디서든 살지만 가까운 곳에 논밭이 있고 수풀이 우거진 낮은 산을 좋아한다. 수컷이 "꿩 꿩" 하고 운다. 밤에는 나무 위나 덩굴진 수풀에서 가만히 있다가 낮에 돌아다닌다. 땅 위를 걸어다니면서 먹이를 찾는다. 날개는 둥글고 짧아서 멀리 나는 것도 잘 못 한다. 날 때도 단숨에 날지 못하고 종종걸음을 친 다음에 날아오를 수 있다. 대신 부리가 단단하고 발가락도 튼튼하다. 장끼는 수탉처럼 며느리발톱이 있어서 싸울 때 무기로 삼을 수도 있다.

여러 산열매나 풀씨, 풀잎도 먹는데, 여름에는 벌레를 많이 잡아먹는다. 단단한 발톱으로 땅을 파헤치고 땅속의 벌레도 잘 잡는다. 가끔 콩 싹을 쪼거나, 타작한 논에서 낟알도 주워 먹는다.

꿩은 수컷 한 마리가 암컷 여러 마리와 짝짓기를 한다. 암컷을 차지하려고 수컷끼리 싸우는 일도 있다. 둥지는 암컷 혼자서 눈에 띄지 않는 곳을 골라 땅을 오목하게 파서 만든다. 해마다 4월에서 6월에 적게는 여섯 개에서 여덟 개, 많게는 열여덟 개까지 하루에 하나씩 알을 낳는다. 알을 품고 있는 암컷을 찾아내기란 좀처럼 어렵지만, 사람이나 다른 짐승 때문에 자꾸 놀라면 암컷은 다시 날아오지 않고, 다른 곳에다 새로운 둥지를 틀고 알을 낳는다.

암컷은 새끼들이 깨어 나면 새끼들과 함께 둥지를 떠난다. 새끼들은 어미 꽁무니를 따라다니며 어미가 가르쳐 주는 먹이를 먹는다. 보리밭이나 콩밭에서 갓 익은 곡식의 낟알도 먹지만, 개미나 메뚜기 같은 벌레를 많이 잡아먹는다. 어미는 밤에는 물론이고 낮에도 새끼들을 자주 날개 밑에 감추고 따뜻하게 품어 준다. 새끼를 데리고 있다가 사나운 짐승을 만나면 큰소리를 내고 날개를 푸드득거리면서 땅 위를 데굴데굴 구르기도 한다. 이렇게 사나운 짐승을 유인하는 사이 새끼들은 저마다 흩어져서 숨어 있다가 어미가 돌아와서 부르는 소리를 듣고 모여든다.

꿩은 오래전부터 사냥을 해서 고기를 얻었다. 요즘 적은 숫자이긴 하지만 고기를 얻으려고 가두어 놓고 기르기도 한다. 알은 달걀보다 조금 작은데 맛이 좋다.

수컷 80cm
암컷 60cm
텃새
산새

다른 이름 장끼(수컷), 까투리(암컷), 꺼병이(새끼)
사는 곳 낮은 산, 마을 근처
먹이 풀씨, 곡식, 벌레

수컷

암컷

몸길이는 수컷이 80cm, 암컷은 60cm쯤이다.
몸무게는 수컷이 1.5kg쯤이고 암컷은 1kg이다.
수컷이 암컷보다 빛깔도 다양하고, 무늬도
뚜렷하다. 짝짓기 때는 눈가에 붉은색 피부가
드러나 더 뚜렷해진다. 암컷은 온몸이 밝은 밤색
바탕이고 흑갈색과 검은색 무늬가 있다.

닭

Gallus domesticus

닭은 알과 고기를 얻으려고 기른다. 작은 농가에서 직접 길러 고기를 얻기에 가장 좋은 동물이다. 요즘은 도시에서도 텃밭을 하듯 닭을 키우는 집이 있다.

사람이 닭을 기르기 시작한 때는 지금으로부터 사천 년쯤 전이라고 한다. 본디 인도나 말레이시아나 미얀마의 숲 속에서 살던 야생 닭이었는데 사람 손에 자라면서 생김새가 많이 달라졌다. 몸집이 커지고 날개는 작아져서 잘 날지 못하게 되었다. 지금은 알을 잘 낳는 종, 고기로 먹기에 좋은 종 하는 식으로 쓰임에 따라 품종도 여러 가지이다.

닭은 무리 생활을 한다. 무리 가운데 가장 힘이 센 수탉이 암컷들을 혼자 차지한다. 수탉은 싸울 때 다리 뒤쪽에 난 날카로운 며느리발톱으로 상대를 할퀴고, 부리로 쪼아 댄다. 수탉이 새벽에 우는 까닭은 자기 땅을 알리고 암컷들에게 힘을 자랑하려는 것이라고 한다. 그래서 이웃집 수탉이 울거나 눈에 띄면 더 자주 운다. 힘이 셀수록 울음소리가 더 크고 길다.

닭은 무엇이든 잘 쪼아 먹는다. 작은 벌레나 개구리와 같은 동물부터 채소나 풀잎, 곡식, 풀씨 따위도 잘 먹는다. 소화가 잘되라고 모래나 사기 조각 따위도 함께 쪼아 먹는다. 닭은 제 스스로도 먹을 것을 잘 구한다. 마당에 풀어 놓으면 알아서 벌레도 쪼아 먹고, 잡초도 뽑아 먹는다. 미꾸라지나 도마뱀 같은 작은 동물도 잡아먹을 줄 안다.

병아리를 거느린 어미 닭은 새끼들을 돌보는 데에 지극 정성이다. 새끼가 무섭다고 하면 사람한테라도 달려들 것처럼 깃털을 곤두세운다. 암탉은 먹이가 있을 만한 곳을 발로 긁어 놓고는 자기는 쪼아 대는 시늉만 하고 새끼를 먹인다. 암탉을 여러 마리 거느린 수탉도 암탉을 모아 놓고 이런 짓을 한다. 암탉은 해가 지면 병아리들을 가슴에 품어 재운다. 암탉은 짝짓기가 끝나면 하루 이틀 뒤부터 십오 일에서 십팔 일 동안 열 개에서 스무 개쯤 알을 낳는다. 이때 사람이 알을 치워서 암탉 눈에 보이지 않으면 자꾸 알을 낳는다. 한 해에 백 개도 넘는 달걀을 낳는다. 어미닭이 알을 품으면 세이레만에 병아리가 깨어 난다.

대규모로 사육을 하는 닭은 풀이나 벌레를 먹지 못하고, 거의 곡식투성이 사료를 먹고 자란다. 사육장도 닭이 꼼짝할 수 없을 만큼 좁다. 시장에서 구할 수 있는 달걀은 대개 이런 닭이 낳은 달걀이다. 닭이 건강하지 않으면 달걀도 건강하기 어렵다.

20~28cm
텃새

다른 이름 달그, 달기, 병아리(새끼)

사는 곳 집에서 기른다.

먹이 작은 벌레, 지렁이, 개구리, 풀, 곡식

구분 가금

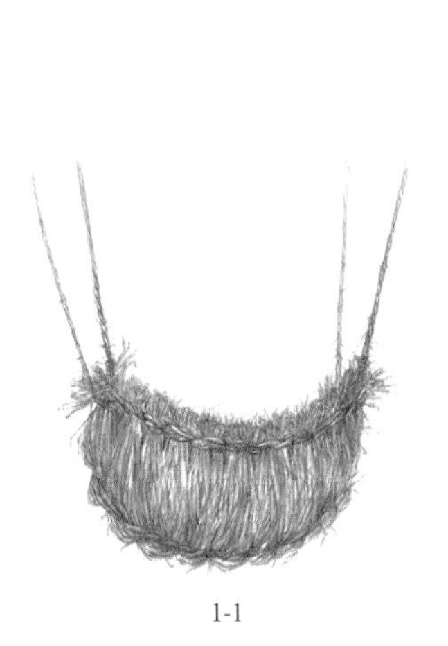

1-1

1-2

닭은 품종에 따라 크기와 몸무게 차이가 꽤 난다. 우리나라에서 오래전부터 길러 온 닭은 몸길이 20~28cm이고, 몸무게는 수컷이 2.2~2.5kg, 암컷이 1.6~1.9kg이다. 수컷이 암컷보다 크고 볏이 길다. 어린 병아리는 샛노랗다.

1-1 닭이 알을 낳고 품도록 만든 둥우리

1-2 달걀을 보관하는 달걀 망태

조류
기러기목
오리과

기러기

Anser

바다가 삼면이고, 강과 호수가 많은 우리나라에는 겨울이 가까워지면 기러기와 오리들이 무리 지어 온다. 겨울 철새라고 했을 때 사람들이 흔히 떠올리는 모습도 가을 하늘에 기러기 나는 모습이나, 오리가 떼지어 날아오르는 것이다. 우리나라에 오는 기러기로는 쇠기러기가 가장 흔하고, 큰기러기도 쉽게 볼 수 있다. 쇠기러기는 큰기러기보다 몸집이 작고 이마 언저리가 하얘서 쉽게 알아볼 수 있다.

우리나라로 올 때는 해안선을 따라서 온다. 날아와서는 바닷가 갯벌이나 바다에서 멀지 않은 곳의 논밭이나 물풀이 많은 곳에서 쉬기도 하고, 먹이도 찾는다. 논에 떨어진 볍씨를 찾아 먹거나, 보리, 밀, 마름 열매, 풀씨 같은 것을 가리지 않고 먹는다. 눈이 쌓인 논에서는 큰기러기가 먹이를 찾느라고 볏짚을 파헤친 흔적이나, 기러기 똥을 쉽게 찾을 수 있다.

기러기는 무리를 이루고 무리 안에서 저마다 맡은 일을 하면서 함께 잘 지낸다. 기러기가 무리를 지을 때는 열 마리쯤 되는 무리를 먼저 짓고, 이런 무리가 여럿 모이고, 또다시 합쳐서 더 큰 무리를 이루는데, 이렇게 숫자가 불어나도 처음에 이룬 작은 무리를 벗어나지 않고 언제나 한몸같이 움직인다. 여럿이 모여 날아갈 때는 수십에서 수백 마리씩 모여 V 자를 이루며 난다. 혼자 나는 것보다 훨씬 더 멀리까지 날 수 있기 때문이다. 맨 앞자리가 가장 힘들어서 차례로 번갈아 가며 앞자리에서 난다. 중간에 뒤처지는 기러기가 있으면 옆에 있던 두 마리가 따라가서 기다렸다가 같이 대열로 돌아오거나, 죽을 때까지 옆을 지킨다. 논이나 물가에서 쉬거나 먹이를 먹을 때에는 무리 가운데 몇 마리가 반드시 주위를 살피며 위험한 일이 생기면 소리를 내서 알린다. 밤에 잠을 잘 때에도 지키는 새가 꼭 있다. 늘 깨어서 주위를 살피는 새가 있다는 것을 보아도 알 수 있듯이, 조심성도 많다. 무리가 날다가 먹을 것을 찾아 내려앉을 때에도 내릴 만한 자리를 몇 바퀴 돌아본 다음에야 내려앉는다.

예전에는 기러기를 약으로도 썼고, 먼 곳을 오가는 새여서 소식을 전하는 새로도 여겼다. 암컷과 수컷의 의가 좋아서 혼인을 할 때 나무로 기러기를 깎아 전해 주는 것을 첫 의식으로 삼기도 했다. 봄에 시베리아로 날아가서 짝짓기를 하고 알을 낳는다. 시베리아에서는 우리나라에서 지낼 때처럼 모여 살지 않는다.

 75~90cm
겨울 철새
물새

다른 이름 기럭이, 기럭기, 홍안
사는 곳 논, 호수, 강, 연못
먹이 볍씨, 보리, 밀, 풀씨

1 **큰기러기** *Anser fabalis*

몸길이는 90cm쯤이고, 몸무게는 3kg쯤이다. 몸 위쪽은 흑갈색이고 아래쪽은 밝은 회색이다. 옆구리에 흑갈색 비늘무늬가 있다. 부리 중간이 노랗고, 다리는 주황색이다. 쇠기러기는 배에 굵고 검은 줄무늬가 많지만 큰기러기는 없어서 날 때 배를 보고 구별할 수 있다.

2 **쇠기러기** *Anser albifrons*

몸길이는 75cm쯤이고 몸무게는 2kg이 조금 넘는다. 붉은빛이 도는 부리 위에 흰색 띠가 있어서 큰기러기와 쉽게 구별할 수 있다. 큰기러기와 마찬가지로 발가락 사이에 물갈퀴가 있다.

고니

Cygnus

몸이 하얗다고 백조라고도 한다. 고니는 크게는 오리 무리에 드는 새이다. 목이 길고 몸집이 하얗고 큰 오리인 셈이다. 살아가는 모습도 오리와 비슷하고, 겨울을 지내는 동안 오리들하고 섞여서 지내는 고니도 적지 않다. 우리나라에 오는 고니 무리에는 큰고니, 고니, 혹고니 같은 것이 있다. 흔히 보이는 것은 큰고니와 고니이다. 큰고니는 몸집이 크다고 붙은 이름이지만, 혹고니가 큰고니보다 조금 더 몸집이 크다. 혹고니는 숫자가 많지 않고, 겨울을 나는 곳도 동해안 둘레 저수지로, 좁은 곳에서 지내는 터라 쉽게 찾아보기는 어렵다.

오리 가운데 청둥오리 같은 것은 물 위에 궁둥이를 내놓고 먹이를 찾는데, 고니도 그렇게 한다. 물속에서 몸을 움직이며 떴다 잠겼다를 되풀이한다. 궁둥이를 하늘로 쳐들고 머리를 물속에 처박고는 물속에서 먹이를 찾는다. 고니 무리는 다른 오리과의 새보다 몸집이 크고 목도 길다. 그래서 물밑으로 더 깊이 내려가 먹이를 찾는다. 목이 길어서 오리보다 더 깊은 물속 바닥에 있는 먹이를 잡는다. 갯벌에서 찾기도 한다. 물풀, 우렁이, 조개, 물고기, 벌레, 작은 동물을 먹는다.

몸이 크고 무거워서 오리처럼 단박에 날아오르지 못하고, 발로 물을 차며 몇 걸음 뛴 다음에야 날아오른다. 날아다니는 새 가운데 몸무게가 가장 무거운 새가 고니이다. 그래서 고니는 무거운 몸을 땅에 처박지 않으려고 내릴 때에 거의 물로만 내린다. 물에 내릴 때에도 한 번에 내려서는 것이 아니라 물갈퀴 달린 발을 물 위에 대며 내려앉는다. 마치 비행기가 뜨고 내리는 모습과 비슷하다. 쉴 때는 한쪽 다리로 서서 머리를 등에 묻고 쉰다. 헤엄칠 때 혹고니는 목을 굽히고 헤엄을 치고, 큰고니는 목을 곧게 세우고 헤엄을 친다. 큰고니는 소리를 많이 내고 시끄럽게 굴 때가 많은데, 목을 곧게 세우고 앞으로 끄덕이면서 "홋호 홋호" 하고 울거나, 날개를 펴고 몸을 세워 "끄륵 끄륵" 하고 울기도 한다.

봄에 우리나라를 떠난 고니 무리는 러시아 같은 추운 곳으로 가서 짝짓기를 한다. 오뉴월쯤이다. 짝짓기를 할 때는 암컷을 차지하려고 수컷끼리 싸우지만, 기러기처럼 한 번 짝짓기를 하면 평생 짝을 바꾸지 않는다. 큰고니는 땅 위나 얕은 물속에 지푸라기나 잎을 화산처럼 쌓아 올려 둥지를 틀고는 이틀마다 한 개씩 알을 세 개에서 일곱 개 낳는다. 암컷이 삼십오 일에서 사십이 일 동안 품는다. 새끼를 기르는 것은 너댓 달 가까이 된다. 몸집이 커서 새끼를 키우는 시간도 길다.

120~152cm
겨울 철새
물새

다른 이름 백조
사는 곳 호수, 강, 연못, 바닷가
먹이 우렁이, 조개, 물고기, 물풀, 물벌레

1

2

1 **큰고니** *Cygnus Cygnus*
몸길이는 140cm쯤이고, 암수가 비슷하게 생겼다. 온몸이 흰색이어서 고니 무리를 흔히 백조라고 한다. 큰고니는 고니보다 몸집이 더 크고 부리의 노란색 부분이 고니보다 더 삐죽하게 나와 있다. 다리는 검은색이고, 발가락 사이에 물갈퀴가 있다.

2 **혹고니** *Cygnus olor*
몸길이는 152cm쯤이다. 고니 무리 가운데 가장 크다. 큰고니와 고니는 부리가 노란색이지만 혹고니는 주황색이다. 이마와 콧등 사이에 검은 혹이 있어서 쉽게 알아볼 수 있다. 짝짓기 무렵에는 혹이 더 커진다.

오리

Anas

겨울이 되면 바닷가나 강, 저수지, 냇가 어디서든 오리를 볼 수 있다. 오리는 몸집이 크고, 시야가 트인 물가에서 지내기 때문에 다른 새보다 쉽게 눈에 띈다. 겨울에 물에 동동 떠 있는 새는 거의 다 오리 무리에 드는 새라고 해도 지나치지 않을 정도이다. 바다에서 보기 쉬운 것은 흰뺨오리, 흰죽지, 비오리 같은 것이고, 민물에서는 청둥오리, 흰뺨검둥오리, 가창오리, 고방오리, 혹부리오리 같은 오리가 눈에 자주 띈다.

무리를 지어 겨울을 나는 오리들은 여러 종류의 오리들이 섞여 있을 때가 많다. 오리는 대개 암컷과 수컷 생김새가 많이 다르다. 무슨 오리인지 알아볼 수 있는 것은 수컷 오리가 저마다 빛깔이나 무늬가 다르기 때문이다. 암컷은 꿩이 그렇듯이 수수하게 생겨서, 멀리서 볼 때는 어느 수컷과 함께 어울리는지 보고 무슨 오리인지 안다.

오리는 물에서 먹이를 찾을 때, 물에 뜬 채로 머리만 물속에 넣어서 먹이를 찾는 오리가 있고, 아예 물속에 들어가 헤엄을 치는 오리가 있다. 앞의 것을 수면성 오리라고 하는데, 청둥오리나 흰뺨검둥오리처럼 흔히 보는 것들이 거의 수면성 오리이다. 뒤의 것은 잠수성 오리라고 하는데, 흰죽지나 비오리 같은 것이다. 잠수성 오리는 다리가 몸 뒤쪽에 달려 있어서, 헤엄치기에는 좋지만 걷는 것은 잘 못 한다. 먹는 것도 달라서 수면성 오리들은 풀뿌리나 열매 같은 식물성 먹이를 많이 먹지만, 잠수성 오리는 물고기를 많이 잡아먹는다. 수면성 오리들은 가을걷이가 끝난 논에서 낟알을 주워 먹기도 한다.

봄에 북쪽으로 돌아간 겨울 오리들은 봄부터 여름 사이에 짝짓기를 한다. 낮은 나무 위나 적당한 땅바닥에 마른풀과 솜털로 둥지를 튼다. 알은 여섯 개에서 열두 개를 낳는다. 암컷이 한 달 가까이 알을 품으면 어린 새가 나온다. 어미는 새끼 몸이 마르는 대로 둥지를 떠난다. 이때부터 새끼는 어미를 따라 걷고 헤엄치고 줄곧 따라다닌다. 청둥오리나 흰뺨검둥오리처럼 봄에 돌아가지 않고 우리나라에 남아서 한 해 내내 텃새로 사는 새들도 있다.

지금은 사람이 기르는 오리 숫자가 무척 늘었지만, 오리는 오래전부터 고기와 깃털을 얻기 위해서 사냥을 많이 하던 새였다.

40~75cm

겨울 철새

물새

사는 곳 강, 바다, 냇가, 들

먹이 곡식, 물풀, 물고기, 벌레

1

3

2

1 청둥오리 *Anas platyrhynchos*
몸길이는 58cm쯤이고, 수컷이 암컷보다 조금 더 크고 화려하다. 둘이 아주 다르게 생겼다. 겨울 철새인 오리들이 거의 다 그렇다. 청둥오리 수컷은 머리가 초록색인데 햇빛을 받으면 반짝거린다. 암컷은 온몸이 밝은 밤색이고 흑갈색 무늬가 있다.

2 흰빰검둥오리 *Anas poecilorhyncha*
몸길이는 60cm쯤이다. 등과 날개는 어두운 밤색인데, 목 위로 색이 밝다. 텃새로 사는 것도 있지만, 다른 오리와 함께 철새 생활을 하는 것도 있어서 겨울에 더 쉽게 눈에 띈다.
야생 오리 가운데 몸집이 가장 큰 편이다.

3 가창오리 *Anas formosa*
몸길이는 40cm쯤이다. 오리 무리 가운데 가장 작은 편이다. 수컷의 얼굴 깃털은 노란색과 녹색이 태극 무늬처럼 어우러져 있다. 그래서 북녘에서는 태극오리라고도 한다. 암컷은 몸이 밤색 바탕이고 흑갈색 무늬가 있다. 부리가 시작되는 부분에 흰색 점이 또렷하다.

집오리

Anas platyrhynchos var. domestica

집오리는 오랜 옛날부터 길렀는데, 깃털을 얻고 알과 고기를 먹으려고 기르기 시작했다. 본디 들에서 살던 청둥오리를 길들인 것이다. 집오리는 길들여지는 동안 궁둥이는 커지고 날개 힘이 약해져서 잘 날지 못한다. 돌아다니면서 작은 벌레나 개구리도 잡아먹고, 물에서 물벌레나 물풀도 뜯어 먹는다.

집오리는 다리가 짧고 뒤에 붙어 있어서 땅에서는 뒤뚱뒤뚱 걷는다. 그렇지만 발가락 사이에 물갈퀴가 있어서 헤엄을 잘 친다. 꽁지에는 기름샘이 있다. 오리는 틈틈이 기름샘에서 나오는 기름을 깃털에 골고루 바른다. 이렇게 하면 깃털이 물에 젖지 않고, 몸을 늘 보송보송하고 따뜻하게 유지할 수 있다.

집오리는 수컷이 암컷보다 몸집이 크고 꽁지 깃털이 위로 더 말려 올라가 있다. 그렇지만 울음소리는 암컷이 훨씬 크고 우렁차다. 암컷과 수컷은 알을 낳을 때가 되면 우거진 숲이나 움푹 팬 땅바닥을 찾아 마른 풀잎과 가슴털을 뽑아 둥지를 튼다. 알은 달걀과 비슷하게 생겼는데 크기가 조금 더 크다. 그런데 어미 집오리는 알을 낳을 뿐 품으려고 하지 않는다. 그래서 옛날에는 닭이 대신 품도록 해서 새끼를 깠다. 품은 지 스무여드레쯤 지나면 알에서 새끼가 깨어 난다. 요즘은 인공 부화기에서 새끼가 깨어 나도록 한다.

요즘 들어 고기를 먹으려고 오리를 부쩍 많이 키우고 있다. 이렇게 키우는 오리는 한 달 반쯤 키워서 잡아먹는다. 논농사를 짓는 농부 가운데 논에서 오리를 키우는 오리 농법으로 농사를 짓는 사람도 있다. 오리가 논을 헤집고 돌아다니면서 풀을 뽑아 먹고, 흙탕물을 일으켜서 풀이 안 나게 돕기 때문에, 농약을 치지 않고 농사를 짓는다. 오리 똥은 자연스레 거름이 된다. 이렇게 오리 농법을 할 때에도 가을에 추수를 하고 나면 오리는 거의 모두 잡아먹는다. 오리를 길러 고기 말고도 깃털도 얻는데, 옷이나 이불에 넣어서 가볍고 따뜻한 옷감을 만든다.

거위는 집오리처럼 생겼지만 몸집이 훨씬 크고 목이 길다. 우는 소리도 아주 크다. 거위도 집오리만큼이나 오래전부터 길렀는데, 개리를 길들인 것이다. 유럽거위는 회색기러기를 길들였다. 거위는 낯선 사람을 보면 개처럼 짖듯이 울고 경계를 한다. 그래서 개 대신 한두 마리씩 거위를 기르는 집도 있다. 오리나 거위 모두 약으로도 쓴다.

50~65cm
텃새
물새

사는 곳 집에서 기른다.
먹이 작은 벌레, 개구리, 물풀
구분 가금

1 **집오리**

집오리는 품종에 따라 빛깔과 몸집이 다르다. 몸길이는 50~65cm쯤이다. 몸 빛깔은 여러 가지인데 흰색이 많다. 사람에게 길들여지면서 몸집이 더 뚱뚱해지고 펀펑해졌다. 암수가 비슷하게 생겼다. 발가락 사이에 물갈퀴가 있다.

2 **거위** *Anser cygnoides var. domestica*

거위는 품종에 따라서 빛깔이나 몸 크기가 여러 가지이다. 우리나라에서 기르는 것은 대개 개리를 데려다가 기른 것이다. 오리보다 몸집이 크고 다리가 길다. 다 자란 거위는 암컷이 4.5kg, 수컷이 5.5kg쯤이다.

조류
황새목
백로과

왜가리

Ardeidae

왜가리는 크게 보아 백로 무리에 드는 새이다. 흔히 중대백로, 대백로, 중백로, 쇠백로, 황로처럼 몸이 희거나 약간 누런빛이 있는 것을 백로라고 하는데, 왜가리는 몸이 잿빛인 것을 빼면 생김새나 사는 모습이 백로와 비슷하다. 종을 구분할 때에도 중대백로, 대백로와 아주 가까운 종으로 묶는다.

왜가리는 백로 무리에 드는 새 가운데 몸집이 크다. 몸길이가 일 미터쯤 되는데 대백로와 엇비슷하다. 날개와 등이 잿빛이어서 백로와 함께 있더라도 쉽게 가려낼 수 있다. 눈 뒤부터 뒷머리까지 검은색 줄이 있고, 머리 뒤쪽에 검은색 댕기 깃이 있다. 여름 철새로 백로와 함께 지내기도 하지만, 혼자 많이 지낸다. 물가에 혼자 서서 움직이지 않고 먹이를 기다리는데, 물고기와 개구리를 즐겨 먹고, 쥐나 새도 먹는다. 날 때는 목을 S 꼴로 굽히고 다리는 꽁지 바깥쪽으로 뻗는다. 더울 때는 날개를 벌리고 목을 쭉 편 다음 숨을 가쁘게 쉰다. 날카롭게 "와—악 와—악" 하고 운다. 위험을 느끼면 "꽥" 하고 짧게 소리를 내서 다른 새들에게 알린다.

백로는 온몸이 희고, 키가 크다. 높은 나무가 많은 곳에서 중대백로, 중백로, 쇠백로, 황로 따위가 함께 섞여서 지낸다. 중대백로는 몸길이가 구십 센티미터쯤이고, 중백로는 육십팔 센티미터, 쇠백로는 오십오 센티미터쯤이다. 황로는 쇠백로보다 조금 작다. 낮에는 근처 물가나 논에서 먹이를 잡고, 저녁이 되면 모여든다. 논이나 물가에서 작은 물고기나 개구리 따위를 잡아먹는다. 논을 휘적휘적 걸어다니는 것을 쉽게 볼 수 있는데, 농약을 치지 않은 건강한 논일수록 작은 동물도 많아서 백로도 모여든다. 백로가 흰 자태로 여름 들판에 서 있으면 풍경이 운치가 있고 아름다워서 예부터 사람들이 좋아했다. 그러나 백로가 모여 지내는 큰 나무나 대숲은 백로 똥으로 나무가 죽거나 냄새가 심하다. 우는 소리도 아주 듣기 싫은 소리를 내고 쉬지 않고 꽥꽥대기 때문에 백로가 모이는 나무 가까이는 살기가 고약하다.

백로 무리 새들은 봄에 우리나라에서 짝짓기를 한다. 높은 나무 꼭대기 둘레로 여럿이 모여서 나뭇가지로 접시 꼴 둥지를 만드는데, 수컷은 나뭇가지를 나르고, 암컷이 둥지를 튼다. 청록색 알을 셋에서 다섯 개 낳아서 한 달 가까이 품는다. 어린 새가 알에서 깨어 나면 암수가 함께 한 달에서 두 달쯤 먹이를 먹여 키운다. 새끼한테 먹이를 먹일 때는 어미 새가 반쯤 소화한 먹이를 게워 내서 먹인다.

61~100cm
여름 철새
물새

사는 곳 저수지, 강가, 들
먹이 물고기, 개구리, 쥐, 작은 동물

1 왜가리 *Ardea cinerea*

다리도 길고 목도 길다. 목을 쭉 피면 몸길이가 1m쯤 되지만, 평소에는 거의 목을 구부리고 있는다. 등과 날개는 회색이고 머리와 목, 가슴은 흰색이다. 머리 뒤로 검은 댕기깃이 있다. 백로보다 몸집이 커 보인다.

2 노랑부리백로 *Egretta eulophotes*

흔히 보는 백로 무리는 민물 둘레에 살지만 노랑부리백로는 서해안 갯벌에 많이 산다. 섬 둘레나 갯벌을 걸어 다니면서 먹이를 구한다. 몸길이는 65cm쯤으로 쇠백로만 하다. 짝짓기 하는 여름에는 부리가 노란색이고 뒤통수에 긴 댕기깃이 20개쯤 난다.

조류
매목
매과

매

Falco peregrinus

흔히 맹수라고 하면 호랑이나 곰을 꼽고, 맹금류라 하면 매와 수리와 올빼미 무리에 드는 새를 일컫는다. 낮에는 매, 밤에는 올빼미가 하늘을 날며 먹이를 찾는 셈이다.

우리나라에 사는 매 무리 새로는 매, 참매, 붉은배새매, 새매, 개구리매, 황조롱이가 있다. 매는 송골매라고도 부르고, 깃이 푸른색을 띤다고 해동청이라고도 한다. 새 가운데 가장 사납고 가장 빨리 난다. 먹이가 될 만한 새가 나는 것을 보면 하늘로 높이 날아올랐다가 빠르게 내려오면서 낚아챈다. 내려오다가 새를 발로 힘껏 걷어차서 비틀거릴 때 잡기도 한다. 새뿐 아니라 청설모나 멧토끼 같은 짐승도 잡아먹는다. 매가 흔할 때는 집에서 기르는 닭이나 오리를 채 갔다는 이야기도 심심치 않게 들을 수 있었다. 예전에는 매를 길들여서 사냥을 하기도 했다. 길들인 매를 날려 보내서 꿩이나 토끼를 잡는 것이다.

매는 오뉴월에 짝짓기를 한다. 이때는 수컷이 먹이를 잡아 암컷한테 선물을 한다. 알은 바닷가 벼랑에 네 개쯤 낳아서 품고 기른다. 매는 이름은 익숙한 새이지만, 살아남아 있는 것이 드물어서 실제로 보기는 어렵다. 그나마 황조롱이가 나는 모습은 가끔 볼 수 있고, 도시에서 황조롱이 둥지가 발견될 때도 있다. 황조롱이는 자기가 둥지를 틀기도 하지만, 까치나 매가 지은 둥지를 쓰기도 한다. 벼랑 위, 건물 틈새 같은 자리를 골라서 둥지를 틀 때도 있다. 알은 너댓 개를 낳는데, 노란색이고 적갈색 점이 있다.

황조롱이는 전봇대나 나무 위에 앉아 먹이를 찾는다. 매 무리 가운데 사람과 가장 가까이 사는 새다. 들에 나가면 하늘에서 꼼짝 않고 떠 있는 황조롱이를 볼 때가 있다. 꽁지를 부채꼴로 펴고 날갯짓을 하면서 제자리에 떠 있는 정지 비행을 하는데 이 때문에 바람개비새나 바람매라고도 한다. 먹이가 움직이는 것을 지켜보면서 잡아챌 때를 기다리는 것이다. 황조롱이는 쥐나 작은 동물을 즐겨 먹고 작은 새도 먹는다. 눈이 아주 좋아서 사람이 잘 못 보는 자외선까지 볼 수 있다. 그래서 황조롱이는 쥐가 돌아다니면서 여기저기 지려 놓은 오줌 자국을 좇아서 쥐가 있는 곳을 찾는다. 쥐 오줌이 자외선을 반사시키기 때문이다. 새를 잡을 때는 앉아서 기다리다가 날아오를 때 쫓아가 잡는다. 먹이를 먹고 소화할 수 없는 뼈나 깃털 따위는 다시 뭉쳐서 게워 낸다. 육식을 하는 새들은 거의 모두 그렇게 한다. 이 뭉치를 펠릿이라고 한다.

수컷 33cm
암컷 48cm
텃새
산새

다른 이름 송골매, 해동청, 꿩매
사는 곳 산, 마을
먹이 꿩, 쥐, 오리, 도요, 비둘기, 작은 새

1 매
몸길이는 수컷이 33cm, 암컷이 48cm쯤으로 암컷 몸집이 더 크다. 온몸이 거뭇한데 푸른빛이 돈다. 가슴과 배는 흰색이거나 옅은 누런색인데 검은 가로무늬가 줄지어 있다. 다리와 발은 노란색이고 끝에 까만색 발톱이 날카롭게 달려 있다.

2 **황조롱이** *Falco tinnunculus*
몸길이는 수컷이 33cm, 암컷이 38cm쯤이다. 수컷은 머리가 회색이고 암컷은 머리가 밤색이다. 가슴과 배에 검은빛이 도는 길쭉한 점이 세로로 늘어서 있다.

조류
도요목
물떼새과

물떼새

Charadriidae

물떼새는 물가에 산다. 여럿이 모여 사는 새가 많다. 물떼새 무리에 드는 새로 꼬마물떼새, 댕기물떼새, 흰물떼새 같은 새들이 있다. 물가를 걸어 다니면서 작은 벌레나 물가 동물을 잡아먹을 때가 많다. 꼬마물떼새는 우리나라에서 알을 낳아 기르는 여름 철새이지만, 댕기물떼새, 흰물떼새는 나그네새이다.

꼬마물떼새는 물떼새 가운데 몸집이 가장 작아서 붙은 이름이다. 몸집이나 몸길이가 참새보다 그저 조금 큰 편이지만 다리가 길고 몸매가 날렵해서 멀리서 보면 꽤 크게 느껴진다. 바닷가나 강이나 저수지 같은 물가에 사는데, 파리나 모기, 하루살이 같은 작은 벌레를 즐겨 먹는다. 날아다니면서 먹이를 잡기보다 가만히 선 채로 두리번거리다가 빠르게 움직이기를 되풀이하면서 먹이를 찾는다.

4월에서 7월 사이에 우리나라에서 짝짓기를 한다. 모래밭이나 자갈밭을 오목하게 파서 둥지를 틀고, 바닥에는 조개껍데기, 작은 돌, 풀을 깐다. 알은 암수가 스무이틀에서 스물닷새 동안 번갈아 품는다. 꼬마물떼새는 알을 품는 동안 천적이 가까이 오면 다리를 절룩거리거나 날개를 퍼덕거려서 다친 척을 한다. 천적을 둥지에서 먼 곳까지 꾀어내고 나면 그제서야 훌쩍 날아간다. 새끼를 다 기르고 가을이 되면 동남아시아처럼 우리나라보다 더 따뜻한 남쪽으로 날아가서 겨울을 난다.

댕기물떼새는 머리에 댕기 꼴 장식깃이 있어 댕기물떼새라는 이름이 붙었다. 꼬마물떼새처럼 우리나라에서 알을 낳지는 않고, 봄과 가을에 이동할 때 우리나라에 들르는 나그네새이다. 예전에는 낙동강 하구나 남쪽 지방에서 겨울을 나기도 했지만 이제는 우리나라에서 겨울을 나는 새는 점점 보기 어려워졌다. 갯벌이나 논밭에서 서너 마리부터 쉰 마리 남짓까지도 떼 지어 산다. 가만히 서서 둘레를 살펴보다가 재빨리 달려가 먹이를 잡는다. 갯벌에 사는 갯지렁이, 조개를 잡아먹고 논밭에서 풀씨도 먹는다. 날 때는 느리게 날개를 펄럭이면서 너불너불 난다. 꼬마물떼새와 달리 다른 동물이 둥지에 다가오면 사납게 달려들어 내쫓는다.

16~32cm

여름 철새 혹은 나그네새

물새

사는 곳 강, 저수지, 바닷가, 논 근처

먹이 작은 벌레

1

2

1 꼬마물떼새 *Charadrius dubius*

몸길이는 15cm쯤으로 물떼새 무리 가운데 가장 작다. 눈 둘레로 노란색 테가 있고, 가슴에 가로로 검은 띠가 있다. 다리가 길고 꼬리 끝을 들고 있어서 땅에 있을 때에도 날렵한 느낌이 난다.

2 댕기물떼새 *Vanellus vanellus*

몸길이는 32cm쯤이다. 꼬마물떼새보다 몸집이 통통하다. 날개깃에 푸른색과 붉은색 깃이 섞여서 알록달록하다. 머리 뒤꼭지로는 가늘고 긴 깃이 위로 솟아서 이런 이름이 붙었다. 겨울에는 몸 빛깔이 옅어진다.

갈매기

Laridae

바닷가에서 흔히 보는 새라면 갈매기를 꼽는다. 갈매기는 대개 바닷가를 날아다니다가 자맥질을 하며 먹이를 찾는다. 죽은 생선도 먹고, 게나 작은 갯벌 동물도 먹는다. 텃새로 흔한 것은 괭이갈매기이고, 겨울 철새로는 붉은부리갈매기가 흔하다. 검은머리갈매기는 텃새이지만 아주 드물고, 제비갈매기는 나그네새인데 찾아보기 어렵다.

괭이갈매기는 울음소리가 고양이 소리와 비슷해서 이런 이름이 붙었다. 바닷가를 날면서 물고기를 잡기도 하고, 횟집에서 나오는 물고기 내장을 먹으려고 몰려들기도 한다. 매어 놓은 배 언저리를 돌아다니면서 먹이를 찾기도 한다. 어부들은 갈매기가 모여 다니는 것을 보고 물고기가 있는 곳을 찾아내기도 한다. 항구 가까이 살기 때문에 원양 어선을 타는 사람들은 괭이갈매기를 보고 항구가 가깝다는 것을 안다고 한다.

괭이갈매기는 4월에서 6월에 우리나라에서 짝짓기를 한다. 갈매기 무리가 다 그렇듯 수컷은 멸치 같은 먹이를 물어다 암컷한테 선물해서 마음을 얻는다. 무인도 풀밭이나 땅 위 오목한 곳에 마른풀을 깐 다음 알을 낳는다. 이틀에 한 개씩 모두 세 개를 낳는데, 크기는 달걀만 하고 연한 밤색에 흑갈색 무늬가 있다. 새끼가 나오면 어미가 한두 달 키운 다음 바다로 데리고 간다. 텃새로 살아가기는 하지만 날씨에 따라 이동하며 사는 텃새다. 충남 태안의 난도와 경남 통영의 홍도, 전남 영광 칠산도는 괭이갈매기가 특히 많이 모여 산다.

붉은부리갈매기는 괭이갈매기와 달리 겨울 철새이다. 우리나라에서 머무는 때에는 부리와 다리가 붉은색을 띤다. 비슷하게 생긴 검은머리갈매기와 섞여 지낼 때가 많다. 검은머리갈매기는 하늘을 날다가 먹이가 보이면 곧바로 내려와 잡지만, 붉은부리갈매기는 먹이 가까이 내려앉은 다음 걸어가서 잡는다. 물고기뿐 아니라 게, 벌레, 쥐까지 고루 먹는다. 천적이 다가오면 한꺼번에 날아오르면서 거친 소리로 울고, 때로는 몸을 바짝 들이대며 공격하기도 한다.

괭이갈매기가 한 해 내내 가장 많이 보이는 갈매기라면 겨울에 쉽게 보이는 것이 붉은부리갈매기이다. 낙동강 어귀 같은 곳에서는 수백 마리씩 무리를 지어 지낸다.

40~46cm
텃새 혹은 겨울 철새
물새

다른 이름 검은꼬리갈매기, 개갈매기
사는 곳 바닷가, 강어귀
먹이 물고기, 벌레, 물풀

1

2

1 괭이갈매기 *Larus crassirostris*
몸길이는 46cm쯤이다. 우리나라 갈매기 무리 가운데 몸집은 중간쯤인데, 머리가 하얘서 눈에 띈다. 부리는 노란색인데, 끝에 붉은색과 검은색이 섞여 있다. 다리는 노란색이고 발가락 사이에 물갈퀴가 있다.

2 붉은부리갈매기 *Larus ridibundus*
몸길이는 40cm쯤이다. 겨울에 바닷가 항구나 강어귀에 무리 지어 있는다. 몸은 하얗고 부리와 다리가 붉은색이어서 멀리서도 쉽게 알 수 있다. 날 때에도 꼬리깃 아래 붉은 다리가 선명하다. 머리는 흰 바탕에 검은 얼룩이 있다.

조류
비둘기목
비둘기과

멧비둘기

Streptopelia orientalis

멧비둘기는 마을이나 도시 한가운데서 보이는 집비둘기와 달리 낮은 산에서 많이 보인다. 이름에 산을 뜻하는 멧이 들어가는 것도 그 때문이다. 산이나 논밭 둘레를 날아다니면서 산다. 마을 가까이 흔하게 볼 수 있는 새여서 어디서든 낮은 소리로 "구— 구—" 하고 우는 소리를 쉽게 들을 수 있다. 우리나라에서는 꿩 다음으로 사냥을 많이 하는 새이다.

흔히 낟알이나 나무 열매를 먹고 여름에는 메뚜기나 다른 작은 벌레들도 잡아먹는다. 밭에 심어 놓은 콩이나 다른 씨앗을 파먹기도 한다. 밭에 씨를 뿌리면 어떻게 알았는지, 용케도 싹이 나기 전에 찾아와서는 잘도 씨앗을 파먹는다.

우리나라에서 한 해 내내 살면서 많게는 두세 번까지 새끼를 친다. 둥지를 틀 때는 논밭 둘레 나무 위에 작은 나뭇가지를 쌓는다. 흰색 알을 두 개 낳아 보름 남짓 품으면 새끼가 나온다. 어미는 목구멍에 있는 모이주머니에서 나오는 비둘기 젖을 새끼한테 먹인다. 사람 젖처럼 영양이 풍부해서 갓 태어난 새끼가 잘 자랄 수 있게 돕는다. 며칠 지나면 콩이나 나무 열매를 먹고 반쯤 소화시킨 것을 게워 내서 먹이는데, 이것도 갓 태어난 새끼가 음식을 잘 소화 시킬 수 있도록 돕는 것이다. 비둘기 젖은 암컷뿐 아니라 수컷도 만들어서 새끼한테 먹인다. 알을 품을 때도 암수가 번갈아 품고, 먹이를 먹이는 것도 함께 한다. 새끼를 여러 번 치니 한 해 내내 부부가 같이 있을 때가 많다. 그래서 사람들은 다정한 부부 사이를 두고 비둘기 같다고 말한다. 여름에는 암수 한 쌍이 짝을 지어 지내다가 겨울에는 좀 더 여럿이 모여서 지낸다.

비둘기는 멀리서 날려 보내도 제가 태어나 자란 곳으로 되돌아오는 능력이 있다. 서양에서는 이런 비둘기의 성질을 이용해서 오래전부터 군대에서 소식을 전하는 새로 길들였다. 그만큼 방향을 잘 알고, 먼 거리를 쉬지 않고 나는 힘도 있다. 또 관상용으로 기르거나 고기를 얻으려고 비둘기를 기르기도 한다.

우리나라에는 도시 공원에서 흔히 보는 집비둘기 말고도 지리산 둘레 절에서 사는 양비둘기와 울릉도와 남해 몇몇 섬에 사는 흑비둘기, 서해안에 사는 염주비둘기가 있다.

33cm쯤

텃새

산새

사는 곳 산, 논밭, 마을

먹이 풀씨, 곡식, 나무 열매, 벌레

몸길이는 33cm쯤이다. 암수가 비슷하게 생겼다.
날개깃은 깃털 끝이 옅은 밤색이나 귤색으로
비늘 모양처럼 덮여 있다. 목에 푸른빛이 도는
동그스름한 무늬가 있다. 몸집이 통통하고 다리가
짧아서 앉아 있으면 붉은색 발가락만 보인다.

조류
두견목
두견과

뻐꾸기

Cuculus canorus

요즘은 드물어졌지만, 산과 들에 봄꽃이 지고, 씨 뿌리는 때가 되면 마을 가까운 산기슭 여기저기에서 뻐꾸기 울음소리가 났다. 뻐꾸기는 짝짓기 무렵에 수컷이 "뻐꾹, 뻐꾹" 하며 암컷을 찾는다고 뻐꾸기라는 이름이 붙었다. 다른 나라 이름도 거의 이 울음소리를 따서 붙였다.

봄에 우리나라에 와서 새끼를 치고 떠나는 여름 철새이다. 흔히 혼자 나무에 앉아 쉬지만 전봇줄에 앉아 있는 모습도 더러 볼 수 있다. 송충이나 이런저런 벌레를 먹고 쥐처럼 작은 동물도 잡아먹는다. 그런데, 다른 새들이 짝짓기를 하고 바쁘게 둥지를 짓는 동안 뻐꾸기는 자기 먹을 것만 챙기고 둥지는 안 친다. 알을 스무 개까지도 낳지만, 모두 남의 둥지에 넣어 두기 때문이다. 탁란이라고 한다. 뻐꾸기 무리 말고도 오리나 몇몇 새가 이렇게 남의 둥지에 알을 낳거나 둔다.

뻐꾸기는 짝짓기를 하고 알을 낳을 때가 되면 멧새, 딱새, 개개비처럼 몸집이 작고 벌레를 먹여서 새끼를 키우는 새의 둥지를 찾아다닌다. 미리 봐 두었다가 둥지 주인이 자리를 비울 때까지 기다려서 자기 알을 넣는다. 알을 넣을 때는 그 둥지에서 낳는 것이 아니라, 풀섶 사이 아무 데나 낳아서는 입속에 있는 주머니에 넣었다가 잠깐 사이에 남의 둥지에 넣는다. 새는 저마다 알 생김새가 일정한데, 뻐꾸기는 알을 넣으려는 둥지의 알과 비슷한 빛깔의 알을 낳는 재주가 있다. 그래서 크기만 조금 크고 색깔이나 무늬는 둥지 안에 있는 다른 알과 비슷하다.

뻐꾸기 알은 열하루면 깨어 난다. 대개 둥지 안의 다른 알보다 며칠 이르다. 깨어 나자마자 곧 둥지 주인한테 먹이를 달라고 조르는데, 이 때도 뻐꾸기 새끼는 그 둥지의 새끼 울음소리를 흉내 낸다. 그렇게 해서 먹이를 얻어 먹고 기운이 나면 둥지 안에 있는 다른 알과 새끼를 업듯이 밀어서 둥지 밖으로 떨어트린다. 둥지 주인은 보고도 그냥 둔다. 그러고는 쉬지 않고 벌레를 잡아다가 뻐꾸기 새끼를 먹인다. 얼마 지나지 않아 뻐꾸기 새끼는 둥지 주인보다 몸집이 커지고, 저 혼자 있는데도 둥지가 비좁을 지경이 된다. 뻐꾸기 어미는 다른 새가 제 새끼를 기르는 동안 둥지 가까이에서 울음소리를 내어 새끼에게 제 어미를 알린다. 새끼가 다 자라면 불러내서 함께 떠난다.

벙어리뻐꾸기도 뻐꾸기처럼 탁란을 한다. 깊은 산속의 울창한 숲에 많이 산다. 생김새나 사는 것이나 뻐꾸기하고 비슷하지만, "궁궁궁 궁궁궁" 하고 쥐어짜는 소리를 낸다고 벙어리뻐꾸기라고 한다. 북녘에서는 궁궁새라고도 한다.

33cm

여름 철새

산새

사는 곳 들판, 산기슭, 숲

먹이 송충이, 나비, 메뚜기, 파리, 쥐

1 **뻐꾸기**

몸길이는 33cm쯤이다. 암수가 비슷하게 생겼는데, 암컷은 머리와 등에 검은 줄무늬가 있는 것도 있다. 배에는 흰색 바탕에 검은 가로줄 무늬가 있다. 부리와 다리가 노랗다. 부리 끝이 까맣다.

2 **벙어리뻐꾸기** *Cuculus saturatus*

몸길이는 30cm쯤이다. 뻐꾸기와 닮았지만 몸 색이 더 진하다. 몸 위쪽은 진한 회색이고, 가슴과 배에 검은빛 가로 줄무늬가 있다. 암컷은 등에 붉은빛이 돌기도 한다.

조류
올빼미목
올빼미과

올빼미

Strix aluco

낮 하늘에 매와 수리가 난다면, 밤하늘에는 올빼미와 부엉이가 난다. 하늘을 나는 맹수랄 수 있는 이들 맹금류는 모두가 힘이 세고 날쌔게 움직인다. 크고 날카로운 부리와 갈고리 모양의 날카로운 발톱은 모든 사나운 새들이 지닌 특징이다. 사나운 밤새인 올빼미나 부엉이는 여기에 더해서 크고 둥근 머리가 있고, 둥글고 큰 눈이 앞쪽으로 떡하니 박혀 있다. 이 새들은 또 목을 자유롭게 잘 돌린다. 그래서 가만히 앉은 채로 목을 돌려 가며 주위를 살핀다.

올빼미는 혼자서 낮은 산이나 숲 속에 산다. 낮에는 큰 나무 구멍에 들어가 잠을 자거나 쉬고 밤이 되면 사냥을 한다. 귓구멍이 아주 커서 소리를 잘 듣는다. 올빼미 무리에 드는 부엉이가 귀깃이 있는 것도 어둠 속에서 짐승들이 움직이는 소리를 잘 듣기 위해서다. 소리도 잘 듣지만, 밤눈이 아주 밝아서 어두운 곳에서도 잘 볼 수 있다. 낮에는 오히려 너무 환해서 잘 보지 못한다. 날개는 몸집에 견주어 짧은 편이지만, 매우 넓고 둥글게 생긴 데다가 솜털이 풍성해서 날갯짓 소리가 거의 나지 않는다. 소리 없이 먹이를 찾아 날아서는 날카로운 발톱과 부리로 먹이를 낚아챈다. 쥐를 가장 많이 잡아먹고, 작은 새, 벌레, 토끼, 개구리 같은 작은 동물도 잡아먹는다. 가만히 있을 때는 잘 안 보이지만, 입을 벌리면 놀랄 만큼 입이 크다. 그래서 꽤 큰 쥐나 새도 통째로 삼킨다. 먹이를 먹은 다음 소화되지 않은 털과 뼈는 다시 게워 낸다. 이른 봄에 짝짓기를 하고, 마을 둘레에 있는 소나무나 밤나무 구멍에 흰색 알을 세 개쯤 낳는다. 한 해 내내 사는 텃새인데 요즘은 아주 드물어졌다.

올빼미과에 드는 새로 소쩍새나 수리부엉이, 솔부엉이, 쇠부엉이가 있다. 소쩍새가 가장 몸집이 작고, 수리부엉이가 몸집이 가장 크다. 흔히 부엉이 무리는 귀깃이 있고, 올빼미는 귀깃이 없는 것으로 구별하지만, 솔부엉이는 귀깃이 없다. 쇠부엉이는 귀깃이 짧고 누워 있을 때가 많아서 귀깃이 없는 것처럼 보일 때가 많다.

수리부엉이는 머리에 귀깃이 쫑긋하게 서 있다. 올빼미처럼 날이 어두워지면 움직이기 시작해서 해가 뜰 무렵까지 먹이를 찾아 날아다닌다. 음력 정월 즈음, 아직 날이 추울 때 짝짓기를 하고 알을 낳는다. 새끼를 먹일 때는 먹이를 잘게 찢어서 먹인다. 둥지 속에 꿩이나 토끼 같은 먹이를 모아 두는 버릇이 있다.

38cm쯤
텃새
산새

사는 곳 산, 마을

먹이 쥐, 개구리, 벌레, 작은 새, 토끼

1 올빼미

몸길이는 38cm쯤이다. 암수가 비슷하다. 온몸이 밝은 회색이거나 밤빛이 돈다. 배와 가슴에는 물고기 뼈와 같은 무늬가 세로로 있고, 날개깃도 얼룩덜룩하다. 발가락이 2개는 앞, 2개는 뒤를 보고 있다. 부엉이 무리와 달리 귀깃이 없다.

2 수리부엉이 *Budo budo*

몸길이는 70cm쯤이다. 올빼미과 가운데 몸집이 가장 크다. 머리에 귀깃이 쫑긋하게 서 있다. 온몸이 옅은 밤색인데, 날개깃에는 검은 무늬가 얼룩덜룩하다. 가슴과 배에는 검은 줄무늬가 세로로 나 있다.

조류
딱따구리목
딱따구리과

딱따구리

Picidae

딱따구리가 나무 쪼는 소리는 숲 전체에 울린다. 나무줄기에 딱 붙어 있으니 쉽게 모습을 찾기는 어려워도, 숲에만 들어서면 어디에서든 딱따구리 소리를 들을 수 있어서 친숙하게 느껴진다.

딱따구리들은 단단한 꼬리를 나무줄기에 댄 채 수직으로 붙어 있기도 하고 줄기를 빙빙 돌면서 오르내리기도 한다. 먹을 것을 찾으러 나무에 오를 때는 머리를 위로 두고 굳은 꼬리로 몸을 버틴다. 부리로 나무를 두드려 가면서 나무줄기 속에 벌레가 들어 있는지 찾는다. 그러다가 속에 벌레가 있는 것을 알아차리면 이름처럼 따다다닥 소리를 내면서 나무에 구멍을 뚫고는, 긴 혀를 넣어 벌레를 잡아먹는다. 혀끝이 화살촉처럼 뾰족해서 깊은 곳에 숨어 있던 애벌레나 개미, 매미 같은 벌레가 쉽게 잡혀 나온다. 벌레가 모자랄 때에는 나무 열매도 찾아 먹는다. 우리나라에 사는 딱따구리로는 오색딱따구리, 큰오색딱따구리, 쇠딱따구리, 청딱따구리, 까막딱따구리, 크낙새 따위가 있다.

이처럼 딱따구리는 숲에서 나무들을 하나하나 찾아다니면서 나무를 해치는 벌레를 잡아먹는다. 흔히 딱따구리를 두고 나무 의사라고 하는 이유가 이 때문이다. 게다가 딱따구리가 뚫어 놓은 나무 구멍은 나무 구멍 속에 둥지를 짓고 새끼 치기를 좋아하는 동고비나 박새, 접동새 같은 새들의 보금자리가 된다.

오색딱따구리는 딱따구리과 새 가운데 가장 흔하다. 천적이 다가가면 머리를 양쪽으로 흔들면서 시끄러운 소리를 낸다. 초여름 가까이 되어서 짝짓기를 하는데, 짝짓기를 할 때에도 수컷이 부리로 나무를 두드리면서 암컷을 찾는다. 둥지는 숲 속의 나무줄기에 구멍을 내서 만든다. 새끼한테 먹이를 먹일 때는 벌레를 잡을 때마다 물어 나르지 않고, 벌레를 여러 마리 잡아 목구멍 속에 잔뜩 넣어 와서는 하나씩 꺼내 새끼를 먹인다.

크낙새는 딱따구리 무리 가운데 가장 몸집이 크고, 우리나라에서만 사는 새인데, 지금은 아주 드물어졌다. 크낙새나 까막딱따구리는 천연기념물로 정해서 보호하고 있다.

청딱따구리는 등과 날개가 연두빛을 띤다. 수컷은 이마에 붉은 점이 있고, 암컷은 없다. 대신 검은색 세로무늬가 있다. 쇠딱따구리는 딱따구리 무리 가운데 몸집이 가장 작다. 몸이 전체로 밤색이고 날개에 흰색 무늬가 있다. 쇠딱따구리도 수컷만 뒤통수에 붉은색 깃이 있다.

15~46cm
텃새
산새

다른 이름 더구리
사는 곳 산, 마을
먹이 벌레, 거미, 나무 열매

1 **오색딱따구리** *Dendrocopos major*
몸길이는 23cm쯤이다. 수컷은 뒤통수에 붉은색 무늬가 있고, 암컷은 없다. 가슴과 배는 하얗고, 배 끝이 붉다. 날개를 접고 있을 때 등을 보면 흰색 무늬가 V 자로 보인다. 발가락이 2개는 앞을 보고, 2개는 뒤를 본다. 검고 긴 부리가 단단해 보인다.

2 **쇠딱따구리** *Dendrocopos kizuki*
몸길이는 15cm쯤이다. 딱따구리 무리 가운데 가장 작다. 참새보다 조금 커 보인다. 수컷은 뒤통수에 붉은 털이 있는데, 파묻혀서 안 보일 때가 많다. 등을 보면 흰색 무늬가 가로로 줄줄이 나 있다.

조류
참새목
까마귀과

까치

Pica pica

“카치카치” 또는 “카칵카칵” 하는 소리를 내서 까치라고 한다. 예로부터 우리나라에서는 까치가 울면 반가운 손님이 오거나 좋은 소식이 들려온다고 믿었다. 그만큼 우리와 친근한 새다.

까치는 우리나라 어디서나 흔하게 볼 수 있다. 시골 마을은 물론이고 도시 공원에서도 많이 산다. 깊은 산속에나 들어가야 까치 소리가 안 난다. 쥐나 개구리, 벌레는 물론 낟알이나 나무 열매까지 안 먹는 게 없다. 까치나 까마귀나 열매가 익는 가을에는 농부들한테 미움을 받기 일쑤다. 여물어 가는 곡식이나 채소도 먹고, 무엇보다 과수원에서는 맛이 잘 든 과일만 골라서 마구 쪼아 먹는다. 날이 더 지나서는 가을에 뿌린 밀이나 보리 씨앗도 먹는다.

봄에 짝짓기를 하는데, 수컷이 머리 꼭대기의 깃털을 세우면서 암컷 눈길을 끌려고 애쓴다. 짝짓기를 하고 나면 마을 둘레에 있는 나뭇가지에 둥지를 튼다. 둥지는 마른 나뭇가지로 쌓고 진흙을 발라 견고하고 커다란 둥지를 튼다. 둥지 옆으로 출입구를 낸다. 알 낳는 자리에는 마른풀, 머리칼, 새 깃, 짐승의 털 따위를 깐다. 한 번 둥지를 틀면 해마다 고쳐 써서 해가 갈수록 둥지가 커진다. 산란기에는 무척 예민하고 공격적이 되어서 둥지에 천적이 다가가면 날카로운 소리를 내면서 쫓는다. 이때는 심지어 사람을 공격하기도 하고, 자신의 영역에 날아온 독수리 같은 큰 새도 여럿이 달려들어서 내쫓는다.

까마귀나 어치도 까치와 한 무리에 든다. 까치도 영리한 새이지만, 까마귀는 더 영리해서 거의 네 살짜리 아이와 지능이 비슷하다. 다섯까지 숫자를 셀 줄 알고, 간단한 도구도 쓸 줄 아는 것으로 알려져 있다. 까마귀도 까치처럼 먹을 것을 가리지 않는다. 쥐도 잡아먹고 작은 새나 알도 먹는다. 온갖 벌레들도 잘 잡아먹는데, 특히 다른 새들이 함부로 쪼아 먹지 못하는 털벌레도 잘 먹는다.

까마귀는 산속에 있는 나무나 벼랑에 둥지를 튼다. 나뭇가지를 쌓아 밥그릇처럼 만들고 바닥에는 마른풀과 깃털을 깐다. 까마귀도 까치처럼 해마다 둥지를 고쳐 써서 점점 커진다.

어치도 영리하기는 마찬가지여서 가을에 도토리 따위를 나무 구멍이나 나무 틈에 숨겼다가 겨울에 꺼내 먹는다. 북녘에서는 깨까치라고 한다.

45cm쯤

텃새

산새

사는 곳 마을, 도시 공원

먹이 벌레, 나무 열매, 개구리, 쥐

1

2

1 까치

몸길이는 45cm쯤이다. 암수가 비슷하게 생겼다. 어깨와 배는 흰색이고 나머지는 검다. 날개를 펴면 날개깃에도 흰 깃이 있다. 날개와 길게 뻗은 꽁지는 햇빛을 받으면 푸른빛을 띠면서 반짝인다.

2 까마귀 *Corvus corone*

몸길이는 50cm쯤이지만 몸집은 까치보다 훨씬 커 보인다. 몸 전체가 검은색인데, 햇빛을 받으면 영롱한 보랏빛으로 반짝거린다. 암컷이 조금 작다.

조류
참새목
박새과

박새

Parus major

박새는 산에서 흔히 볼 수 있다. 시골에서는 참새만큼 흔하게 박새 무리를 만날 수 있다. 겨울에는 먹을 것을 찾아서 도시 가까이로도 많이 옮겨 다닌다. 여름에는 암수가 함께 다니다가 새끼를 치고 나면 진박새, 오목눈이, 동고비 같은 새들과 무리를 짓는다. 모두 몸집이 작아서 참새만하거나 그보다 작다. 주로 나무 위에서 지내면서 여름에는 나무에 붙어 사는 벌레 따위를 먹고 겨울에는 솔씨 따위를 먹거나, 나무 틈에 숨어들어 지내는 벌레의 번데기나 알을 찾아 먹는다.

박새는 벌레를 많이 먹는다. 하루에 거의 자기 몸무게만큼 벌레를 먹는 것으로 알려져 있다. 게다가 사람이 만들어 놓은 둥지도 곧잘 쓰기 때문에, 과일나무에 사는 벌레를 잡아먹게 하려고 과수원 같은 곳에서 일부러 둥지를 지어 박새를 불러들이기도 한다.

늦은 봄에서 여름 사이에 짝짓기를 하는데 한 해에 두 번씩 할 때가 많다. 짝짓기를 마친 수컷이 암컷을 둥지 틀 만한 곳으로 데리고 다니면 암컷이 자리를 고른다. 접시 모양으로 둥지를 치는데, 나무 구멍이나 바위틈에다가 마른풀과 이끼로 만들고, 바닥에는 동물 털이나 나무껍질을 깐다. 알은 하루에 하나씩 여섯 개에서 열네 개까지도 낳는다. 암컷이 알을 품는 동안 수컷이 암컷을 먹인다. 새끼가 나오면 어미는 벌레를 잡아서 하나씩 둥지로 물어 나른다. 어미가 벌레를 물어 오면 둥지 안의 새끼들은 저마다 노란 입을 벌리고 먹이를 달라고 조른다. 어미는 한 시간에 수십 번 둥지를 드나든다.

흔히 보이는 박새 무리에 드는 새로는 박새, 쇠박새, 진박새, 곤줄박이 따위가 있다. 쇠박새는 박새보다 몸집이 작다고 이런 이름이 붙었다. 부리가 굵어서 북녘에서는 굵은부리박새라고 한다. 쇠박새보다 더 몸집이 작은 것은 진박새이다. 진박새는 머리와 가슴이 새까맣다. 북녘에서는 깨새라고 한다. 곤줄박이는 배가 온통 주황색이어서 쉽게 눈에 띈다. 박새만큼 덩치가 크다. 다리가 짧고 발가락 힘이 세서 나뭇가지를 잡고 잘 매달린다. 줄기를 붙잡고 오르내리는 것도 잘한다. 사람이 기르기도 한다.

박새는 겨울에도 벌레나 알, 번데기 따위를 찾아서 먹지만, 쇠박새나 곤줄박이는 가을에 먹을 것을 모아 둔다. 도토리나 다른 나무 열매를 나무줄기 틈이나 옹이 같은 곳에 끼워 둔다. 곤줄박이는 열매를 넣고 흙으로 덮기까지 한다. 이것으로 겨울을 나고 봄에 새끼를 먹이기도 한다.

14cm쯤
텃새
산새

다른 이름 비죽새
사는 곳 산, 마을, 공원
먹이 벌레, 나무 열매

1 박새
몸길이는 14cm쯤이다. 박새 무리 가운데 가장 흔하고 몸집도 크다. 머리 꼭대기와 멱은 검은색이고 뺨이 흰색이다. 멱에서부터 배 끝까지 검은색 세로줄이 있다. 암수가 비슷하게 생겼는데, 짝짓기 무렵에는 수컷 목덜미가 노란빛을 띤다.

2 쇠박새 *Parus palustris*
몸길이는 12cm쯤이다. 박새보다 몸집이 작다. 온몸이 거의 무채색이다. 배와 가슴이 하얗고 날개깃은 옅은 잿빛이다. 머리 위가 검어서 모자를 쓴 것처럼 보인다. 머리 위의 검은 털은 빛을 받으면 푸른빛이 돌기도 한다.

3 진박새 *Parus ater*
몸길이는 10cm쯤으로 박새 무리 가운데 몸집이 가장 작다. 암수가 비슷하게 생겼지만 암컷은 머리 깃이 조금 짧다. 머리, 멱, 가슴은 검고 뺨이 희다. 날개 끝과 꼬리가 진한 잿빛이다.

제비

Hirundo rustica

제비는 사람과 가장 가까운 새 가운데 하나다. 둥지를 틀 때, 일부러 처마 밑을 골라서 짓는다. 제비가 흔할 때는 한 집에 제비 둥지가 여러 개 들어서기도 했다. 제비가 오면 옛 어른들은 반갑게 맞이했다. 부러 둥지 틀 자리를 마련해 주고, 해마다 제비가 돌아오기를 기다렸다.

흔히 시골 마을 둘레에 사는데, 도시에서도 밝은 등을 켜 놓은 곳에 잘 나타난다. 나방을 잡아먹기에 좋기 때문이다. 제비는 낮에는 공중에서 날고 있는 시간이 많다. 입을 벌린 채 하늘을 날아다니면서 파리나 딱정벌레, 매미, 잠자리 같은 벌레들을 잡아먹는다. 곡식은 안 먹는다. 하루 종일 날아다니는 시간이 많으니 나는 기술도 뛰어나고 날개도 튼튼해서 오래 잘 난다. 가끔 쉴 때에는 전깃줄 따위에 앉는다. 다리가 짧아서 땅에서는 잘 못 걷는데, 둥지 재료를 얻기 위해 더러 땅 위로 내려앉기도 한다.

제비는 무리를 지어 사는데, 가까이 사는 제비들끼리 서로 돕는 일에 열심이다. 처음 둥지를 트는 제비가 둥지를 잘못 지어서 허물어지거나 하면, 둘레에 사는 제비들이 몰려 와서 둥지 틀기를 돕는다. 위험에 빠진 제비가 있을 때에도 다들 모여들어서 돕는다. 그물이나 줄에 묶인 제비가 있으면 여럿이 달려들어서 날카로운 부리로 줄을 끊어 구해 낸다. 심지어 새로 지은 둥지를 다른 새가 차지하고 꼼짝 않자, 제비들이 잔뜩 모여들어 둥지를 더 높게 지어서는 그 새가 못 나오게 만든 경우도 있다.

제비는 우리나라에 와서 한 해 동안 두 번 짝짓기를 한다. 봄에 와서 곧바로 둥지를 짓고 새끼를 한 번 치고 키워 내보내면 둥지를 고쳐서 여름에 다시 짝짓기를 한다. 둥지는 볏짚과 진흙에 침을 섞어 밥그릇처럼 만들고 바닥에는 새 깃털을 물어다 깐다. 알은 네 개에서 여섯 개쯤 낳는다. 우리나라에서 새끼를 치고 동남아시아나 오스트레일리아에서 겨울을 난다.

귀제비도 제비처럼 사람 사는 집에 둥지를 트는데, 처마 밑보다 보머리나 대들보에 무덤 모양으로 구멍이 작고 옆으로 길쭉한 둥지를 짓는다. 둥지 모양이 불길하다고 해서 집에 둥지 트는 것을 꺼려 하기도 했다. 진흙과 짚을 짓이겨 만들고 둥지 안에는 마른풀과 깃털을 깐다. 해마다 같은 둥지를 쓰기도 하고, 바로 옆에 새로 짓기도 한다. 제비처럼 둥지 재료를 찾을 때 말고는 땅 위로 내려오지 않는다. 제비도 예전보다 많이 드물어졌지만, 귀제비는 수가 크게 줄어서 더 보기 힘들다.

18cm쯤
여름 철새
산새

사는 곳 마을

먹이 나방, 파리, 딱정버레, 매미, 벌

1 제비
몸길이는 18cm쯤이다. 몸통이 날렵하게 생겼다. 날개도 길고 뾰족해서 날 때에도 비슷한 느낌이 난다. 꽁지도 뾰족한데, 양 끝으로 두 가닥이 창처럼 길게 뻗어 있다. 몸 위쪽은 푸른빛이 도는 검은색이다. 이마와 목은 적갈색을 띤다.

2 귀제비 *Cecropis daurica*
몸길이는 19cm쯤이다. 제비와 비슷하지만 조금 더 통통해 보인다. 가슴과 배는 약간 누런빛이 도는데, 검은색 세로 줄무늬가 있다. 날 때나 앉아 있을 때나 이곳이 많이 보여서 제비처럼 온몸이 까맣게 보이지는 않는다.

조류
참새목
직박구리과

직박구리

Microscelis amaurotis

직박구리는 "찌빠, 찌빠" 하는 소리를 낸다고 붙은 이름이다. 시골 마을 가까이나 숲에 많이 살고, 도시에서도 공원이나 나무가 많은 곳에서 쉽게 볼 수 있다. 늘 나무 위에서 지내며 땅 위로는 거의 내려오지 않는다. 흔한 데다가 몸집도 크고, 허공을 가로질러 날아다녀서 눈에 잘 띈다. 날 때는 파도 모양으로 나는데 날개를 펄럭였다가 몸에 붙였다가를 되풀이한다.

나무 사이를 날아다니면서 요란하게 운다. "끼이, 끽" 하면서 귀에 거슬리는 소리를 낼 때가 많고, 한 마리가 울면 그 소리를 듣고 다른 직박구리들이 모여들어 같이 운다. 여럿이 무리를 지어 지내기도 한다. 까치가 제 몸집보다 큰 맹금류를 무리 지어서 쫓아내는데, 직박구리도 그와 비슷하다. 심지어 까치와 영역 싸움을 해서 까치를 몰아내기도 한다.

여름에는 나방 같은 날벌레를 입으로 낚아채듯이 잡아먹거나, 공중에서 펄럭이며 정지 비행을 하면서 나뭇가지 끝에 달린 열매를 따 먹거나, 거미집 가운데에 앉아 있는 거미를 잡아먹을 줄도 안다. 과일도 즐겨 먹는다. 가을을 지나서는 나무에 매달려 있는 열매나 동백나무 꽃의 꿀을 먹는다. 남쪽 지방에 더 많이 살아서 겨울 동백나무 숲에 자주 온다. 동백 숲에서 부리에 꽃가루를 묻히고 앉아 있는 모습을 볼 수 있지만, 직박구리는 꿀만 먹고 마는데, 동백꽃 꿀을 함께 먹는 동박새는 꿀을 먹으면서 꽃가루받이를 돕는다. 겨울에 먹을 것이 모자랄 때는 여럿이 모여 지내는데, 수십 마리가 떼를 짓는 것도 어렵지 않게 볼 수 있다. 여럿이 함께 목욕을 할 때는 한 마리씩 번갈아 경계를 설 줄도 안다. 겨울에는 사람이 주는 먹이에도 곧잘 달려든다.

초여름에 짝짓기를 한다. 잎이 우거진 나뭇가지에 나무껍질, 나뭇잎, 풀잎을 쌓아 밥그릇처럼 생긴 둥지를 짓는다. 비닐 끈 같은 것을 물어다 쓰기도 한다. 알은 너댓 개쯤 낳는데, 메추리 알만 하고 무늬도 메추리 알처럼 자잘한 점무늬가 흩어져 있다. 짝짓기를 하려고 짝을 찾을 때는 아주 시끄럽게 울어 대지만, 새끼를 키우는 동안에는 조용히 지낸다. 둘레에 위험한 것이 다가온다 싶으면 달려들어 사납게 공격을 한다. 새끼를 키워 내보내고 나면 다시 시끄럽게 운다.

 27cm쯤
텃새
산새

사는 곳 마을, 공원, 산
먹이 벌레, 나무 열매, 꿀

몸길이는 27cm쯤이다. 암수가 비슷하게 생겼다.
온몸이 회색인데, 날개는 밤빛이 돈다. 뺨에 밤색
반점이 잘 보인다. 머리털이 부스스해 보일 때나,
가지런할 때에나 세로로 희끗희끗한 무늬가 있다.
꽁지가 길다.

붉은머리오목눈이

Paradoxornis wabbianus

붉은머리오목눈이는 오목눈이 무리 가운데 머리 색이 붉다고 이런 이름이 붙었는데, 흔히 아는 이름으로는 뱁새다. 뱁새가 황새 따라가다 가랑이 찢어진다고 할 때 뱁새라고 하는 새가 바로 이 새다. 참새만큼이나 우리나라에 많이 산다. 북녘에서는 부비새라고 한다.

논밭 둘레나 산기슭에서 무리 지어 산다. 요란하게 지저귀면서 다닌다. 움직임이 재빠르고 움직일 때 꽁지를 좌우로 흔드는 버릇이 있다. 여름에는 매미나 메뚜기 같은 벌레를 잡아먹고 겨울에는 풀씨를 먹는다. 겨울에는 수십 마리씩 무리를 지어 다닐 때가 많다. 덤불 속에 숨어 있거나, 그렇지 않을 때에는 쉬지 않고 움직이는 새여서 흔하기는 해도 가만히 살펴보기는 쉽지 않다.

봄에 짝짓기를 한다. 둥지는 떨기나무 가지나 덤불 속에 튼다. 마른풀, 풀뿌리, 거미줄을 엮어 항아리처럼 만들고 바닥에는 물어 온 천 조각이나 풀 따위를 깐다. 알은 너댓 개쯤 낳는다. 푸른색 알을 낳지만, 가끔 흰색 알을 낳기도 한다. 이렇게 빛깔이 아주 다른 알을 낳는 새는 붉은머리오목눈이 말고는 거의 없다. 열흘 남짓 알을 품으면 새끼가 깨어 난다. 가끔 뻐꾸기가 뱁새 둥지에 알을 낳는다. 뻐꾸기는 먹이가 많아서 뱁새가 많이 사는 곳을 고른다고 한다. 뱁새 둥지에서 가장 먼저 깨어 난 뻐꾸기 새끼는 다른 뱁새 알을 둥지 밖으로 밀어낸다. 뱁새는 뻐꾸기가 혼자 날아갈 때까지 기른다.

오목눈이는 붉은머리오목눈이와 이름이나 생긴 것이나 여러 가지로 비슷하다. 그러나 몸 빛깔이 많이 다르고, 뱁새가 뱁새들끼리 무리 지어 다닌다면, 오목눈이는 박새 무리와 같이 다닐 때가 많다.

오목눈이는 향나무나 측백나무 같은 큰키나무에 둥지를 틀 때가 많다. 개나리 같은 떨기나무 가지 사이에도 튼다. 이끼와 작은 나뭇가지를 모아 거미줄로 엮은 다음, 구멍을 옆으로 내어서 병을 눕혀 놓은 것처럼 만든다. 구멍은 혼자 드나들 만큼 작게 내고 겉에는 나무껍질을 덮어서 천적 눈에 잘 띄지 않도록 한다. 뱁새 둥지는 하늘로 열려 있지만, 오목눈이 둥지는 얼핏 보면 커다랗고 길쭉한 공 같은 모양이다. 지붕이 있는 셈이다. 둥지를 다 짓기까지 열흘쯤 걸린다.

알은 흰색 알을 일곱 개에서 열 개쯤 낳아서 보름 가까이 품는다. 가끔 오목눈이 두 쌍이 한 둥지에서 새끼를 치는 때도 있다.

13cm쯤
텃새
산새

다른 이름 뱁새, 부비새
사는 곳 마을, 산기슭, 풀밭
먹이 벌레, 풀씨, 거미

1

2

1 붉은머리오목눈이

몸길이는 13cm쯤이다. 암수가 비슷하게 생겼다.
부리가 짧고 몸통이 동글동글하다. 꽁지가 거의
몸통만큼 길다. 머리가 붉고 배에는 누런빛이 돈다.

2 오목눈이 *Aegithalos caudatus*

몸길이는 14cm쯤이다. 오목눈이도
붉은머리오목눈이처럼 온몸이 동글동글한 데다가,
작은 눈이 오목하게 들어가 있는 것처럼 보인다.
꽁지는 몸통보다 더 길다. 가슴과 배는 흰 털로
덮여 있다.

조류
참새목
지빠귀과

지빠귀

Turdidae

지빠귀 무리는 몸집은 참새나 박새보다 큰 새지만, 나무가 무성한 숲 속에 살아서 쉽게 눈에 띄지는 않는다. 남녘에서 지빠귀라고 하는 새들은 북녘에서는 "티티-" 하고 운다고 티티라고 한다. 개똥지빠귀는 검은색티티, 흰배지빠귀는 흰배티티 하는 식이다. 남녘에서도 그렇게 부르는 지역이 있다. 여름에는 벌레를 잡아먹고, 벌레가 줄어드는 겨울에는 낟알과 나무 열매를 먹고 산다. 부리를 보면 벌레를 잡아먹기 알맞게 생겼지만, 씨앗이나 열매를 먹기에도 불편한 것 같지는 않다.

노랑지빠귀나 개똥지빠귀는 우리나라에서 겨울을 보내는 겨울 철새이다. 봄이 되어서 날아갈 때가 되면 미루나무나 버즘나무 꼭대기에서 다른 노랑지빠귀들을 불러 모으느라 요란하게 우는 노랑지빠귀 소리를 들을 수 있다. 흰배지빠귀는 지빠귀 무리 가운에 가장 흔한 편인데, 여름을 보낸 다음 겨울에는 더 따뜻한 곳으로 간다. 호랑지빠귀도 흰배지빠귀처럼 여름 철새였지만, 요즘은 날이 따뜻해져서 날아가지 않고 한 해 내내 지내기도 한다.

호랑지빠귀는 지빠귀 무리 가운데 몸집이 가장 크다. 호랑티티라고 하는데, 짝짓기 무렵에는 다른 소리를 낸다. 깊은 산속에서 낮이나 밤이나 "휘-이, 휘-이" 하고 높고 긴 휘파람 소리를 내는데, 특히 밤에 듣고 있으면 사람이 몽롱해지는 것이 혼을 빼놓는 귀신 소리라고 해서 귀신새나 혼새라고 부르기도 한다. 아침부터 저녁까지 울지만, 이른 봄 저녁에 유난히 또렷이 들린다. 먹이를 찾을 때는 땅바닥을 걸어 다니면서 낙엽을 들추거나 바닥을 파헤쳐서 벌레를 잡는다. 특히 지렁이를 무척 좋아해서 새끼를 키울 때 지렁이를 여러 마리 물고 다니는 것을 쉽게 볼 수 있다.

개똥지빠귀는 개똥처럼 몸에 얼룩덜룩한 무늬가 있다고 이런 이름이 붙었다. 겨울을 보내는 새라 마을 가까이에서 좀 더 자주 보인다. 여름처럼 산속에 먹이가 많지 않은 까닭이다. 까치밥이라고 남겨 놓은 감을 쪼아 먹는 모습도 어렵지 않게 볼 수 있다. 겨울에는 열 마리 넘게 무리를 이루어 지낸다. 먹이를 구할 때는 나뭇가지 사이를 날아다니거나 땅 위를 걸어 다닌다. 땅 위에서는 양쪽 다리를 번갈아 움직이면서 걷는데, 네다섯 걸음 걷다가 멈추고 다시 걷기를 되풀이한다.

지빠귀 무리는 대개 나무 위에 마른풀과 이끼를 쌓아 밥그릇처럼 둥지를 만든다. 개똥지빠귀나 노랑지빠귀는 땅 위에도 둥지를 튼다. 알은 다섯 개쯤 낳아서 벌레를 잡아다 먹이면서 보름 가까이 키운다.

24~30cm쯤
종에 따라 다르다.
산새

다른 이름 티티새, 검은색티티, 흰배티티
사는 곳 논밭, 풀숲
먹이 나무 열매, 벌레, 지렁이, 풀씨
구분 겨울 철새이나, 종에 따라 텃새나 여름 철새도 있다.

1

2

1 **개똥지빠귀** *Turdus eunomus*

몸길이는 24cm쯤이다. 가슴과 옆구리에 검은색 점무늬가 많다. 흰색 눈썹줄이 뚜렷하다. 부리는 밝은 노란색인데 끝으로 갈수록 어두워진다. 뒷발가락이 길어서 잘 걷는다. 암컷은 수컷보다 머리 꼭대기와 등 색이 더 진하다.

2 **호랑지빠귀** *Zoothera aurea*

몸길이는 30cm쯤이다. 암수가 비슷하게 생겼다. 몸에 노란빛이 도는데, 깃 끝이 검은색이어서 온몸에 검은색 비늘무늬가 얼룩덜룩하게 있다.

조류
참새목
참새과

참새

Passer montanus

참새는 옛날부터 마을 가까이에서 흔히 볼 수 있고 새 가운데 참된 새라는 뜻으로 붙은 이름이다. 사람들이 가깝게 여겨 온 만큼 속담이나 옛이야기에도 자주 나온다.

시골 마을이나 도시 공원이나 어디에서나 흔하게 볼 수 있다. 곡식을 찧는 방앗간에 가면 언제나 후두둑거리며 방앗간 안을 날아다니는 참새가 있다. 새끼를 키우는 봄에는 암수가 함께 새끼를 키우고, 여름이 되면 수십 마리씩 무리를 짓는다. 나무 사이를 날거나 두 다리를 모아 종종거리며 뛰어다니면서 먹이를 찾는다. 봄여름에는 메뚜기나 나비 같은 벌레를 잡아먹고, 가을부터는 낟알 같은 곡식이나 나무 열매를 많이 먹는다.

가을이 되어 나락에 알이 드는 것은 사람보다 새가 먼저 안다. 그중에 제일이 참새다. 허수아비를 세우고, 끈을 묶어 두기도 하지만, 그런 것은 별 소용이 없다. 예전에는 아이들이 논에 나가 새를 쫓고는 했다. 새들이 올 때마다 소리를 지르거나, 태를 쳐서 소리를 내거나, 팡개로 멀리까지 흙을 뿌리기도 한다. 그렇게 해도 한 번 나락 맛을 본 참새는 훠이훠이 쫓는 시늉만 해서는 이리저리 자리만 옮겨 다니지 좀처럼 멀리 가지 않는다. 나락뿐 아니라 조, 기장 같은 갖가지 곡식을 축내기 때문에, 농부한테 미움을 많이 받는다. 특히 참새는 다른 새보다 숫자가 많아서 무리로 몰려다닐 때에는 그 피해가 두드러지게 눈에 뜨일 정도였다. 산에서 나는 먹잇감이 부족한 해에는 논이나 밭에 더 많이 몰려다닌다. 나락이 익는 가을에 참새를 쫓기도 하지만, 그물을 치거나 해서 참새를 잡기도 했다. 참새를 잡아서 고기를 얻는 것이다. 맛이 좋고, 약으로도 썼다.

참새는 이른 봄부터 한여름이 되기까지 짝짓기를 하고 여러 번 새끼를 친다. 수컷이 털을 부풀리고 꽁지를 부채처럼 펼친 채 "쯔쯧 쯔즈즈즛" 하고 울면서 짝을 찾는다. 둥지는 사람이 사는 집 가까이나 아예 집 안 처마 밑이나 돌담 틈, 기왓장 사이에 짓는다. 예전에는 아이들이 둥지를 틀고 드나드는 참새를 잘 보았다가 손을 쑥 넣어서 알을 꺼내 먹거나 새끼 참새를 꺼내기도 했다. 둥지는 마른풀을 쌓아 둥글게 짓고 구멍을 옆으로 낸다. 제비나 다른 새가 틀어 놓은 둥지를 쓰기도 한다. 알은 대여섯 개쯤 낳는다. 아주 작은 메추리 알처럼 생겼다. 한 해에 새끼를 여러 번 친다. 어릴 때는 뺨의 무늬가 옅은 잿빛이다가 크면서 점점 까맣게 바뀐다.

14cm쯤
텃새
산새

사는 곳 마을, 공원, 산

먹이 벌레, 곡식, 나무 열매, 풀씨

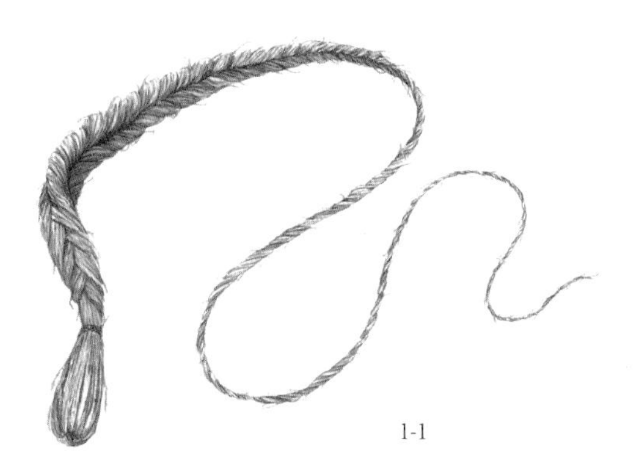

1-1

몸길이는 14cm쯤이다. 암수가 똑같이 생겼다. 머리 꼭대기는 진한 밤색이고, 눈 앞과 턱, 뺨에는 검은 무늬가 있다. 날개는 누런 밤색인데, 검은색 가로줄이 있다.

1-1 뭉툭한 쪽을 잡고 휘두르다가 반대쪽으로 잡아채면, 벼락 치듯 큰 소리가 난다. 이 소리에 새들이 놀라 날아간다. 태라고 한다.

조류
참새목
할미새과

할미새

Motacillidae

봄이 되면 맑은 물이 흐르는 개울가나 늪가에서 늘씬한 꼬리를 아래위로 살살 흔들다가 갑자기 날아오르는 새가 있다. 몸집은 참새만 하지만 꼬리가 까치 꼬리처럼 길고 곧으며, 다리도 길어서 참새보다 훨씬 더 커 보이는 새인데, 이것이 할미새 무리이다. 할미새들은 대개 날 때에는 물결 치는 큰 파도 모양으로 날고, 꼬리를 쉬지 않고 움직인다.

흔히 보이는 것은 알락할미새나 노랑할미새, 물레새이고, 백할미새, 긴발톱할미새, 검은등할미새는 드물게 찾아볼 수 있다. 모두 가늘고 뾰족한 부리를 지닌 것을 보면 벌레를 잘 잡아먹는 새라는 것을 알 수 있다.

알락할미새는 봄에 강기슭이나 늪가의 나무덤불 아래나 바위틈에 밥그릇처럼 생긴 둥지를 틀고 바닥에는 풀뿌리와 털을 깐다. 알은 네 개에서 여섯 개쯤 낳는다. 여름에 한 번 더 알을 낳는다. 새끼를 기르는 동안에 어미들은 물가나 논두렁에서 딱정벌레, 파리, 메뚜기, 나비, 거미 따위를 쉬지 않고 물어 나른다. 살펴보기로는 하루에 삼백 번 넘게 둥지를 드나든다고 한다. 새끼를 다 기르면 식구끼리 다니고, 밤으로는 큰 무리가 모여서 미루나무나 소나무 가지에 모여 잠을 잔다. 낮에 물에 들어가서 목욕하는 것을 즐긴다. 물속에 들어가 물장구를 치면서 목욕을 하고 난 다음에는 둘레 바위에 올라서서 깃을 고른다.

노랑할미새는 몸 빛깔이 다른 것을 빼면 알락할미새하고 사는 것이 거의 비슷하다. 둥지는 개울가 바위틈이나 나무 구멍에 트는데, 가끔 마땅치 않으면 나무 위에 틀기도 한다. 잡아먹는 벌레도 비슷하지만, 노랑할미새는 물속에 들어가서 물벌레를 잡아먹기도 한다. 알을 낳는 시기가 좀 늦어서 알락할미새는 4월이면 알을 낳고 새끼를 치기 시작하지만, 노랑할미새는 5월이 지나야 알을 낳는다.

물레새도 할미새 무리에 드는 새다. 물레새는 숲할미새라고도 하는데, 다른 할미새와는 달리 땅 위에 거의 내려오지 않고 나무가 무성한 깊은 숲에 산다. 우리나라에 오는 것도 다른 할미새보다 늦고, 알을 낳는 것도 더 늦다. 나뭇가지에 앉아서 꼬리를 옆으로 살살 저으면서 "힐꽁힐꽁" 하고 물레질 소리 비슷한 소리를 낸다. 물레새라는 이름이 그래서 붙었다.

20cm쯤
텃새이거나 여름 철새
산새. 물가에 많다.

사는 곳 냇가, 계곡, 호숫가. 산새이지만 물가에서 지낸다.
먹이 벌레, 물벌레

파충류와 양서류

파충류와 양서류

파충류라는 말은 기어 다니는 동물이라는 뜻이다. 우리나라에 사는 파충류 동물은 크게 뱀 무리, 도마뱀 무리, 거북 무리가 있다. 뱀은 다리가 없어서 배를 땅에 대고 기어 다니고, 도마뱀이나 거북도 다리가 짤막해서 거의 배를 땅에 끌듯이 하며 다닌다. 뱀은 그것이 무엇인지도 모르는 어린 아이들도 맞닥뜨리면 놀라며 무서워한다. 옛이야기에도 자주 나오는데, 사람을 해치거나 무서운 모습으로 나올 때가 많다. 그렇지 않을 때는 신령스럽게 나타나기도 했다. 파충류는 양서류처럼 체온이 바깥 온도에 따라 달라지는 변온 동물이다. 그러나 양서류처럼 온몸이 맨몸뚱이인 것은 아니고 살가죽에 비늘이 있거나 등딱지로 덮여 있다. 덕분에 양서류처럼 몸에서 물기가 쉽게 빠져나가는 일은 없다. 거북 무리는 물에서 지내는 것이 많지만, 양서류처럼 몸의 물기를 조절하기 위해서 물을 들락날락하면서 살지는 않는다. 숨을 쉬는 것도 처음부터 허파로 한다. 대신 겨울잠을 자거나, 너무 덥거나 너무 추울 때 잘 움직이지 못하는 것은 양서류와 비슷하다. 먹이를 먹은 다음에 햇볕을 쬐면서 소화를 시키는 것도 몸이 따뜻해야 소화가 잘되기 때문이다. 사람도 몸이 안 좋아서 체온이 내려가면 쉽게 체한다.

파충류의 비늘이나 등딱지는 몸통이 자라는 것에 맞춰 자라지 않는다. 몸통은 자라는데 껍데기는 그대로인 셈이다. 그래서 파충류는 적당한 때에 한 번씩 허물을 벗는다. 몸통을 죄는 작은 껍질을 벗어 버리면서 자라는 것이다. 뱀은 몸통 모양 그대로 허물이 벗겨지지만, 도마뱀은 허물이 너덜너덜 떨어진다. 거북은 등딱지가 한 장 한 장 떨어진다. 파충류는 새처럼 알을 낳는다. 파충류의 알은 새알처럼 껍질이 단단하고, 노른자도 분명하다. 그러나 대개 알을 낳고 새처럼 깨어 날 때까지 돌보는 일은 하지 않는다.

수풀 사이에서 뱀을 맞닥뜨린 사람은 놀란 가슴을 쓸어내리며 어쩔 줄 몰라 하기 마련이다. 우리가 그러고 있는 사이 이미 뱀은 구불거리는 움직임만 기억에 남기고 사라진다. 이렇게 뱀을 직접 마주친 사람은 뱀이 아주 재빠르다고 느끼지만 사실은 그렇지 않다. 똑같은 거리를 나아가더라도 뱀은 구불거리며 물결을 치듯 움직이기 때문에 더 많이 움직이는 것처럼 보인다. 달리기 경주를 한다면 사람보다도 훨씬 느리다. 달리기 실력이 시원찮아서 뱀은 먹이를 잡을 때 양서류처럼 먹이를 기다렸다가 낚아채는 방법을 쓴다. 먹이와 어느 정도 거리가 가까워지면 주저하는 기색 없이 단번에 머리를 던지듯 튀어 나가 먹이를 물어 삼킨다. 먹이는 씹어 먹는 것이 아니고 통째로 삼킨다. 뱀도 먹이를 삼킨 다음에는 햇볕을 쬐면서 소화를 시킨다.

거북 무리의 가장 큰 특징이라면 등딱지를 빼놓을 수 없다. 위험에 빠지면 거북은 이 등딱지 안에 제 몸을 감춘다. 등딱지 속에 들어간 거북을 사람이 힘으로 꺼낼 수는 없다. 제 몸을 지키는 분명한 수단이 있으니, 뭍으로 올라온 거북은 하염없이 느리다. 물속에 들어가면 개구리처럼 날쌔게 헤엄쳐 다닌다. 도마뱀은 돌담이 있는 시골집이라면 집에서도 어렵지 않게 볼 수 있다. 돌담을 굴러다니듯 재빨리 옮겨 다니면서 벌레를 잡아먹는 것이다. 밭둑이나 산기슭에서도 어렵지 않게 만난다. 도마뱀은 작은 몸으로 돌 틈이나 구멍을 들락거리면서 다녀서 잡기가 쉽지 않다. 게다가 아주 특별난 재주도 하나 있는데, 자기 꼬리를 스스로 끊는 것이다. 길다란 꼬리를 흔들면서 도망 다니는 도마뱀은 천적에게 꼬리를 잡히는 일이 많다. 그러면 도마뱀은 지체 없이 자기 꼬리를 끊고 달아난다. 잘린 꼬리는 다시 한 번 자라난다. 두 번째 꼬리가 끊기면 그때는 꼬리가 다시 자라지 않지만, 그래도 꼬리 덕분에 목숨은 구한 셈이다.

개구리는 누구나 잘 알고 있는 동물이다. 모내기 철에는 사방 어디에서나 개구리 소리가 와글대고, 이 무렵에 논둑을 걸어가면 발끝마다 개구리가 풀쩍 논으로 뛰어든다. 양서류는 물과 땅을 오가면서 사는 동물이라는 뜻이다. 이 양서류의 대표적인 동물이 개구리인데, 우리나라에 사는 양서류는 개구리 무리와 더불어 도롱뇽 무리가 있다. 이들은 알에서 깨어 난 후, 어릴 때에는 마치 물고기와 같이 물속에서 살다가 다 자란 다음에는 땅 위에 올라와서 산다. 흔히 땅 위에 올라와 있는 개구리를 보게 되지만, 다 자란 개구리라 해도 물이 없이는 살아갈 수 없다. 양서류의 몸에는 털이나 비늘이나 깃털 따위가 없다. 양서류의 살가죽은 물기가 쉽게 드나들어서 오랫동안 햇빛을 쬐면 몸이 말라 버리고 만다. 그래서 몸의 물기가 마르지 않도록 때마다 물속을 들락거리거나, 그늘진 곳에서 지낸다. 두꺼비가 해 없을 때 돌아다니는 것도 이런 까닭이다. 알몸으로 살아가는 양서류는 새나 짐승처럼 제 스스로 따뜻한 체온을 유지하지도 못한다. 주위 온도에 따라 체온이 변하기 때문에 추운 겨울에는 제대로 움직일 수가 없다. 추운 겨울에 저마다 땅속이나, 물속의 적당한 곳을 찾아 들어가서 겨울잠을 잔다.

개구리는 앞다리에 견주어 매우 크고 든든한 뒷다리로 뜀박질을 잘하고, 물속에 들어서면 땅 위에서보다 더 자유롭고 날쌔게 다닌다. 몸이 헤엄을 치기에 좋게 생기기도 했고, 발가락 사이에는 물갈퀴까지 있어서 그렇다. 도롱뇽은 긴 꼬리를 써서 헤엄을 친다. 개구리는 옛이야기에도 많이 나오는데, 밤을 새워 큰 지네와 싸웠다는 두꺼비 이야기 정도가 아니라면, 개구리가 싸움을 하거나 무서운 모습으로 그려지는 우리 옛이야기는 찾아보기 어렵다. 사실 개구리든 도롱뇽이든 위험에 닥쳤을 때, 남을 공격하거나 싸울 만한 무기가 없다. 몸집도 작고 힘도 없다. 도망가는 것 말고 할 수 있는 것은 주위와 비슷하게 몸 빛깔을 바꾸어서 남의 눈을 피하거나, 날이 밝을 때는 꼭꼭 숨어서 나오지 않는다거나 하는 것뿐이다.

개구리든 도롱뇽이든 양서류는 올챙이 때 모습과 다 자란 모습이 아주 다르다. 등뼈가 있는 동물, 즉 척추동물 가운데 일생 동안 이렇게 양서류만큼 생김새가 크게 바뀌는 동물은 없다. 개구리는 거의 벌레만 먹고 살아서 올챙이하고는 입도 다르게 생겼고, 소화 기관도 달라진다. 몸속에서도 큰 변화가 일어나는 것이다. 도롱뇽은 개구리보다는 덜 변한다. 무엇보다 꼬리가 사라지지 않는다. 새끼 때는 아가미가 몸 바깥으로 많이 나와 있어서 아가미가 없어지는 것은 좀 더 쉽게 볼 수 있다. 살아가는 곳이 물속에서 물 위로 바뀌듯, 그에 맞춰서 생김새나 몸의 기관도 바뀌는 것이다.

3_1 생김새와 생태

거북과 도마뱀 무리는 짤막한 다리가 네 개씩 있고, 뱀 무리는 다리가 없다. 무리마다 생김새와 뼈대가 많이 다르다. 거북은 딱딱하고 넓적한 등딱지와 배딱지가 있다. 목을 길게 뺄 수도 있고 등딱지 속으로 숨길 수도 있다. 등딱지는 살갗이 바뀌어 생긴 몇 개의 뼈로 되어 있고, 등딱지와 배딱지는 몸속에서 허리뼈와 가슴뼈로 이어져 있다. 입은 새 부리처럼 생겨 딱딱하고 날카롭다. 이빨이 없다. 민물 거북은 발가락에 물갈퀴가 있고, 바다거북은 앞발이 아예 노처럼 생겼다. 도마뱀 무리는 도롱뇽 다리와 비슷하게 생긴 다리가 있는데, 다리만 빼면 뱀처럼 생겼다. 배가 좀 불룩하다. 뱀만큼 입을 크게 벌리지는 못한다. 혀를 날름거려서 냄새를 맡는다.

뱀은 다리가 없어 땅 위를 꿈틀꿈틀 기어 다닌다. 몸이 아주 길쭉하고 종마다 서로 다른 몸 무늬가 있다. 살갗을 덮고 있는 비늘도 분명하게 보인다. 언제나 혀를 낼름거리면서 냄새를 맡는다.

파충류는 양서류와 달리 체내 수정을 한다. 직접 교미를 하여 수정이 잘 되고, 눈에 잘 띄지 않는 곳에 알을 낳는다. 양서류보다 알 낳는 숫자가 훨씬 적다. 짝짓기를 끝내고 나면 저마다 좋아하는 자리에다가 알을 낳는다. 낳은 알을 돌보는 경우는 별로 없지만, 구렁이나 누룩뱀은 알을 돌본다. 아예 살모사처럼 배 속에서 알을 깐 다음 새끼를 낳는 것도 있다. 무자치나 도마뱀도 그렇다. 알에서 깨어 난 새끼들은 깨어 나자마자 제 스스로 살 곳을 찾고, 먹이를 찾아다닌다. 새끼들이 점점 커 나갈수록 몸 껍질이 몸통을 죄어 온다. 살가죽을 덮고 있는 비늘이 자라지 않기 때문이다. 그러면 때마다 한 번씩 허물을 벗으면서 자란다. 특히 뱀은 한 번에 몸통의 허물이 통째로 벗겨지기 때문에 살아 있을 때 모양이 그대로 허물로 남는다.

거북 무리는 물속에서 살면서 땅 위로는 잘 올라오지 않는다. 민물 거북은 강이나 큰 웅덩이 가까이 살고, 바다거북은 바다에서 산다. 땅 위로 올라오면 움직임이 너무 굼떠서 잘 다니지 못한다. 도마뱀은 산비탈이나 숲속이나 밭둑이나 시골집 돌담 같은 곳에서 흔히 볼 수 있다. 사람이 가까이 갈라 치면 도마뱀은 마치 굴러떨어지듯 도망을 치고 만다. 어쨌거나 벌레가 많고, 볕이 따뜻한 곳이라면 도마뱀은 어렵지 않게 보게 되는 것이다. 무리 가운데 표범장지뱀은 바닷가 모래밭에서 산다.

뱀 무리는 산꼭대기부터 논과 밭에도 살고 사람이 사는 집 안까지 들어오기도 한다. 까치살모사를 보려면 산꼭대기로 올라가야 한다. 구렁이는 사람이 사는 초가집에 들어와 살면서 쥐나 작은 새를 잡아먹는다. 꼭 초가가 아니더라도 대들보를 타는 구렁이는 누구든 한 번쯤은 마주치는 광경이었던 것이 불과 얼마 전이었다. 사람 사는 집은 큰 짐승이 함부로 못 오는 데다가, 쥐 같은 것이 많이 살아서 구렁이가 살기 좋았다. 능구렁이나 누룩뱀은 나무도 잘 탄다. 무자치는 논 가까이 사는데, 헤엄을 아주 잘 친다.

파충류는 대부분 살아 있는 다른 동물을 잡아먹고 산다. 뱀 무리와 도마뱀 무리는 육식성이고 거북 무리는 잡식성이다. 도마뱀은 거미나 딱정벌레 같은 작은 벌레를 줄곧 잡아먹으며 다니는데, 뱀은 한 번 큰 먹이를 먹고 나면 오랜 시간 쉰다. 아주 큰 먹이를 먹었을 때는 몇 달을 아무것도 안 먹고 견딜 수도 있다. 항온동물처럼 체온을 일정하게 유지하려고 늘 에너지를 써야 하는 게 아니어서, 적게 움직이고 에너지를 조금씩 써서 오래 견디는 것이다. 먹이를 잡은 뱀은 바위 위나 나무 위에 올라가 따뜻한 햇볕을 쬐면서 소화를 시킨다. 소화 작용이 잘 이루어지는 온도로 체온을 끌어 올리려는 행동이다. 춥고 흐려서 체온을 올리지 못할 때는 먹은 것을 게워 내기도 한다.

뱀은 입을 아주 크게 벌릴 수 있어서 목보다 큰 새알도 삼킨다. 개구리나 쥐를 많이 잡아먹는데, 그보다 덩치가 큰 동물을 잡아먹을 때도 있다. 아래턱과 위턱이 꼭 붙어 있는 것이 아니라 고무줄같이 늘어나는 힘줄이 두 뼈를 붙잡고 있기 때문에 자기 몸보다 큰 먹이를 잡아먹을 수 있다. 몸통보다 큰 먹이가 통째로 몸통을 지날 때에도 마찬가지다. 몸통의 뼈들이 서로 붙잡고 연결되어 있는 것이 아니어서, 몸통 또한 쉽게 늘어난다. 뱀 가운데 살모사 무리는 깜깜한 밤에도 사냥을 한다. 눈과 코 사이에 피트 기관이라는 것이 있는데, 이것으로 온도가 변하는 것을 감지한다. 일종의 적외선 카메라인 셈이다. 양쪽으로 있는 피트 기관은 아주 예민해서 깜깜한 밤이라도 먹이를 잡기에 모자람이 없다. 거북 무리는 이것저것 안 가리고 다 먹는다. 물풀도 먹고 물고기나 개구리도 잡아먹고 죽은 물고기도 먹는다.

양서류는 태어나서 죽기까지 알에서 올챙이, 다 자란 모습, 이렇게 크게 세 가지 모습을 거친다. 알에서 깨어 난 올챙이는 물고기처럼 아가미가 있고, 헤엄치기에 알맞게 생겼다. 몸통과 꼬리로 이루어져 있는데, 동그스름한 몸통에는 입과 눈과 콧구멍, 아가미, 소화 기관이 있다. 올챙이 꼬리지느러미는 물고기 지느러미하고는 다르게 뼈가 없이 살갗 두 겹으로만 되어 있다. 입에 자잘한 이빨이 많아서 물풀을 갉아 먹기 좋게 생겼는데, 서로 비슷하게 생긴 올챙이라도 이것을 자세히 들여다보면 무슨 종류의 올챙이인지 알아낼 수 있다.

올챙이는 자라면서 몸통에서 다리가 나오는데, 개구리 무리는 뒷다리가 먼저 나오고, 도롱뇽 무리는 앞다리가 먼저 나온다. 다리가 다 나오는 것에 맞춰서 호흡 기관도 물 밖 생활에 알맞게 바뀐다. 어릴 때는 물고기처럼 아가미로 숨을 쉬다가 다 자라면 허파와 살갗으로 숨을 쉰다. 하지만 허파는 구조가 단순하고 충분히 크지 않아서 몸 전체에 산소를 충분히 보내지 못한다. 그래서 살갗으로도 숨을 쉰다. 거의 살갗으로만 숨을 쉬는 것도 있다. 먹이가 달라지기 때문에 소화 기관도 바뀐다.

개구리 무리는 도롱뇽 무리보다 생김새와 사는 곳이 많이 달라지는 만큼, 몸의 변화도 크다. 개구리 무리의 살가죽은 종에 따라 미끈미끈하기도 하고, 우툴두툴 돌기가 나 있기도 하다. 몸에서 끈끈한 물이 나와 살갗이 늘 축축하다. 몸은 크게 머리, 몸통, 발로 나뉘지만, 머리와 몸통은 거의 한덩어리이다. 목이 없어서 머리만 따로 움직일 수가 없다. 도롱뇽은 목이 있어서 머리를 조금 움직일 수 있다. 머리를 움직이기 어려운 대신에 눈이 머리 양쪽으로 붙어 있고, 툭 튀어나와서 가만히 앉은 채로 거의 사방을 본다. 머리 크기에 견주면 입은 아주 커서, 먹이를 씹지 않고 꿀떡 통째로 삼키는 것이 어렵지 않다. 개구리는 뒷다리가 길고 튼실해서 팔짝팔짝 잘 뛴다. 물속에서 헤엄도 잘 친다. 몸이 유선형이고 발가락 사이에 물갈퀴까지 있어서다. 몸 빛깔은 종마다 많이 다르다. 무당개구리 같은 것은 독이 있다는 것을 알리기 위해 몸 빛깔이 아주 도드라진다. 청개구리는 자기가 있는 곳과 비슷한 색깔로 몸 빛깔을 어느 정도 바꿀 수 있다. 도롱뇽 무리는 모두 몸이 길쭉하고 꼬리가 길다. 살가죽은 언제나 미끌미끌하고 축축한데, 어두운 빛깔이다. 발가락에 물갈퀴가 없는 대신 긴 꼬리를 흔들어서 헤엄을 친다. 양서류는 물이 없으면 안 된다. 다 자란 다음에는 물가를 그다지 찾지 않는 두꺼비도 올챙이 시절에는 물속 생활을 한다.

마을마다 조금씩 다르겠지만, 농약을 쓰지 않던 때에 농부가 논둑에서 가장 많이 보는 개구리는 대개 참개구리였다. 시골집에 들어온 청개구리를 보는 것도 어렵지 않다. 두꺼비를 집에서 보면 처마 밑 구렁이한테 그러듯 집을 지켜 주는 귀한 동물 대접을 했다. 산개구리나 무당개구리, 도롱뇽 따위는 산골짜기에 올라가야 더 쉽게 찾을 수 있다. 이런 것들은 추운 지방으로 갈수록 산 아래로 더 많이 내려온다.

금개구리나 옴개구리, 물두꺼비는 물 밖으로 잘 나오지를 않고, 청개구리와 두꺼비는 헤엄은 잘 쳐도 다 자란 다음에는 물에 잘 들어가지 않는다. 청개구리는 발가락 끝 빨판을 이용해서 나무나 풀 위에도 올라 다닌다. 장독대에 붙어 있는 것도 쉽게 볼 수 있다. 두꺼비는 올챙이에서 몸이 다 바뀌고 나면, 웅덩이를 나와서 어미가 살던 산으로 무리 지어 돌아가는데, 요즘은 어디에나 도로가 뚫려 있어서 이때 두꺼비가 차 바퀴에 밟혀서 한꺼번에 죽는 일이 많다.

양서류는 작은 벌레를 잡아먹고 산다. 모두 살아 있는 것을 먹고 눈앞에서 움직이는 것만 잡아먹는다. 날래게 움직이지 못하기 때문에, 먹이를 쫓아가기보다 기다렸다 낚아채는 방법을 쓴다. 개구리는 끈적끈적한 혀를 쭉 빼서 벌레를 잡고, 도롱뇽은 밤에 돌아다니다가 먹이를 덥석 문다. 몸이 둔해서 먹이를 놓치는 일이 태반이다.

개구리 울음소리는 짝짓기를 하기 위해서 수컷들이 내는 소리다. 울음주머니가 있어서 덩치에 대면 아주 큰 소리를 낸다. 온 마을이 떠나갈 듯한 소리다. 숨을 들이쉬면 울음주머니가 커지고 내쉬면 쪼그라들면서 소리를 낸다. 암컷에게 여러 종류의 개구리 소리를 들려주면 같은 종의 수컷 울음소리에 모여든다. 수컷은 암컷을 부르는 소리도 내고, 다른 수컷이 자기 영역에 들어왔을 때, 나가라고 윽박지르는 소리도 낸다. 암컷을 차지한 수컷 양서류는 교미를 하지는 않지만, 마치 교미를 하듯이 어떤 식으로든 암컷을 꼭 품어 안는다. 품어 안는 모양새는 종마다 다른데, 사타구니를 끌어안거나, 겨드랑이를 끌어안거나, 머리를 끌어당기고 등 위에 올라앉거나 한다. 맹꽁이는 등에서 접착제 같은 끈끈한 물이 나와 붙는다. 이때 수컷은 끌어안기 좋으라고 앞발 엄지발가락이 두툼하게 부풀어 오른다. 이것으로 암컷과 수컷을 구별하기도 한다.

양서류가 물고기와 땅에서 사는 동물의 중간쯤에 있는 동물이라는 것은 짝짓기를 하고, 알을 낳는 것에서도 드러난다. 알은 대부분 물속에 낳기 때문에 물고기 알과 더 비슷한데, 물 위에 흩어지는 맹꽁이를 빼면, 덩어리로 뭉쳐 있다. 파충류나 조류의 알처럼 단단한 껍질이 있거나 노른자가 또렷하지는 않다. 우리나라의 양서류는 알을 낳고는 그대로 내버려 두지만, 다른 나라에 사는 개구리 가운데는 알이나 올챙이를 돌보는 개구리가 있다. 도롱뇽 알은 알 주머니에 들어 있다. 알 주머니 안에는 알을 싼 주머니가 따로 있고, 알 하나하나는 다시 우무질에 싸여 있다. 세 겹의 껍질인 셈이다. 알을 낳을 때는 알 주머니를 한 쌍씩 낳는다.

3_2 한살이

양서류는 알, 유생, 성체 세 단계를 거치며 자란다.

예부터 개구리 올챙이 적 생각을 못한다고 했다. 누군가를 나무라는 말이기는 하지만, 어쨌거나 말 그대로 올챙이와 개구리는 아주 다르다. 등뼈가 있는 동물, 즉 척추동물 가운데 일생 동안 이렇게 양서류만큼 몸이 바뀌는 동물은 없다. 모내기 철이 지나면, 물살이 세지 않고 바닥이 얕은 저수지나 물이 미지근하게 데워져 있는 논에서 무리 지어 있는 올챙이를 쉽게 볼 수 있다. 올챙이는 자라면서 개구리로 바뀌는 도중에 조금씩 몸이 변하는데, 바깥에서 보기에 가장 분명한 변화는 네 다리가 나오고, 꼬리가 사라지는 것이다. 올챙이 적에 몸에서 가장 큰 부분이었던 꼬리는 다리가 나오면서 슬슬 줄어드는데, 이 때 개구리로 바뀌기에 필요한 영양분을 꼬리에서 얻는다. 아가미도 없어진다. 올챙이 때는 아가미로 숨을 쉬지만, 다리가 다 나왔을 때에는 이미 허파로 숨을 쉰다. 올챙이는 풀을 먹기 때문에 입은 풀을 먹고 사는 새의 부리를 닮았다. 풀을 먹고 살아야 하니 자연스레 창자도 길다. 개구리는 거의 벌레만 먹고 살아서 올챙이하고는 입도 다르게 생겼고, 소화기관도 달라진다. 몸속에서도 큰 변화가 일어나는 것이다.

도롱뇽은 개구리보다는 덜 변한다. 꼬리는 그대로 있고 아가미가 사라진다. 어른이 된다고 해서 개구리처럼 크고 튼튼한 뒷다리가 생기지도 않는다. 그저 느릿느릿 기어 다닐 수 있을 만큼 짤막하다.

도롱뇽 한살이

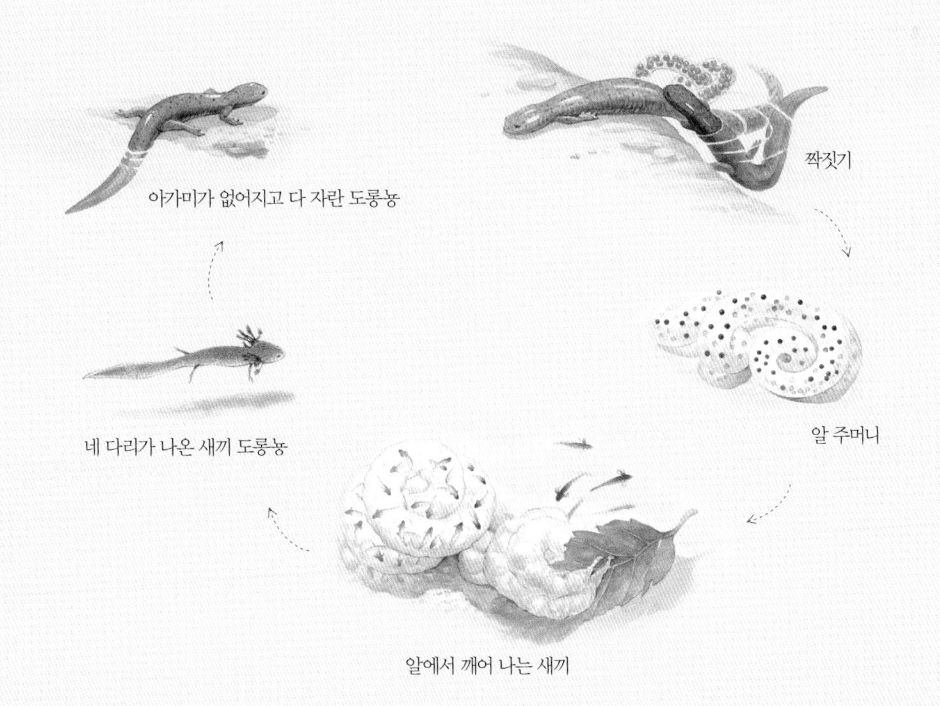

3_3 천적과 몸 지키기

파충류는 대개 새나 젖먹이동물에게 잡아먹힌다. 부엉이나 올빼미, 매, 독수리 같은 맹금류들은 작은 파충류를 아주 맛있어 한다. 너구리, 오소리, 멧돼지 같은 짐승도 잘 먹는다. 고슴도치는 독사한테 물려 가면서도 별 탈 없이 독사를 잡아먹는다고 한다. 멧돼지는 살집이 두꺼워서 독사가 물어도 끄떡 하지 않고 잡아먹는다. 드문 일이지만 덩치 큰 황소개구리가 작은 뱀을 잡아먹기도 한다.

뱀은 이렇게 자신을 잡아먹는 동물을 맞닥뜨리면 몇 가지 방법으로 자신을 지킨다. 맨 처음에는 도망을 가는 것이다. 아무리 독이 있는 독사라 하더라도 일단 피할 수 있는 상황이라면 피한다. 그러지 못했을 때는 똬리를 틀고 꼬리를 타다닥 떨면서 대든다. 독이 없는 뱀은 이렇게 하면서 적이 주춤할 때 얼른 도망간다. 유혈목이는 목을 옆으로 쫙 펴서 더 크게 보이려고 한다. 살모사 무리와 유혈목이처럼 독이 있는 뱀은 순식간에 달려들어서 문다. 사람이 독사한테 물리는 것은 대부분 뱀이 사람 소리를 듣지 못하고 있다가 너무 갑자기 맞닥뜨렸을 때이다. 놀란 뱀은 일단 문다. 이렇게 한 번 문 뱀은 안 도망가고 자꾸 물려고 대들기도 한다. 도마뱀은 꼬리를 끊는 재주가 있다. 천적이 도마뱀을 잡을 때 꼬리를 잡는 경우가 많기도 하지만, 일단 꼬리가 잘려 나가서 꿈틀꿈틀 하는 것을 보면 누구든 잠시 주춤하게 되어 있다. 이 틈을 타서 도망치는 것이다. 꼬리는 한 번 끊어지면 천천히 다시 나오지만 두 번째 끊어지면 다시 자라지 않는다. 거북 무리는 등딱지 속으로 숨는다. 거북 등껍질을 어찌 할 수 있는 짐승이나 새는 없다. 자라는 등껍질 속으로 몸을 숨겼다가도 갑자기 목을 뻗어 물기도 한다. 생각보다 아주 길게 목이 나온다. 한 번 물면 놓지 않아서 손가락이 잘릴 수도 있다.

뱀이나 새들은 개구리를 잘 잡아먹는다. 밤에 나오는 도롱뇽은 그때 돌아다니는 족제비나 너구리나 수달 같은 짐승한테 많이 잡아먹힌다. 개구리들은 위험이 닥쳤을 때, 일단 도망간다. 뜀박질을 해서 달아나기도 하지만, 물이 가까이 있으면 곧바로 물속으로 뛰어든다. 개구리를 잡아먹는 천적 가운데 물속과 땅 위를 개구리처럼 쉽게 넘나드는 동물은 없다. 아무래도 개구리를 잡아먹는 동물은 뭍에 더 많기 때문에 개구리는 물속에 뛰어들어서 돌 틈이나 물풀 사이로 숨는다. 두꺼비나 무당개구리 같은 것들은 몸에 독을 품고 있어서 다른 동물들이 쉽게 잡아먹지 못한다. 새나 짐승이 무당개구리를 삼켰다가 독물에 놀라 곧바로 토해 내기도 한다. 청개구리는 몸 빛깔을 바꾼다. 대개 개구리들은 몇몇 독이 있는 종류를 빼면 몸 빛깔이 사는 곳과 닮아서 눈에 잘 띄지 않는다. 청개구리는 여기에다 몸 빛깔을 바꾸는 재주까지 지녔는데, 짙은 풀빛 몸이었다가, 흙빛으로 바뀌는 데 한 시간쯤이면 된다. 도롱뇽은 몸을 지키기 위해 개구리처럼 할 수 있는 것이 거의 없다. 몸은 굼뜨고 독이 있지도 않다. 피부도 말랑말랑하니 잡아먹는 동물한테는 이보다 좋은 먹잇감이 없다. 그래서 도롱뇽은 밝은 낮에는 거의 나오지 않는다. 그저 어두워질 때까지 숨어 있는 것으로써 자기 몸을 지킨다.

3_4 겨울나기

파충류나 양서류나 바깥 기온에 따라 체온이 바뀐다. 겨울이 되면 움직이는 것도 소화를 시키는 것도 어려워진다. 파충류도 가을부터 채비를 해서 겨울에는 겨울잠을 잔다. 뱀이나 도마뱀은 나무 밑동이나 돌 틈, 가랑잎 더미 깊숙한 곳으로 한겨울에도 얼어붙지 않을 만한 곳을 찾아 들어간다. 한 번 마땅한 곳을 찾으면 해마다 같은 곳으로 간다. 뱀은 여러 마리가 같이 모여 자는 경우가 많은데, 겨울잠 자기 좋은 장소에는 해마다 더 많은 뱀들이 찾아온다. 살모사와 무자치는 떼를 지어 자고, 누룩뱀과 유혈목이와 능구렁이가 같은 굴에서 섞여 자기도 한다. 능구렁이가 가장 먼저 겨울잠에 들고, 유혈목이는 늦게까지 돌아다닌다. 거북 무리는 물속 진흙 바닥을 파고 들어간다. 물살이 빠르지 않고 후미진 곳을 찾는다. 바다거북 무리는 겨울이 오면 더 따뜻한 곳을 찾아간다.

양서류도 겨울잠 채비를 한다. 먹이를 잔뜩 먹고, 잠잘 곳을 마련한다. 물두꺼비, 옴개구리, 산개구리 무리, 황소개구리, 금개구리는 물 밑바닥에서 겨울잠을 잔다. 도롱뇽 무리는 나무둥치 밑이나 나무뿌리 밑 같은 곳을 찾는다. 참개구리, 청개구리, 두꺼비, 맹꽁이는 땅속에 적당한 자리를 파고 들어간다. 일단 잠이 들면 거의 깨어나는 일이 없다. 자리를 고를 때 영하로 내려가지 않을 만한 곳을 찾는다. 겨울잠을 자기 전에는 먹이를 잔뜩 먹어서 살을 찌운다. 겨울잠을 자는 동안 거의 아무것도 먹지 않는다. 그래서 가을 개구리는 토실하고 봄 개구리는 비쩍 말라 있다. 겨울잠을 잘 때는 체온도 아주 낮게 떨어진다. 잠자는 곳 온도가 영하로 내려가더라도 개구리 몸은 얼지 않는데, 체액에 당분을 아주 많이 녹여 두기 때문이다. 겨울잠 자는 개구리의 혈당량은 사람이 당뇨병에 걸리는 수치보다 열 배에서 스무 배 가까이 높다. 맹꽁이나 두꺼비 같은 것들은 너무 더운 것도 견디지 못해서 여름잠도 잔다.

3_5 독뱀

산에서 조심해야 하는 것으로는 크게 독사와 말벌이 있다. 이 둘한테 물리거나 쏘였을 때는 지체 없이 병원을 찾는다. 목숨이 위험할 수 있으니 다른 것을 돌아볼 겨를이 없다. 독사는 아무리 독이 있다고 해도 사람보다 작은 동물이다. 사람이 다닐 때 작대기로 풀숲을 탁탁 치면서 소리를 내면 뱀이 미리 피한다. 독사가 있을 성 싶은 곳에 갈 때는 장화를 신는 게 좋다.

뱀 독은 금세 온몸으로 퍼진다. 칼로 째서 입으로 빨아내는 것은 안 하느니만 못하다. 째서 생기는 상처 때문에 더 큰 탈이 날 수도 있고, 자칫하면 독을 빨아낸 사람도 뱀에 물린 사람과 똑같은 처지가 될 수 있다.

뱀에 물렸을 때는 1 가만히 누워서 최대한 덜 움직인다. 움직일수록 독은 더 빨리 더 많이 퍼진다. 2 팔이나 다리를 물렸으면 물린 데에서 5~10cm 위를 헝겊으로 묶는다. 피가 안 통할 만큼 세게 묶으면 더 안 좋다. 15분마다 풀었다가 다시 매 줘야 한다. 3 최대한 덜 움직이는 자세로 업히거나, 들것에 실려 병원에 가서 해독제 치료를 받는다.

파충류
거북목
남생이과

남생이

Mauremys reevesii

남생이는 논이나 늪, 강에서 산다. 낮에는 돌 밑이나 진흙 속을 파고 들어가 있다가 아침이나 해질녘에 나와서 먹이를 잡는다. 개구리, 작은 물고기, 우렁이, 물풀 따위를 먹고 죽은 물고기도 잘 먹어 치운다. 땅 위에서는 엉금엉금 느리게 기어 다니지만 물속에 들어가면 몸놀림이 재빠르고, 헤엄도 잘 친다. 물속에서 먹이를 잘 잡을 수 있는 것도 헤엄을 잘 치기 때문이다. 무더운 한여름에는 등딱지에 붙어 있는 기생충을 없애려고 바위 위에 올라가 햇볕을 쬐는데, 뒷다리를 쭉 뻗어 마치 기지개를 켜는 것처럼 보인다. 겁이 많아서 무엇에 놀라거나 위험을 느끼면 물속으로 바로 숨거나, 머리를 딱딱한 등딱지 속으로 집어넣고 다리와 꼬리를 등딱지 밑으로 숨긴다.

가을에 짝짓기를 하고는 이듬해 초여름에 물가 모래톱에 구덩이를 파고 알을 낳는다. 갓 깨어난 새끼는 등딱지가 말랑말랑하다가 점점 딱딱해진다. 겨울이 가까워지면 물 밑 진흙을 파고 들어가 겨울잠을 잔다. 남생이는 아무것도 안 먹고 여섯 달을 살 수 있을 만큼 생명력이 강하다.

몸은 딱딱한 껍데기로 싸여 있다. 위험하다 싶으면 머리와 꼬리, 네 다리를 모두 껍데기 속으로 숨긴다. 이 껍데기를 뚫고 남생이를 잡아먹을 수 있는 짐승은 거의 없다. 남생이를 툭툭 건어차기만 할 뿐 어쩔 도리가 없다. 흔히 거북이는 뒤집히면 제힘으로 못 일어나는 줄 알지만, 몸집이 아주 큰 바다거북을 빼고는 남생이나 자라나 제힘으로 금세 몸을 뒤집는다.

남생이는 물에서 살지만 허파로 숨을 쉰다. 그래서 물속에 오래 있지 못하고 숨을 쉬러 물 위로 올라와야 한다. 코 끝이 뾰족해서 몸은 물속에 있고 목만 쭉 빼내서 코만 내놓고 숨을 쉰다. 다른 동물은 가슴을 움직여 숨을 쉬는데, 남생이는 등딱지와 배딱지가 단단하게 붙어 있어서 가슴을 움직일 수 없다. 그래서 남생이는 목과 다리를 움직여 숨을 쉰다. 목과 다리를 밖으로 뻗으면서 숨을 들이쉬고 집어넣으면서 내쉰다.

옛날부터 우리나라 민물에 살던 거북으로 남생이와 자라가 있다. 자라는 모래밭에 알을 낳는 것이나, 겨울잠을 자는 것이나 남생이와 비슷하게 살아간다. 강가 모래밭이 사라지고, 사람들이 몸 보신한다고 마구 잡아서 지금은 둘 다 보기 어려워졌다.

15~25cm
9~10월
11~4월

다른 이름 민물거북
사는 곳 강, 논, 늪
먹이 개구리, 작은 물고기, 우렁이, 물풀
알 낳는 때 6~8월

1-1

등딱지 길이는 15~25cm쯤 된다. 등딱지는 진한 밤색이다. 배딱지는 시커멓다. 목에 노란 줄이 있다. 등딱지는 딱지 하나하나가 육각형이고 가장자리에 노란 띠가 있다. 주둥이 끝은 뭉툭하고 이빨이 없다.

1-1 남생이 배딱지

파충류
거북목
남생이과

붉은귀거북

Trachemys scripta

이제는 우리나라에 사는 민물 거북은 붉은귀거북이 가장 많다. 예전부터 살던 자라나 남생이는 아주 귀하게 되었는데, 붉은귀거북은 흔하다. 다른 나라에서 들여와 기르던 것이 퍼져서 지금은 강이나 개울, 공원 연못에 아주 많이 산다. 속이 들여다 보이지 않을 만큼 더러운 물에서도 잘 산다. 원래 살던 곳은 미국 미시시피 강으로 알려져 있다. 지금은 널리 퍼져서 온 세계에 산다. 우리나라에는 1970년대에 애완동물로 기르거나 종교 행사에 쓰려고 들여왔다. 그런데 집에서 기르던 붉은귀거북이 자라면서 고약한 냄새를 풍기거나 다루기 어렵게 자라면 그냥 물에 내다 버리고, 종교 행사에서 붉은귀거북을 산 채로 강에 풀어 주면서 온 나라에 널리 퍼졌다. 우리나라에서는 붉은귀거북을 잡아먹을 천적이 없어서 그 수가 빠르게 늘어났다. 어디서나 잘 살고 성질도 사나워서 먹이를 놓고 경쟁을 벌이던 남생이와 자라를 밀어내고 민물 거북 가운데 가장 많아졌다.

붉은귀거북은 먹성이 아주 좋아서 물속에 사는 물고기나 벌레, 물풀을 닥치는 대로 먹어 치운다. 제 몸보다 큰 물고기도 헤엄쳐 쫓아가서 억센 턱으로 물어뜯는다. 위험을 느끼면 딱딱한 등딱지 속에 머리와 네 다리, 꼬리까지 숨긴다. 그러면 새나 너구리 같은 동물도 어쩌지 못한다. 우리나라 물속에 사는 동물을 하도 많이 잡아먹어서 지금은 붉은귀거북을 생태계 위해 외래종으로 정해서 우리나라로 못 들어오게 막고 있다. 다른 나라에서 동식물을 들여올 때는 우리나라 생태계에 어떤 영향을 주는지 꼼꼼히 따져 봐야 한다. 생태계 위해 외래종에는 붉은귀거북뿐만 아니라 황소개구리, 블루길, 베스, 뉴트리아, 돼지풀, 가시박, 서양등골나물 따위가 있다.

붉은귀거북은 눈 뒤에 붉은 무늬가 또렷하다. 이것이 붉은 귀처럼 생겼다 해서 이름을 붙였다. 어릴 때는 등딱지가 연한 풀빛이어서 청거북이라고도 한다. 어른이 된 다음에는 거의 하루 종일 물에 머문다. 햇볕을 쬐려고 물가로 올라오거나 숨을 쉬려고 물 위로 올라올 때나 볼 수 있다. 아주 작은 소리에도 놀라 물속으로 텀벙 뛰어들어 숨는다.

4월에서 7월이 되면 밤에 알을 낳으러 땅 위로 올라온다. 모래나 흙을 파고 알을 두 개에서 스물두 개쯤 낳는다. 한 번에 다 안 낳고 다섯 번에 나누어 낳기도 한다. 두 달쯤 지나면 새끼가 깨어 나온다.

12~20cm
4~7월
11~4월

다른 이름 청거북
사는 곳 강, 개울, 연못
먹이 물고기, 개구리, 조개, 벌레, 물풀
알 낳는 때 4~7월

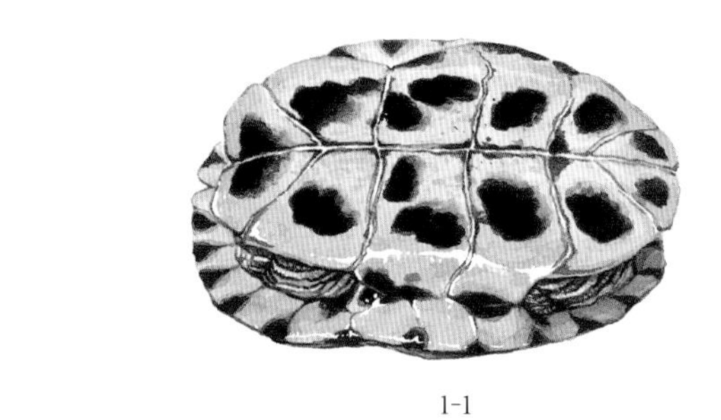

1-1

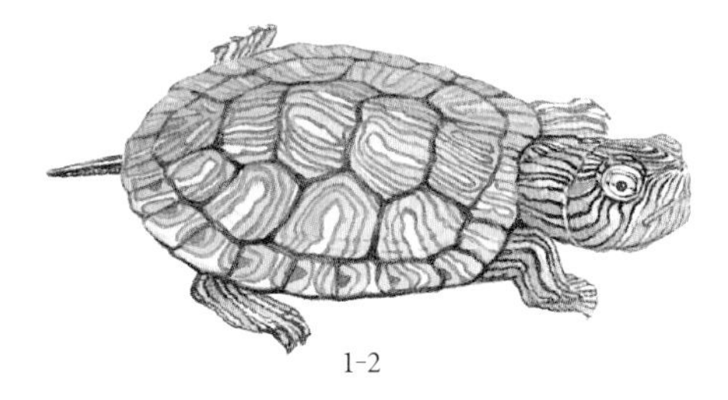

1-2

등딱지 길이는 12~20cm쯤이다. 28cm까지 자라기도 한다. 등딱지는 풀빛이고 배 껍질은 누렇다. 검은 반점이 있다. 눈 뒤로 붉은 점무늬가 귀처럼 보인다. 어릴 때는 온몸이 풀빛이다. 이빨은 없지만 입이 날카롭고 딱딱하다.

1-1 붉은귀거북 배딱지
1-2 붉은귀거북 어린 새끼

파충류
뱀목
도마뱀과

도마뱀

Scincella vandenburghi

도마뱀 무리는 집 가까운 밭이나 산기슭에서 어렵지 않게 볼 수 있다. 다리는 짧지만 아주 재빠르게 잘 움직인다. 사람이나 다른 적을 만나 놀라면 미끄러지듯 달려서는 나뭇잎 사이나 돌 틈으로 숨는다. 꼬리를 붙잡히면 한 번은 꼬리를 끊고 달아난다. 끊긴 꼬리는 동그랗게 말리면서 한동안 꿈틀거린다. 도마뱀이나 장지뱀 무리는 모두 꼬리를 끊고 달아날 줄 안다. 꼬리는 한 번은 다시 생기는데, 끊어진 자리에 자국이 남고, 두 번째 끊기면 다시 자라지 않는다.

우리는 흔히 도마뱀이라고 하면 도마뱀 무리와 장지뱀 무리를 모두 아우르는 이름으로 쓴다. 개구리라고 부르는 것과 비슷하다. 다만 종을 나누어서 부를 때는 도마뱀이 여러 종 가운데 한 종의 도마뱀을 가리킨다. 이것을 북녘에서는 미끈도마뱀이라고 한다.

도마뱀은 축축한 바위 밑이나 돌 밑에서 산다. 낮에는 햇볕을 쬐러 가끔 나오기도 하지만 대부분 숨어 있다. 밤에 나와 돌아다니면서 벌레나 작은 동물을 잡아먹는다. 뱀처럼 입을 크게 벌리지는 못해서 자기 입보다 큰 먹이는 못 먹는다. 긴 혀로 냄새를 맡아 먹이가 어디에 있는지, 짝이 어디에 있는지, 천적이 있는지 없는지 따위를 알아내는 것은 뱀과 비슷하다.

아무르장지뱀은 도마뱀 무리 가운데 가장 흔하다. 흔히 도마뱀이라고 하는 것이 아무르장지뱀을 가리킬 때가 많다. 몸보다 꼬리가 훨씬 길고 도마뱀과 달리 살갗이 거칠거칠하다. 북녘에서는 꼬리가 길다고 긴꼬리도마뱀이라고 한다. 아무르장지뱀은 풀이 제멋대로 자란 길섶이나 가랑잎이 수북이 쌓인 산기슭, 햇볕이 잘 드는 묵정밭에 많다. 돌 위나 가랑잎 위에서 꼼짝 않고 햇볕을 쬐는 모습을 볼 수 있다. 햇볕을 쬘 때는 몸빛이 더 거무스름해진다. 그러다 작은 기척에도 놀라 재빨리 숨는다. 낮에 나와 여기저기 돌아다니면서 거미나 달팽이, 개미를 잡아먹는다. 때로는 덤불이나 나뭇가지 위에 올라가서 벌레를 잡아먹기도 한다. 날씨가 추워지면 돌틈에 들어가거나 가랑잎을 켜켜이 덮고 겨울잠을 잔다.

아무르장지뱀은 여름에 알을 낳는다. 서너 개쯤 낳는데, 가랑잎 밑이나 바위 밑 흙 속에 알을 낳는다. 조금 눅눅하고 따뜻한 곳을 찾아서 알을 낳는다. 알을 낳고는 무엇으로든 알을 덮어 둔다. 한 달쯤 지나면 새끼가 나온다. 새끼들은 깨어 나자마자 뿔뿔이 흩어진다.

10~15cm
3~7월
11~4월

다른 이름 도롱이, 독다구리, 돔뱀, 도우뱀, 동아뱀, 미끈도마뱀
사는 곳 산, 묵정밭
먹이 작은 벌레, 거미, 지렁이

1

2

2-1

1 도마뱀

몸길이는 10~15cm쯤 된다. 몸은 누런 밤색이고 반질반질하다. 몸통 옆으로 검은 밤색 띠가 있다. 온몸에 검은 무늬가 어지럽게 흩어져 있다. 다리가 짧아서 다닐 때 배가 땅에 닿는다. 귓구멍이 바깥에서도 보이고, 눈에는 눈꺼풀이 있다.

2 아무르장지뱀 *Takydromus amurensis*

몸길이는 17~19cm쯤 된다. 꼬리가 몸통보다 훨씬 길다. 살갗이 거칠거칠하다. 몸은 옅은 밤색인데, 몸통 옆에 진한 밤색, 혹은 거무스름한 띠가 있다. 눈꺼풀이 있고, 길다란 혀는 끝이 두 갈래로 갈라졌다.

2-1 가을에 가랑잎 사이에서 볕을 쬐는 아무르장지뱀

파충류
뱀목
뱀과

구렁이

Elaphe schrenckii

구렁이는 우리나라 뱀 가운데 가장 크다. 집 가까이에 살면서 지붕이나 돌담, 밭둑에서 집쥐나 참새를 잡아먹는다. 예전에는 쥐를 쫓아서 방구들 밑까지 들어오기도 했다. 비가 오고 나면 돌담이나 지붕 위에 올라가 해바라기를 하기도 한다. 옛날 사람들은 곡식을 갉아 먹는 쥐를 잡아먹는다고 복구렁이라고 부르며 집 안에 들어온 구렁이는 내버려 두었다. 독니가 없고 사람에게는 해코지를 안 한다. 구렁이는 쥐를 많이 잡아먹는다. 구렁이 한 마리가 한 해에 쥐를 백 마리도 넘게 잡아먹는다. 집 가까이 사니까 집쥐를 많이 잡아먹고 등줄쥐나 두더지를 먹기도 한다. 봄에는 참새 새끼나 새알도 먹고 여름에는 개구리도 잡아먹는다.

사람은 코로 냄새를 맡지만 뱀은 혀로 냄새를 맡는다. 뱀이 혀를 쉴 새 없이 날름거리는 것은 냄새를 맡기 위해서 그렇다. 구렁이는 깜깜한 밤에도 냄새를 맡아 쥐를 잡는다. 소리 없이 쥐한테 다가가거나 쥐가 지나가기를 기다려서 쥐가 코끝에 닿을 만큼 가까워지면 입으로 물고 재빨리 긴 몸통으로 칭칭 휘감는다. 쥐가 몸부림치면 숨을 못 쉬게 더욱 세게 조른다. 숨이 끊어지면 몸을 풀고 머리부터 천천히 한입에 삼킨다.

구렁이는 몸이 누런 것도 있지만 까만 구렁이도 있다. 까만 구렁이를 먹구렁이, 누런 것은 황구렁이라고 한다. 먹구렁이는 마을 가까이에 잘 안 내려온다. 집으로 드나드는 것은 황구렁이이다.

구렁이는 오뉴월에 짝짓기를 하고 알을 열둘에서 스물다섯 개쯤 낳는다. 새끼는 온도에 따라 성별이 바뀌는데, 온도가 섭씨 이십오 도 아래면 암컷이 많이 나오고, 섭씨 삼십 도가 넘으면 수컷이 많이 깨어 난다. 갓 깨어 난 새끼는 몸길이가 삼사십 센티미터쯤 된다. 날씨가 추워지면 집쥐 굴이나 돌담, 버려진 집, 두엄 더미, 숯가마 터 속에 들어가서 겨울잠을 잔다. 지금은 초가집이 헐리고 돌담이나 두엄 더미가 사라지면서 구렁이가 살 곳이 점점 드물어지고, 사람들이 함부로 잡아서 통 볼 수 없다.

능구렁이는 이름은 구렁이와 비슷해도 성격은 무척 사나운 뱀이다. 쥐나 개구리처럼 다른 뱀들이 먹는 먹이도 먹지만, 다른 뱀은 거의 먹지 않는 두꺼비도 잡아먹고, 게다가 다른 뱀까지 잡아먹는다. 자기는 독이 없는데, 독사인 살모사마저 먹이로 삼는다. 다른 뱀보다 몸집은 그리 크지 않지만 힘이 배 이상 세다고 한다. 독이 없어서 먹이를 잡으면 몸을 둘둘 휘감아 조른다.

1~2m
5~7월
11~5월

다른 이름 진대, 흑질백질, 흑지리, 구레, 구링이, 구마기
사는 곳 집 지붕, 돌담, 밭둑
먹이 쥐, 작은 새, 새알, 개구리
알 낳는 때 8~9월

1 **구렁이**
몸길이는 1m쯤인데, 큰 것은 2m가 넘기도 한다. 사는 곳에 따라 몸빛이 많이 다르다. 등이 누르스름하고, 여기에 검은 가로무늬가 있는 것이 많다. 꼬리로 갈수록 무늬가 진하다. 몸빛이 검은 것은 먹구렁이라고 한다.

2 **능구렁이** *Dinodon rufozonatus*
다 자라면 90~100cm쯤 된다. 몸이 빨갛고 검은 띠무늬가 있다. 몸통 비늘은 미끈하다. 머리 위에도 검은 점이 나 있다. 눈동자는 고양이처럼 위아래로 째졌다.

유혈목이

Rhabdophis tigrinus

유혈목이는 목에 검은색과 붉은색 무늬가 아주 뚜렷해서 눈에 잘 띈다. 색깔이 알록달록 화려하다고 꽃뱀이라고 하고, 고개를 쳐들고 이리저리 너불댄다고 너불대라고도 한다.

유혈목이는 참개구리, 산개구리, 옴개구리 같은 개구리를 많이 먹고 다른 뱀이 꺼리는 두꺼비도 먹는다. 움직임이 빨라서 개구리가 뛰어 도망가면 잽싸게 쫓아간다. 개구리를 놓치면 고개를 쳐들고 두리번거리다가 다시 따라간다. 헤엄을 잘 쳐서 물속에 들어가 미꾸라지 같은 물고기도 잡아먹는다. 나무도 잘 타서 새 둥지를 뒤져 알을 꺼내 먹기도 한다. 먹이를 한 번 물면 놓치는 법이 없다. 먹이를 물면 아래턱의 양쪽을 번갈아 움직여 입속 깊이 들어가게 한 뒤 독니로 문다.

유혈목이는 오랫동안 독이 없는 뱀으로 여겼지만, 실은 입 안쪽에 작은 독니가 있다. 그래서 입 안쪽까지 깊숙이 물리게 되면 독니에 물린다. 사람이 물리면 몸속에서 피가 나고 물린 자국에서 피가 안 멈춘다. 가까운 병원에 가서 빨리 치료를 받아야 한다.

유혈목이는 천적을 만나면 몸통 앞쪽을 납작하게 펼쳐서 될 수 있는 대로 크게 보이려고 한다. 그러면 머리도 납작하게 넓어져서 독사처럼 삼각형이 된다. 그래도 안 되면 몸을 뒤집어 죽은 시늉을 하면서 똥구멍에서 고약한 냄새가 나는 물을 내뿜는다. 독물도 뿜어낸다. 이 독물이 천적 입이나 눈에 들어가면 아주 아프고 쓰리다. 눈이 멀 수도 있다. 독물을 뿜고는 천적이 놀라 어쩔 줄 모를 때 도망을 간다.

다른 뱀과 달리 10월에서 11월에 짝짓기를 하고 나서 겨울잠을 자러 들어간다. 겨울잠을 잘 때는 산 위로 올라와서 여러 마리가 뒤엉켜 함께 잔다. 한 번 잠 잘 곳을 정하면 해마다 같은 곳을 다시 찾아와서는 겨울잠을 잔다. 4월쯤에 겨울잠에서 깨어난다. 봄과 가을에 많이 보이고 무더운 여름에는 보기 힘들다. 알은 이듬해 5월에서 7월에 낳는다. 열 개에서 스물다섯 개쯤 낳는데 많이 낳으면 마흔 개가 넘기도 한다. 알은 달걀꼴이고 긴 쪽 지름은 사 센티미터, 짧은 쪽 지름은 이 센티미터이다. 껍데기는 연하고 하얗다. 9월이면 새끼가 깨어 나온다. 알에서 나온 새끼 뱀은 지렁이나 올챙이나 청개구리를 잡아먹는다. 새끼는 어미보다 풀빛 몸빛에 붉은 무늬가 더 뚜렷하다. 깨어 난 지 일 주일쯤 지나면 처음 허물을 벗는데 그때까지는 아무것도 안 먹는다.

70~80cm
5~7월
12~4월

다른 이름 꽃뱀, 너불대, 너불메기, 까치독사, 율모기
사는 곳 산기슭, 강가, 논
먹이 쥐, 개구리, 작은 물고기
알 낳는 때 7~8월

1-1

몸길이는 70~80cm쯤인데, 제주도에는 1m가 넘는 것도 있다. 온몸이 풀빛이고 검은색과 붉은색의 가로무늬가 번갈아 있다. 몸 비늘에는 돌기가 있어서 까칠까칠하다. 암컷이 수컷보다 크고 꼬리는 아주 가늘다.

1-1 나무를 타는 유혈목이

파충류
뱀목
살모사과

살모사

Gloydius blomhoffi

살모사는 산기슭 돌무더기나 밭둑에서 산다. 이름만 보고 어미를 잡아먹는 뱀으로 알고 있기도 한데, 어미를 잡아먹지는 않는다. 낮에는 바위틈이나 풀숲같이 그늘진 곳에서 쉬는데, 비가 온 뒤에 날이 개거나 추운 날에는 바위에 똬리를 틀고 앉아 해바라기를 한다. 해가 지고 어두워지면 나와서 쥐나 개구리 같은 작은 동물을 잡아먹는다. 깜깜한 밤에도 눈과 콧구멍 사이에 있는 피트 기관으로 먹잇감의 체온을 느끼고 쫓아가 잡는다. 그래서 앞이 하나도 안 보이는 깜깜한 쥐굴에서도 잽싸게 사냥을 할 수 있다. 먹이를 독니로 재빨리 물어서 먹잇감이 꼼짝 못하거나 숨이 끊어지면 한입에 삼킨다. 살모사는 머리가 삼각형이고 눈 뒤로 흰 줄이 뚜렷하게 나 있다. 꼬리는 잘록하고 노란빛을 띠는데, 화가 나면 곧추세워서 다르르르 떨거나 가랑잎을 탁탁 친다.

우리나라에는 살모사, 쇠살모사, 까치살모사, 북살모사가 산다. 살모사 무리는 모두 독니가 있고, 눈 뒤쪽에 독주머니가 있어서 머리가 세모꼴이다. 또 알을 낳는 것이 아니라 배 속에서 새끼를 까서 낳는다. 쇠살모사가 가장 흔하고 까치살모사가 가장 드물다. 북살모사는 북녘에만 산다. 쇠살모사는 살모사 무리 가운데 몸집이 가장 작다. 가을에 성묘를 하러 가거나, 나무 열매를 따러 가거나 할 때 가장 많이 만나는 뱀이다. 높은 산이나 낮은 산 어디서나 두루 보인다.

살모사 무리는 앞니에 주사 바늘처럼 생긴 독니가 한 쌍 있다. 입을 벌리면 이빨이 일어서면서 독주머니를 눌러 독물이 나오게 된다. 독니는 입을 다물면 누워 있고 먹이를 잡으려고 입을 벌릴 때만 꼿꼿이 선다. 그래서 독니로 제 입을 깨무는 일은 없다. 독성이 아주 세기 때문에 사람이 물리면 혈관이 터져 몸속에서 피가 나고 적혈구가 파괴된다. 물린 자리가 부어오르고, 타박상을 입은 것처럼 자줏빛을 띠는 데다가, 거기서 피가 안 멈추고 계속 흘러나온다. 섣불리 민간요법으로 치료하지 말고 될수록 빨리 병원에 가서 항독소 주사를 맞고 치료해야 한다.

6월에서 7월에 짝짓기를 한다. 짝짓기를 하고 나서 그해에 새끼를 안 치고 이듬해 여름에 새끼를 여섯 마리에서 열두 마리쯤 낳는다. 제 몸속에서 알을 부화시켜서 새끼를 낳는 것이다. 새끼는 태어나자마자 저마다 흩어져 혼자 살아간다. 이삼 년쯤 지나면 어른이 된다.

15~25cm
6~7월
11~4월

다른 이름 까치독사, 살무사, 실망이, 부예기
사는 곳 산기슭, 돌무더기, 밭둑
먹이 쥐, 개구리, 작은 동물
알 낳는 때 짝짓기 후 이듬해 여름에 새끼를 낳는다.

1

2

1 **살모사**

몸길이는 80~90cm쯤이다. 머리는 분명한 세모꼴이고 눈 뒤로 흰 줄이 뚜렷하다. 꼬리는 노란색이다. 몸에는 검은 테두리가 있는 둥근 무늬가 좌우로 쭉 나 있다. 비늘에는 돌기가 있어서 까끌까끌하다. 눈동자가 고양이를 닮았다.

2 **쇠살모사** *Gloydius ussuriensis*

몸길이는 70~80cm쯤이다. 살모사보다 조금 몸집이 작다. 생김새는 비슷한데, 꼬리가 검고, 혀가 붉은 것이 다르다. 몸통의 둥근 무늬가 커서 양쪽의 것이 이어진다. 얼핏 보면 띠무늬처럼 보인다.

양서류
도롱뇽목
도롱뇽과

도롱뇽

Hynobius leechii

도롱뇽은 도마뱀하고 비슷하게 생겼는데 더 몸집이 통통하고 살갗은 미끌미끌하고 축축하다. 산골짜기 개울가에 많이 살고 예전에는 마을 가까이 박우물에도 많이 살았다. 햇볕을 직접 쬐는 것을 싫어해서 낮에는 축축한 돌밑이나 썩은 나무 밑에 숨어 있다가 밤이 되면 나온다. 긴 몸통을 이쪽저쪽 휘청대면서 느릿느릿 기어 다닌다. 천천히 다니면서 거미나 날도래, 벌, 지렁이 따위를 잡아먹는다. 물가에서 지내지만 물속 벌레보다 땅 위를 기어 다니는 벌레를 잘 잡아먹는다.

짝짓기는 겨울잠에서 깨어난 이른 봄에 떼로 모여서 한다. 암컷과 수컷이 뒤엉켜 이리 뒤척 저리 뒤척거리며 짝짓기를 한다. 암컷은 기다란 알 주머니를 두 개 낳는다. 주머니 하나에 알이 서른 개에서 여든 개쯤 들어 있다. 돌이나 물풀에 한쪽 끝을 붙여 낳기도 하고 물속에 그냥 낳기도 한다. 예전에는 도롱뇽이 알을 붙여 낳으면 그해에 큰물이 진다고 여겼다. 알 주머니는 처음에는 쭈글쭈글하다가 물을 머금으면서 점점 부풀고 둥그렇게 말린다. 서너 주가 지나면 새끼가 깨어나 알 주머니 밖으로 나온다. 알에서 막 깨어 난 도롱뇽은 크기가 십에서 십오 밀리미터이다.

새끼는 어미와 생김새가 닮았는데 아가미가 밖으로 튀어나와 있다. 아가미는 어른이 될 때까지 그런 모습이다. 새끼 도롱뇽은 물풀이나 물이끼도 갉아 먹지만 올챙이도 잡아먹는다. 개구리는 어른이 될 때 뒷다리가 먼저 나오지만, 도롱뇽 무리는 앞다리가 먼저 나오고 뒷다리가 나온다. 다 자라서 아가미가 없어지면 물 밖으로 나온다.

꼬리치레도롱뇽은 누런 몸에 노란 점이 얼룩덜룩 나 있어서 도롱뇽과 쉽게 구별된다. 꼬리가 몸통보다도 더 길다. 낮에는 물가 이끼 낀 돌무더기나 눅눅한 가랑잎 더미에 숨어 있다. 꼬리치레도롱뇽은 도롱뇽보다 훨씬 보기 어렵다. 꼬리치레도롱뇽은 아주 깨끗한 곳에서만 산다. 물이 몹시 차고 맑으며 나무가 우거지고 땅에 가랑잎이 수북이 쌓여 벌레가 많은 곳에서 볼 수 있다. 백두대간이나 국립공원, 천성산 같은 곳에서 발견된다. 요즘은 꼬리치레도롱뇽이 사는 것을 보고 숲이 얼마나 잘 보존되고 있는지 가늠하기도 한다.

도롱뇽이나 꼬리치레도롱뇽이나 추운 겨울이 되면 축축한 땅속이나 돌 밑, 가랑잎 밑이나 썩은 나무 밑에 들어가 겨울잠을 잔다. 여름에 가뭄이 들어서 너무 덥고 물이 말랐을 때도 땅속으로 들어가서 꼼짝 않는다. 그러다가 비가 오면 다시 나온다.

수컷 8~12cm
암컷 7~9cm
3~4월
10~3월

다른 이름 도래, 도랑용
사는 곳 골짜기 물가, 개울가, 박우물
먹이 지렁이, 거미, 작은 벌레
알 낳는 때 3~4월

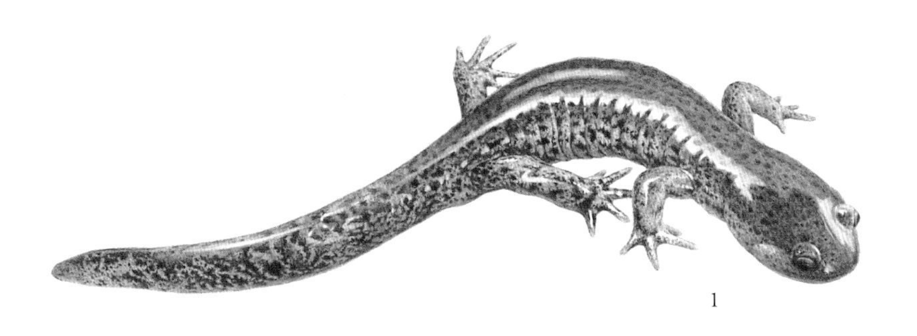

1

2

2-1

1 도롱뇽

수컷은 몸길이가 8~12cm이고, 암컷은 7~9cm이다. 몸이 거뭇거뭇하고 살갗은 늘 미끌미끌하고 축축하다. 온몸에 검은 점이 자잘하게 흩어져 있다. 옆구리에는 갈비뼈 줄이 13개 나 있다. 꼬리는 세로로 납작하다. 발가락에 물갈퀴는 없다.

2 꼬리치레도롱뇽 *Onychodactylus fischeri*

수컷은 몸길이가 17~18cm이고, 암컷은 18~19cm쯤이다. 도롱뇽보다 꽤 크고, 온몸에 알록달록한 샛노란 점이 꼬리 끝까지 나 있다. 눈이 크고 툭 튀어나왔고 주둥이 끝이 둥글다. 어릴 때는 발톱이 새까맣다.

2-1 꼬리치레도롱뇽 새끼

두꺼비

Bufo gargarizans

두꺼비는 몸집이 크고 온몸에 돌기가 오톨도톨 나 있다. 황소개구리가 들어와 살기 전까지 우리나라에 사는 개구리 가운데 덩치가 가장 컸다. 웬만해선 펄쩍펄쩍 안 뛰고 아주 느긋하게 엉금엉금 걸어 다닌다. 이렇게 천천히 다녀도 뱀이나 새가 섣불리 잡아먹지 않는다. 몸에 난 돌기에서 독이 나오기 때문이다. 독물은 허옇고 찐득찐득한데 냄새가 고약하고 맛이 쓰다. 손으로 만질 때는 괜찮지만 눈이나 상처난 곳에 닿으면 아주 쓰리고 아프다. 뱀이 가까이 오면 몸을 한껏 크게 부풀리고 팔굽혀펴기를 하듯이 몸을 위아래로 움찔거리며 위협도 한다.

두꺼비는 다른 개구리와는 달리 물가를 떠나 물기가 없고 메마른 곳에서도 잘 산다. 그래도 한낮에 햇볕을 쬐는 것은 싫어해서, 낮에는 돌 밑이나 나무뿌리 밑에 숨어 있다가 어둑어둑해질 무렵이면 기어 나온다. 흐린 날에는 낮에도 나와 돌아다니고 시골집 마당이나 장독대에 나오기도 한다. 먹이를 보면 천천히 다가가서 끈적끈적하고 긴 혀를 쭉 내밀어 잽싸게 낚아챈다. 밭이나 논에 꼬이는 벌레를 많이 잡아먹어서 농사꾼들은 두꺼비를 안 잡고 그냥 두었다. 시골에서는 불 켜진 가로등 밑에 가만히 있는 두꺼비를 볼 때가 많은데, 불을 보고 모여드는 벌레를 잡아먹으려고 그런 자리를 찾는다. 밤에 돌아다니는 나방 따위가 특히 해충이 많은데, 요즘은 박쥐도 드물어져서 밤에 다니는 벌레를 두꺼비만큼 잡아먹는 동물이 드물다.

두꺼비는 몸놀림이 아주 굼뜨지만 먹이는 눈 깜짝할 사이에 잡아먹는다. 천천히 다가가서 긴 혀로 벌레를 낚아채는데, 일 초도 안 걸릴 만큼 빠르다. 두꺼비 혀는 사람과 달리 입 앞쪽에 붙어 있다. 혀는 입안에 돌돌 말려 있다가 핑그르르 풀리면서 쭉 뻗어 나온다. 아주 끈적끈적해서 벌레가 착 달라 붙으면 안 떨어진다. 먹이는 씹지 않고 통째로 삼킨다. 파리, 나방, 모기, 개미, 벌 따위도 잡아먹고 지렁이나 달팽이 같은 작은 동물도 먹는다.

두꺼비는 10월에서 11월쯤 땅속에 들어가 겨울잠을 잔다. 이른 봄이 되어서 겨울잠에서 깨면 저수지 물가로 알을 낳으러 내려온다. 해마다 한 번 알 낳은 곳을 다시 찾아가 알을 낳는다. 산 밑에 있는 저수지까지 수백 미터에서 멀게는 수 킬로미터까지 내려온다. 한꺼번에 떼로 내려오기 때문에 차에 깔려 많이 죽기도 한다. 물가에서 어른이 되어 다시 산으로 올라 갈 때에도 어린 두꺼비들이 많이 죽는다.

수컷 7~8cm
암컷 10~12cm
2~3월
겨울잠 10~1월
봄잠 4~5월

다른 이름 더터비, 두텁, 뚜구비, 명마구리, 볼로기
사는 곳 밭이나 집 둘레, 산
먹이 파리, 모기, 나방, 지렁이, 거미, 벌
알 낳는 때 2~3월

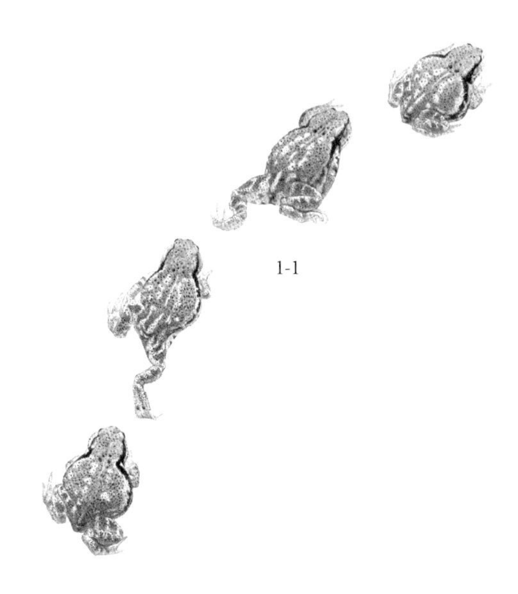

1-1

수컷은 몸길이가 7~8cm이고, 암컷은 10~12cm이다. 온몸에 자잘한 돌기가 있어 살갗이 우툴두툴하다. 머리가 옆으로 넓적하고 입이 아주 크다. 뒷발에 물갈퀴가 있는데 별로 길지 않다.

1-1 두꺼비 걸음걸이

양서류
개구리목
청개구리과

청개구리

Hyla japonica

청개구리는 우리나라에 사는 개구리 가운데 가장 몸집이 작다. 집 안에도 잘 들어와서 장독대나 마당에 심어 놓은 나무나 풀에 붙어 있는 것을 쉽게 볼 수 있다. 청개구리는 나뭇가지나 풀포기에 잘 올라 앉는다. 발가락 끝에 동글동글한 빨판이 있고 끈적끈적한 물도 나와서 얇은 풀잎에 매달려서도 안 떨어지고 잘 옮겨 다닌다. 우리나라에 사는 개구리 가운데 나무에 오를 수 있는 개구리는 청개구리뿐이다. 그래서 나무개구리라고도 한다.

청개구리 몸은 풀빛이어서 이파리 사이에 숨어 있으면 눈에 잘 안 띈다. 가만히 숨어 있다가 벌레가 가까이 오면 잡아먹는데, 날아가는 벌레를 펄쩍 뛰어서 잡아먹기도 한다. 땅이나 돌 위에 내려오면 몸빛을 금세 바꾼다. 제 몸을 지키려고 몸빛을 바꾸는데, 보통 때는 풀빛이지만 나무줄기에 있으면 나무껍질 색깔로, 땅 위에 내려오면 흙빛으로 바뀐다. 몸빛을 다 바꾸는 데 한 시간이면 충분하다. 몸빛을 둘레 색깔에 맞춰 바꾸면서 천적이 못 알아채도록 몸을 숨긴다.

청개구리는 짝짓기 때가 아니면 물에 잘 안 들어간다. 물갈퀴도 거의 없다. 논에 물을 대기 시작하면 청개구리도 짝짓기를 시작한다. 짝짓기 때가 되면 청개구리는 논으로 모여든다. 모내기를 마친 논에서 5월 중순쯤에 울기 시작해서 7월까지 왁자하게 운다. 낮에는 논 가까이에 있는 풀숲이나 산기슭에 있다가 해가 질 무렵에 논으로 모여든다.

청개구리는 몸집은 작지만 울음소리는 가장 크다. 밤에 "깩깩깩" 하고 우는데 흐린 날에는 낮에도 시끄럽게 운다. 턱밑에 있는 울음주머니가 풍선처럼 부풀었다 쪼그라들었다 하며 운다. 크게 부풀리면 자기 몸보다 더 커진다. 수컷이 큰 소리로 울면 암컷은 울음소리를 가장 크게 내는 수컷 앞으로 뛰어간다. 그리고 수컷이 껴안으면 함께 논 물속으로 들어간다. 암컷은 한 번에 열 개에서 스무 개쯤 알을 낳아 모나 물풀에 붙인다. 한 번 알을 낳으면 다른 곳으로 옮겨서 또 똑같이 알을 낳는다. 그렇게 알을 삼백에서 오백 개쯤 낳는다.

알에서 깨어 난 올챙이는 스무날쯤 지나면 다 자라서 물 밖으로 나온다. 가을이 되면 풀빛인 청개구리보다 회색빛을 띠는 청개구리가 더 많다. 10월쯤 땅속을 파고 들어가거나 죽은 나무 밑이나 돌 밑에서 겨울잠을 잔다. 청개구리는 피부가 끈적끈적하고 몸에서 분비물이 나오는데 독성이 있다. 그래서 청개구리를 만진 다음에는 꼭 손을 씻어야 한다. 눈을 비벼서는 안 된다.

3~5cm
5~7월
11~4월

다른 이름 나무개구리, 풀개구리, 풋개구리, 앙마구리
사는 곳 산기슭, 밭
먹이 파리, 벌, 딱정벌레, 작은 벌레
알 낳는 때 5~7월

1-1

1-2

몸길이는 3~5cm이다. 개구리 무리 가운데 가장 작다. 등은 풀빛이고 배는 하얗다. 주변 환경에 따라 몸빛을 잘 바꾼다. 살갗은 아주 얇고 부드럽다. 발가락 끝에 동그랗게 빨판이 있다.

1-1 청개구리 울음주머니

1-2 청개구리 몸빛 바꾸기

참개구리

Rana nigromaculata

참개구리는 논이나 연못, 시냇가, 저수지에서 산다. 사람이 논둑이나 냇가를 걸어가면 참개구리는 그 소리에 놀라 여기저기서 첨벙첨벙 물로 뛰어들어 가 숨는다. 뛰는 것도 잘하고, 헤엄치는 것도 잘한다. 위험하다 싶으면 일단 물에 뛰어드는 것이 제 몸을 지키는 가장 중요한 방법이다. 물속에 뛰어든 개구리는 조금 지나면 눈과 콧구멍만 물 위로 삐죽이 내놓고 살피다가, 천천히 둑 위로 올라온다.

모내기를 하려고 논에 물을 대면 개구리 울음소리가 난다. "꾸르륵 꾸르륵" 하면서 왁자하게 운다. 수컷이 암컷 부르는 소리이다. 참개구리는 모내기를 마친 논 여기저기에 알을 낳는다. 애벌매기를 하러 논에 들어가서도 참개구리 알 덩어리를 볼 수 있다. 알을 낳고 일 주일쯤 지나면 올챙이가 나온다. 올챙이는 물속에서 물풀이나 물이끼를 먹고 자란다. 조금 지나면 뒷다리가 나오고, 그 다음에 앞다리가 나온다. 앞발이 나오면 얕은 물가에 모이는데 때로 물 밖에서 뛰어다니기도 한다. 아가미가 사라지고 허파나 살갗으로 숨을 쉴 수 있게 된다. 점점 꼬리가 줄어들고 개구리 모양새를 갖춘다. 이렇게 알에서 개구리가 되기까지 두 달쯤 걸린다. 그리고 다시 알을 낳으려면 삼 년쯤 더 자라야 한다.

먹이로는 살아 있는 벌레를 좋아하는데, 풀숲에 꼼짝 않고 숨어 있다가 먹이가 가까이 오면 재빨리 혀를 쭉 내밀어 잡아먹는다. 눈앞에서 움직이는 것은 무엇이든지 덤벼들어 잡는다. 예전에는 논에 흔하다고 논개구리라고도 했지만, 논에 농약을 많이 치면서 드물어졌다.

 6~9cm
 4~6월
 10~4월

다른 이름 논개구리, 떡개구리, 억묵쟁이, 왕머구리
사는 곳 논, 시냇가, 웅덩이
먹이 작은 벌레, 달팽이 따위
알 낳는 때 4~6월

수컷

암컷

1-1

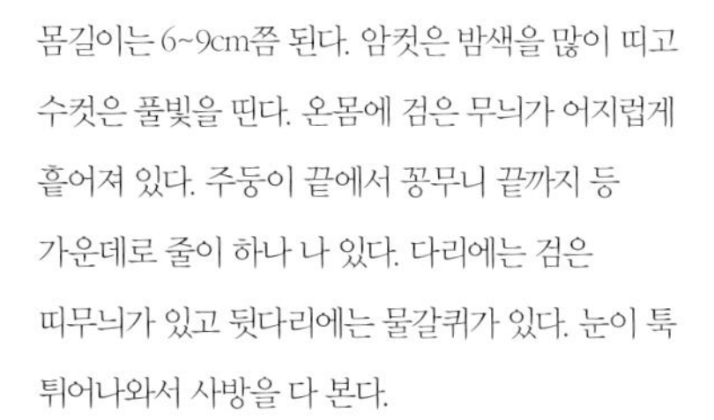

몸길이는 6~9cm쯤 된다. 암컷은 밤색을 많이 띠고 수컷은 풀빛을 띤다. 온몸에 검은 무늬가 어지럽게 흩어져 있다. 주둥이 끝에서 꽁무니 끝까지 등 가운데로 줄이 하나 나 있다. 다리에는 검은 띠무늬가 있고 뒷다리에는 물갈퀴가 있다. 눈이 툭 튀어나와서 사방을 다 본다.

1-1 참개구리 뜀뛰기

양서류
개구리목
개구리과

산개구리

Rana dybowskii

산개구리는 온몸이 누렇고 눈 뒤에 검은 무늬가 있다. 골짜기 물속에 납작 엎드려 있으면 가랑잎과 색깔이 비슷해서 잘 못 알아본다. 산에 산다고 산개구리이다. 낮에는 나무등치나 물속 바위 밑에 숨어 있다. 밤에 나와서 풀숲을 돌아다니면서 날벌레나 개미, 지렁이, 거미를 잡아먹는다. 겨울에는 개울 물속에 수북이 쌓인 가랑잎 밑이나 바위 밑에 여러 마리가 모여 겨울잠을 잔다. 예전에 먹을 것이 적을 때는 골짜기 돌을 뒤집어 겨울잠 자는 산개구리를 잡아서 고기 대신 먹기도 했다.

산개구리는 경칩 무렵인 3월 초에 산 아래 웅덩이나 개울이나 물 댄 논으로 짝짓기를 하러 내려온다. 이 무렵에 산개구리를 가장 흔하게 볼 수 있다. 전라도에서는 "뽀오옹악 뽀오옹악" 하고 시끄럽게 운다고 뽕악이라고도 한다. 수십 마리가 모여들어 엎치락뒤치락하면서 짝짓기를 한다. 그러면서 웅덩이 가득 알을 낳아 놓고는 다시 산으로 올라간다. 산개구리 알 덩어리는 물에 떠 있는데 축구공만큼 커지기도 한다. 알은 일 주일쯤 뒤에 올챙이가 된다. 막 깨어 나온 올챙이는 알 껍질을 갉아 먹다가 점점 부드러운 물풀이나 물이끼를 먹으면서 자란다. 올챙이는 두 달 반쯤 지나면 개구리가 된다.

우리나라에 사는 산개구리 무리에는 산개구리, 한국산개구리, 계곡산개구리가 있다. 예전에는 서로 구분하지 않고 모두 산개구리라고 불렀다. 계곡산개구리는 높은 산 골짜기에 살면서 알을 낳을 때도 산 밑으로 안 내려온다. 산개구리는 그보다 낮은 산기슭에, 한국산개구리는 산기슭 무논에 많다. 모두 몸빛이 밤색이고 눈 주 위에 검은 무늬가 있는데, 검은 무늬 생김새나 몸 크기, 발가락 사이에 난 물갈퀴 따위를 보고 셋을 가려낸다. 산개구리는 눈 뒤의 검은 무늬가 크고 뚜렷한데, 몸이 작고 가는 한국산개구리는 눈 뒤에서 눈 앞 주둥이 끝까지 검은 무늬가 선명하다. 몸 크기는 산개구리가 가장 크고 한국산개구리가 가장 작다. 골짜기에 사는 계곡산개구리 물갈퀴가 가장 크고 넓적하고, 한국산개구리 물갈퀴가 가장 작다.

산개구리처럼 산골짜기에서 쉽게 보는 개구리로 무당개구리가 있다. 무당개구리는 물이 차고 맑은 산골짜기에 많이 산다. 배가 아주 빨갛고 등은 우툴두툴하다. 몸에서 독이 나와서 뱀이나 새도 잘 안 잡아먹는다. 그래서 낮에도 나와 잘 돌아다닌다.

6~7cm
2~4월
10~2월

다른 이름 북방산개구리, 식용개구리, 뽕악이, 독개구리, 송장개구리
사는 곳 산골짜기, 산기슭 무논
먹이 날벌레, 개미, 지렁이, 거미
알 낳는 때 2~4월

1

2

1 산개구리

몸길이는 6~8cm쯤이다. 온몸이 옅은 밤색인데 가랑잎과 비슷해 보인다. 몸에 점무늬가 있는 것도 있다. 눈 뒤에 검은 무늬가 뚜렷하다. 뒷다리에는 검은 줄이 가로로 나 있다.

2 무당개구리 *Bombina orientalis*

몸길이는 4~5cm이다. 등은 짙은 풀빛이고 배는 붉다. 온몸에 검은 무늬가 있다. 등에는 오톨도톨한 작은 돌기가 나 있고, 배는 매끈하다. 발가락 끝은 빨갛고 뒷다리에는 물갈퀴가 있다.

민물고기

민물고기

물고기는 물을 떠나서는 살 수 없는 동물이다. 땅 위에 사는 짐승이나 새는 허파로 숨을 쉬지만, 물고기는 물속에서 아가미로 숨을 쉰다. 물속에서 움직일 때는 붕어나 피라미 같은 대부분의 물고기들은 주로 꼬리와 몸통, 지느러미를 힘 있게 놀려서 헤엄치는데, 뱀장어나 드렁허리처럼 몸이 가늘고 길게 생긴 물고기는 땅 위에서 기어 다니는 뱀처럼 몸을 꾸불거리면서 간다. 홍어 같은 바닷물고기는 지느러미를 파도 모양으로 놀리면서 헤엄친다.

물고기마다 사는 곳이 달라지는 이유 가운데 하나는 물속에 소금기가 얼마나 있는가 하는 것이다. 이것으로 바닷물고기와 민물고기를 나눈다. 뱀장어나 연어처럼 바다와 민물을 오가는 물고기도 있다. 하지만 이런 물고기들은 대개 살던 곳을 떠나 알을 낳으면 그곳에서 죽는다. 송사리처럼 민물에 살면서 소금기를 얼마쯤 견뎌 내는 물고기도 있고, 숭어처럼 민물과 바닷물이 섞이는 곳에서 생활하는 물고기도 있지만, 이런 물고기는 얼마 되지 않는다. 대부분의 물고기는 소금 농도가 조금만 바뀌어도 버티지 못하고 죽는다.

물고기는 몸이 늘 따뜻한 것이 아니라 양서류처럼 둘레 온도에 따라 체온이 바뀐다. 그래서 물고기마다 좋아하는 물의 온도가 다르다. 철에 따라 물고기의 생활이 달라지는 것도 물의 온도가 바뀌기 때문이다. 산골짜기에서 흔히 보이는 물고기가 있고, 늪이나 저수지에 사는 물고기가 있다. 이렇게 물고기가 사는 곳이 달라지는 것은 사는 곳에 따라 여러 가지 조건이 달라지기 때문이기도 하지만, 무엇보다 물의 온도가 달라지기 때문이다. 바닷물고기는 철을 따라 아주 먼 거리를 이동하는 것이 많은데, 민물고기도 철이 바뀌어서 물이 차가워지거나 따뜻해지면 자기가 좋아하는 곳을 찾아서 옮겨 다닌다. 그러다가 너무 춥거나 너무 더워지면, 꼼짝 않고 지내는 것이 많다.

물고기도 먹이에 따라 식물성 먹이를 먹는 것, 동물성 먹이를 먹는 것으로 나눌 수 있다. 은어나 돌고기 같은 물고기는 돌말이나 조류 같은 식물성 먹이를 먹고, 뱀장어, 가물치, 쏘가리, 메기 들은 다른 작은 동물이나 물고기를 잡아먹는다. 잉어나 붕어, 미꾸리 같은 물고기는 가리지 않고 이것저것 먹는다. 물이 얼마나 맑은가에 따라서도 모여드는 물고기가 다르다. 물이 아주 맑고 속이 훤히 들여다보이도록 투명한 곳은 오히려 물고기가 그리 많지 않다. 물풀이 어우러져 있고, 먹이가 풍부한 늪 같은 곳에 여러 물고기가 모여 산다.

우리나라는 산이 많고, 그만큼 골짜기와 내와 강이 많다. 으레 마을이나 도시는 내와 강을 끼고 자리를 잡기 마련이고, 마을 앞 냇가를 제집 드나들듯 한 아이들은 무슨 물고기가 어디에 사는지 줄줄이 꿰고 자랐다. 아이든 어른이든 해마다 몇 번씩 마을 사람들이 모여서 민물고기를 잡았다. 바닷물고기는 갯가 사람들이 생계를 걸고 잡아 올리는 것이었다면, 민물고기는 동물성 먹을거리가 모자랐던 사람들이 농사 짓는 사이에 기운을 돋우려 잡았다. 예전에는 특별한 날이 아니면 고기를 먹는 일이 드물어서 민물고기는 보양식으로 중요한 먹을거리였다. 병이 들었거나 아이를 낳거나 할 때에 민물고기를 잡아 고아 먹였던 것도 마찬가지이다.

아이들이 놀면서 잡아 온 물고기도 찬거리로 귀하게 먹었다.

수족관에서 관상용으로 기르는 민물고기는 거의 다른 나라에서 들여온 것이다. 빛깔이 알록달록하고, 모양새가 신기해서 눈길을 끌기 좋을 만한 물고기들을 넣고 구경거리로 삼는다. 그에 견주면 우리나라 민물고기들은 수수하다. 자기 사는 곳에 모양새를 맞추어 왔기 때문이다. 손가락만 한 크기의 물고기들은 여간해서는 무슨 종인지 구별해 내기 쉽지 않다. 혼인색을 띠어서 울긋불긋할 때에야 무슨 물고기인지 아는 것도 있다. 많은 사람들이 민물고기 이름은 잘 모른다. 짐승이나 새, 심지어는 바닷물고기에 견주어도 그렇다. 무엇보다 산업화가 되면서 가장 먼저 민물이 오염되었고 거기에 살던 물고기가 죽었다. 불과 수십 년 사이에 민물고기는 터무니없이 많이 줄었다. 그만큼 시냇가에서 물고기가 노니는 모습을 보고 자란 사람도 줄어들었다.

민물고기가 줄기는 했어도 우리나라에 산다고 알려진 것이 이백 종이 넘는다. 땅이 넓지는 않아도 산이 많고 내와 강이 많아서 민물고기도 여러 종류가 산다. 크게 보아 우리나라 강은 서해와 남해로 흐르는 큰 강이 있고, 동해로는 작은 내가 있다. 이것을 큰 강을 중심으로 묶어서 한강 수계, 금강 수계, 만경강–영산강 수계, 섬진강 수계, 낙동강 수계, 동해안 수계로 나눈다. 서해나 남해로 흐르는 수계는 골짜기에서 시작해서 개울과 내를 지나 저수지를 이루기도 하고, 여럿이 모여 큰 강이 되어 바다로 흐른다. 물길이 긴 만큼 여러 물고기가 살고, 숫자도 많다. 그러나 동해안 수계는 높은 산에서 곧바로 바다로 흐른다. 북녘에 있는 두만강을 빼고는 큰 강이 없다. 그만큼 동해안 수계에는 살고 있는 물고기 종류나 숫자가 적다. 이렇게 물줄기를 따라 지역을 묶어 놓으면 수계에 따라 그곳에 사는 물고기도 다르다는 것을 알 수 있다.

민물고기는 바닷물고기와 달리 먼 곳을 오갈 수도 없고, 자기가 살고 있는 강과 내에서만 살기 때문에 지역마다 종이 많이 다르고, 비슷하게 보이는 것이라 하더라도 살고 있는 강에 따라 다른 종이 살고 있다. 그래서 다른 어떤 척추동물보다 우리나라에서만 사는 고유종이 많다. 이 고유종들은 사람 손을 거쳐 다른 수계로 옮겨진 것이 아닌 이상 우리나라 안에서도 한정된 수계에만 사는 것이 많다. 우리 땅에만 사는 고유종 민물고기가 육십 종이 넘는 것도 이런 까닭이다.

산골짜기에서 냇물을 거쳐 강으로 이어지기까지 물줄기가 길다고는 해도, 둑을 쌓거나 댐으로 막으면 물고기가 오갈 수 있는 곳이 아주 좁아진다. 게다가 물은 더러워지면 금세 전체로 더러운 것이 퍼져 나간다. 다시 물이 깨끗해질 때까지 물고기가 숨어 지낼 곳이 없다. 이렇듯 갇혀 있는 곳에서 살기 때문에 사라지는 것이 많다. 이미 사라진 물고기도 낳고, 따로 법으로 정해서 보호하는 민물고기도 스물일곱 종에 이른다.

4_1 생김새와 생태

물고기 몸은 크게 머리, 몸통, 꼬리로 이루어져 있다. 몸통은 실북처럼 날씬하고 매끈하다. 힘들이지 않고 물을 가르며 헤엄치기 좋게 생겼다. 여기에 머리에는 입, 코, 눈, 아가미가 있고, 배, 등, 가슴, 꼬리에 지느러미가 달려 있다. 뱀장어처럼 길쭉하게 생긴 것도 있다. 온몸이 비늘로 덮여서 몸을 보호하는데, 물살이 느린 곳에 살면 대개 비늘이 넓적하다. 비늘은 나이테처럼 자란다. 생김새가 비슷한 물고기는 비늘 숫자나 배열로 무슨 종인지 가려낸다. 메기처럼 비늘이 없는 물고기들은 매끈한 살갗에서 미끈거리는 점액이 나온다.

아가미로는 숨도 쉬고 먹이도 걸러 먹는다. 물속은 산소가 적어서 아가미는 물속에 있는 산소를 빨아들이느라 쉬지 않고 움직인다. 미꾸리나 가물치 같은 물고기는 아가미 말고 다른 방법으로도 숨을 쉴 수 있다. 물고기 입은 먹이에 따라 모양새가 달라지는데, 돌에 붙은 이끼 따위를 먹는 물고기는 입술이 두툼하거나 이끼를 훑어 내기 좋은 돌기가 있다. 가물치나 메기는 입안에 날카로운 이빨이 많고, 입이 아주 커서 다른 물고기를 한입에 삼킨다. 입가에 수염이 난 물고기도 있는데, 더듬이 노릇을 한다. 눈에는 눈꺼풀이 없어서 눈을 뜬 채로 잠을 잔다. 물고기를 늘 깨어 있는 동물로 여기는 것이 이 때문이다. 몸통 가운데쯤으로는 옆줄이 나 있다. 옆줄에 난 구멍으로 물이 드나드는데, 물이 깊은지 얕은지, 차가운지 뜨거운지 알 수 있다. 옆줄로 둘레에 무엇이 있는지도 알아차리고 바위 따위를 피해 이리저리 헤엄쳐 다닌다.

물고기는 팔다리 대신 지느러미가 있다. 가만히 떠 있을 때나 헤엄칠 때나 지느러미를 움직인다. 등지느러미와 뒷지느러미로 자세를 잡고 꼬리지느러미를 휘저어 나아간다. 가슴지느러미와 배지느러미로 방향을 바꾸거나 평형을 유지한다. 지느러미만큼 특별한 것으로 부레가 있다. 부레는 몸속에 있는데 풍선과 비슷해서 물속에서 떠다닐 수 있도록 돕는다. 부레를 크게 부풀리면 떠받치는 힘이 세져서 떠오르고 공기를 빼서 부레를 작게 줄이면 가라앉는다. 미꾸리 무리에 드는 물고기는 부레가 아주 작아서 작은 주머니에 쌓여 있고 망둑어나 상어 같은 물고기는 부레가 없어서 가만히 있으면 가라앉는다.

붕어 생김새

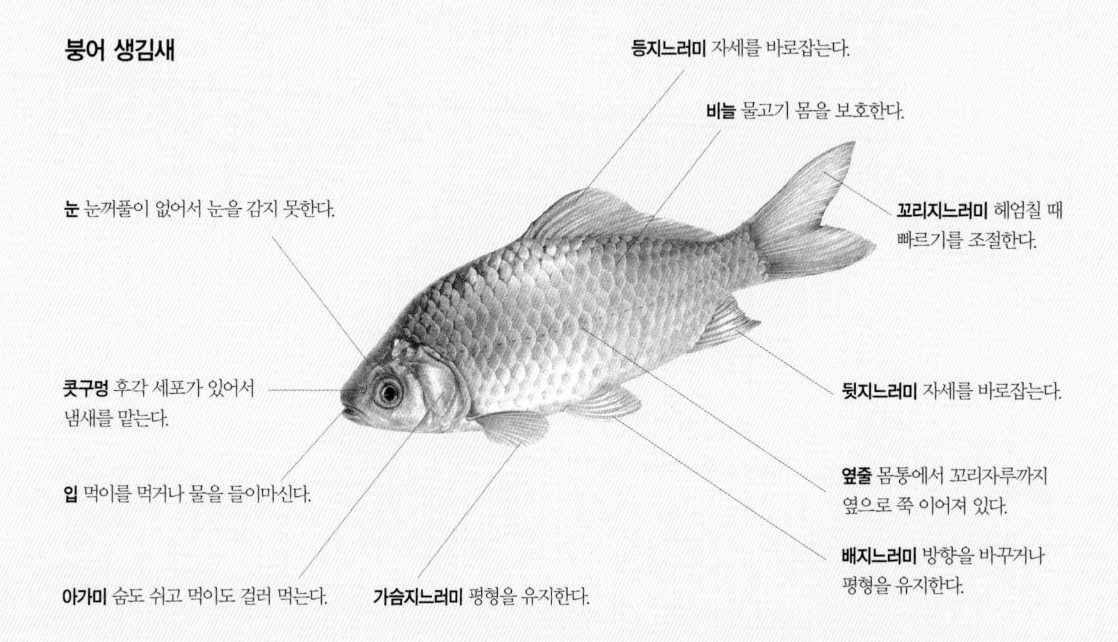

민물고기는 물이 따뜻해지는 봄에서 여름 사이에 많이 보인다. 짝짓기를 하고 알을 낳는 것도 거의 이 무렵이다. 짝짓기 할 무렵에는 수컷이 혼인색을 띠는 물고기가 많다. 이때에는 물풀이나 물벌레 같은 먹이가 많아서 새끼 물고기도 잘 자란다. 은어나 납지리 같은 몇몇 물고기만 가을에 알을 낳는다. 알을 낳는 것은 대부분 한 해에 한 번인데, 송사리는 봄과 가을에 알을 낳는다. 물고기들은 알을 많이 낳는 대신 알을 돌보지는 않아서, 어른 물고기로 자라는 알은 얼마 되지 않는다. 알을 낳고 죽는 물고기도 많다. 가시고기나 어름치처럼 수컷 물고기가 알이 깨어 날 때까지 돌보는 물고기도 있다. 꺽지 수컷도 알을 지키는데 돌고기는 꺽지한테 제 알을 맡긴다. 추운 겨울에는 물이 얼지 않는 깊은 곳에서 겨울을 난다. 잘 먹지도 않고 움직이지도 않는다. 돌 밑이나 가랑잎 아래로 들어가기도 하고 진흙 속이나 물풀 덤불 사이에서 겨울을 난다. 물이 더워져도 비슷하게 지낸다. 민물고기는 두세 해 사는 것이 많은데 큰 물고기 가운데는 스무 해 넘게 사는 것도 있다.

민물고기는 물속에 사는 돌말 같은 작은 식물부터 짚신벌레, 하루살이 애벌레, 실지렁이, 새우, 다슬기, 조개 따위를 잡아먹는다. 큰 물풀을 뜯어 먹기도 한다. 은어는 어릴 때는 작은 벌레를 먹다가 커서는 돌말을 먹는다. 메기나 가물치처럼 다른 물고기를 잡아먹는 육식성 물고기도 있다. 큰 육식성 물고기들이 물속에서는 마지막 포식자가 되는 셈이다. 물총새나 백로, 수달이나 족제비는 물고기를 잘 잡아먹고, 물장군이나 게아재비 같은 곤충은 어린 물고기를 노린다. 민물고기가 제 몸을 지켜야 할 때는 재빨리 헤엄쳐 달아나거나 돌 틈 사이에 숨는 것 말고도, 밀어처럼 몸 색을 바꾸거나 미꾸라지처럼 아예 진흙 속으로 파고들기도 한다. 어린 물고기들이 떼를 지어 헤엄을 치는 것도 몸을 지키는 방법이다.

송사리의 한살이

알 낳을 둥지를 짓는 가시고기

4_2 사는 곳

강이 시작되는 높은 산골짜기에는 차고 맑은 물이 흐른다. 숲이 우거지고 산이 높아서 볕이 드는 시간이 짧고, 나무 그림자가 지는 곳도 많다. 한여름에도 발을 담그면 얼얼하다. 이렇게 물이 세차게 흐르는 곳에는 물고기가 많지 않다. 물이 너무 차갑기도 하고 먹잇감도 적다. 그나마 버들치가 흔하고, 쉬리, 꺽지, 갈겨니도 산다. 아주 깊은 골짜기에는 열목어나 금강모치도 있다. 동해로 흐르는 물의 상류에는 버들개와 산천어가 산다.

산골짜기에서 흘러내려 온 개울이 모여서 냇물을 이룬다. 냇물은 산자락이나 들판을 끼고 굽이굽이 흐른다. 물살이 센 여울이 되었다가, 내가 넓어지며 물이 느릿느릿 흐르기도 한다. 여울에는 돌이 많고, 물살이 느린 곳에는 모래나 진흙이 깔려 있다. 이쯤 내려오면 늘 볕이 내리쬔다. 물살이 느린 곳일수록 물이 따뜻하고 물풀이나 작은 물벌레도 많아진다. 먹잇감도 많고, 숨을 곳이나 알을 낳기 좋은 곳도 많다. 자연스레 물고기도 모여든다. 여울에는 갈겨니와 피라미가 떼를 짓고, 물이 느리게 흐르는 물 가장자리에는 각시붕어나 납자루가 물풀 사이를 천천히 헤엄친다. 모래와 진흙 바닥에는 모래무지나 버들매치가 있다. 우리나라에만 사는 고유종 민물고기도 냇물에 사는 것이 많다. 어름치, 배가사리, 새코미꾸리, 참종개, 왕종개, 퉁가리, 자가사리, 꺽지, 돌상어, 꾸구리 들이 우리나라에만 사는 물고기다.

냇물이 흘러 강을 이루고 강은 바다로 흘러간다. 강물은 아주 넓고 깊다. 가끔 물살이 센 곳도 있지만 거의 넓은 들을 옆에 두고 천천히 흐른다. 강여울에는 자갈이 깔려 있고, 물살이 느린 곳은 모래와 진흙이 쌓여 있다. 민물에 사는 조개들은 강에 많다. 말조개, 두드럭조개, 재첩 같은 조개가 산다. 강가에는 갈대나 물억새가 높다랗게 자라고 물속에는 물풀이 수북하다. 냇물이 넓고 깊어지니 누치나 잉어, 붕어, 끄리, 쏘가리 같은 커다란 물고기가 많다. 바닥에는 모래무지, 동자개, 뱀장어, 메기가 산다. 아주 맑은 물이 흐르는 강에는 냇물에 사는 물고기도 많이 산다. 바다 가까이 오면 민물고기는 다시 줄어든다. 물에 염분이 있기 때문이다. 소금기를 견디는 물고기로는 잉어, 송사리, 가물치, 참붕어, 가숭어 들이 있다. 숭어, 꾹저구, 문절망둑 같은 물고기들은 민물과 바닷물이 섞이는 강 하구에서 지낸다.

바다와 민물을 오가며 사는 것도 있다. 이렇게 사는 곳을 옮기는 것은 알을 낳으러 가는 것이다. 뱀장어, 무태장어는 민물에서 살다가 알을 낳을 때 바다로 내려간다. 연어는 알을 낳기 위해 강을 거슬러 오른다. 이렇게 태어난 곳을 찾아가 알을 낳는 물고기는 알을 다 낳고 다시 돌아오지 않고 죽는다.

물이 흐르지 않고 고여 있는 저수지와 늪도 있다. 또 논과 논 둘레를 흐르는 논도랑, 웅덩이에도 물고기가 산다. 저수지는 농사에 쓸 물을 가두어 두는 곳이고 늪은 물이 고여 자연스레 생긴 것이다. 저수지나 늪은 물이 더러울 것 같지만, 사람이 오염시키지 않으면, 수북이 자라는 물풀이 늘 물을 깨끗하게 한다. 먹잇감도 많고, 숨어 지내기에도 좋다. 그늘진 곳도 있고, 볕이 쬐는 곳도 있어서 저마다 좋아하는 곳을 찾아 지낼 수 있다. 그래서 물속이나 물가에 사는 온갖 동물들이 모여들고, 새나 짐승들도 이곳을 찾는다. 큰 강에 세우는 댐이나 보는 물이 가두어져 있을 뿐 늪과는 다르다. 물길을 막고, 많은 물을 사람 뜻대로 가두고 쏟아 내고 해서 물은 쉽게 오염되고, 지형이나 둘레의 날씨마저 바꾼다. 이런 곳에 살 수 있는 물고기는 아주 적다.

4_3 천렵

농사를 지어서 곡식을 주곡으로 삼았던 우리 겨레에게 민물고기는 중요한 음식이었다. 평소에 동물성 음식을 먹을 일이 거의 없으니 민물고기는 기운을 북돋는 먹을거리로, 때로는 약으로도 귀하게 쓰였다. 그래서 물고기를 잡고 놀며 같이 나누어 먹는 천렵은 어른과 아이가 함께 하는 떠들석한 자리였다. 곡식과 채소를 집에서 조금 들고 나오고, 된장이든 고추장이든 장도 퍼 나온다. 물가에는 벌써 솥이 걸린다. 이제는 사람들의 삶도 바뀌고, 시내에는 물고기가 사라져서 이런 풍경을 보기는 어려워졌다.

물고기를 잡을 때는 흔히 반두나 족대질을 많이 했다. 돌 밑이나 물풀 사이에 숨은 물고기들을 잡을 때 족대를 쓰는데, 고기가 숨어 있을 만한 바위나 물풀을 찾아 족대로 둘레를 감싼다. 돌을 들추거나 물풀을 헤집으면 물고기들이 놀라서 족대 안으로 들어온다. 그때 잽싸게 족대를 들어 올린다. 물이 얕은 여울에서 한쪽으로 몰이꾼이 서서 물고기를 몰고 맞은편에서 족대를 받치고 있다가 건져 올리기도 한다. 예전에는 광주리나 체로 물고기를 뜨기도 하고, 가마니 속에 소똥을 넣어 물에 담가 두어서 파고든 물고기를 잡기도 했다. 사발에 된장을 묻혀 묻었다가 들어온 물고기를 건져 냈다. 또 독이 있는 풀의 잎이나 뿌리, 열매 따위를 짓찧어 물에 풀어 기절한 물고기를 잡기도 했다. 밤에 횃불을 물에 비춰서 잠을 자는 물고기를 줍듯이 뜨기도 하고 쟁이, 통발, 작살, 가리 같은 도구를 쓰기도 했다. 고기가 잘 잡히지 않거나 마땅한 자리가 있을 때는 고랑막이를 했다. 물 양쪽에 돌과 흙을 쌓아서 막고 그 안의 물을 퍼내는 것이다. 물을 얼추 퍼낸 다음 남은 물고기를 주워 담는다. 자리를 잘 잡으면 물고기를 많이 잡을 수 있지만, 물을 퍼내기도 전에 둑이 무너지기도 했다.

특히 모내기를 끝내고 써레씻이를 할 무렵에 온 마을 사람들이 모여서 왁자하게 천렵을 하고 먹을거리를 모아서 함께 나누어 먹는 일이 많았다. 〈농가월령가〉에도 천렵하는 모습이 나온다. 힘든 일을 마친 다음 몸보신이 될 음식을 먹으면서 함께 노는 것이다. 가을에는 타작을 하고 나서 논바닥을 뒤지거나 논 가 둠벙을 퍼내고 미꾸라지를 잡거나 붕어 같은 물고기를 잡아서 탕을 끓여 먹기도 했다. 둠벙에는 물고기뿐 아니라 조개나 새우도 많아서 탕을 끓이면 아주 맛이 좋았다. 어느 마을이나 해마다 때를 맞춰 이런 일을 벌였다. 농사일이 적지 않을 때에도 틈을 내어 물고기를 잡기도 했다.

아이들은 손으로도 곧잘 물고기를 잡았다. 돌 밑이나 모래 속에 숨은 물고기를 손으로 뒤져서 잡아내는 것이다. 어려서부터 냇가를 들락거린 아이들은 맨손으로 고기 잡는 것을 크게 어려워하지 않았다. 물고기를 잡는 것 말고도 냇물이 아직 차가운 봄에 동사리가 지키고 있는 돌을 들춰서 알을 따 구워 먹기도 했냐.

요즘은 이렇게 천렵 가는 일은 거의 사라졌다. 강이나 냇물에서 고기를 잡는 일로 생계를 꾸리는 사람도 많이 줄었다. 그만큼 민물고기가 줄었기 때문이다. 어떤 곳에서는 자칫 예전과 같은 천렵 한 번으로 남은 물고기가 마저 다 사라질 형편인 곳도 있다. 그저 별미를 맛보자고 물고기를 잡아 올릴 일이 아닌 것이다.

어류
뱀장어목
뱀장어과

뱀장어

Anguilla japonica

우리나라에 사는 민물고기 가운데 뱀처럼 생긴 것으로 가장 흔한 것이 뱀장어이다. 생김새 때문에 다른 물고기하고는 아주 쉽게 구별할 수 있다. 뱀장어는 이름도 뱀처럼 긴 물고기라는 뜻으로 붙여진 이름이다. 그냥 장어라고도 하고, 강에서 산다고 강장어, 바닷물과 민물이 만나는 곳에서 사는 것은 풍천장어라고 한다. 강과 냇물에도 살고 저수지나 늪에서도 볼 수 있다. 장마철에 비가 많이 내려 강물이 불어나면 땅 위를 뱀처럼 구불구불 기어서 늪으로 옮겨 가기도 한다. 얇은 살가죽으로 물 밖에서도 숨을 쉴 수 있다.

뱀장어는 낮에는 큰 돌 밑이나 진흙 굴에 숨어 있다가 밤에 나와서 강바닥을 구불구불 헤엄치면서 돌아다닌다. 물고기와 새우를 잡아먹고 진흙을 뒤져서 지렁이나 벌레도 잡아먹는다. 입 속에 작고 뾰족한 이빨이 잔뜩 나 있어서 껍데기가 딱딱한 게도 먹는다. 따뜻한 물을 좋아해서 여름에는 먹이를 잘 먹고 물이 차가워지는 가을에는 잘 안 먹는다. 겨울에는 진흙 속이나 돌 밑에 들어가 아무것도 안 먹고 겨울을 난다.

뱀장어는 민물에서 오 년에서 십이 년을 살다가 바다에 가서 알을 낳는다. 가을에 강어귀에까지 내려가서 겨울을 나는데, 몸이 검은빛으로 바뀌고 몸통 옆구리가 아주 샛노래진다. 이듬해 4월에서 6월에 우리나라에서 삼천 킬로미터 떨어진 필리핀 근처 서태평양 아주 깊은 바닷속에서 알을 낳는다.

옛날에는 뱀장어를 약으로도 썼다. 기름이 많고 영양가가 높아서 몸이 허약한 사람들에게 고아 먹였다. 낚시로 뱀장어를 잡아 보면 몸집에 견주어 힘이 아주 세다는 것을 알 수 있다. 그래서 예부터 사람들이 좋은 보양식으로 쳤다. 요즘에는 사람들이 먹으려고 일부러 많이 기른다. 봄에 바다로 올라오는 새끼 뱀장어를 잡아서 양식장에서 기른다.

뱀장어와 같이 길다란 뱀처럼 생긴 민물고기로 무태장어, 칠성장어, 다묵장어 따위가 있다. 무태장어는 뱀장어와 가장 비슷한데, 몸집이 훨씬 크다. 하지만 우리나라에서는 아주 드물어서 거의 보기 어렵다.

60~100cm
강, 저수지
4~6월

다른 이름 장어, 짱어, 물장어, 우멍장어, 거무자
사는 곳 강, 냇물, 늪, 저수지
먹이 새우, 게, 실지렁이, 작은 물고기, 물벌레

몸길이는 60~100cm이다. 꼭 뱀처럼 생겼다. 큰 것은
1m가 넘게 자라기도 한다. 살갗이 미끌미끌하다.
몸통은 둥글지만 꼬리는 납작하다. 몸은 짙은
밤색이거나 검다. 주둥이는 뾰족하고 눈이 작다.

어류
잉어목
잉어과

붕어

Carassius auratus

민물고기라고 하면 가장 흔하게 떠올리는 것 가운데 하나가 붕어이다. 그만큼 붕어는 우리나라 어디서든 쉽게 볼 수 있다. 저수지나 논도랑, 연못에서 많이 산다. 냇물이나 강에서도 산다. 옛날에는 논에도 많았다. 물이 조금 더러워도 잘 살아서, 지금도 가장 흔하게 볼 수 있는 민물고기 가운데 하나이다. 붕어는 사는 곳에 따라 몸빛이 조금씩 다른데, 흐르는 물에 살면 은빛이 많이 돌고, 고인 물에 살면 누런색을 띤다. 몸빛이 은빛이면 쌀붕어, 금빛이면 똥붕어라고 한다.

붕어는 물이 고여 있거나 느릿느릿 흐르는 물을 좋아한다. 물풀이 수북이 난 곳에서 몇 마리씩 무리를 지어 헤엄쳐 다닐 때가 많다. 잉어처럼 물 밑바닥에서 진흙을 들쑤시며 먹이를 찾는데, 물벼룩이나 물벌레, 거머리, 지렁이를 잡아먹는다. 물풀을 뜯어 먹기도 하고 물풀 씨앗도 먹는다.

알은 4월에서 7월 사이에 낳는다. 비가 오기를 기다렸다가 새벽에 물풀이 수북한 물가에 모여 알을 낳는다. 알은 물풀에 붙여 놓는다. 암컷 한 마리가 알을 이십만에서 사십만 개쯤 낳는다. 알은 물이 따뜻할수록 일찍 깨어 난다. 추울 때는 열흘이 걸리기도 하지만, 따뜻하면 사흘 만에도 깨어 난다. 한 해에 삼사 센티미터쯤 자라는데 두세 해 자라면 알을 낳을 수 있다. 십 년쯤 살면 삼십 센티미터까지 큰다.

붕어는 흔하고 맛도 좋아서 예전부터 많이 잡았다. 아무 데서나 잘 살고, 먹기에도 좋으니 일부러 키우기도 한다. 몸이 허한 사람에게 약으로 고아 먹이기도 하고 붕어찜을 해서 먹기도 한다.

잉어는 덩치 큰 붕어쯤으로 생각하는 사람이 많다. 그만큼 비슷하게 생기기도 했고, 사는 곳이나 살아가는 모습도 비슷하다. 찜을 쪄서 보양식으로 먹는 것도 마찬가지이다. 잉어는 덩치가 커서 어른 다리통만 하게 자라기도 하는데, 큰 것은 일 미터가 넘는다. 어릴 때는 붕어하고 헷갈리기도 하는데, 잉어는 주둥이에 수염이 나 있다. 무척 오래 살아서 삼십 년 넘게 살기도 한다.

잉어는 옛날부터 먹으려고 잡았고 일부러 연못에서 풀어 놓아 길렀다. 요즘에도 약으로 몸이 허약한 사람이나 아기를 낳은 산모에게 푹 고아서 먹인다. 우리 조상들은 잉어를 친근하고 귀한 물고기로 생각했다. 그래서 잉어가 나오는 옛이야기도 많고, 잉어가 꿈에 나오면 좋은 일이 생긴다고 여겼다.

5~30cm
연못, 냇물, 강
4~7월

다른 이름 참붕어, 똥붕어, 쌀붕어, 호박씨붕어
사는 곳 저수지, 연못, 늪, 냇물, 강, 논도랑
먹이 물벼룩, 거머리, 실지렁이, 물풀

1 **붕어**

몸길이는 5~30cm다. 1년쯤 살면 15cm쯤 큰다. 오래 산 것은 50cm가 넘기도 한다. 몸은 누런 밤색이거나 은빛이 도는 잿빛이다. 잉어와 닮았지만 더 납작하고 몸집이 작다. 주둥이에 수염이 없다.

2 **잉어** *Cyprinus carpio*

몸길이는 30~100cm쯤이다. 1m가 넘기도 한다. 몸이 통통한데 옆으로 조금 납작하다. 비늘이 뚜렷하다. 머리가 크다. 작은 것은 붕어와 비슷하지만 주둥이에 수염이 있다. 몸빛은 누르스름한데 강에 사는 것은 푸른빛이 돈다.

어류
잉어목
납자루아과

납자루

Acheilognathus lanceolatus

흔히 꽃붕어나 각시붕어라고 하는 것이 납자루 무리나 납줄개 무리, 각시붕어 따위를 아울러 이를 때가 많다. 붕어와 생김새가 비슷하지만, 붕어보다 몸집이 아주 작고 몸 빛깔이 선명하다. 특히 봄에 혼인색을 띤 수컷들은 빛깔이 또렷하고 아름답다. 모두 납자루아과에 속하는 민물고기이다. 이들 가운데 각시붕어나 납줄갱이가 가장 몸집이 작아서 오 센티미터쯤이고, 큰납지리가 가장 커서 십오 센티미터쯤 된다. 우리나라나 중국, 일본, 대만 같은 지역에 사는데, 다른 나라에는 거의 살지 않아서 이 물고기들을 데려가서 관상용으로 기르는 외국 사람이 꽤 많다.

납자루 무리에 드는 이들 민물고기들은 모두 조개에 알을 낳는다. 봄이 되면 암컷 몸에 길다란 산란관이 나타나서는 점점 길어진다. 수컷은 머리 여기저기에 돌기가 생기고 몸 빛깔은 더 또렷해지고 윤기가 난다. 암컷이 산란관을 조개 입수관에 꽂고 조개 속에 알을 낳으면 다른 물고기가 알을 못 먹는다. 조개는 납자루 알을 맡는 대신 어린 새끼를 뿜어내어 납자루 지느러미에 붙인다. 납자루는 여기저기 헤엄쳐 다니면서 새끼 조개를 여러 곳에 떨어뜨려 퍼뜨린다. 이런 습성 때문에 조개가 살지 않는 곳에서는 납자루 무리가 살지 못한다.

납자루는 이름처럼 몸이 납작하다. 각시붕어와 닮았는데 몸집이 더 크고 입수염이 한 쌍 있다. 자갈이 깔려 있고 물이 무릎쯤 오는 냇물에 흔하다. 물살이 느린 강에도 살고 맑은 물이 고여 있는 저수지에서도 산다. 사람들이 어항에 넣어 기르기도 한다. 납자루는 헤엄을 잘 친다. 물살이 빠른 곳에서도 날래게 헤엄쳐 다닌다. 돌에 붙은 돌말을 먹거나 물풀을 먹고 실지렁이나 작은 물벌레도 잘 잡아먹는다.

각시붕어는 등지느러미와 뒷지느러미 끝, 꼬리지느러미 가운데에 주황색 줄무늬가 있다. 몸빛이 고와서 사람들이 두고 보려고 집에서 기르기도 한다. 냇물이나 저수지에서 산다. 진흙이나 모래가 깔린 곳을 좋아하며 떼를 지어 천천히 헤엄쳐 다닌다. 돌이나 물풀에 붙어 사는 작은 물벌레와 물벼룩을 잡아먹는다. 실지렁이나 물풀도 먹고 돌말도 먹는다. 위험을 느끼면 돌틈이나 물풀 속으로 얼른 숨는다. 예전에는 논도랑에도 많이 살아서 쉽게 잡을 수 있었지만, 지금은 그렇게 흔하지 않다.

5~10cm
냇물, 강
4~6월

다른 이름 납죽이, 납줄이, 납때기, 철납띠기
사는 곳 냇물, 저수지, 강
먹이 실지렁이, 작은 물벌레, 물풀, 돌말

1 납자루

몸길이는 5~10cm이다. 몸통이 아주 납작하다. 등지느러미와 뒷지느러미 끝에 빨간 띠가 있다. 수컷은 짝짓기 때에 몸에 푸른빛이 돌고 주둥이에 작은 돌기가 난다. 암컷은 배에서 산란관이 나온다.

2 각시붕어 *Rhodeus uyekii*

몸길이는 4~5cm이다. 몸빛이 알록달록하고 곱다. 몸통에 파란색 줄이 하나 있다. 아가미 뒤에 좁쌀만 한 파란 점이 하나 있다. 수컷은 뒷지느러미 끝이 까맣다.

어류
잉어목
모래무지아과

돌고기

Pungtungia herzi

돌고기는 맑은 물이 흐르는 산골짜기나 냇물에 산다. 큰 돌이나 자갈이 깔린 곳에서 떼를 지어 헤엄쳐 다닌다. 주둥이가 돼지코처럼 뭉툭하고 입술이 두꺼워서 새끼 돼지를 닮았는데, 그것을 보고 돗고기라고 했다. 돼지를 일러 흔히 돗이라고 했기 때문이다. 사는 곳에 따라서 몸빛이 조금씩 다른데 돌이 많은 곳에 살면 까맣고 모래가 깔린 곳에 살면 누렇다.

돌고기는 바위나 돌에 붙은 돌말을 가볍게 톡톡 쪼아 먹는다. 주둥이 모양새를 보면 이렇게 먹이를 먹기 딱 알맞게 생겼다. 돌 밑을 뒤져서 나오는 물벌레도 잡아먹고 껍데기가 딱딱한 다슬기도 먹는다. 다슬기를 입에 물고 이리저리 돌에 탁탁 쳐서 깨뜨려 먹는다. 작은 새우나 물고기 알도 먹는다. 놀라면 재빨리 돌 틈으로 쏙 숨는다. 물속에서 "끼쯔끼쯔" 하고 소리를 내기도 한다.

봄부터 여름 사이에 알을 낳는다. 수컷은 몸이 까매지고 암컷은 배가 불룩해진다. 알은 돌이나 바위틈에 낳는다. 가끔 꺽지 알자리에 떼로 몰려가 알을 낳기도 한다. 꺽지가 사납게 내쫓아도 아랑곳하지 않고 알을 낳고는 도망간다. 그러면 꺽지는 돌고기 알도 제 알인 줄 알고 돌본다.

돌고기 이름이 붙는 물고기로 감돌고기, 가는돌고기 따위가 있다. 둘 다 돌고기와 비슷하지만 특징만 알고 있으면 어렵지 않게 가려낼 수 있다. 돌고기는 우리나라 어디서나 흔한 편이지만, 가는돌고기나 감돌고기는 아주 귀한 물고기이다. 둘 다 다른 나라에는 없고 우리나라에만 사는 종류인 데다가, 가는돌고기는 임진강과 한강 중상류에만 살고, 감돌고기는 전라도와 충청도 일부 수역에서만 산다. 둘 다 법으로 정해서 보호하고 있는데, 점점 더 보기 어려워지고 있다.

가는돌고기는 물이 맑고 자갈이 깔린 냇물에서 산다. 가는돌고기는 산골짜기에도 살지만 냇물에서 더 잘 산다. 맑은 물이 흐르고 자갈이 깔린 곳을 좋아하는데, 깊은 곳보다 얕은 곳을 더 좋아한다. 자갈 사이를 이리저리 헤엄쳐 다닌다. 돌에 낀 물이끼나 조류를 톡톡 쪼아 먹거나 물벌레를 입으로 쿡쿡 찌르듯이 집어삼킨다.

감돌고기는 돌고기와 아주 닮았지만, 몸이 검고 지느러미에 검은 무늬들이 있어서 돌고기 사이에서 쉽게 가려낼 수 있다. 아주 맑은 물이 흐르는 곳에서만 사는데, 물이 허리쯤 오는 곳에서 이삼십 마리씩 떼를 지어 헤엄쳐 다닌다.

7~15cm
냇물, 골짜기
4~7월

다른 이름 등미리, 배뚱보, 뚜꾸뱅이, 돌조동이, 돗고기
사는 곳 산골짜기, 냇물, 강
먹이 돌말, 물벌레, 작은 새우, 다슬기, 물고기 알

1

2

1 돌고기

몸길이는 7~15cm다. 몸은 통통하다. 등은 짙은 밤색이고 배는 허옇다. 몸통에 검고 굵은 줄이 주둥이에서 꼬리까지 쭉 있다. 입가에는 짧은 수염이 1쌍 있다.

2 가는돌고기 *Pseudopungtungia tenuicorpa*

몸길이는 8~10cm다. 돌고기보다 몸매가 날씬하다. 몸집이 작고 배가 홀쭉하다. 등지느러미 끄트머리에 까만 무늬가 있다.

어류
잉어목
모래무지아과

모래무지

Pseudogobio esocinus

모래 속에 잘 숨는다고 모래무지라는 이름이 붙었다. 얼핏 보면 꾸구리하고도 비슷하고, 어린 누치하고도 비슷하다. 모래무지는 입수염이 한 쌍이고, 꾸구리는 네 쌍이다. 그리고 모래무지는 놀라면 재빨리 모래 속으로 쏙 들어가 동그란 눈만 빠끔히 내놓고 밖을 살핀다. 눈이 머리 위쪽으로 있는 편이어서 모래 속에 숨었을 때, 눈만 내놓고 있을 수 있다.

모래무지처럼 모래 속에 몸을 숨기는 민물고기는 많지 않다. 몸빛도 모래 색깔이랑 비슷해서 모래 위에 배를 깔고 가만히 있으면 알아보기 어렵다. 모래무지가 많이 숨어 있는 모래를 보면 모랫바닥에 구멍이 송송 나 있는 것처럼 보인다. 모래무지는 맑은 냇물이나 강에서 산다. 물살이 느리고 바닥에 모래가 깔려 있는 곳에서 산다. 모래 속에 사는 작은 물벌레나 아주 작은 물풀을 먹는다. 모래를 입으로 집어 먹이만 걸러 먹고 남은 모래는 아가미로 내뿜는다. 입이 아래쪽으로 붙어 있고, 모래를 삼킬 때 앞으로 쭉 늘어난다. 모래무지가 모래를 삼켰다 뱉었다 하는 동안 모래밭이 저절로 깨끗해진다.

모래무지도 짝짓기 철이 되면 수컷 입 둘레에 돌기가 부풀어 오른다. 하지만 피라미처럼 울긋불긋한 혼인색을 띠지는 않는다. 모래와 비슷한 보호색이 바뀌지 않는 것이다. 알은 오뉴월에 낳는다. 만 개에서 이만 개쯤 낳는데, 물이 얕고 물살이 빠르지 않은 곳을 골라서 모랫바닥에 낳은 다음 모래로 덮는다. 알에서 깨어 난 새끼는 어릴 때는 식물성 먹이를 먹지만 다 자라서는 물벌레나 작은 물속 동물을 먹는다.

모래무지가 있는 것도 모르고 냇물에 들어가면 모래무지가 놀라서 발밑으로 파고 들기도 한다. 그러면 발바닥이 간질간질하다. 발밑을 더듬어서 맨손으로 잡기도 한다. 그물로도 잡는데, 모래무지는 모래 속으로 파고들어 갈 때를 빼면 늘 앞으로 도망치기 때문에 한 사람은 모래를 밟고 한 사람은 앞에서 그물을 대서 잡는다. 모래무지는 크기가 큰 물고기는 아니지만, 살이 단단하고 담백한 것이 맛이 좋아서 민물고기로 탕을 끓이거나 어죽을 끓일 때 함께 넣었다. 따로 모래무지만 무쳐서 먹거나 찜을 쪄 먹기도 한다. 예전에는 모래가 수북한 냇물이라면 어디에서든 모래무지를 보는 것이 어렵지 않았지만, 요즘에는 사람들이 냇물에서 모래를 많이 퍼 가서 보기 드물어졌다.

10~20cm
냇물, 강
5~6월

다른 이름 모래두지, 모래물이, 모새무치, 모재미, 모자
사는 곳 모래가 있는 냇물, 강
먹이 물벌레, 작은 물풀

몸길이는 10~20cm이다. 몸은 통통하고 길쭉한데 꼬리로 갈수록 가늘다. 몸빛이며 몸통에 있는 검은 반점이 모래와 비슷하게 보인다. 등은 볼록 솟아 있고 배는 납작하다. 입가에 수염이 1쌍 있다.

1-1 모래 속에 숨은 모래무지

어류
잉어목
황어아과

버들치

Rhynchocypris oxycephalus

버들치는 버들잎처럼 생겼다고 이런 이름이 붙었다. 사람 발길이 뜸한 산골짜기에서 스님들하고 같이 산다고 중태기라고도 한다. 강을 따라 물을 거슬러 올라가면 물이 맑고 차가워진다. 그렇게 점점 높이 올라가면 물에서 사는 물고기나 다른 생물도 줄어들고, 이끼 같은 것도 잘 보이지 않는다. 이런 곳에서 가장 눈에 띄는 것이 버들치이다. 버들치는 우리나라 어디서나 흔한 민물고기이기는 하지만 특히 차갑고 맑은 물이 흐르는 골짜기를 더 좋아한다. 그래서 추운 겨울에도 차가운 물을 아랑곳하지 않고 헤엄쳐 다닌다.

헤엄칠 때는 수십 마리가 떼를 지어서 줄줄이 헤엄치며 다닌다. 무엇에 놀라면 후다닥 흩어져 가랑잎이나 돌 밑에 숨는다. 밖이 잠잠해졌다 싶으면 하나둘 다시 모여든다. 돌 틈이나 가랑잎을 주둥이로 뒤적거리면서 먹이를 찾는다. 하루살이 애벌레, 깔따구 애벌레, 옆새우를 잡아먹고 물에 떨어진 날벌레를 잡아먹기도 한다. 돌에 붙어 사는 돌말도 먹는다.

버들치가 흔할 때는 아이들도 버들치를 잡았다. 물에 직접 들어가서 족대질을 하거나 그물을 써서 잡기도 했지만 작은 벌레를 미끼로 써서 낚시로도 잡았다.

버들치는 4월에서 5월 사이에 알을 낳는다. 이때 수컷 머리에 아주 작은 돌기가 생긴다. 모래와 자갈이 깔린 웅덩이에 떼로 모여 알을 낳는다. 알은 바닥에 고루 퍼져 돌이나 가랑잎에 잘 붙는다. 버들치와 비슷한 민물고기로 버들개와 금강모치, 연준모치가 있다. 모두 맑고 차가운 물을 좋아한다.

버들치 무리는 대개 비늘이 아주 작고 몸에 뚜렷한 무늬가 없이 얼룩덜룩하다. 버들개는 버들치와 아주 많이 닮아서 가려내기가 쉽지 않다. 몸통과 머리가 버들치보다 가늘고, 버들치보다 굵고 검은 줄이 있다. 비늘 크기는 버들개가 훨씬 작다.

금강모치는 버들치, 버들개와 생김새가 닮았는데, 몸집이 작고 등지느러미에 까만 점이 하나 있다. 금강모치는 아주 드물고 귀하다. 우리나라 강원도 깊은 산골짜기, 금강 상류, 무주 구천동에만 사는데, 물이 더러워지면서 많이 줄어들었다. 연준모치는 강원도 산골짜기 맑은 여울 몇몇 곳에만 살아서 아주 드물다.

10~15cm
산골짜기, 냇물
4~5월

다른 이름 중태기, 돌피리, 버드쟁이, 버드랑치, 똥피리
사는 곳 산골짜기, 냇물
먹이 물벌레, 옆새우, 돌말, 날벌레

1

2

1 **버들치**

몸길이는 10~15cm이다. 몸이 가늘고 길다. 온몸에 자잘하고 검은 점이 많이 있다. 등은 진한 밤색이고 배는 하얗다. 주둥이부터 꼬리지느러미까지 검은 띠가 1개 있다. 비늘이 아주 잘다.

2 **금강모치** *Rhynchocypris kumgangensis*

몸길이는 10~17cm이다. 20cm 넘게 자라기도 한다. 피라미와 비슷한데, 눈이 훨씬 크고 몸통에는 검고 굵은 줄이 가로로 또렷하다. 등은 푸른빛이 도는 밤색이고 배는 노랗다. 짝짓기 때 수컷은 몸통에 붉은 줄무늬가 생긴다.

어류
잉어목
피라미아과

피라미

Zacco platypus

우리나라 민물고기 가운데 가장 흔하다. 흔히 민물고기가 서로 다른 것을 잘 알아보지 못하고, 아주 작은 물고기는 송사리라고 하고, 그보다 조금 커서 손가락만 하면 피라미라고 뭉뚱그려 말할 정도이다. 붕어, 갈겨니, 버들치 따위도 흔한 민물고기인데, 피라미가 첫 손가락이다. 냇물에 많고 강이나 저수지에도 산다. 물이 조금 더러워져도 잘 버틴다. 냇물이나 강에서 모래와 자갈을 퍼 가고 둑을 쌓아 물길이 바뀌어도 적응을 잘하는 편이다.

피라미는 수십 마리가 떼를 지어 이리저리 헤엄쳐 다닌다. 물살이 제법 있는 여울을 좋아한다. 먹이를 가리지 않고 이것저것 먹는다. 돌에 붙어 있는 돌말이나 물풀도 먹고 작은 물벌레도 잡아먹는다. 아침이나 저녁 무렵에 물 위로 뛰어올라서 하루살이 같은 날벌레를 잡아먹기도 한다.

알은 5월에서 7월에 낳는다. 수컷은 이 무렵 주둥이에 좁쌀만 한 돌기가 잔뜩 돋아나고 뒷지느러미가 길어진다. 몸통이 파래지고 붉은 무늬가 군데군데 생겨서 울긋불긋해진다. 아가미와 지느러미도 조금 붉어진다. 피라미 수컷의 혼인색은 아주 눈에 띄게 달라지는 것이라 몸빛이 달라진 수컷을 보고 불거지나 비단피리라고도 한다. 주둥이에 돋아난 돌기는 추성이라고 하는데, 암컷을 차지하려고 다른 수컷과 싸울 때에 이것을 쓴다. 암컷은 은빛 그대로다. 암컷과 수컷이 떼로 모여서 모래나 잔자갈이 깔려 있는 바닥에 알을 낳는다. 뒷지느러미로 모래를 파헤치면서 알을 낳는다. 알 낳는 모습이 연어와 비슷하다. 피라미 알은 모래무지나 돌고기나 참종개 같은 물고기가 주워 먹기도 한다.

피라미만큼 흔하고, 피라미와 닮은 물고기가 갈겨니이다. 예전에는 피라미보다 갈겨니가 더 흔했다. 갈겨니는 눈이 크다고 눈검쟁이, 피라미와 닮았다고 참피리라고도 한다. 피라미보다 눈이 훨씬 크고 몸통에는 검고 굵은 줄이 가로로 또렷이 나 있다. 갈겨니는 산골짜기나 냇물에서 사는데 맑은 물이 흐르는 강에서도 산다. 여울에서 물살을 가르며 헤엄을 잘 친다. 깔따구 애벌레 같은 작은 물벌레를 잡아먹거나 돌에 붙은 돌말을 먹고 산다. 한여름에는 물을 차고 뛰어올라서 물 위를 날아다니는 하루살이나 잠자리 같은 날벌레를 잘 잡아먹는다. 갈겨니와 거의 비슷한 물고기로 참갈겨니가 있다. 갈겨니보다 몸집이 조금 더 크다. 얼핏 봐서는 다 갈겨니인 줄 안다. 참갈겨니가 몸이 노랗고 눈에 빨간 점도 없다.

10~17cm
냇물, 강
5~7월

다른 이름 불거지, 개리, 피리, 날피리, 갈피리
사는 곳 냇물, 강, 저수지
먹이 물벌레, 돌말, 하루살이, 날벌레

1

2

1 피라미

몸길이는 10~17cm이다. 몸이 길고 날씬하다. 등은 푸르스름한 밤색이고 배는 하얗다. 몸통에 옅은 푸른색 세로무늬가 10개쯤 있다. 눈에는 붉은 점이 있다. 수컷은 짝짓기 때 주둥이 근처로 좁쌀만 한 돌기가 잔뜩 돋는다. 몸은 파래지고 붉은 무늬가 생겨서 울긋불긋해진다.

2 참갈겨니 *Zacco koreanus*

몸길이는 10~17cm이다. 20cm 넘게 자라기도 한다. 피라미와 비슷한데, 눈이 훨씬 크고 몸통에는 검고 굵은 줄이 가로로 또렷하다. 등은 푸른빛이 도는 밤색이고 배는 노랗다. 짝짓기 때 수컷은 배가 빨개지고 눈도 빨개진다.

어류
잉어목
미꾸리과

미꾸라지

Misgurnus mizolepis

추어탕으로 유명한 것이 미꾸라지이다. 시장에 가도 미꾸라지가 파닥거리는 것을 쉽게 볼 수 있다. 살갗에서 미끄덩거리는 물이 나와서 몸이 미끄럽다. 생긴 것도 길다랗게 생겨서 손으로 잡다가 손가락 사이로 미끌거리면서 빠져나가기 일쑤다. 미꾸라지와 꼭 닮은 것으로 미꾸리가 있다. 미꾸라지는 입수염이 미꾸리보다 길고 꼬리지느러미에 까만 점이 없다. 미꾸라지는 논에 많고, 미꾸리는 논보다는 냇물에 더 흔하다. 추어탕감으로는 미꾸리가 더 낫다고도 한다. 그런 차이가 있기는 하지만, 대개는 잡을 때나 먹을 때나 둘을 유난스레 가리지는 않는다.

미꾸라지는 논바닥에서 꼬불탕꼬불탕 헤엄쳐 다닌다. 물벌레나 실지렁이를 잡아먹고 진흙에서 먹이를 걸러 먹기도 한다. 물풀의 씨앗이나 뿌리도 먹는다. 가만히 있다가 소리나 기척에 놀라면 흙탕물을 일으키면서 진흙을 파고들어 간다. 미꾸라지나 미꾸리나 아가미로만 숨을 쉬는 것이 아니라 공기를 들이마셔 창자로도 숨을 쉰다. 가끔 물위로 올라와서 입을 뻐끔거리고 다시 물속으로 들어간다. 물이 더워질수록 창자로 숨 쉬는 횟수가 많아진다.

알은 4월에서 6월 사이에 낳는다. 이 무렵에 수컷 가슴지느러미에는 작은 돌기가 생기고, 암컷은 배가 불러서 서로 쉽게 구별된다. 비가 내려 논에 물이 차기를 기다렸다가 수컷이 암컷 몸을 휘감고 알을 짜낸다. 알은 물풀 줄기나 지푸라기에 붙인다.

논에 미꾸라지가 많으면 농사가 잘된다. 미꾸라지가 논바닥에 구멍을 뚫고 다니면 땅속까지 바람이 잘 통해 벼 뿌리가 튼실해진다. 가을걷이를 마친 시골에서는 논바닥을 파서 미꾸라지를 잡기도 한다. 물을 다 뺀 논 위에 여러 사람이 늘어서서는 바닥을 일군다. 별다른 도구를 쓰지 않고 손가락으로 진흙 바닥을 뒤적여 잡아낸다. 잡은 미꾸라지나 미꾸리는 그 자리에서 어죽을 끓이거나 지져 먹는 일이 많았다. 힘든 가을 농사일을 하는 중에 몸 보신을 하는 것이다.

미꾸라지와 비슷한 물고기로 종개 무리가 있다. 참종개, 기름종개, 부안종개, 미호종개, 왕종개, 남반종개 들이다. 이 가운데서도 참종개는 기름을 바른 것처럼 몸이 미끌미끌하다고 기름쟁이라고도 한다. 물이 맑은 냇물이나 강에서 사는데, 모래와 잔 자갈이 깔려 있는 바닥을 슬슬 기어 다닌다. 모래를 뒤지며 깔따구 애벌레 같은 작은 물벌레를 잡아먹는다. 모래를 입에 넣고 오물거리면서 모래에 붙어 있는 돌말을 걸러 먹기도 한다.

5~20cm
늪, 연못, 저수지
4~6월

다른 이름 논미꾸람지, 미꾸락지, 미꾸래이, 추어
사는 곳 논, 늪, 저수지, 연못, 둠벙, 냇물
먹이 장구벌레, 실지렁이, 물벌레, 진흙, 물풀

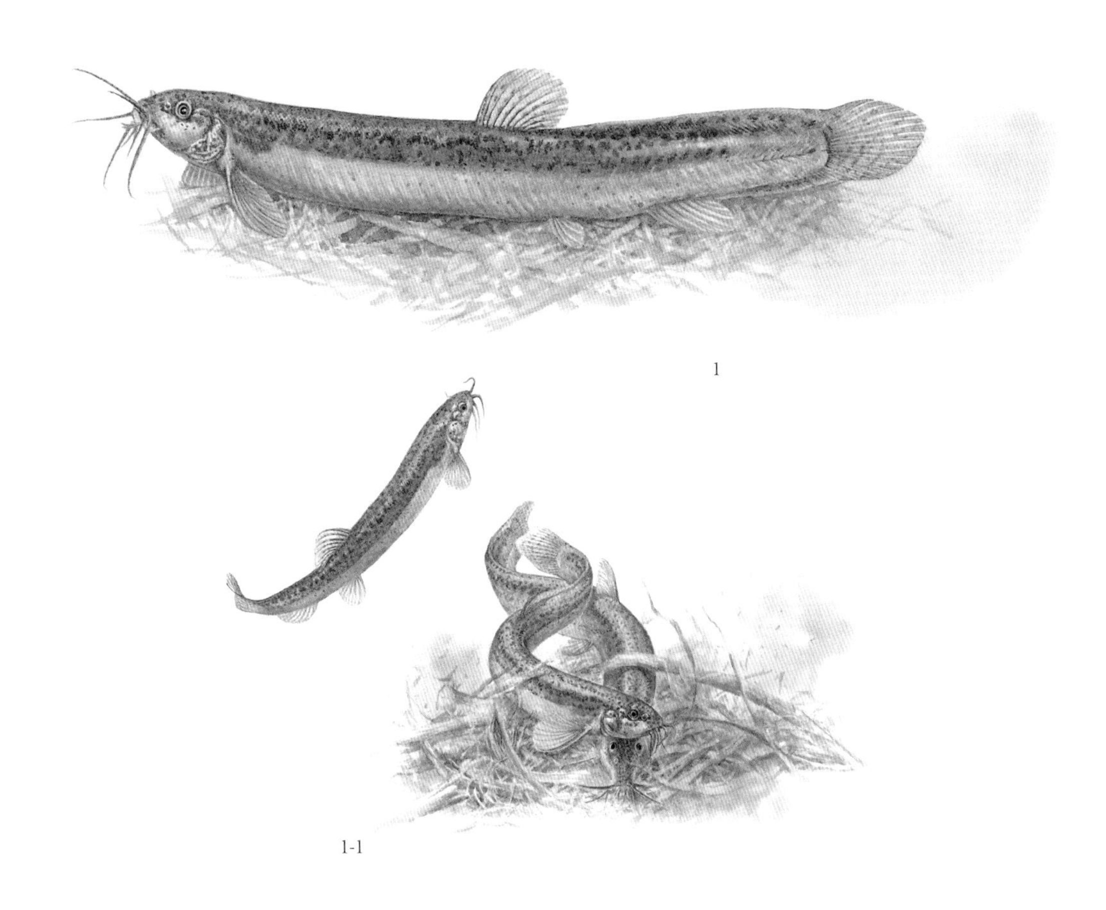

1

1-1

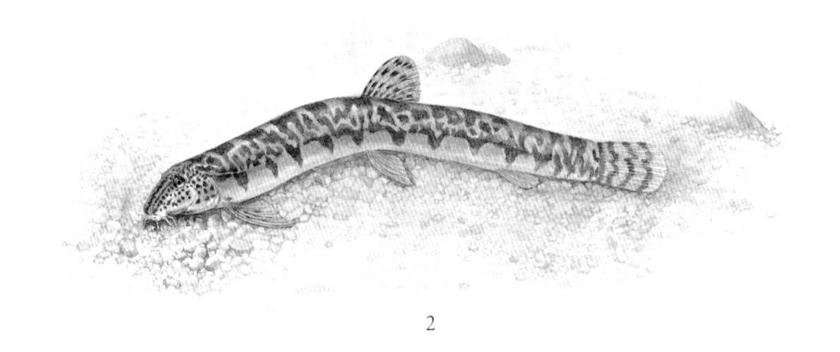

2

1 미꾸라지
몸길이는 5~20cm이다. 몸이 길쭉하고 미끌미끌하다. 몸에 자잘한 검은 점이 많이 있다. 입가에는 수염이 3쌍 있다. 수컷은 암컷보다 가슴지느러미가 더 크다. 미꾸리와 비슷한데 미꾸라지는 꼬리에 까만 점이 없다.

1-1 논바닥에서 뒤엉켜 헤엄치는 미꾸라지

2 참종개 *Iksookimia koreensis*
몸길이는 7~18cm인데 거의 7~8cm쯤이다. 몸통에 얼룩덜룩한 검은 무늬가 줄줄이 있다. 꼬리자루에 크고 까만 점이 하나 있다. 머리가 작고 눈도 작다. 주둥이는 길고 끝이 둥그스름하다. 입수염이 3쌍 있다.

어류
메기목
메기과

메기

Silurus asotus

메기는 흔한 민물고기 가운데 덩치가 아주 큰 편이다. 비늘이 없어 온몸이 미끌미끌하고 위아래로 넙적해서 더 크고 유별난 느낌이 난다. 몸통에 견주면 지느러미가 작아서 둥그런 몸통이 더 눈에 띈다. 몸에는 얼룩덜룩한 무늬가 있고, 입이 크고 입가에 긴 수염이 두 쌍 나 있다. 수염을 이리저리 더듬어 먹이를 찾는다. 강에도 살고 저수지나 늪에서도 산다. 낮에는 물풀 속이나 바위 밑에 숨어 있다가 밤에 나와서 어슬렁어슬렁 헤엄쳐 다닌다. 물고기, 새우, 거머리, 물벌레, 지렁이를 잡아먹는다. 큰 입으로 개구리도 한입에 삼킨다. 이것저것 가리지 않고 닥치는 대로 먹는다.

메기는 5월에서 7월 사이에 물가에 알을 낳는다. 수컷이 암컷 몸뚱이를 칭칭 휘감고 배를 누르면 알이 나온다. 알은 물풀이나 자갈에 붙여 둔다. 돌 밑이나 모래에도 낳는다. 어린 새끼들은 먹이가 모자라면 서로 잡아먹기도 한다. 새끼는 삼 년쯤 자라면 알을 낳을 수 있다.

메기는 힘이 세고 생명력이 강하다. 한여름에 날이 가물어 물이 마르면 진흙을 파고들어 가서 지낸다. 드렁허리가 파 놓은 구멍에 들어가 숨어 지내기도 한다. 메기는 아주 오래 사는데 사십 년을 넘게 사는 것도 있다. 맛이 좋아서 사람들이 먹으려고 일부러 많이 기른다

메기와 비슷한 물고기로 미유기와 동자개 따위가 있다. 미유기는 메기와 아주 비슷하게 생겼는데 몸집이 작고 길쭉하다. 산골짜기에 살아서 산메기라고도 한다. 동자개는 "빠가빠가" 하는 소리를 낸다. 그래서 흔히 빠가사리라고 한다. 먹이나 사는 곳, 밤에 다니는 것 따위가 모두 메기하고 비슷하다. 그래서 민물에서 낚시를 하는 사람들은 흔히 메기와 동자개를 함께 낚는다. 비슷하게 생기긴 했어도, 동자개가 몸집이 더 작고, 등지느러미가 있어서 쉽게 가려낼 수 있다.

동자개도 메기만큼 흔하다. 냇물에도 살고 강이나 저수지에서도 산다. 따뜻하고 탁한 물을 좋아한다. 물살이 느리고 모래나 진흙이 깔린 곳이나 큰 돌이나 자갈이 많은 곳에도 산다. 낮에는 돌 밑이나 바위틈에 숨어 있다가 밤에 나와서 먹이를 찾아다닌다. 작은 물고기, 새우, 물벌레 따위를 잡아먹는다. 물고기 알이나 지렁이도 먹는다. 겨울이 되면 물이 깊은 곳으로 옮겨 간다. 큰 바위 밑에 수십 마리가 들어가서 겨울을 난다. 맛이 좋아서 일부러 기르기도 한다. 사람한테 잡히면 가슴지느러미와 등지느러미를 꼿꼿이 폈다 접었다 하는데, 지느러미 끝에 억세고 뾰족한 가시가 있어서 찔리면 아주 따갑고 아프다.

30~50cm
저수지, 늪, 강
5~7월

다른 이름 미기, 며기, 참메기, 들메기, 논메기
사는 곳 강, 저수지, 냇물, 늪
먹이 물고기, 물벌레, 개구리, 새우, 거머리, 물풀

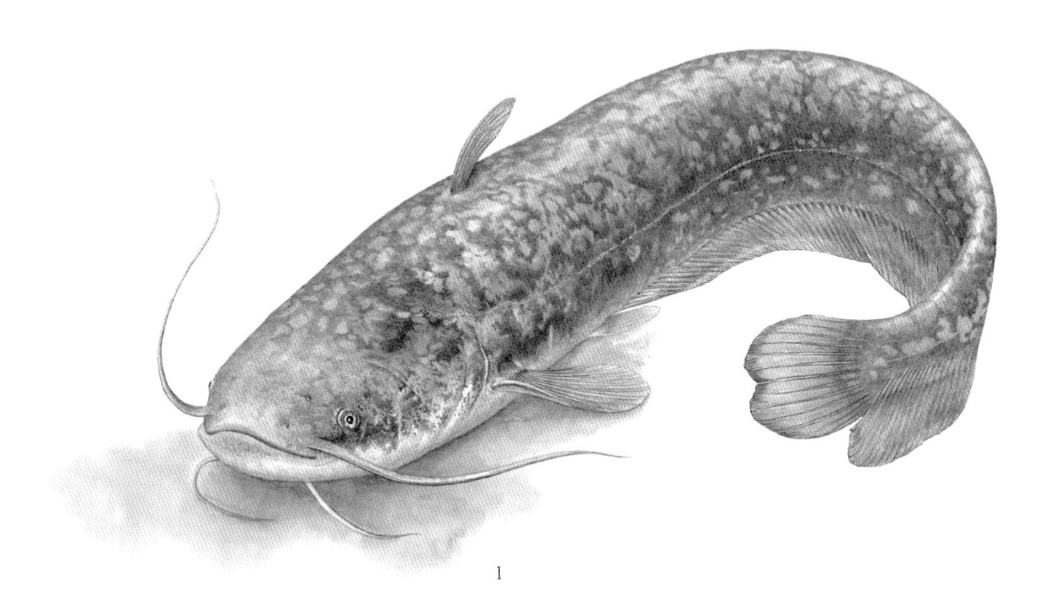

1

2

1 메기

몸길이는 30~50cm이다. 비늘이 없어 온몸이 미끌미끌하다. 몸은 누런 풀빛인데 배는 누렇거나 희끄무레한 잿빛이다. 뒷지느러미는 아주 길어서 끝이 꼬리지느러미 앞까지 온다. 등지느러미는 아주 작다. 입이 크고 입가에 긴 수염이 2쌍 있다.

2 동자개 *Pseudobagrus fulvidraco*

몸길이는 10~20cm이다. 몸통에 거무스름한 무늬가 있다. 머리는 위아래로 납작하다. 입가에 긴 수염이 4쌍 있는데, 2쌍은 위턱에 있고 2쌍은 아래턱에 있다. 등에 기름지느러미가 있다.

빙어

Hypomesus nipponensis

빙어는 오래전부터 친숙하게 지내 온 민물고기는 아니다. 본디 바다와 강을 오가면서 사는 물고기다. 옛날에는 우리나라 동해 북부 지방 강어귀에 살면서 바다를 오갔다. 그러던 것이 일제 강점기에 사람들이 일부러 빙어를 잡아다가 기르기 시작했다. 1920년대부터 커다란 저수지와 댐에 풀어 놓아 길렀는데, 일본 사람들이 이 물고기를 무척 좋아해서 1950년대 이후로도 전국 여기저기에서 빙어를 길러 수출하려고 애썼다. 멸치와 비슷하게 생겼다고 민물멸치라고도 하는데, 멸치하고는 전혀 다른 물고기다.

빙어는 물이 깊고 너른 저수지나 댐에서 사는데 겨울이 되어야 볼 수 있다. 이름처럼 찬물을 아주 좋아한다. 물이 따뜻해지는 여름에는 호수 밑바닥 물이 차가운 곳을 찾는다. 한겨울이 되면 물이 차가워지고 그제서야 얼음장 밑에서 수십 마리가 떼를 지어 헤엄쳐 다니는 빙어를 볼 수 있다. 찬물을 잘 견디는 민물고기로 빙어만 한 것이 없는데, 빙어는 다른 물고기와 달리 체액의 성분이 달라서 얼지 않고 찬물에서 잘 지낸다고 한다. 새우나 깔다구 애벌레 같은 물벌레를 잡아먹는다. 흔히 추운 날 얼음을 깨고 맑은 물에서 빙어를 잡는 일이 많아 깨끗한 물에 사는 것으로 생각하기 쉽지만, 빙어는 물이 차갑고 먹이만 있으면 더러운 물에서도 잘 산다.

겨울에 저수지가 두껍게 얼면 사람들은 빙어 낚시를 한다. 꽝꽝 언 얼음장 위에서 동그랗게 구멍을 내고 낚시를 한다. 그 자리에서 회로 먹거나 튀김, 구이, 찜으로 많이 먹는다. 맛이 담백한데, 오이 맛과 비슷하다고 해서 옛날에는 과어라고도 했다.

빙어는 2월에서 4월, 아직 날이 채 풀리기 전에 알을 낳는다. 저수지로 흘러드는 개울에 알을 낳으려고 떼를 지어 물살을 거슬러 오른다. 떼로 몰려가서 알을 낳는데, 외래종 물고기인 배스가 알을 낳는 빙어를 잡아먹으려고 많이 따라다닌다. 빙어는 물이 얕고 모래와 자갈이 있는 곳에 알을 낳는다. 대개 알을 낳을 때는 밤에 돌아다니면서 알을 낳는다. 알에서 깨어 난 새끼는 다시 저수지로 내려가서, 물속 깊은 곳으로 간다. 물벼룩 같은 작은 물벌레를 먹고 자란다. 어미는 알을 낳고 죽는다.

10~14cm
저수지, 댐
2~4월

다른 이름 빙애, 공어, 빙아, 뱅어, 돌꼬리, 과어, 민물멸치

사는 곳 저수지, 댐, 강

먹이 물벼룩, 깔다구 애벌레, 작은 새우, 물벌레

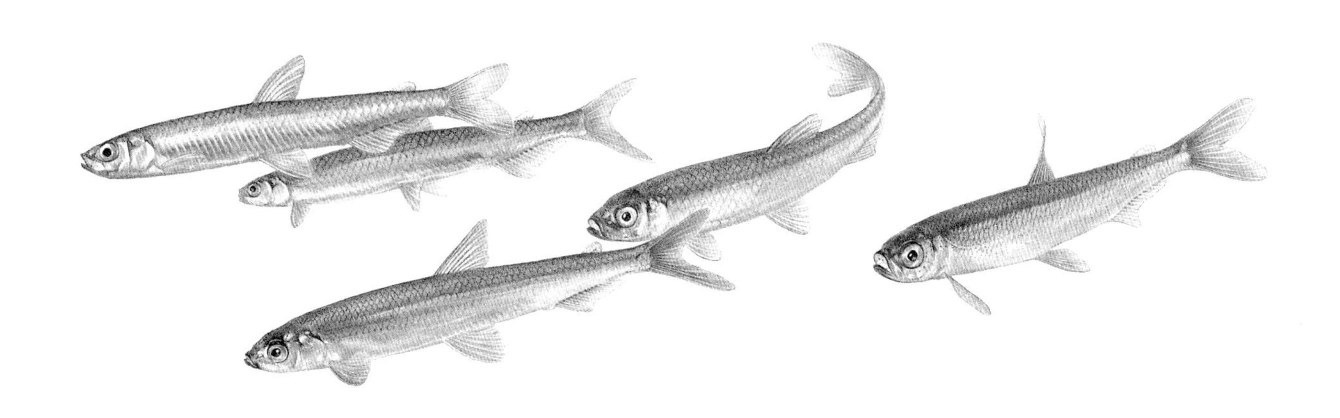

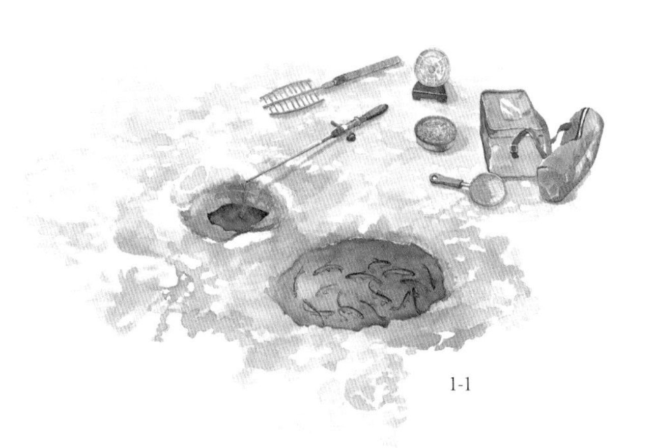

1-1

몸길이는 10~14cm이다. 온몸에 은빛이 돌고 몸속이 훤히 비친다. 몸은 가늘고 옆으로 납작하다. 등이 조금 거무스름하다. 주둥이는 뾰족하고 입이 작다. 등지느러미 뒤에 얇고 작은 기름지느러미가 있다.

1-1 빙어 낚시 채비

어류
동갈치목
송사리과

송사리

Oryzias latipes

냇가에 나가 아주 작은 민물고기가 노니는 것을 보면 흔히 송사리라고 한다. 여느 물고기라도 아주 작으면 송사리만 하다고도 한다. 그만큼 송사리는 작고 흔했다. 그러나 왜몰개 따위나 다른 물고기의 새끼도 흔히 송사리라고 하는 까닭에 정확히 송사리를 가려내는 사람은 드물고 다른 민물고기와 헷갈릴 때가 많다. 종을 나눌 때는 대륙송사리라는 물고기와 송사리를 나누는데, 둘은 아주 비슷하다. 눈으로 봐서는 가려내기 어렵고, 사는 모습도 거의 비슷하다.

송사리는 우리나라에 사는 민물고기 가운데 가장 작다. 새끼손가락보다도 작다. 예전에는 논과 논도랑에 아주 흔했는데 농약을 치면서 많이 사라졌다. 요즘에는 사람들이 집에서 기르기도 한다. 생김새를 보고 송사리를 가려내려면 몇 가지를 눈여겨보아야 하는데, 우선은 눈이 아주 크고 툭 불거져 나와 있다는 점이다. 그래서 눈쟁이라고도 하는데, 눈이 머리 크기의 절반은 차지할 만큼 크다. 등지느러미는 뒤로 밀린 듯이 꼬리지느러미에 가깝고, 뒷지느러미가 등지느러미보다 훨씬 길다. 꼬리지느러미는 갈라져 있지 않고, 일자로 되어 있다.

송사리는 연못이나 저수지, 늪, 물살이 느린 냇물에도 산다. 둠벙 같은 작은 물웅덩이에서도 살고 강어귀 바닷물이 섞인 곳에서도 산다. 물이 적거나 소금기가 있어도 잘 버티는 것이다. 그래서 섬에서도 많이 산다. 섬은 민물이라 해도 바닷물이 섞이기 쉬운데, 민물고기는 대개 물이 조금만 짜도 못 견디지만, 송사리는 아랑곳 않고 잘 산다. 여름에 큰비가 오면 강어귀까지 떠내려갔다가 강물을 거슬러 오르기도 한다. 물낯 가까이에서 떼를 지어 헤엄치다가 사람이 다가가면 잽싸게 흩어진다. 입이 위를 보고 있어서 물에 둥둥 떠다니는 벌레를 잘 잡아먹는다. 특히 장구벌레를 많이 잡아먹어서 송사리가 많은 물가에는 모기가 드물다. 물벼룩, 실지렁이, 작은 물벌레나 해캄 같은 물풀도 먹는다. 작은 먹이라면 이것저것 안 가린다.

송사리는 한 해에 두 번 알을 낳는다. 5월에서 7월 사이, 이른 아침에 알을 낳고, 9월에서 10월에도 낳는다. 수컷은 혼인색을 띠는데 뒷지느러미와 꼬리지느러미가 까매지고 검은 줄이 한두 개 생긴다. 수컷은 미리 알 낳을 자리를 지키고 있으면서 텃세를 한다. 수컷 한 마리가 암컷 여러 마리와 짝을 짓는다. 암컷은 알을 낳아 배에 달고 다니다가 물풀에 배를 비벼서 알을 한 개씩 붙인다. 겨울에는 물속에 가라앉은 가랑잎이나 물풀 더미 밑에서 지낸다.

3~4cm
저수지, 늪, 냇물
5~7월, 9~10월

다른 이름 두눈쟁이, 눈굼쟁이, 눈깔망탱이, 눈발때기
사는 곳 논, 연못, 웅덩이, 늪, 저수지, 냇물
먹이 장구벌레, 실지렁이, 작은 물벌레, 물풀, 풀씨

몸길이는 3~4cm쯤이다. 등지느러미가 짧고 꼬리지느러미 가까이 있다. 꼬리지느러미는 몸에 견주어 길다. 옆줄이 없고 배가 통통하다. 몸속이 훤히 비칠 만큼 투명하고, 큰 눈이 툭 불거져 나와 있다. 주둥이도 삐죽 나와 있다.

1-1 물낯 가까이에서 헤엄치는 송사리

어류
드렁허리목
드렁허리과

드렁허리

Monopterus albus

논두렁에 구멍을 뚫어서 허문다고 드렁허리라고 한다. 땅을 판다고 땅패기라고도 한다. 언뜻 보면 뱀처럼 생겼다. 사람들이 보고 뱀인 줄 알고 깜짝깜짝 놀란다. 지느러미도 없고, 몸에 비늘이 없어서 살갗이 미끌미끌하다. 생김새를 보고도 놀라지만 사실 농부는 이 물고기가 논두렁을 망가뜨리기 일쑤라 더 끔찍하게 여겼다. 아주 크게 자랄 때는 일 미터까지도 자라는데, 힘이 아주 좋아서 논바닥을 파 헤집거나 논두렁에 구멍을 내기도 하기 때문이다. 옛말에 제 자식 입에 밥 들어가는 것과 제 논에 물 드는 것만큼 보기 좋은 것이 없다고 했는데, 드렁허리는 가만히 두었다가는 언제 논두렁에 구멍을 내서 논물이 빠질지 알 수 없으니 이만큼 싫은 물고기가 없었다. 그래서 드렁허리를 보면 잡아서 멀리 버렸다. 지금은 논에 약을 치고, 다른 동물도 사라져서 드렁허리도 귀해졌지만, 예전에는 미꾸라지에 버금갈 만큼 흔했다.

드렁허리는 논이나 논도랑, 늪, 저수지, 냇물에서 산다. 진흙을 파고 다니면서 지렁이를 잘 잡아먹고, 올챙이나 물벌레, 개구리도 잡아먹는다. 민물고기치고는 아주 대식가여서 무엇이든 아주 많이 먹는다. 드렁허리는 입으로도 숨을 쉬고 살갗으로도 숨을 쉰다. 기다란 몸을 꼿꼿이 세우고 물 밖에 입을 조금 내놓고 공기를 한껏 마시면 턱 밑이 잔뜩 부풀어 오른다. 여름에 날이 가물어 물이 마르면 진흙을 파고 들어가서 지내고, 겨울을 날 때에도 진흙을 파고든다.

농부는 봄에 논에서 쟁기질을 하다가 드렁허리와 마주칠 때가 많았다. 겨울에 진흙 속에 들어가 웅크리고 지내다가 쟁기질 하느라 흙이 뒤집힐 때 따라 올라오는 것이다. 모내기 할 때 논두렁을 타 넘어 옆 논으로 도망가기도 한다. 물고기지만 물밖에 나와서 잘 기어 다닌다.

알은 6월에서 7월에 낳는다. 진흙을 파고 그 속에 알을 낳는다. 수컷이 남아서 알을 지킨다. 알에서 깨어 난 어린 물고기는 어릴 때는 모두 암컷이다가 그 가운데 몇 마리는 자라면서 수컷이 된다. 삼십 센티미터 넘게 자라면서 성이 바뀌는데, 우리나라 민물고기 가운데 자라면서 성이 바뀌는 것은 드렁허리뿐이다. 수컷은 나중에 알을 지켜야 하기 때문에 대개 몸집이 큰 것이 수컷이 된다. 암컷은 사십 센티미터까지 자라고 수컷은 사십오 센티미터도 넘게 자란다.

드렁허리는 생긴 것도 뱀과 닮았지만, 약효도 비슷하다고 한다. 그래서 오래전부터 드렁허리를 귀한 약재로 쳤다. 중국이나 동남아시아에서도 음식 재료나 약으로 쓴다.

30~60cm
논, 늪, 저수지
6~7월

다른 이름 드렝이, 드래, 땅바라지, 땅패기, 우리
사는 곳 논, 늪, 저수지, 연못, 둠벙
먹이 지렁이, 작은 물고기, 물벌레, 개구리, 올챙이

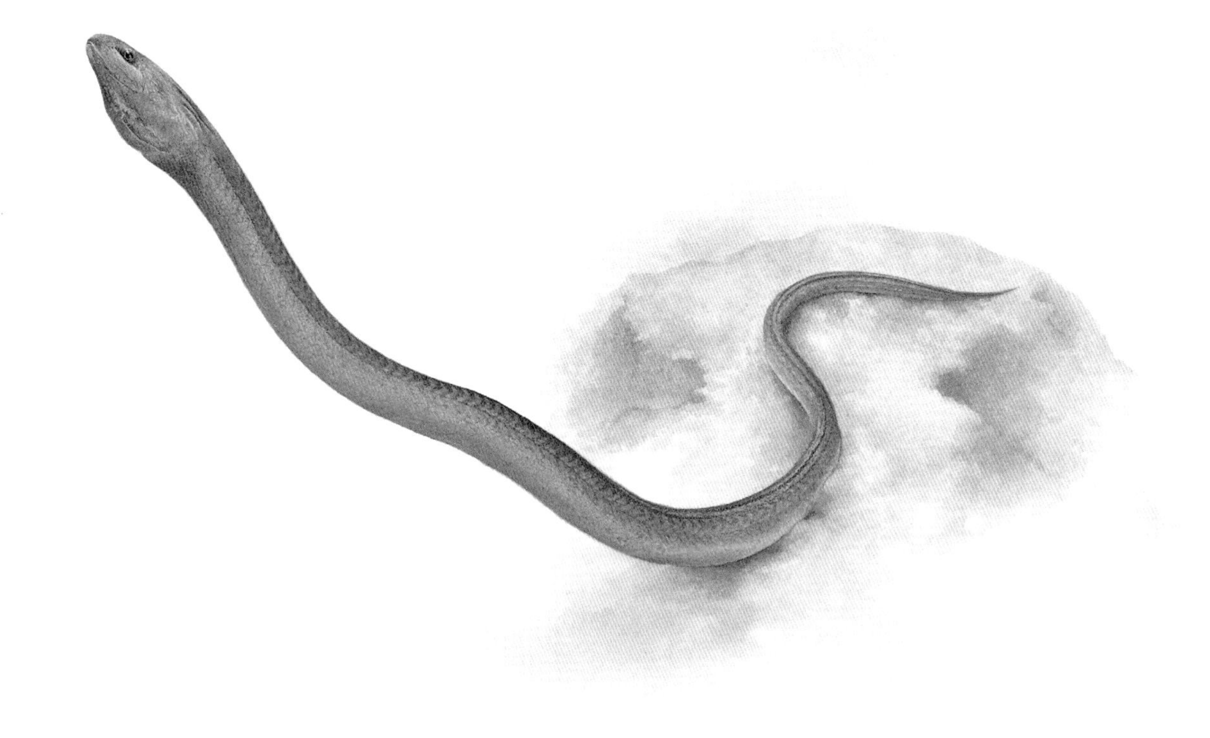

1-1

1-1 진흙 속에서 나오는 드렁허리

몸길이는 30~60cm이다. 언뜻 보면 뱀처럼 생겼다. 지느러미도 없고, 몸에 비늘이 없어서 살갗이 미끌미끌하다. 온몸에 점이 많다. 주둥이는 뾰족하고 눈은 아주 작다. 입이 크고 입술이 두툼하다. 입속에 작고 날카로운 이빨이 있다.

쏘가리

Siniperca scherzeri

쏘가리는 등지느러미와 아가미에 뾰족한 가시가 있다. 가시로 쏜다고 이름이 쏘가리다. 가시에 쏘이면 퉁퉁 붓고 쓰라리다. 몸집이 크고 온몸에 난 얼룩덜룩한 검은 무늬에, 가시까지 날카롭게 서 있어서 한눈에도 사나운 물고기인 줄 알게 생겼다.

쏘가리는 바위가 많은 큰 강이나 커다란 댐이나 냇물에도 산다. 사납고 육식을 하는 큰 물고기들이 대개 그렇듯이 거의 혼자 지내고, 낮에는 잘 안 돌아다니고 깜깜한 밤에 나온다. 물고기와 새우를 잘 잡아먹고 물벌레도 먹는다. 바위 밑이나 큰 돌 틈에 숨어 있다가 먹잇감이 지나가면 쏜살같이 뛰쳐나와서 잡아먹는다. 살아 움직이는 것만 잡아먹는다. 입은 벌리면 벌릴수록 쭉 늘어나고, 입안에는 뾰족한 이빨이 안쪽으로 휘어져 있어서 먹이를 한번 물면 놓치는 법이 없다.

혼자 살아가는 쏘가리는 제가 사는 곳에 다른 쏘가리가 들어오면 달려들어서 쫓아낸다. 쏘가리끼리 먹잇감이 많은 곳을 두고 싸우기도 한다. 누치나 잉어처럼 덩치가 큰 물고기가 와도 아랑곳하지 않고 덤빈다. 등지느러미에 난 가시를 빳빳이 세우고 사납게 달려들어서 쫓아낸다. 5월에서 7월 사이에 알을 낳는데, 밤에 떼로 모여서 자갈이 깔려 있는 바닥에 낳는다. 새끼들은 먹이가 모자라면 서로 물거나 잡아먹기도 한다.

쏘가리는 생긴 것이나 행동은 사납고 거칠어도 맛이 아주 좋아서 사람들이 좋아한다.

꺽지는 쏘가리와 닮았는데, 몸집이 더 작고, 돌이 있는 곳에 산다고 돌쏘가리라고 한다. 아가미 옆에 새끼손톱만 한 파란 점이 있다. 바위가 많은 산골짜기에서 사는데, 물이 맑고 돌이 깔린 냇물에서도 볼 수 있다. 특히 폭포 아래 깊은 소를 좋아한다.

큰 바위 밑에 꼼짝 않고 숨어 있다가 물고기가 지나가면 낚아챈다. 물고기 뒤를 쏜살같이 쫓아가서 잡아먹기도 한다. 날도래 애벌레 같은 물벌레부터 작은 새우, 물고기까지 이것저것 안 가리고 잘 먹는다. 죽은 것은 안 먹고 살아 있는 먹잇감만 잡아먹는다. 낮에도 나와서 돌아다니지만 밤에 더 잘 돌아다닌다. 알을 낳을 때는 수컷이 알 낳을 자리를 미리 마련하고 청소까지 한다. 알을 낳고 어린 물고기가 깨어 날 때까지 수컷이 옆에서 알을 돌본다. 지느러미로 쉬지 않고 부채질을 해서 시원하고 깨끗한 물을 알자리로 보낸다.

20~50cm
강, 냇물, 저수지
5~7월

다른 이름 참쏘가리, 강쏘가리, 쇠가리, 흑쏘가리
사는 곳 강, 냇물, 저수지
먹이 물고기, 새우, 물벌레

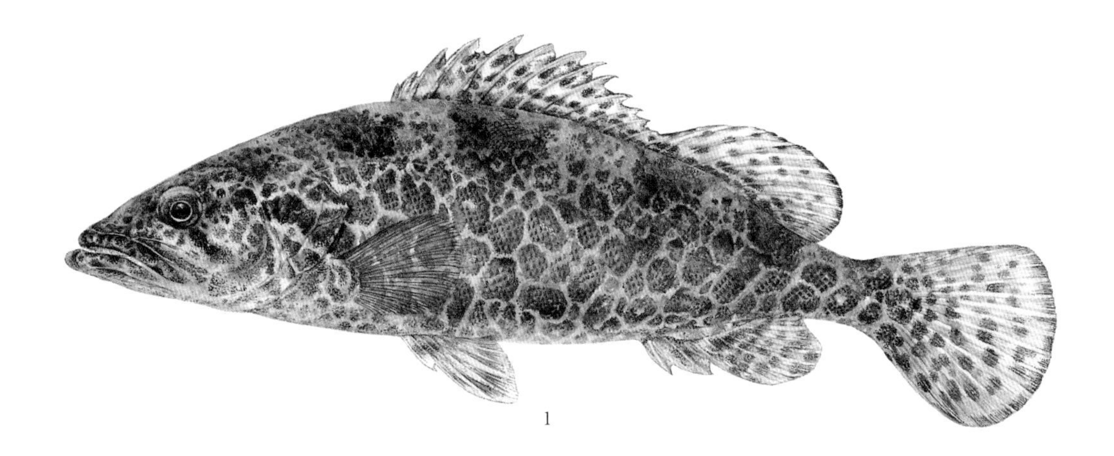

1

2

1 쏘가리

몸길이는 20~50cm이다. 60cm까지 자라기도 한다. 쏘가리는 등지느러미와 아가미에 뾰족한 가시가 있다. 온몸에 얼룩덜룩한 검은 무늬가 있다. 몸이 납작하고, 머리가 크고 입도 크다. 가슴지느러미만 빼고 다른 지느러미에 검은 점이 있다.

2 꺽지 *Coreoperca herzi*

몸길이는 15~25cm이다. 쏘가리보다 몸집이 작고 몸통이 뭉툭하다. 아가미 옆에 파란 점이 있고, 눈가에는 밤색 줄무늬가 여럿 있다. 몸은 푸른빛이 도는 밤색이다. 온몸에 하얀 점이 있다. 입속에 뾰족한 이빨이 있다.

가물치

Channa argus

가물치는 몸집이 아주 크다. 큰 놈은 어른 팔뚝만 하다. 온몸이 풀빛인데 크고 검은 점이 얼룩덜룩하게 나 있다. 몸에 있는 무늬 때문에 물풀 사이에 숨어 있으면 알아보기 어렵다. 몸이 새까맣다고 전라도에서는 까마치라고도 한다. 가물치는 저수지나 늪에 흔하지만 냇물이나 강에도 산다. 물풀이 우거지고 바닥에 진흙이 깔린 곳을 좋아한다. 흐르는 물보다 고여 있는 물에서 잘 산다. 다른 민물고기들은 저마다 좋아하는 물 온도가 있어서 그런 곳을 찾아다니는데, 가물치는 물이 아주 차거나 덥거나 잘 견딘다. 물이 아주 흐리거나 더러워져도 마찬가지로 잘 지낸다.

먹성이 좋아서 이것저것 안 가리고 잘 먹는다. 물벌레부터 개구리까지 닥치는 대로 잡아먹는다. 물풀 사이나 바닥에 가만히 숨어 있다가 위로 지나가는 물고기를 한입에 삼킨다. 먹이가 모자라면 큰 가물치가 작은 가물치를 잡아먹기도 한다. 헤엄칠 때는 몸을 양 옆으로 꿈틀대면서 가는데, 늘 느릿느릿 다니는 편이다.

가물치도 미꾸라지나 뱀장어처럼 아가미말고 다른 곳으로도 숨을 쉰다. 가물치는 창자나 피부 대신 목에 공기 주머니와 비슷한 기관이 있어서 이곳에 공기를 넣어 숨을 쉰다. 그래서 물 위로 잘 뛰어오른다. 비가 오는 날이면 물가로 나와서 진흙 바닥을 기어 다닐 때도 있다. 시장에 놓인 좁은 대야에 갇혀서도 오랫동안 살 수 있는 것이 이 때문이다. 오히려 공기로 숨을 쉴 수 없으면 오래 견디지 못한다. 날이 가물어 물이 마를 때는 진흙 속으로 파고들어 가서 지내고, 비가 오면 다시 진흙을 뚫고 나온다. 겨울에는 진흙 속으로 들어가서 머리만 내어 놓은 채로 아무것도 안 먹고 잠자듯이 꼼짝 않고 지낸다.

알은 5월에서 8월에 낳는다. 암컷과 수컷이 물풀을 모아서 알 낳을 둥지를 만든다. 둥지는 무척이나 커서 어른 팔로 한 아름쯤 되는데 물 위에 뜬다. 날씨가 맑고 물살이 잔잔한 날에 둥지 속에 알을 낳는다. 암수가 함께 알을 지키는 민물고기는 드문데, 가물치는 알을 낳은 뒤에 둥지 아래서 암수가 함께 알을 지킨다. 새끼가 깨어 난 다음에도 열흘 가까이 새끼들 곁에 있는다.

가물치는 아무것도 먹지 않고 한 달을 넘게 살 만큼 생명력이 끈질기다. 약효도 뛰어나서 옛날부터 아기를 낳은 사람이나 몸이 약한 사람에게 고아 먹였다. 약으로 쓰려는 사람이 많아서 일부러 기르기도 하는데, 요즘은 강이나 저수지에서 잡는 것보다 길러서 먹는 가물치가 더 많다.

30~80cm
늪, 저수지, 강
5~8월

다른 이름 까마치, 가무치, 감시, 먹가마치, 메물치
사는 곳 늪, 저수지, 연못, 냇물, 강, 논도랑
먹이 개구리, 지렁이, 물고기, 물벌레

몸길이는 30~80cm이다. 1m 넘게 자라기도 한다.
온몸이 풀빛인데 크고 검은 점이 있어서
얼룩덜룩하다. 몸통은 길쭉하면서 통통하고, 머리가
크고 납작하다. 입도 크며 뾰족한 이빨이 있다.
등지느러미와 뒷지느러미가 길다.

1-1 물풀 사이에서 가만히 있는 가물치

바닷물고기

바닷물고기

바다는 넓고 깊다. 민물은 사람이 물속에 들어가서 무엇이 사는지 볼 수 있지만, 바다는 뭍에서 가까운 곳이 아니면 그러지 못한다. 배를 타고 바다에 나가 보면 금세 사방이 물로 둘러싸이고, 가늠하기 어려운 곳이라는 것을 깨닫는다. 바다에 얼마나 많은 물고기가 사는지는 알기 어렵다. 우리나라 가까운 바다에만 해도 밥상에서 흔히 보는 작은 멸치부터, 몸길이 십오 미터를 훌쩍 넘기는 고래상어까지 천여 종이 산다.

바닷물고기는 민물고기와 같이 물고기 무리에 든다. 바다에 사는 동물 가운데 오징어나 문어는 연체동물 무리에 들고, 고래는 젖먹이동물에 든다. 흔히 생선이라고 하는 것은 거의 바닷물고기이고, 강어귀부터 먼바다에 이르기까지 사는 곳이 그러하듯 생김새와 생활 습성도 아주 다양하다.

뭍에서 가까운 바다 가운데 강물이 흘러드는 강어귀에는 어린 농어나 숭어가 살고, 말뚝망둥어 무리는 갯벌에 살면서 물이 빠지면 물을 따라 깊은 곳으로 가거나 개흙 속으로 들어간다. 얕은 바닷속 바위가 많은 곳에는 볼락 무리가 산다. 바닥에 모래가 있는 곳으로는 가자미나 넙치가 있고, 산호나 말미잘 숲에는 자리돔이나 흰동가리가 있다. 배를 타고 앞바다로 나가야 만나는 물고기로는 고등어, 멸치, 대구, 명태, 조기 같은 것이 있다. 우리가 흔히 먹는 생선들이다. 이것들은 떼를 지어 다닐 때가 많다. 가까운 바다에서 잡기는 하지만 대개는 철 따라 우리나라에서 먼바다까지 옮겨 다닌다. 철새가 계절을 따라 사는 곳을 옮기듯이 물고기들도 바닷속을 옮겨 다닌다. 철새만큼 먼 거리를 다니는 물고기도 많다. 조기, 갈치는 추우면 동중국해로 가고, 명태는 더우면 베링해까지 간다. 먼바다에서 사는 물고기는 다랑어나 상어, 날치 따위가 있다. 뭍에서 멀고 깊은 바다에는 이름도 낯설고 생김새도 특이한 물고기도 많다. 풍선장어니 샛비늘치니 하는 물고기들이다.

바닷가 사람들은 오래전부터 바다에 기대어 먹을 것을 마련하고 고기를 잡아 올렸다. 우리나라는 바닷가에서 물고기를 잡아 살아가는 마을이 많고, 뭍 어디서든 바닷가 마을이 멀지 않다. 깊은 산골에 사는 사람이라도 예전부터 소금에 절인 생선 맛을 보고 살았다. 우리나라 땅이 대륙으로 이어진 곳을 빼고는 동해와 남해와 서해로 둘러싸여 있어서다. 이 세 바다는 저마다 특징이 뚜렷해서 바다에서 나는 물고기도 다르고 바닷가 마을에서 고기잡이하는 방법도 많이 다르다.

동해는 모래가 바닥에 깔려 있고 바닷가를 벗어나면 금세 깊은 바다로 이어진다. 겨울에는 찬물이 많이 내려오고, 여름에는 따뜻한 물이 올라온다. 그렇게 물이 뒤섞여서 물고기도 철마다 달라진다. 겨울에는 찬물을 따라 명태, 대구, 청어 따위가 내려와서는 바닷가에 떼로 몰려와서 알을 낳고 간다. 여름에는 따뜻한 물을 따라 고등어, 삼치, 꽁치, 정어리 따위가 올라온다. 연어나 송어나 큰가시고기는 동해로 흐르는 강을 거슬러 올라와 알을 낳는다. 바다가 깊어 아래쪽으로는 늘 물이 차가워서 찬물에 사는 물고기가 눌러산다. 참가자미나 임연수어, 도루묵 같은 물고기 따위이다.

서해는 갯벌이 넓게 펼쳐져 있고, 물이 얕다. 우리나라의 큰 강과 중국의 큰 강들이 서해로 흘러든다. 바다가 작고 얕은 데다가 민물이 많이 흘러들어서 바다가 덜 짜다. 민물과 짠물이 뒤섞이는 강어귀에는 먹을거리도 많아서 물고기들이 많이 모여든다. 강을 거슬러 올라와 알을 낳는 물고기도 있다. 서해는 밀물과 썰물이 하루에 두 번씩 오르내리는데, 갯바닥이 경사가 심하지 않은 데다가 들고 나는 물의 높이 차이가 커서 밀물 때는 바닷물이 쑥 들어왔다가 썰물 때는 가물가물 안 보일 만큼 저만치 물러난다. 이렇게 썰물 때 드러나는 땅으로 갯벌이 넓게 펼쳐진 곳이 많다. 갯벌은 색이 거무튀튀하고 질척질척해서 아무것도 살지 않을 것 같지만 사실은 아주 기름진 땅이다. 물고기뿐만 아니라 게, 조개, 갯지렁이, 낙지 같은 것들이 우글우글하다. 뭍 가까이로 온 물고기들은 갯벌에서 나는 먹잇감으로 살아간다. 갯벌에 둑을 쌓아 막으면 갯벌이었던 둑 안쪽은 썩고, 바깥으로는 황량한 바다가 되기 쉽다. 서해에는 남쪽에서 따뜻한 바닷물이 들어와서 서해를 휘돌아 나간다. 그래서 따뜻한 물에 사는 물고기들이 따라 올라왔다가 겨울이 돼서 물이 차가워지면 다시 따뜻한 남쪽 바다로 내려간다. 황복, 황해볼락 같은 물고기는 서해에서만 볼 수 있다. 쥐노래미처럼 눌러사는 물고기도 있고 홍어처럼 겨울에 알을 낳으러 오는 물고기도 있다.

남해는 갯바위와 섬이 많고, 해안선이 꼬불꼬불하다. 크고 작은 섬이 이천 개 넘게 있다. 동해보다 훨씬 얕고 서해보다 조금 더 깊다. 물이 맑아 바닷말이 잘 자란다. 따뜻한 물이 늘 제주도를 거쳐 남해로 올라와서 겨울에도 물 온도가 섭씨 십 도 밑으로는 잘 안 내려간다. 따뜻한 물을 좋아하는 물고기들이 많아서, 멸치와 고등어가 많고 참돔, 감성돔, 갈치, 삼치, 전갱이, 방어뿐만 아니라 덩치 큰 다랑어도 떼로 몰려온다. 겨울에는 동해를 지나 차가운 물이 내려온다. 대구나 청어 같은 물고기도 찬물을 따라 남해까지 내려온다. 연어가 낙동강이나 섬진강을 따라 올라가기도 한다.

제주도는 남해에 있지만 제주도 가까운 바다는 육지에서 가까운 남해보다 따뜻하다. 산호가 많다. 열대 바다에 사는 물고기들도 올라온다. 나비고기나 흰동가리 같은 물고기들이다. 제주 바다에는 산호가 밭을 이루며 자란다. 서해나 남해나 동해에서는 좀처럼 못 본다. 우리나라에 사는 산호 가운데 절반 이상이 제주도에서 자란다. 산호는 마치 꽃이 핀 것처럼 색깔이 울긋불긋하고 화려하다.

예전에는 명태나 조기 같은 물고기가 흔해서 바닷가에 가면 고깃배가 떠 있는 것을 쉽게 볼 수 있었다. 그러나 요즘은 가까운 바다에 사는 물고기가 많이 줄어들었다. 갯벌을 막거나 바다가 오염되는 것도 바닷물고기 숫자가 줄어드는 까닭이다. 이제는 바닷물고기도 다른 나라에서 들여오는 것이 많다. 사람들이 예전보다 물고기를 많이 먹기도 하지만, 잡는 양이 그만큼 줄었기 때문이다.

5_1 생김새와 생태

바닷물고기는 몸통 생김새에 따라 몇 가지 무리로 나누어 볼 수 있다. 몸이 납작한 물고기와 둥그스름한 물고기, 길쭉한 물고기와 뚱뚱한 물고기 하는 식이다. 생김새에 따라 어디에 사는지, 무엇을 먹는지, 어떻게 헤엄치는지 따위를 알 수 있다. 몸이 날씬한 물고기는 물살을 잘 가르고 헤엄을 빠르게 잘 친다. 가다랑어, 방어, 고등어 같은 물고기들이다. 몸통이 옆으로 납작한 물고기는 날씬한 고기보다 헤엄치는 속도가 느리고 먼 거리를 이동하지 않고 가까운 바다에 사는 경우가 많다. 도미나 조기, 전어 같은 물고기다. 홍어나 아귀처럼 위아래로 납작한 것은 바닥에 붙어 산다. 헤엄을 잘 안 치고 땅바닥에 있는 시간이 많다. 뱀장어처럼 몸이 가늘고 긴 물고기는 바닥에 살면서 모래나 펄을 잘 파고든다.

물고기가 물속에서 몸뚱이를 똑바로 할 수 있는 것은 여러 지느러미를 써서 자세를 바로잡기 때문이다. 예전에는 지느러미를 흔히 날개, 깃, 죽지라고 했다. 새의 날갯짓이나 물고기가 지느러미를 놀리는 것이나 비슷한 것으로 여겼을 것이다. 꼬리지느러미는 헤엄을 빨리 칠 수 있게 하고, 가슴지느러미나 배지느러미같은 짝지느러미는 균형을 잡고 떠 있거나 방향을 바꾸는 데에 쓴다. 물고기 몸은 비늘로 덮여 있다. 비늘은 기왓장처럼 맞물려 있다. 떨어진 것은 다시 난다. 사계절이 뚜렷한 우리 바다에 사는 물고기들은 민물고기와 마찬가지로 비늘에 나이테가 생긴다. 나이테처럼 보이는 줄무늬로 나이를 안다. 비늘은 가시복처럼 바늘로 바뀌거나, 아예 뱀장어처럼 비늘이 퇴화해서 살에 파묻혀 살갗이 미끈거리는 물고기도 있다.

물고기는 눈꺼풀이 없어서 항상 눈을 뜨고 있다. 눈이 머리 양쪽으로 있어서 넓게 볼 수 있지만 또렷하게 보는 능력은 대개 사람보다 시원찮다. 깊은 바다에 사는 물고기는 거의 앞을 못 보는 물고기도 많다. 콧구멍으로 숨을 쉬는 것은 아니고 드나드는 물에서 냄새를 맡는다. 소리는 옆줄을 통해서 듣는다. 냄새를 맡거나 소리를 듣는 능력은 뛰어난 편이다. 입과 이빨 생김새를 보면 무슨 먹이를 먹는지 알 수 있다. 이빨로는 먹이를 씹는다기보다 단단한 것을 부수고, 먹이를 물어서 삼키는 데에 쓴다.

조피볼락 생김새

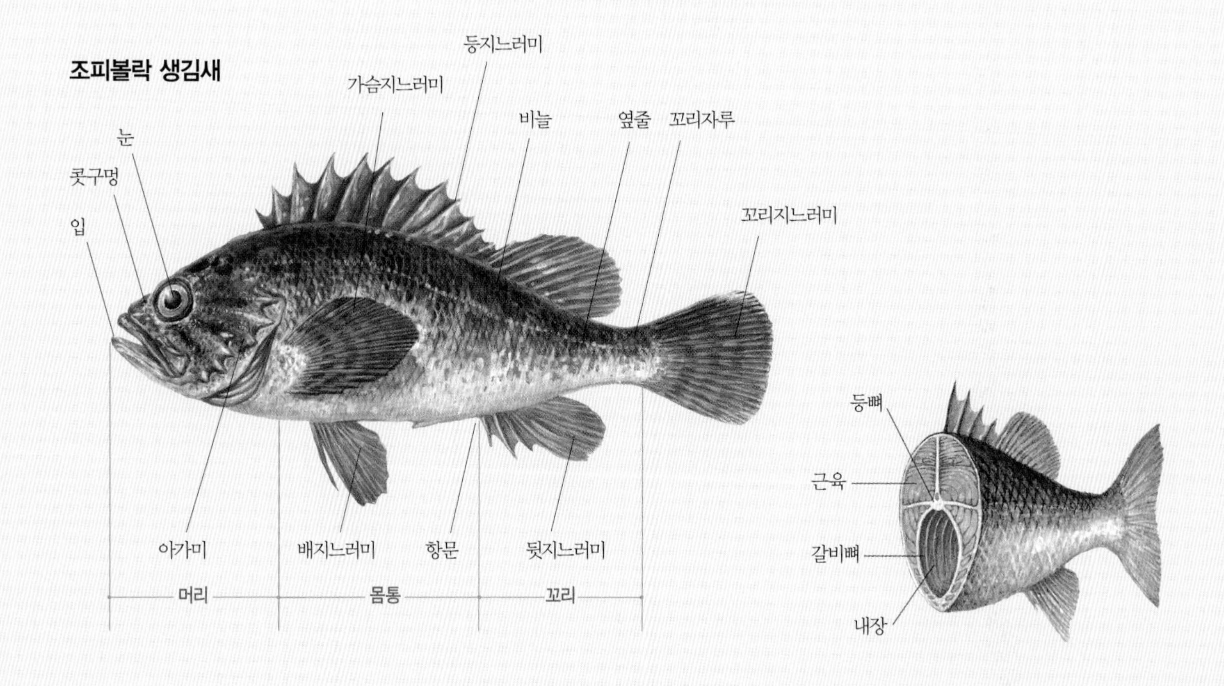

바닷물고기는 대부분 알을 낳는다. 저마다 알 낳는 자리가 있어서 알 낳을 때가 되면 떼를 지어 옮겨 다니는 일이 많다. 알을 아주 많이 낳는 물고기가 많지만, 알도 많이 먹히고 새끼도 많이 잡아먹힌다. 알을 돌보는 물고기는 몇 종류 되지 않는다. 쥐노래미 같은 물고기가 새끼가 깨어 날 때까지 곁을 지킨다. 여러 해 사는 물고기는 어른이 되면 대개 해마다 알을 낳지만, 연어는 강을 거슬러 올라가서 알을 낳은 뒤에 죽는다. 상어나 조피볼락 같은 물고기는 배 속에 알을 배었다가 새끼를 낳는다. 난태생이라고 한다. 알에서 깨어 난 새끼는 모습을 바꾸면서 어른이 된다. 새끼 때 모습에서 많이 달라진다. 방어나 돗돔 같은 물고기는 어릴 때는 몸에 줄무늬가 있다가 크면 없어진다. 넙치는 새끼 때 눈이 양쪽에 있다가 자라면서 한쪽으로 쏠린다. 어른이 된 물고기는 새끼 때 자라던 곳을 떠나 다른 곳에서 살기도 한다. 이렇게 새끼 때와 어른일 때 사는 곳이 다른 물고기가 많다. 넙치 같은 물고기가 그렇다. 철따라 제가 좋아하는 물 온도를 찾아 오르내리기도 한다. 명태, 조기, 고등어 따위가 철이 바뀌는 것에 따라 멀리까지 다닌다.

바닷물고기는 한 해를 사는 물고기도 있고, 사람만큼 오래 사는 물고기도 있다. 꽁치 같은 것은 한두 해쯤 살고, 조기는 십 년쯤 산다. 뱀장어는 잡히지만 않으면 오십 년도 산다. 바닷물고기가 먹는 것은 바다풀이나 플랑크톤에서 시작된다. 바닷물고기 가운데는 몸집은 커도 이런 것을 직접 먹는 물고기도 있고, 다른 물고기를 잡아먹는 물고기도 있다. 고래상어나 전어, 정어리, 해마 같은 것들은 플랑크톤을 먹는다. 숭어나 노래미 같은 물고기는 자기보다 몸집이 작은 물고기나, 플랑크톤이나 다른 식물성 먹이도 가리지 않고 먹는다. 상어나 갈치, 방어 같은 물고기는 육식성이다. 갈치를 잡을 때 불을 밝히는 것은 갈치를 꾄다기보다 갈치 먹이를 꾀는 것이다.

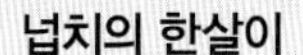

넙치의 한살이

8mm쯤 크면 눈이 한쪽으로 쏠리기 시작한다.

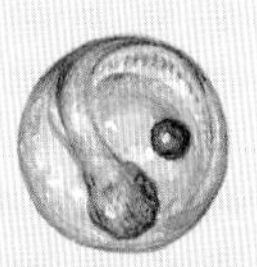

봄에 바닷가 가까이에 알을 낳는다.
암컷 1마리가 50만~150만 개쯤 낳는다.

몸이 15mm쯤 크면 왼쪽으로 눈이 몰린다.
눈이 한쪽으로 쏠리는 데 3주쯤 걸린다.

눈이 한쪽으로 쏠리면 물 밑바닥으로 내려가 산다. 몸 빛깔도 어미와 같아진다.

5_2 고기잡이

우리나라 사람들은 오랜 옛날부터 바닷물고기를 잡아서 중요한 양식으로 삼았다. 옛날에는 배가 튼튼하지 않아서 가까운 바다에서 고기잡이를 했다. 요즘에는 덩치도 크고 힘도 센 배를 타고 먼바다까지 나가서 물고기를 잡는다. 배를 타지 않더라도 바닷가에서 낚시도 하고 그물을 쳐서 잡기도 한다. 사람들이 즐겨 먹는 물고기는 아예 바다에서 그물을 쳐 놓고 양식을 한다. 요즘은 바닷속에 물고기 집을 만들어 넣기도 한다.

오래전부터 바닷가에서 물고기 잡는 법으로 독살이라는 것이 있었다. 밀물 썰물 차가 큰 곳에서 했는데, 갯벌 같은 곳에 둥그렇게 돌담을 쌓듯 돌을 쌓는 것이다. 밀물 때에 잠겼다가 썰물이면 드러난다. 물이 빠질 때 이 안에 들어온 물고기가 나가지 못하고 갇히는 것이다. 그러면 독살에 갇힌 물고기를 담아 온다. 웅덩이처럼 물이 남아 있으면 그것을 퍼 내고 물고기를 담는다. 바닷가 가까이 드나드는 물고기는 무엇이든 잡힌다. 독살을 쌓기에 좋으면서도 물이 빠져나갈 때 물고기가 몰리는 길목을 찾아서 쌓는다. 서해와 남해에 아직 남아 있는 것이 있지만, 예전처럼 쓰는 것은 거의 없다. 비슷한 방식으로 그물을 둘러치는 것은 개막이라고 하고, 그물을 길게 놓아 고기를 몰아서 잡는 것으로 덤장이 있다. 죽방렴이라는 것도 있는데, 이것도 밀물 썰물 차이가 크고 물살이 빠른 좁은 물목에 자리를 잡고 만들어 놓는다. 대나무를 촘촘하게 엮어 넣어서 물과 함께 들어오는 물고기를 가두어 잡는다. 죽방렴은 남해에서 아직도 쓰는 곳이 있다. 동해에서는 배를 타고 나가서 손으로 고기를 잡기도 했다. 물 위에 바다풀을 띄우면 꽁치가 알을 낳으러 오는데, 그것을 손으로 잡아 올리는 것이다.

낚시나 그물을 쓴 것도 아주 오래되었고, 작살을 쓰거나 직접 물속에 들어가 고기를 잡는 일도 흔했다. 수백 년 전부터 고등어나 갈치를 잡으려고 밤에 횃불을 밝혔다는 기록도 남아 있다. 서해안에서는 조기 떼를 따라 오는 배가 수천 척에 이르렀다고 하는데, 이 배들을 따라 파시가 선 것은 이미 조선 시대 때부터였다. 그만큼 고기잡이에 기대어 사는 사람도 많고, 그렇게 잡은 물고기를 많은 사람들이 먹고 살았다.

물고기 잡을 때 가장 많이 쓰는 어구로는 그물을 꼽을 수 있는데 고기를 잡는 방법에 따라 여러 가지가 있다. 그물코에 고기가 꽂히게 하는 걸그물, 얽히게 하는 얽애그물, 위에서 덮어 씌우는 덮그물, 그물을 끌어서 고기를 가두는 끌그물, 고기 떼를 둘러싸는 두릿그물, 밑에 그물을 깔고 고기를 몬 다음 들어 올리는 채그물, 그물을 쳐 두었다가 양끝을 끌어 올리는 후릿그물 따위이다.

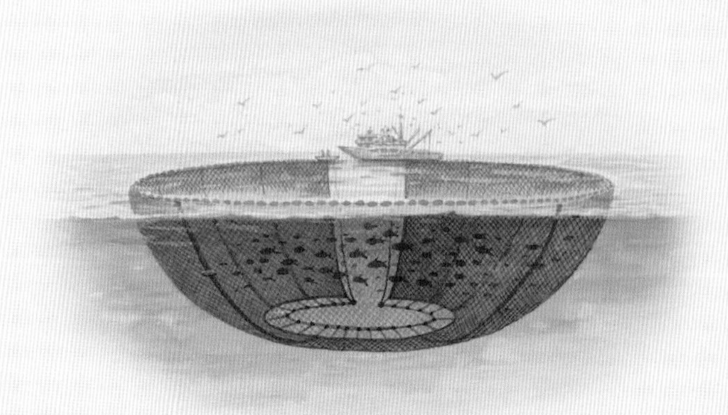

둘러치는 그물

바다에서 낚시를 쓸 때는 대개 주낙을 많이 쓴다. 줄낚시라는 뜻이다. 모릿줄이라고 하는 긴 줄에 바늘을 여럿 꿰고, 바늘마다 미끼를 한다. 주낙도 잡으려는 물고기에 맞춰서 여러 방법을 쓰는데 물고기가 물낯에서 지내는지, 바닥 근처에서 지내는지에 따라 달라진다. 땅주낙은 낚시를 거의 바다 바닥까지 내린다. 모릿줄에 무거운 추를 매달아서 가라앉히고, 양 끝에도 닻을 놓아서 고정시킨다. 뜬주낙은 모릿줄에 부표와 뜸을 달아서 낚시가 바닷속에서 적당히 떠다니도록 한다. 선주낙은 모릿줄 끝에 추를 달아서 낚싯줄이 서 있도록 하는 것이다. 갈치는 그물로도 잡고, 주낙으로도 잡는데, 낚시로 잡은 것은 온몸에 은빛이 반짝여서 은갈치가 된다. 그물로 잡으면 물고기끼리 부딪히고 펄떡거려서 많이 다치고, 비늘이 벗겨진다. 그래서 먹갈치가 된다. 멸치도 그물로 잡은 것보다 죽방렴을 써서 잡은 것이 더 비싸다.

지금은 배가 튼튼하고 커져서 먼바다에까지 나가 고기를 잡는다. 하지만 여전히 고기를 가장 많이 잡는 곳은 한반도를 둘러싼 가까운 바다이다. 먼바다에서 잡는 것보다 두 배쯤 되는 양을 잡는다. 이것도 점점 양이 줄고 있다. 가까운 바다에서 잡히는 생선으로 예전에는 말쥐치, 멸치, 갈치, 고등어, 명태, 조기 같은 물고기가 많았는데, 요즘은 거의 모든 물고기가 잡히는 양이 줄어들었다. 특히 말쥐치나 명태 같은 물고기는 찾아보기 어려울 만큼 줄었다. 대신 바닷물고기도 양식하는 것이 많이 늘었다. 넙치, 조피볼락, 참돔, 숭어, 농어, 복어 따위를 길러 먹는다. 도시에 횟집이 흔하게 된 것도 양식하는 물고기가 많아진 덕분이다.

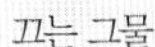

끄는 그물

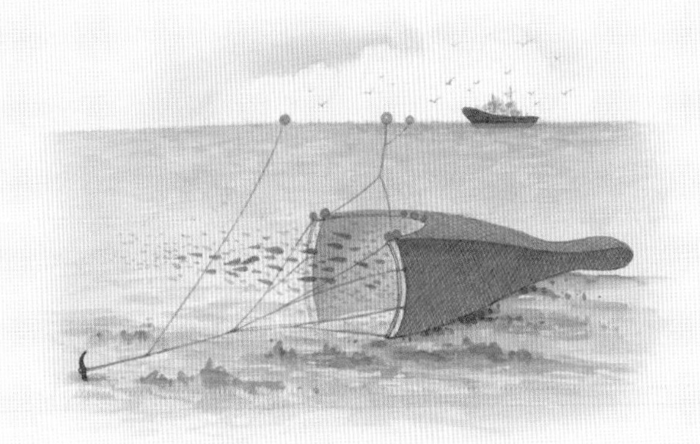

쳐 놓는 그물

백상아리

Carcharodon carcharias

백상아리는 흔히 상어라고 하는 물고기다. 우리나라에 사는 상어 무리에는 백상아리 말고도 까치상어, 두툽상어, 돌묵상어, 귀상어, 무태상어, 고래상어, 청상아리, 청새리상어 들이 있다. 상어가 지금보다 많고 흔했던 예전에는 상어를 많이 잡아먹어서, 제주도나 흑산도에서는 상어가 오는 때를 맞춰서 상어잡이 배들이 몰려들었다. 그렇게 잡는다 해도 양이 아주 많지는 않아서 상어는 귀한 고기 대접을 받았다. 살은 기름기가 없고 담백하다. 회로도 먹고, 구이나 찜을 해서도 먹는다. 전기가 들어오기 전에는 상어 간에서 짜낸 기름으로 등잔불을 밝혀 썼다. 껍질이 사포 같아서 끓는 물에 데쳐서 짚으로 비벼 벗겨 내고 먹었다. 경상도에는 제사상에 꼭 상어를 올리는 집이 많았고, 돔배기라고 해서 토막 낸 상어 고기를 따로 이르는 말도 있었다. 상어 고기는 오래 보관할 수 있어서 바닷가에서 멀리 떨어진 곳까지도 가져가 먹었다.

백상아리는 물낯 가까이 사는데, 바닷속 깊은 곳까지 들어가기도 한다. 물낯 가까이에서 헤엄치면 뾰족한 등지느러미가 물 밖으로 솟아 있는 것이 보인다. 백상아리는 물고기이기는 하지만 부레가 없어서 가만히 있으면 물속으로 가라앉는다. 그래서 쉬지 않고 돌아다닌다. 그나마 몸을 띄우는 것은 내장의 삼 분의 일쯤을 차지하는 간 덕분이다. 상어 간은 거의 기름덩어리여서 가볍다. 냄새를 잘 맡고 소리도 잘 들어서 멀리 있는 먹이도 잘 찾는다. 상어 가운데 가장 사납다고 하는 것이 백상아리이다. 피 냄새를 맡으면 더 사나워진다. 먹잇감이 눈치 못 채게 몰래 다가가서는 눈 깜짝할 사이에 덮친다. 이빨은 안쪽으로 나 있어서 먹이를 물면 놓치지 않는다. 턱 힘도 아주 세다. 작은 물고기부터 돌고래나 바다표범이나 바다사자같이 덩치 큰 동물도 잡아먹는다. 아주 가끔 사람을 물기도 하지만, 바다표범이나 바다사자인 줄 알고 덤벼드는 것이지, 잡아먹으려고 하는 것은 아니다. 우리나라에는 봄에 서해에 자주 나타난다. 백상아리만큼 사나운 상어로 청상아리와 귀상어가 있다. 청상아리는 상어 가운데 가장 빠르게 헤엄을 친다.

백상아리는 물고기이지만 알을 안 낳고 새끼를 낳는다. 상어를 잡으면 배 속에서 알이 수십 개 나오기도 하는데, 새끼로 태어나는 것은 세 마리에서 열 마리쯤이다. 상어 무리 가운데 고래상어와 돌묵상어는 몸집이 아주 크다. 고래상어는 물고기 가운데 가장 몸집이 크다. 몸길이가 십오 미터쯤 된다. 그러나 이 두 상어는 성질이 온순하고, 플랑크톤이나 작은 물고기를 먹는다.

3.5~6m
3000kg

다른 이름 백상어
사는 곳 서해, 남해, 동해
먹이 물고기, 바다표범, 바다사자
번식 새끼를 낳는다. 난태생이다.

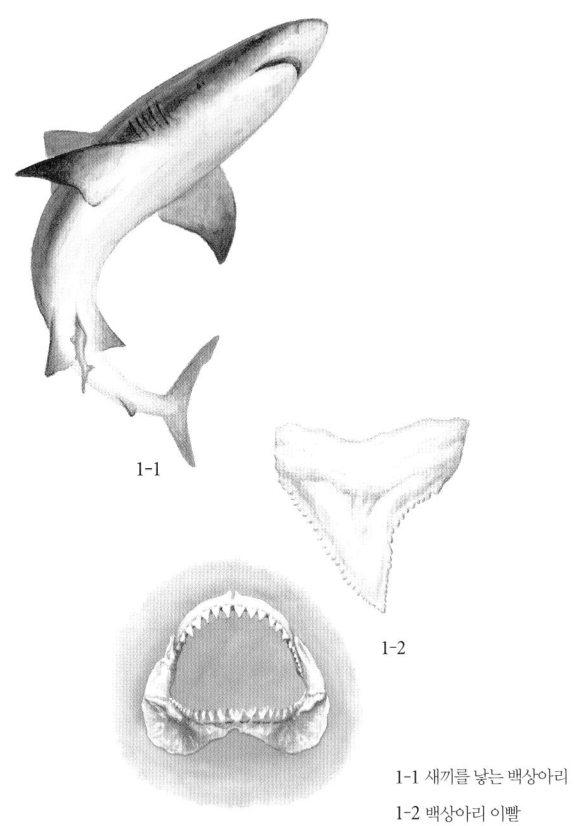

다 자라면 6m쯤 된다. 이쯤 되면 몸무게는 3t이 넘는다. 몸빛은 푸르스름한 잿빛이고 배가 하얗다. 아가미는 세로로 5~7개가 쭉 찢어져 있다. 등지느러미가 삼각꼴로 우뚝 솟았고, 꼬리는 날렵한 초승달 모양이다. 배지느러미는 날개처럼 옆으로 뻗어 있다.

1-1 새끼를 낳는 백상아리
1-2 백상아리 이빨

어류
홍어목
홍어과

참홍어

Raja pulchra

흔히 홍어라고 하는 것에 학자들은 참홍어라는 이름을 붙이고, 간재미에는 홍어라는 이름을 붙였다. 참홍어는 전라도에 있는 흑산도에서 많이 잡는다. 주낙으로 잡는다. 바닥에 붉은 흙이 있는 곳에서 알을 낳는데, 어부들은 이곳을 찾아가 참홍어를 잡는다.

전라도에서는 잔칫상에 꼭 참홍어를 올린다. 빨갛게 무쳐서도 먹고, 구워 먹기도 한다. 맑게 탕도 끓인다. 하지만 참홍어는 삭혀서 먹는 것이 제맛이다. 참홍어를 삭히면 오줌 지린내 비슷한 냄새가 난다. 입에 넣고 오물거리면 톡 쏘는 맛이 나고 코가 뻥 뚫린다. 처음 먹는 사람은 냄새와 맛 때문에 먹기 힘들어한다. 돼지고기와 김치와 함께 싸 먹는 것을 흔히 홍탁삼합이라고 한다. 간재미는 무쳐 먹거나 찜을 많이 해 먹는다.

참홍어는 물 깊이가 오십 미터에서 백 미터쯤 되고 바닥에 모래와 펄이 깔린 곳에서 산다. 물낯 가까이로는 잘 올라오지 않는다. 어릴 때는 서해 바닷가에서 살다가 크면 먼바다로 나간다. 몸 양쪽 가슴지느러미가 날개처럼 생겨서 바닷속을 너울너울 날개짓하듯 헤엄쳐 다닌다. 새끼나 다 큰 어른이나 자기보다 큰 물고기나 물체를 따라다니는 버릇이 있다. 가을이 되면 다시 서해 바닷가로 와서 겨울에 짝짓기를 하고 알을 낳는다. 다른 물고기와 달리 암컷과 수컷이 서로 꼭 껴안고 짝짓기를 한다. 수컷 가슴지느러미에 가시가 있어서 그것으로 암컷을 꽉 잡는다. 그래서 꼭 껴안은 한 쌍을 한꺼번에 잡기도 한다. 다 큰 참홍어는 오징어, 새우, 게, 갯가재 따위를 잡아먹는다.

흔히 간재미라고 하는 홍어는 참홍어보다 더 얕은 바다 바닥에 산다. 몸집도 훨씬 작아서 사오십 센티미터쯤이다. 홍어 무리 가운데 가장 흔하게 볼 수 있다. 몸통에 둥근 반점이 마주 나 있다. 우리나라 서해, 남해와 일본 중부 아래, 동중국해에서 산다. 날씨가 추워지면 제주도 서쪽 바다로 내려가 지내다가 봄이 되면 올라온다. 오징어, 새우, 게, 갯가재 따위를 잡아먹고 물고기는 거의 안 잡아먹는다.

홍어는 가을부터 이듬해 봄까지 짝짓기를 하고 알을 네댓 개 낳는다. 암컷과 수컷이 배를 딱 맞붙이고 꼬리를 서로 칭칭 감고 짝짓기를 한다. 억지로 떼 놓으려 해도 잘 떨어지지 않을 만큼 세게 끌어안는다.

1m 쯤
11~4월

다른 이름 홍어, 눈가오리
사는 곳 서해
먹이 오징어, 새우, 게, 갯가재 따위
알 낳는 때 11~12월

1 참홍어

몸길이는 1m쯤이다. 몸이 납작하고 마름모꼴이다. 등은 붉은빛이 돌고, 배는 희거나 잿빛이다. 입과 코는 배 쪽에 있고, 눈은 등 위에 있다. 꼬리 끄트머리에 작은 등지느러미가 2개 있다. 꼬리 등 쪽에 수컷은 가시가 1줄이며, 암컷은 3~5줄이다.

2 홍어 *Okamejei kenojei*

흔히 간재미라고 한다. 참홍어하고는 다르다. 훨씬 작다. 40~50cm쯤이다. 몸통에 둥근 반점이 마주 나 있다. 홍어 무리 가운데 가장 흔하다.

어류
청어목
멸치과

멸치

Engraulis japonicus

멸치는 작은 물고기다. 따뜻한 물을 따라 셀 수 없이 많은 멸치가 떼로 몰려다닌다. 겨울에는 남쪽 먼바다로 갔다가 봄에 뭍 가까운 연안으로 온다. 여름에는 좀 더 북쪽으로 올라갔다가 늦가을이면 제주도 가까이까지 온다. 봄에 잡는 멸치는 겨우내 살을 찌운 덕분에 통통해서 아주 맛이 좋다. 그래서 가을에도 멸치가 잡히기는 하지만, 봄 멸치를 제철 멸치로 친다. 봄에 온 멸치 떼는 얕은 바닷가에서 알을 낳는다. 멸치 알은 동그랗지 않고 길쭉한 타원형이다. 밤에 알을 낳는다. 알에서 깨어 난 새끼 멸치는 바닷가에서 떼로 몰려다닌다. 몸집이 작으니까 저보다 더 작은 플랑크톤을 먹고 자란다.

멸치는 이삼 년쯤 산다. 몸집이 작고 늘 떼로 몰려다녀서 방어나 고등어 같은 큰 물고기가 쫓아다니며 잡아먹는다. 갈치도 길목을 지키고 서 있다가 멸치를 낚아채 먹는다. 어떤 때는 멸치가 큰 물고기에게 정신없이 쫓겨 바닷가 모래밭으로 뛰쳐나올 때도 있다.

멸치는 오래전부터 많이 잡았는데, 요즘은 한 어종으로 가장 많이 잡는 생선이 되었다. 멸치를 잡을 때는 그물을 쓴다. 그물을 쳐 놓고 기다렸다가 잡기도 하고, 여러 배가 그물을 끌고 다니면서 멸치 떼를 둘러쳐서 잡기도 한다. 불빛을 좋아해서 밤에 불을 환하게 밝혀서 잡기도 한다. 그물에는 멸치 떼를 쫓아온 방어나 고등어 같은 큰 물고기도 덩달아 잡히고는 한다. 멸치라는 이름에는 성질이 급해서 물 밖으로 나오면 곧 죽는 물고기라는 뜻도 있다. 이름처럼 물 밖으로 꺼낸 멸치는 금세 죽는다. 멸치를 잡는 오래된 방법으로 남해의 죽방렴이라는 것이 있다. 물살이 빠른 곳에 참나무 말뚝을 박고 대나무발로 둘러쳐 놓은 것인데, 밀물 때 멸치가 들어와 갇히면 물이 빠졌을 때 건져 낸다. 오래전부터 내려온 이 방법으로 멸치를 잡으면 상처도 나지 않고 싱싱해서 가장 좋은 멸치 대접을 받는다.

멸치를 말릴 때는 건져 올리는 대로 곧바로 삶는다. 빨리 삶을수록 맛이 좋다고 한다. 삶은 다음 햇볕에 말린다. 마른 멸치는 통째로 먹거나 볶거나 조려 먹고 국물을 우려내기도 한다. 젓갈을 담글 때는 생멸치에 소금을 켜켜이 뿌려서 삭힌다. 마른 멸치나 젓갈로 담가 먹는 것 말고도 생멸치를 회로 먹거나, 국을 끓이거나 조림을 해서도 먹는다.

15cm
3~5월, 7~9월

다른 이름 멸, 몃, 메루치, 메르치

사는 곳 남해, 서해, 동해

먹이 플랑크톤

알 낳는 때 한 해 내내 알을 낳는데, 특히 봄에 많이 낳는다.

다 자라면 15cm쯤 된다. 멸치도 등 푸른 생선이다. 등은 파랗고 배는 하얗다. 몸통이 날씬하고, 옆줄은 없다. 입이 커서 눈 뒤까지 온다.

1-1 알에서 깨어 난 멸치가 커 가는 모습

1-2 멸치 떼와 멸치를 쫓는 큰 물고기

어류
연어목
연어과

연어

Oncorhynchus keta

연어는 바닷물고기이기도 하고, 민물고기이기도 하다. 강에서 태어나서는 바다로 내려가 살다가 알 낳을 때가 되면 다시 제가 태어났던 강을 찾아와 알을 낳는다. 알을 낳은 연어는 고향에서 죽는다. 이렇게 태어나는 것과 알을 낳고 죽는 것은 민물에서 하고, 오랜 기간 성장하는 것은 바다에서 한다. 연어라는 이름은 해마다 돌아온다고 붙은 이름이지만, 연어 한 마리만 두고 보자면 바다로 나간 연어는 삼 년에서 오 년을 살다가 돌아온다. 강으로 올라오는 철은 산에 단풍이 드는 가을이다. 물살이 거세게 내리쳐도 아랑곳하지 않고 않고 검질기게 헤엄친다. 하구에 둑이 있어서 강과 바다가 가로막히면 연어가 살 수 없다.

연어는 물이 거의 제 몸통만큼 얕아지는 곳까지 올라간다. 대개는 제가 태어난 곳을 찾는다. 수컷이 자갈 바닥에 구덩이를 파고 암컷을 기다리는데, 수컷끼리 암컷을 차지하려고 싸움이 붙기도 한다. 자갈밭에 알을 낳은 어미는 알 위에 다시 자갈을 덮고는 힘이 빠져 죽는다. 알에서 깨어 난 새끼는 물벼룩이나 작은 물벌레를 잡아먹는다. 봄이 되면 바다로 내려간다. 이때는 온몸이 은빛으로 빛난다. 바다로 나간 연어는 찬물을 따라 먼 길을 돌아다닌다. 떼로 헤엄쳐 다니면서 작은 새우나 물고기 따위를 잡아먹는다.

연어는 강을 거슬러 올라올 때 강에서도 잡지만, 대개 바다에서 많이 잡는다. 연어가 오는 길목에 나가 그물을 치는데, 깜깜한 한밤중에 많이 잡는다. 낮에는 연어가 아주 멀리서도 배 소리를 듣고 피해 다녀서 잡기 어렵고, 밤에는 쉬면서 움직임이 둔해지기 때문이다.

연어는 몸집이 꽤 큰 생선이라 한 마리만 있어도 여럿이 먹을 만하다. 살이 빨갛다. 회로도 먹고 구워 먹기도 한다. 연어는 흔히 외국 사람들이 먹는 생선이고, 우리나라 사람은 그것을 수입해서 샐러드에 넣거나 훈제 연어 따위로 요즘 들어 먹기 시작한 것으로 알고 있지만, 연어가 돌아오는 동해안 지역에서는 오래전부터 잡아먹어 왔다. 빛깔이 좋고 맛도 좋아서 명절에도 먹고 제사상에도 올렸다. 포를 떠서 말려 먹기도 하고 전을 부쳐 먹기도 했다.

연어처럼 강과 바다를 오가는 물고기를 회귀성 어류라고 하는데, 송어나 황어도 마찬가지이다. 송어도 살이 빨갛다. 송어 가운데 바다로 안 내려가고 내내 강에서 사는 것도 있는데, 그것이 산천어다.

40~90cm
9~11월

다른 이름 년어
사는 곳 동해, 남해
먹이 작은 새우, 작은 물고기 따위
알 낳는 때 9~11월

1 연어

몸길이는 40~90cm쯤이다. 몸이 길쭉하고 약간 납작하다. 주둥이가 뾰족하고 입이 크다. 등지느러미와 꼬리지느러미 사이에 작은 기름지느러미가 있다. 짝짓기 때에는 수컷 주둥이가 앞으로 더 튀어나오고, 암수 모두 몸에 검붉은 구름무늬가 생긴다.

2 송어 *Oncorhynchus masou*

연어와 비슷하게 생겼다. 등 쪽으로 검은 점무늬가 있다. 몸통이 연어보다 굵고 둥글다. 짝짓기 때에도 연어와 비슷하게 생김새가 바뀐다. 송어가 바다로 내려가지 않고 강에서 내내 사는 것이 산천어이다.

대구

Gadus macrocephalus

대구는 입이 크다고 이런 이름이 붙었다. 명태처럼 찬물을 좋아하는데, 명태보다 좀 더 아래 백에서 삼백 미터쯤 되는 깊은 곳에서 산다. 생긴 것은 명태와 비슷한데 명태보다 통통하다. 입을 다물면 대구는 위턱이 앞으로 더 나오고, 명태는 아래턱이 나온다. 바다 밑바닥에서 떼 지어 살면서 새우, 고등어, 청어, 멸치, 오징어, 게 따위를 닥치는 대로 잡아먹는다. 먹성이 좋아서 바닥에 깔린 돌멩이까지 삼킨다고 한다.

눈 본 대구요, 비 본 청어다라는 말이 있는데, 대구는 눈이 와야 많이 잡히고, 청어는 비가 와야 많이 잡힌다는 말이다. 한겨울이 되어 바닷가 얕은 물이 차가워지면 알을 낳으러 깊은 바다에서 올라온다. 알을 아주 많이 낳는데, 한 번에 삼백만 개나 낳기도 한다. 낮에는 바닥 가까이에서 지내다가 밤이 되면 좀 더 올라와서 떼를 지어 다닌다. 대구가 알을 낳으러 많이 몰리는 곳이 경북 영일만과 경남 거제 앞바다이다. 서해에도 대구가 산다. 서해 한가운데에 찬물이 모여 있는 곳이 있는데 이곳에서도 대구가 살고 있다.

대구는 맛이 좋아서 옛날부터 많이 잡았다. 귀한 생선 대접을 받았고, 한 마리 잡으면 무엇 하나 버리는 것이 없이 먹었다. 옛날에는 주낙으로 잡다가, 요즘은 그물로 많이 잡는다. 탕을 끓이면 국물 맛이 아주 시원하다. 구워도 먹고 말려서 포를 만들기도 한다. 사나흘 말린 것을 회로도 먹는다. 알은 탕을 끓이거나 젓갈을 담그고, 머리는 찜을 찌거나 탕을 끓여 먹는다. 내장과 아가미로는 젓갈을 담근다. 껍질만 따로 먹기도 했다. 간에서는 기름을 짜내 약도 만든다. 기름이 귀했을 때는 대구 기름으로 불도 밝혔다.

대구는 명태처럼 다른 이름도 많다. 크기가 작은 것을 보렁대구, 알을 밴 것은 알쟁이대구나 곤이대구, 내장을 빼고 통째로 말린 것을 통대구라고 한다. 약대구라는 것도 있는데, 아직 죽지 않은 대구를 배는 가르지 않고, 알은 그대로 둔 채 아가미와 내장만 들어낸다. 그렇게 손질한 대구에 소금을 잔뜩 넣고 석 달 동안 얼었다 녹았다를 되풀이하면서 말린 것이 약대구이다. 약대구로 죽을 끓인 것을 갱죽이라 해서 감기에 걸린 사람이나 임신부에게 약으로 먹였다.

50~60cm
12~1월

다른 이름 보렁대구, 알쟁이대구, 곤이대구, 통대구, 약대구

사는 곳 동해, 서해

먹이 새우, 고등어, 청어, 멸치, 오징어, 게

알 낳는 때 1~3월

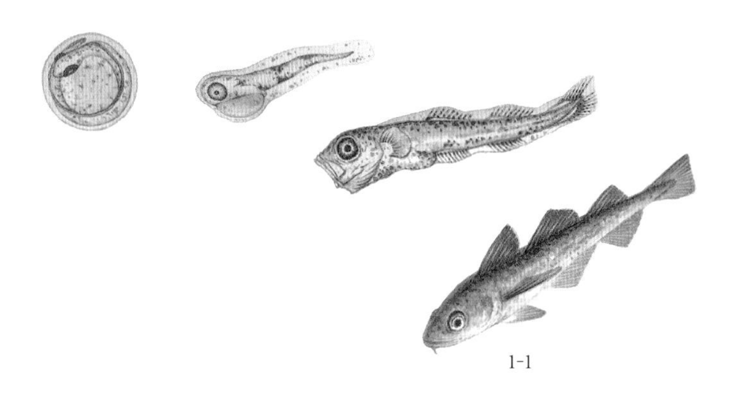

몸길이는 50~60cm쯤인데, 큰 것은 1m가 넘기도 한다. 입이 크고, 머리도 크다. 턱에 짧은 수염이 한 가닥 나 있다. 등은 짙은 밤색이고, 얼룩덜룩한 무늬가 있다. 배는 하얗다. 등지느러미는 3개, 뒷지느러미는 2개로 나뉘어 있다.

1-1 알에서 깨어 난 대구가 자라는 모습

어류
대구목
대구과

명태

Theragra chalcogramma

명태는 찬물에 산다. 겨울에 우리나라 가까이로 오고 여름에는 추운 북쪽 바다로 가거나 바다 깊이 들어간다. 물 깊이가 백에서 사백 미터쯤 되는 깊은 바닷속을 떼로 몰려다니는데, 깊이 내려갈 때는 천 미터까지도 내려간다. 어릴 때는 작은 새우 따위를 먹다가 어른이 되면 오징어나 멸치 같은 작은 물고기를 잡아먹는다. 겨울이 되면 알을 낳으러 동해 바닷가로 몰려온다. 암컷 한 마리가 알을 이십만에서 이백만 개쯤 낳는다. 물 깊이가 칠십 미터에서 이백오십 미터쯤 되고 바닥이 고르고 모래와 진흙이 섞인 곳을 택해 암수 한 쌍이 짝을 지어 알을 낳는다. 바람이 없고 물결이 잔잔한 날을 고르는데, 자정부터 동틀 무렵까지 알을 낳는다. 알은 물에 흩어져 둥둥 떠다니다가 열흘쯤 지나면 새끼가 깨어 나온다. 다 자라는 데 네댓 해가 걸린다.

명태는 오래전부터 누구나 즐겨 먹는 물고기였다. 이미 조선 시대 때부터 주낙으로 명태를 잡았다고 한다. 1980년대까지는 우리나라에서 잡는 물고기 가운데 다섯 손가락 안에 들 만큼 많이 잡았지만, 어린 새끼를 너무 많이 잡아 버린 탓에 이제는 거의 잡히지 않는다. 지금은 일본이나 러시아 근처 먼 북쪽 바다에서 잡거나 수입을 한다.

명태는 겨울에 잡아서는 한 해 내내 두고두고 먹는다. 잡으면 버릴 것 하나 없이 다 먹는다. 이름이 여럿 달린 것도 다 그 때문이다. 잡히는 시기에 따라 춘태, 섣달바지, 막물태라고도 하고, 어린 것은 노가리, 애기태, 앵치, 알을 낳고 살이 별로 없는 것은 꺾태, 함경도에서는 도루묵을 은어라고 하는데 도루묵이 오고 나서 따라온 명태를 은어바지라고 하는 식이다. 코다리는 코를 꿰어 말렸다고 이런 이름이 붙었다. 아주 흔히 쓰이는 이름도 생태, 동태, 북어, 황태 따위로 나누어 부른다. 싱싱한 생태로는 국이나 탕을 끓인다. 순대를 만들어 먹기도 한다. 그물로 잡은 망태보다 낚시로 잡은 조태가 더 귀한 대접을 받는다. 바짝 말린 북어로는 국을 끓인다. 식해를 담그기도 한다. 꾸덕꾸덕하게 말린 황태는 찜을 하거나 구워 먹는데, 내장을 뺀 명태를 얼음물에 하룻밤 두었다가 짚으로 엮어 덕장에 말린 것이다. 명태가 얼었다 녹았다 하면서 살이 보슬보슬해지기 때문에 더덕북어라고도 한다. 알로 젓갈을 담근 것이 명란젓, 창자로 담근 것이 창난젓이다. 아가미로도 젓갈을 담고, 살로는 어묵을 만든다. 물고기 수컷의 정액 덩어리는 흔히 이리라고 하는데, 명태는 이리마저 이름이 따로 있어서 고지라고 한다.

90cm
12~3월

다른 이름 북어, 동태, 선태, 망태, 노가리, 황태, 낚시태, 추태, 코다리, 애기태, 백태, 깡태
사는 곳 동해
먹이 작은 새우, 오징어, 멸치 같은 작은 물고기
알 낳는 때 12~4월

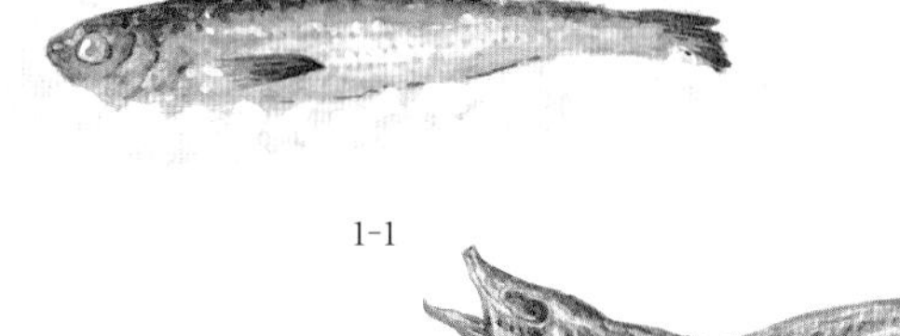

1-1

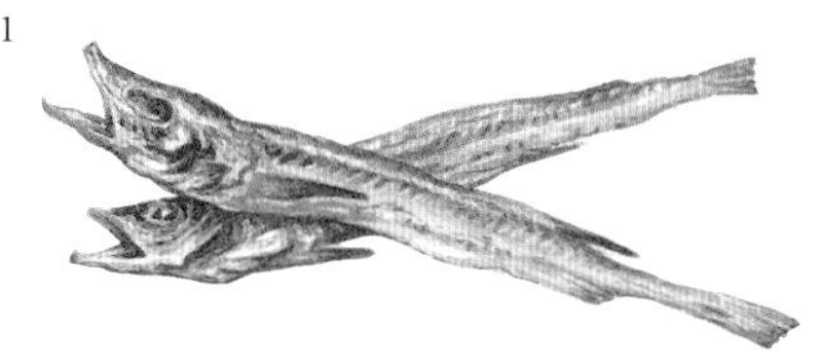

1-2

몸길이는 90cm쯤이다. 등은 누런 밤색이다.

몸통 옆에는 까만 무늬가 토막토막 줄지어 나 있다.

입이 아주 큰데, 아래턱이 더 튀어나와 있다.

아래턱 밑에 짧은 수염이 한 가닥 있다.

대구처럼 등지느러미는 3개, 뒷지느러미는 2개이다.

1-1 명태를 말린 북어와 얼린 동태

1-2 겨울바람에 얼렸다 녹였다 하면서 말리는 황태

어류
동갈치목
꽁치과

꽁치

Cololabis saira

꽁치는 겨울에는 제주도 아래 먼바다까지 갔다가 봄이 되면 동해안으로 올라와 알을 낳는다. 여름에는 따뜻한 물을 따라 북쪽으로 올라갔다가 가을에 내려온다. 철 따라 동해를 오르내리면서 사는 셈이다. 꽁치는 몸집이 작은 편이라 혼자 안 다니고 물낯 가까이에서 떼로 몰려다닌다. 몸이 뾰족하고 길쭉한데, 큰 물고기한테 쫓길 때는 마치 화살처럼 재빠르게 헤엄치고, 물 위로 날아오르기도 한다.

봄이 되어 바닷가로 몰려와서 알을 낳을 때는 물에 떠 있는 모자반 같은 바다나물에 알을 붙인다. 알에 가느다란 실이 나 있어서 바다나물에 척척 감겨 붙어 있는다. 알에서 깨어 난 새끼는 물에 떠다니는 바닷말에 숨어 산다. 어릴 때는 플랑크톤을 먹다가, 자라면서 작은 새우나 물고기 따위를 먹는다. 낮에는 깊은 곳에서 있다가 밤에 물낯 가까이 올라온다. 삼 년쯤 산다.

꽁치는 옛날부터 사람들이 많이 잡았다. 알 낳으러 떼로 몰려올 때를 노린다. 동해에서는 맨손으로도 잡았다. 모자반을 다발로 묶어서 물에 띄워 놓고 손을 담그고 있다가는 꽁치가 손가락 사이에서 비비적댈 때 재빨리 잡는다. 이렇게 잡은 꽁치는 손꽁치라고 한다. 요즘은 그물을 물에 흘려보내면서 잡는 유자망으로 잡는데, 아주 길고 큰 그물을 많이 쓴다. 꽁치는 물에서 나오면 금세 죽기 때문에 그물로 건져 올린 꽁치는 털어서 곧바로 얼음을 채운 상자에 담는다.

꽁치는 흔하고 값이 싼 생선이라 오래전부터 누구나 부담 없이 즐겨 먹었다. 몸집은 작아도 고등어와 같은 등 푸른 생선이라 맛도 좋고 영양가도 높다. 회로 먹거나 구워도 먹고 통조림도 만든다. 지푸라기로 굴비처럼 엮어서 꾸덕꾸덕 말려서도 먹는다. 원래 청어로 이렇게 말려 먹는 것을 과메기라고 했는데, 청어가 드물 때는 꽁치로도 과메기를 만든다. 기름이 많은 물고기이지만 동해안에서는 젓갈도 담가 먹는다.

학공치는 흔히 학꽁치라고도 하는데 꽁치하고는 전혀 다르다. 아래 주둥이가 바늘처럼 길게 뾰족하다. 또 꽁치는 등지느러미와 뒷지느러미 뒤로 토막지느러미가 있지만 학공치는 없다. 꽁치를 잡으려고 늘어뜨린 그물에 함께 걸려 올라오기도 한다. 학공치는 맛이 담백해서 회로 많이 먹고 찌개를 끓여 먹기도 한다. 옛날에는 밤에 불을 밝혀서 불빛을 따라 온 학공치를 잡기도 했다.

30cm
4~6월

다른 이름 공치, 청갈치
사는 곳 동해, 남해
먹이 플랑크톤, 새우, 작은 물고기
알 낳는 때 5~7월

1

1-1

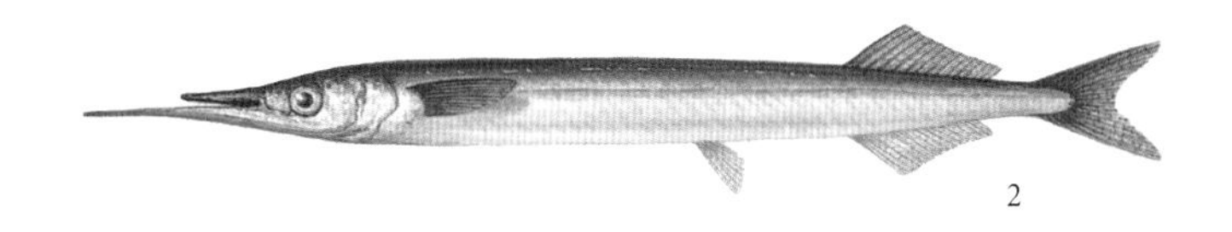

2

1 꽁치

몸길이는 30cm쯤이다. 몸이 가늘고 길쭉하다. 주둥이는 짧고 뾰족한데, 아래턱이 위턱보다 조금 길다. 등은 검푸르고 배는 하얀 등 푸른 생선이다. 등지느러미와 뒷지느러미는 몸 뒤쪽에서 서로 마주 보고 있다. 그 뒤로 작은 토막 지느러미가 여럿 있다.

1-1 바다풀에 붙여 놓은 꽁치 알

2 학공치 *Hyporhampus sajori*

아래턱이 학 주둥이처럼 길게 튀어나왔다고 학공치라고 한다. 학꽁치라고도 한다. 꽁치보다 더 길고 몸이 납작하다. 바닷가나 강어귀에서 떼 지어 돌아다닌다.

어류
쏨뱅이목
양볼락과

조피볼락

Sebastes schlegeli

흔히 우럭이라고 하는 물고기가 조피볼락이다. 조피볼락은 바위가 울퉁불퉁 많은 바닷가에서 산다. 우리나라 가까운 바다 어디서나 살지만 특히 서해에 많다. 떼로 모여서는 아침과 저녁으로 힘차게 몰려다닌다. 작은 물고기나 새우나 게나 오징어 따위를 잡아먹는다. 밤에는 저마다 흩어져서 먹이를 찾거나 바위틈에서 가만히 쉰다.

물이 차가워지는 겨울에 짝짓기를 하고 이듬해 봄에 새끼를 수십만 마리 낳는다. 알을 낳는 것이 아니라 배 속에서 새끼들이 깨어 난 다음 어미 밖으로 나온다. 새끼는 물 위에 떠다니는 바다풀과 함께 둥둥 떠다닌다. 삼 년이 지나면 다 커서 어른 팔뚝만 해진다. 물이 차가워지는 가을이면 더 깊은 곳으로 들어가거나 따뜻한 남쪽으로 갔다가 봄이 되면 다시 돌아온다.

조피볼락은 넙치 다음으로 우리나라에서 양식을 많이 하는 물고기이다. 횟감으로도 많이 팔린다. 1990년대부터 양식을 하기 시작해서 해마다 양이 부쩍 늘었다. 회로 많이 먹지만 매운탕도 맛이 좋다. 바닷가 바위에서 낚시로 잡은 것은 더 맛이 좋다. 예전부터 조피볼락이 많이 났던 서해안에서는 말려서 포로 만들어 먹거나 찜을 해 먹는다. 꾸덕꾸덕하게 말린 우럭으로는 새우젓을 넣고 우럭젓국을 끓여 먹는다. 등지느러미 끝이 바늘처럼 뾰족해서 손이 찔리면 꽤 아프다.

볼락은 십여 년 전부터 남해안에서 양식을 하기 시작했다. 아직은 조피볼락처럼 양식을 많이 하는 것은 아니어서, 갯바위에서나 배를 타고 낚시로 잡는 것이 많다. 볼락은 바위 근처에 떼를 지어 떠 있으며 대개 밤에 돌아다니는 야행성이라 낮보다는 밤에 많이 잡는다. 회로도 먹고 탕도 끓여 먹는데, 볼락 무리 가운데 가장 으뜸으로 친다.

20~30cm

2~5월, 9~11월

다른 이름 우레기, 우럭, 개우럭

사는 곳 서해, 남해, 동해

먹이 작은 물고기, 새우, 오징어, 게 따위

알 낳는 때 4~6월

1

1-1

2

1 조피볼락

몸길이는 20~30cm쯤이다. 크게 자라면 70cm가 넘기도 한다. 온몸이 거뭇하고 까만 점무늬가 자글자글 나 있다. 눈이 댕그랗게 크고 입술이 두툼하다. 아가미 뚜껑에 가시가 있고, 등지느러미와 뒷지느러미에도 가시가 있다. 가시 사이의 막이 깊게 파여 있다.

1-1 어미 배 속에서 나오는 조피볼락 새끼

2 볼락 *Sebastes inermis*

몸길이는 20~25cm쯤이다. 몸빛은 사는 곳에 따라 달라진다. 몸통 옆에 짙은 밤색 구름무늬가 있다. 눈이 크고, 아가미 뚜껑에는 가시가 있다. 등지느러미 가시가 크고 뾰족하다.

임연수어

Pleurogrammus azonus

임연수어는 옛날 함경도에 사는 임연수라는 어부가 이 물고기를 잡았다고 이런 이름이 붙었다. 임연수어는 명태처럼 찬물을 좋아한다. 바닷속 백오십에서 이백 미터쯤 되는 차가운 물에서 산다. 전갱이, 고등어, 새끼 명태 같은 물고기나 물고기 알, 오징어, 새우, 게, 곤쟁이, 바닥에 기어 다니는 여러 동물들을 가리지 않고 잡아먹는다.

겨울이 되면 알을 낳으러 얕은 바다로 떼로 몰려온다. 임연수어 무리가 바닷가에서 크게 무리를 짓고 빙글빙글 돌기도 하는데, 이렇게 떼를 지어 돌고 있으면 천적으로부터는 무리를 지키고, 먹잇감인 플랑크톤도 모으게 된다고 한다. 알을 낳을 때는 바위나 돌 틈에 여러 번 알을 낳는다. 알은 둥그렇게 덩어리지고, 수컷이 곁을 지킨다. 새끼 때는 큰 무리를 지어 얕은 바다에서 지낸다. 어른이 되면 깊은 바다 바닥 가까이에서 산다.

임연수어는 알을 낳으러 오는 겨울철에 그물로 잡는다. 방파제나 갯바위에서 낚시로도 낚는다. 굵은 소금을 뿌려 구워도 먹고 튀기거나 조려 먹기도 한다. 살도 맛있지만 껍질도 맛이 좋다. 살은 살대로 먹고 껍질만 따로 벗겨서 쌈을 싸 먹는다. 옛말에 임연수어 껍질 쌈 삼 년에 천석꾼 부자가 망한다는 말이 있을 정도이다. 꾸덕하게 말려서도 먹는다.

임연수어와 비슷한 물고기로 노래미와 쥐노래미 따위가 있다. 흔히 횟감으로 놀래미라고 많이 먹는 것이 쥐노래미이다. 쥐노래미는 양식을 할 수 있어서 횟감으로 널리 먹게 되었다. 세 물고기가 모두 비슷하게 생겼는데, 꼬리지느러미 모양을 보고 쉽게 가려낼 수 있다.

노래미와 쥐노래미는 바닷물이 잘 흐르고 바닥에 모래와 자갈이 깔리고 갯바위가 많은 곳에서 산다. 임연수어가 먼바다까지 다니며 사는 것과 달리 노래미와 쥐노래미는 한번 자리를 잡으면 멀리 가지 않고 제자리를 지키며 산다. 자기 영역이 분명해서 다른 놈이 들어오면 싸워서 쫓아낸다. 노래미가 조금 얕은 곳에 살고, 쥐노래미는 그보다 조금 깊은 곳에 산다. 쥐노래미는 부레가 없어서 배를 바닥에 대고 지낸다.

쥐노래미도 알을 낳은 다음 수컷이 알을 지킨다. 한 달이 넘게 알을 지키면서 불가사리나 문어 따위 천적과 싸운다. 새끼는 물낯 가까이에서 지내다가 자라면서 바다 밑바닥으로 내려간다.

30~50cm

11~2월

다른 이름 이면수, 이민수, 새치

사는 곳 동해

먹이 작은 물고기, 오징어, 새우, 게, 해파리

알 낳는 때 9~2월

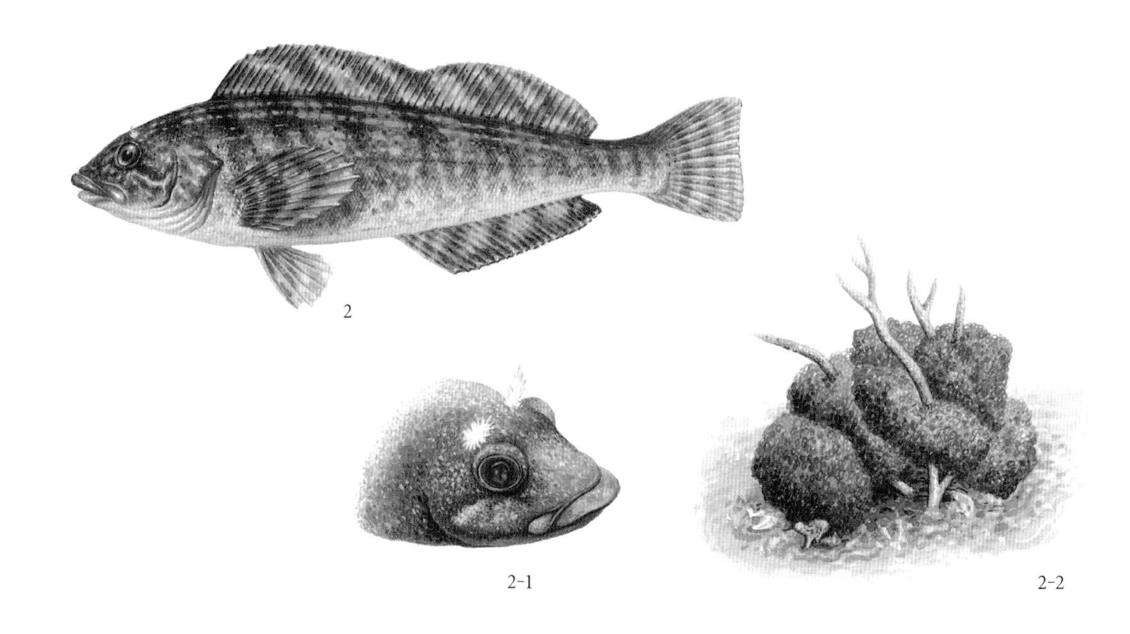

1 임연수어

몸길이는 30~50cm이다. 몸은 길쭉하고 단단하게 생겼다. 누런 금빛이 도는 무늬로 온몸이 얼룩덜룩하다. 옆줄이 5개이다. 등지느러미는 길쭉하고, 꼬리지느러미는 깊게 파여 있다. 짝짓기 때 수컷은 푸른색을 띤다.

2 쥐노래미 *Hexagrammos otakii*

몸길이는 20~50cm이다. 사는 곳에 따라 몸 빛깔이 다르다. 눈 위에 흰 눈썹처럼 생긴 돌기가 있다. 꼬리지느러미 끄트머리는 자른 듯 반듯하다. 옆줄이 5줄이다.

2-1 쥐노래미 얼굴

2-2 쥐노래미 알 낳기

어류
농어목
도미과

참돔

Pagrus major

바닷물고기 가운데 맛 좋기로 도미를 꼽고, 그 도미 가운데 으뜸으로 치는 것이 참돔이다. 우리나라나 일본에서 바닷물고기 가운데 가장 귀한 대접을 받는 셈이다. 참돔은 도미 가운데 덩치도 크고 몸빛이 아름답고 맛도 좋다. 제사상이나 잔칫상에 안 빠지고 올린다. 일본 사람들도 마찬가지로 복을 불러오는 고기라 해서 중요한 자리에 참돔을 놓는 일이 많다. 수명이 길어 오십 년에 이를 만큼 오래 사는 물고기여서 복을 기리고 경사스런 자리에 참돔을 올렸다. 돔은 도미의 준말이다.

참돔은 혼자 살거나 몇 마리씩 무리를 짓는다. 바닥에 바위가 울퉁불퉁 솟은 곳을 좋아한다. 새우나 오징어나 작은 물고기를 잡아먹는다. 이빨이 튼튼해서 껍데기가 딱딱한 게나 성게나 불가사리도 부숴 먹는다. 몸빛이 붉은 것은 새우나 게 같은 먹이의 껍질 색소에서 얻은 것이다. 겨울에는 더 깊은 바다로 내려가거나, 따뜻한 남쪽으로 간다. 초여름부터 얕은 바닷가로 올라와서 짝짓기를 하는데, 이때는 수컷 몸통이 검게 바뀐다. 서로 몸을 뉘어서 알을 낳고 수정을 한다. 이때 잡은 참돔은 맛이 별로이고 겨울부터 봄까지가 제철이다.

잡을 때는 그물로도 잡고 낚시로도 잡는다. 우리나라 어느 바다에서나 잡힌다. 회를 뜨거나 찜을 쪄 먹거나 굽거나 맑은 탕을 끓여 먹는다. 아기를 낳은 산모는 몸조리를 할 때 맑은 국물로 끓여 소금으로 간 한 참돔을 먹었다. 참돔은 특히 머리 부분이 맛이 좋다고 하여서 옛날부터 도미의 감칠맛은 머리에 있다고 했다. 비늘과 지느러미가 억세서 손질하기가 까다롭다.

도미 무리에는 참돔과 비슷하지만 몸빛이 다른 감성돔이 있고, 청돔, 새눈치, 실붉돔, 붉돔, 돌돔 따위가 있다. 황돔이나 강담돔도 맛이 좋다. 돌돔은 양식도 많이 한다. 돌돔은 이름처럼 돌밭인 곳, 갯바위가 많은 곳에 산다. 무는 힘이 아주 세고 이빨도 단단하다. 낚싯줄도 심심찮게 끊고, 전복이나 소라처럼 껍데기가 단단한 조개도 이빨로 부숴서 먹는다. 낮에 바위틈에서 헤엄치고 다니면서 먹이를 찾고, 밤에는 꼼짝 않고 지낸다.

1m쯤
12~2월

다른 이름 도미, 참도미, 상사리
사는 곳 남해, 제주, 서해, 동해
먹이 새우, 게, 오징어, 까나리, 성게, 불가사리 따위
알 낳는 때 4~6월

1 참돔

다 크면 몸길이가 1m쯤 된다. 온몸에 붉은빛이 돈다. 나이가 들수록 검어진다. 몸은 넓적하고 옆으로 납작하다. 온몸에 파란 점무늬가 숭숭 나 있다. 꼬리지느러미가 V 자로 깊게 갈라졌고, 끄트머리가 까맣다.

1-1 새끼 참돔

2 돌돔 *Oplegnathus fasciatus*

모양새는 참돔과 비슷하지만 작다. 몸길이는 30~50cm쯤인데, 큰 것은 70cm까지도 자란다. 몸에 까만 띠무늬가 7줄 나 있는데 자라면서 없어진다.

어류
농어목
민어과

참조기

Larimichthys polyactis

흔히 조기라고 한다. 오래전부터 지금까지 우리나라 사람들이 가장 많이 먹는 생선 가운데 하나이다. 조기라는 이름은 기운이 펄펄 솟게 한다고 붙은 이름이다. 맛이 좋아서 제사상에도 빠지지 않는다. 굴비는 조기를 새끼줄로 엮어 말린 것이다.

조기는 바닥에 모래나 펄이 깔린 물 밑바닥에서 지내다가 알 낳을 때에는 물낯 가까이 떠오른다. 물 위로 뛰어오르기도 한다. 알은 흩어져서 물 위를 떠다니다가 사흘쯤 지나 새끼가 깨어 난다. 자라면서 바다나물을 뜯어 먹거나 새우나 작은 물고기를 잡아먹고 십 년쯤 산다. 조기는 부레를 움직여서 소리를 낼 줄 안다. "구우, 구우" 하면서 소리를 내서 서로를 부르는데, 소리가 커서 배 위로도 울려 퍼진다. 뱃사람들은 이 소리 때문에 잠도 설친다고 한다.

조기는 떼로 몰려다니는데 겨울에는 따뜻한 제주도 남쪽 바다로 갔다가 날이 풀리면 서해안을 따라 북쪽으로 간다. 알을 낳으러 오는 것이다. 예전에는 조기 떼를 따라 조기잡이 배가 수백 척씩 모여들었다. 전라도 칠산 앞바다와 황해도 연평 앞바다가 조기잡이로 유명했는데 1930년대에 연평 앞바다에는 조기잡이 배와 잡은 조기를 나르는 배가 이천 척이 넘게 모였다는 기록이 있다. 조기잡이 배들을 따라 바닷가 마을이나 섬마을에는 파시가 열렸다. 파시는 바다에 서는 생선 시장을 이르는 말인데, 조기를 사고파는 것 말고도 어부들을 상대로 하는 장이 서고 사람들이 모여들어서 마치 조기 떼를 따라 북적이는 도시가 옮겨 다니는 것 같았다고 한다.

어린 조기까지 마구 잡고 갯벌에 방조제를 쌓으면서 칠산 앞바다로 오는 조기도 줄었다. 지금은 먼바다에 나가 조기를 잡지만, 잡히는 양도 줄어들었고, 그나마 잡아올린 조기의 크기도 아주 작아졌다. 예전에는 어른 팔뚝만 한 조기가 흔했지만, 지금은 그만한 조기는 보기 어렵다.

조기로는 온갖 생선 요리를 해 먹는다. 말려서 두고 먹는 것이 굴비인데, 조기를 소금 간 해서 하루 넘게 재운 다음, 열 마리씩 짚으로 엮어 열흘쯤 바닷바람에 말린 것이다.

조기와 비슷한 것으로 부세나 보구치, 수조기, 민어가 있다. 모두 비슷하게 생겼고, 맛있게 먹는 물고기다. 부세는 요즘 중국에서 양식을 많이 하는데, 우리나라 어시장에서도 흔히 볼 수 있다. 민어 부레로는 아교를 만든다.

30cm쯤
2~5월

다른 이름 노랑조기, 누렁조기, 황조기, 곡우살조기
사는 곳 서해, 남해
먹이 새우, 게, 작은 물고기 따위
알 낳는 때 3~6월

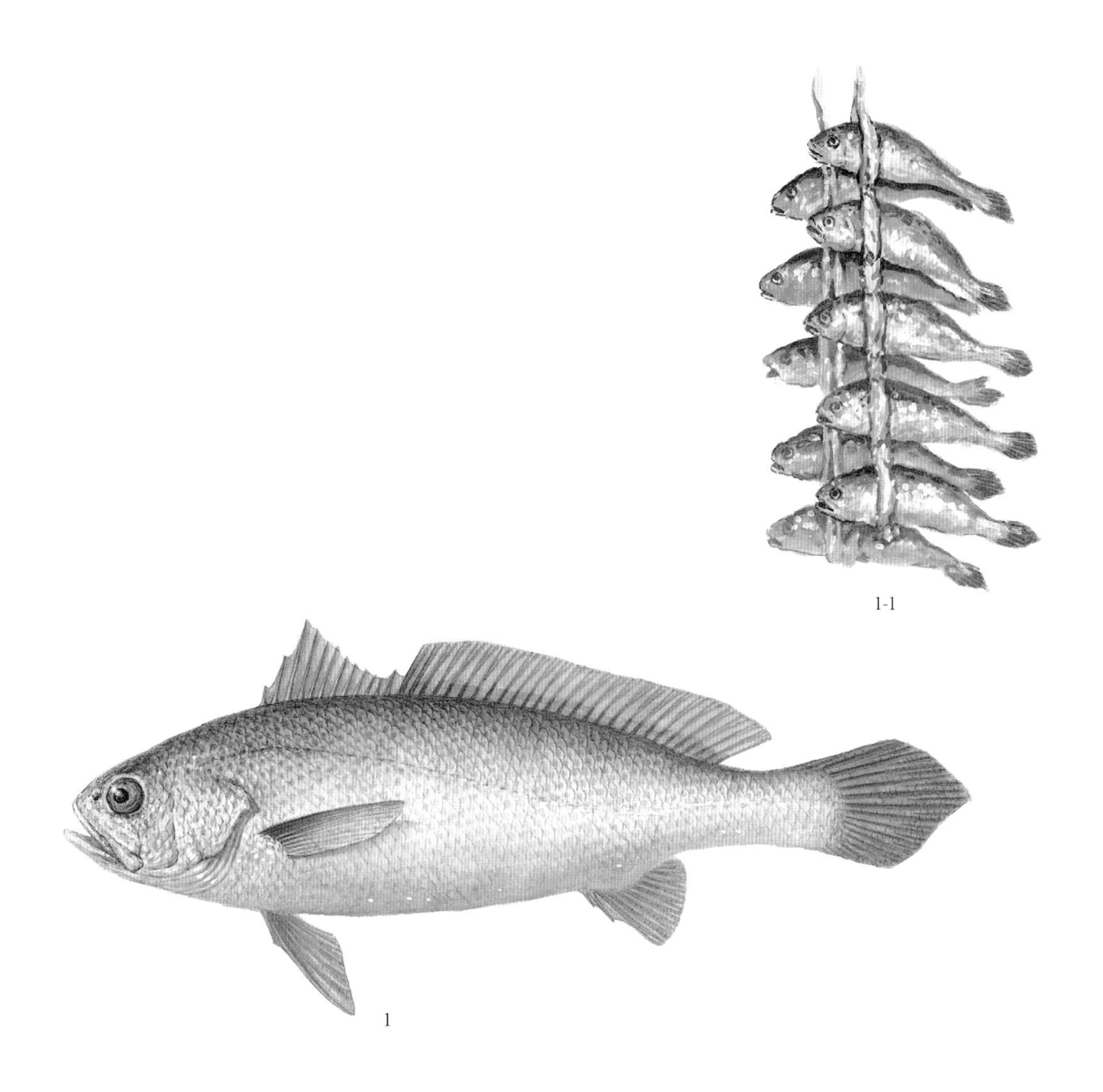

1-1

1

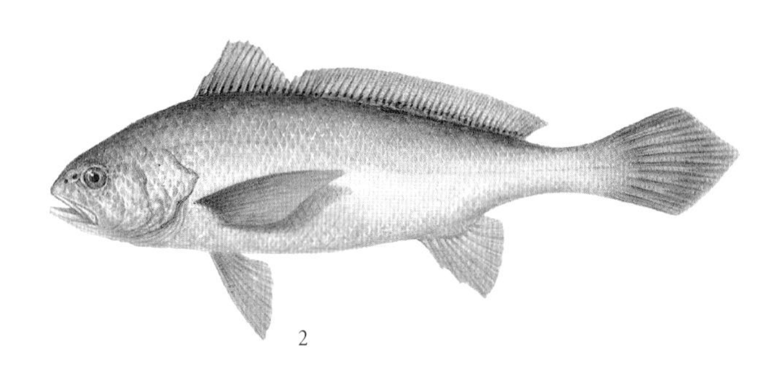

2

1 참조기

몸길이는 30cm쯤이다. 몸통은 기다랗고 옆으로 납작하다. 등은 잿빛이고 배는 황금빛이다. 입술이 붉고 머리 꼭대기에 다이아몬드꼴 무늬가 있다. 등지느러미는 길고 꼬리지느러미는 둥근 쐐기꼴이다.

1-1 조기를 엮어 말린 굴비

2 부세 *Larimichthys crocea*

참조기와 꼭 닮았는데 몸길이가 더 길다. 큰 것은 70cm가 넘기도 한다. 머리 꼭대기에 다이아몬드꼴 무늬가 없다. 민어나 참조기처럼 부레로 소리를 낸다.

어류
농어목
갈치과

갈치

Trichiurus lepturus

갈치의 갈은 칼을 뜻한다. 생김새나 몸빛이 긴 칼 같다고 갈치다. 지금도 칼치라고 하는 사람이 많다. 갈치는 겨울에는 따뜻한 제주도 남쪽 바다에서 지내다가 따뜻한 물을 따라 봄부터 무리를 지어 남해나 서해로 온다. 초여름부터 한여름까지 바닷가 가까이 와서 알을 낳는다. 알에서 깨어 난 새끼는 작은 플랑크톤이나 새우, 물벼룩 따위를 잡아먹다가 크면서 멸치나 정어리, 전어 같은 작은 물고기와 새우, 오징어 따위를 잡아먹는다. 이빨이 송곳처럼 뾰족하고 안쪽으로 휘어져 먹이를 한번 덥석 물면 놓치지 않는다. 낚시로 잡을 때에도 손을 베지 않게 조심해야 한다. 껍질이 단단한 것만 아니라면 무엇이든 먹는다. 먹을 게 없으면 자기 꼬리도 잘라 먹고 서로 잡아먹기도 하는데, 그래서 예전에는 갈치를 낚을 때 미끼로 갈치 살을 바늘에 꿰어 쓰기도 했다.

어린 갈치는 풀치라고 한다. 흔히 물고기는 머리를 옆으로 하고 물속을 헤엄쳐 다니지만 갈치는 바닷속에서 서 있는 자세로 하늘을 보고 있을 때가 많다. 이 자세로 갈지자형으로 헤엄을 치는데, 꼬리지느러미가 없고 그 끝이 머리카락처럼 가늘어도 헤엄은 자유자재로 잘 친다. 다른 물고기처럼 머리를 옆으로 하고 다니기도 한다. 멸치 따위를 잡아먹을 때는 멸치를 쫓아가서 잡는 것이 아니라 길목을 지키고 서 있다가 휙 낚아챈다. 잠을 잘 때도 꼿꼿이 서서 잔다.

갈치는 우리나라 사람이 가장 많이 먹는 생선 가운데 하나이다. 여름에서 가을에 많이 잡는데, 제주도에서는 일 년 내내 잡는다. 밤에 환하게 불을 켜면 먹잇감이 모여들어서 갈치도 따라 올라온다. 그것을 낚시로 잡는다. 제주도나 거문도에서 낚시로 잡는 갈치는 온몸이 은빛으로 반짝여서 은갈치라고 하고, 서해나 남해에서 그물로 잡는 갈치는 그물 안에서 갈치끼리 서로 부딪치면서 은빛 가루가 떨어져 나가고 몸빛이 거뭇해져 먹갈치라고 한다. 갈치는 흔히 구워 먹거나 조림을 해 먹는다. 회로도 먹는데, 물에서 잡아 올리면 금세 죽기 때문에 갈치를 잡는 지역에서나 갓 잡은 갈치로 회를 떠서 먹는다. 몸에 붙어 있는 반짝반짝 빛나는 은빛 가루를 모아서 가짜 진주를 만들거나 화장품에 넣기도 한다.

1m쯤
6~8월, 10~11월

다른 이름 칼치, 깔치, 풀치, 빈쟁이
사는 곳 제주, 남해, 서해
먹이 정어리, 전어, 민어, 조기, 오징어, 새우 따위
알 낳는 때 6~8월

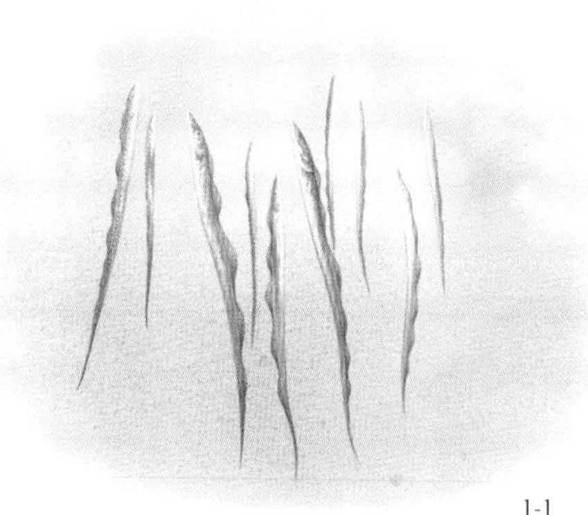

1-1

몸길이는 1m쯤이다. 온몸이 은빛으로 반짝이고 빛난다. 비늘은 없다. 몸통이 옆으로 납작하고 아주 길다. 눈이 크고 이빨이 뾰족하다. 아래턱은 위턱보다 앞으로 나와 있고, 등지느러미는 꼬리까지 길게 이어진다. 꼬리지느러미와 배지느러미는 없다.

1-1 몸을 꼿꼿이 세우고 있는 갈치

어류
농어목
고등어과

고등어

Scomber japonicus

고등어는 등이 둥글게 부풀었다고 이런 이름이 붙었다지만, 그보다 등 푸른 생선 하면 가장 먼저 떠오르는 물고기이다. 바다의 보리라는 별명도 있는데, 그만큼 영양분이 풍부하면서도 값이 싸고 흔해서 누구나 먹을 수 있기 때문이다. 겨울에는 남해 먼바다와 제주도 가까이에 머물다가, 쑥이 돋는 봄이 오면 따뜻해 지는 물을 따라 동해와 서해로 올라온다. 작은 새우나 멸치 같은 먹이를 따라 올라가는 것이다. 날씨가 쌀쌀해지면 다시 남쪽 먼바다로 간다. 여름에는 알을 낳기 위해 바닷가 가까이로 온다. 알은 한밤중에 낳고 알에서 깨어 난 새끼는 금세 자라서 두 해가 지나면 삼십 센티미터쯤으로 거의 다 큰 고등어만큼 자란다. 어린 고등어는 고도리라고 하는데 바닷가나 포구로도 몰려온다.

고등어는 늘 떼로 몰려다니고 조그만 소리에도 금세 놀라 달아난다. 천둥이 치고 파도가 일 때는 숨어서 꼼짝하지 않는다. 낮에 헤엄쳐 다닐 때는 아주 빠르게 다녀서 잡기가 쉽지 않다. 꼬리 가까이 힘살이 튼튼해서 꼬리지느러미를 휘저으면서 헤엄을 잘 친다. 몸빛도 보호색을 잘 띠고 있다. 위에서 내려다보면 등이 물빛과 같은 색이고, 상어 같은 육식성 물고기가 밑에서 올려다보면 밝은 햇살에 흰 배가 어른거려 알아보지 못한다. 등이 푸르고 배가 흰 것이 이 때문이다.

고등어를 잡을 때는 밤에 불을 환하게 켠다. 그러면 고등어가 불빛을 보고 떼로 몰려든다. 이미 조선 시대 때부터 이렇게 불을 켜고 고등어를 잡았다. 우리나라 바다에서는 워낙 많이 잡히는 데다가, 맛도 좋고 영양도 좋아서 사람들이 늘 즐겨 먹는다. 하지만 고등어는 살아서도 상한다고 할 만큼 다른 생선보다 금세 상한다. 그래서 소금을 쳐서 고등어를 보관했다. 배를 갈라 짠 소금을 잔뜩 집어넣는데, 간고등어, 자반고등어라고 한다. 제주도에서는 고등어로 젓갈을 담가 먹는다. 알이나 창자로도 젓갈을 담갔다. 조리거나 굽거나 찌거나 회로도 먹는다. 하지만 금세 상하기 때문에 회는 잡은 자리에서나 먹을 수 있다. 일본에서는 고등어를 몇 시간 소금에 절였다가 다시 식초에 절여서 숙성시킨 회를 먹는다. 여름에 알을 낳은 고등어는 겨울 전까지 먹이를 잔뜩 먹어서 몸집을 통통하게 불린 다음 겨울을 지내러 먼바다로 나간다. 이때 잡아 올린 고등어가 가장 맛이 좋다. 배에 점 무늬가 있는 것은 망치고등어인데, 점고등어라고도 한다. 시장에서는 고등어로 팔리지만 값이 더 싸다.

40~50cm쯤
9~12월

다른 이름 고동어, 고망어, 고도리
사는 곳 남해, 제주, 서해, 동해
먹이 작은 새우, 멸치 따위
알 낳는 때 5~7월

1-1

1-2

몸길이는 40~50cm쯤이다. 등은 푸른빛이고 까만 물결무늬가 구불구불 나 있다. 배 쪽은 무늬가 없고 하얗다. 눈에 기름 눈꺼풀이 있다. 등지느러미 2개는 사이가 떨어져 있고, 두 번째 등지느러미와 꼬리지느러미 사이에 작은 토막지느러미가 나 있다. 제법 날카롭다.

1-1 등은 푸르고, 배는 하얗다.

1-2 위쪽으로도, 아래쪽으로도 보호색을 띠고 있다.

참가자미

Pleuronectes herzensteini

가자미는 넙치랑 닮았지만, 두 눈이 오른쪽에 몰려 있고 입이 작다. 눈이 한쪽으로 쏠린 것을 두고 옛날 한 임금이 가자미를 잡아 반쪽만 먹고, 반쪽은 다시 바다에 버렸는데, 그것이 살아난 까닭이라는 이야기가 있다. 가자미는 바다 밑바닥에 붙어 산다. 어릴 때는 눈이 몸 양쪽에 붙어 있다가 크면서 두 눈이 한쪽으로 쏠리면서 바닥에 내려가 산다. 모래나 진흙 바닥에 파묻혀 눈만 내놓고 있는데, 자기 사는 곳에 맞춰서 몸 빛깔을 바꾼다. 이러고 있을 때는 거의 눈에 띄지 않는다. 가만히 기다리다가 지나가는 새우나 갯지렁이나 조개나 게 따위를 잡아먹는다. 가자미는 암컷이 수컷보다 크고, 더 오래 산다. 나이를 많이 먹을수록 암컷이 훨씬 많다.

동해에서 많이 잡는데, 봄에 많이 잡기는 하지만 한 해 내내 꾸준하게 난다. 어부들은 어디 가지 않고 지낸다고 자릿고기라고 한다. 가자미를 잡을 때는 주낙이나 외줄낚시를 쓰거나, 바다 밑바닥에 그물을 쳐서 잡는다.

우리나라에서 잡히는 가자미 무리로는 참가자미 말고도 문치가자미, 도다리, 돌가자미 따위가 있다. 이밖에도 서른 가지쯤이 더 있다고 알려져 있다. 이것들은 모두 회나 구이, 국거리로 맛이 좋다. 회로 먹을 때는 크기가 작은 것은 다른 생선과 달리 뼈째 먹는다. 동해 바닷가 사람들은 참가자미를 삭혀서 가자미식해를 만들어 먹고, 남해에서는 문치가자미로 봄에 쑥을 넣어 국을 끓여 먹는다. 이것이 도다리 쑥국인데 봄을 대표하는 별미이다.

넙치는 흔히 광어라고 한다. 가자미하고 비슷해서 잘 헷갈린다. 도다리도 마찬가지여서 가자미, 광어, 도다리 이 셋을 놓고 가려내기가 쉽지 않다. 도다리는 흔히 문치가자미를 두고 이르는 말이지만, 동해에서는 참가자미를 두고도 도다리라고 하고, 물고기를 분류할 때 도다리라는 이름을 달고 있는 생선은 가자미 무리 가운데 또 다른 생선이다. 넙치와 가자미를 가려낼 때에는 눈이 왼쪽으로 쏠려 있으면 넙치, 오른쪽으로 쏠려 있으면 가자미이다.

넙치는 우리나라에서 가장 양식을 많이 하는 생선이다. 그만큼 횟감으로 많이 먹는다. 넙치도 막 깨어 난 새끼는 다른 물고기처럼 눈이 양쪽으로 있다가 자라면서 왼쪽으로 쏠린다. 다 자란 것은 물 밑바닥으로 내려가 사는데, 눈 없는 쪽이 하얗다. 양식산은 더러 배에 얼룩덜룩한 점무늬가 있다. 아기를 낳은 산모가 몸조리를 할 때 미역국에 함께 넣어 끓여 먹었다.

30cm쯤
3~6월

다른 이름 참가재미, 개재미, 도다리
사는 곳 동해, 남해
먹이 젓새우, 플랑크톤, 물고기, 갯지렁이
알 낳는 때 4~6월

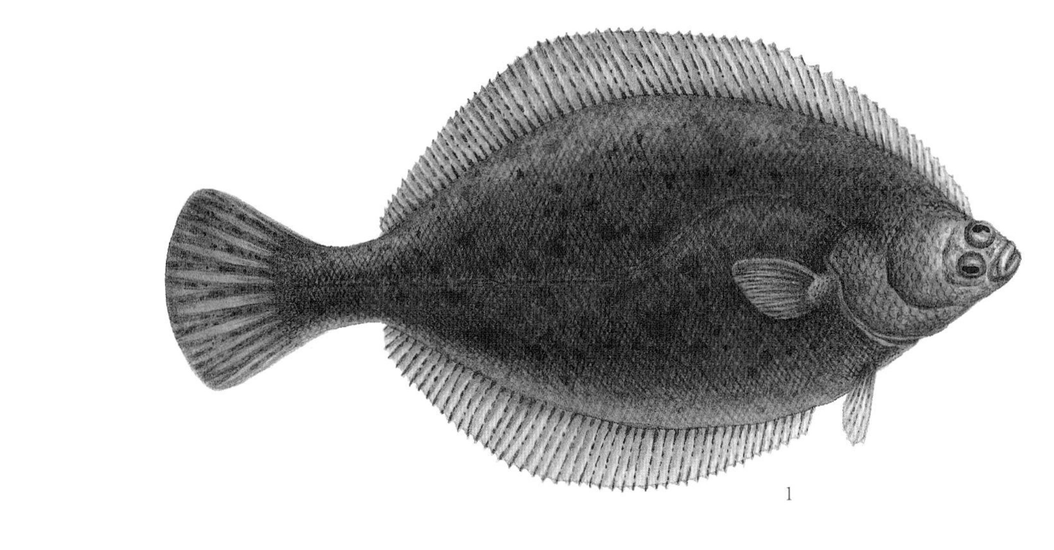

1

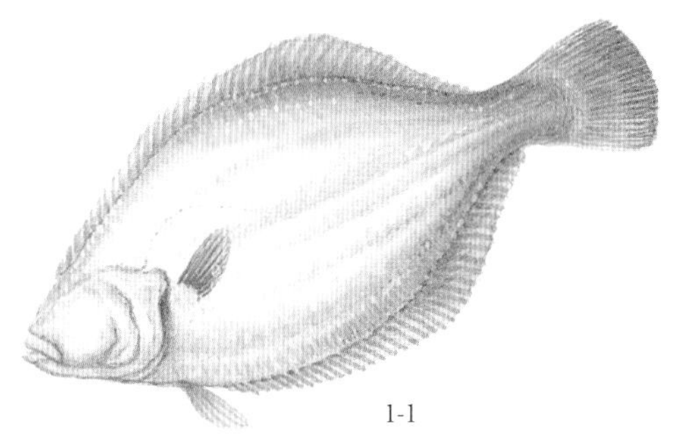

1-1

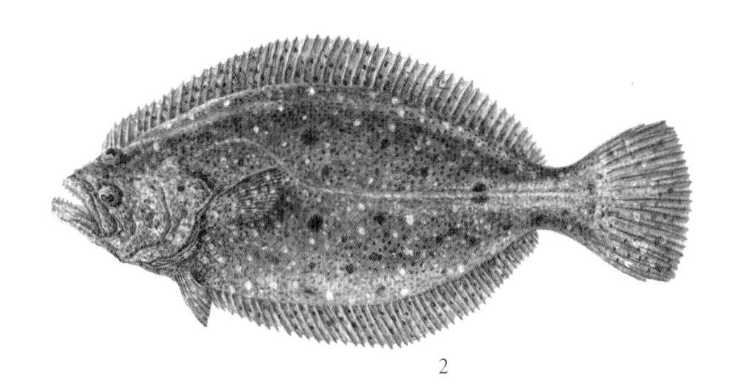

2

1 참가자미

몸길이는 40cm쯤이다. 몸이 넙적하고, 두 눈은 오른쪽으로 쏠려 있다. 눈이 있는 쪽은 몸색이 짙고 까만 점이 흩뿌려져 있다. 옆줄이 가슴지느러미 위에서 반달 모양으로 휘어진다. 꼬리지느러미 끝이 둥그스름하다.

1-1 참가자미 눈 없는 쪽

2 넙치 *Paralichthys olivaceus*

몸길이는 150cm까지 자란다. 흔히 광어라고 하는데, 눈은 몸통 왼쪽으로 쏠려 있다. 눈 달린 쪽은 몸 빛깔이나 무늬를 둘레와 같게 해서 대개는 모래나 진흙 모양이다. 반대쪽은 새하얗다. 양식산은 점무늬가 있기도 한다.

어류
복어목
참복과

자주복

Takifugu rubripes

복어는 배가 통통하고 등지느러미가 작다. 이가 날카롭고, 놀라면 물을 벌컥벌컥 들이켜서 몸을 빵빵하게 부풀린다. 어릴수록 더 자주 그런다. 복어 무리는 거의 모두 몸에 독이 있어서 잘못 먹으면 몇 시간만에 사람이 죽을 수도 있다. 하지만 그만큼 맛도 좋아서 아주 오래전부터 복어를 먹었다. 대개 독이 있는 부위는 알과 간 따위여서 이것을 잘 발라내고 먹는다. 반드시 복어 요리사 자격이 있는 사람이 장만한 것을 먹어야 한다. 복어 독은 제 몸에서 스스로 생기는 게 아니고, 독이 있는 먹이를 잡아먹기 때문이라고 한다. 양식산 복어는 독이 없다.

복어 무리 가운데 많이 잡아먹는 복어로는 밀복, 자주복, 참복, 졸복, 까치복, 복섬, 황복, 은밀복 따위가 있는데, 이 가운데 가장 으뜸으로 치는 것이 자주복과 참복이다. 흔히 자주복을 참복이라고 하지만 참복은 다른 종류이다. 참복도 맛이 뛰어나다. 자주복은 봄에 물 깊이가 이십 미터쯤 되고, 바닥에 모래와 자갈이 깔린 곳에 알을 낳는다. 알은 끈적끈적해서 모래나 돌에 들러붙는다. 여름이 오기 전에 앞바다로 나갔다가 겨울이 되면 제주도 아래까지 내려가서 겨울을 난다. 자주복은 어릴 때에는 작은 플랑크톤을 잡아먹다가 크면 새우나 게나 작은 물고기 따위를 잡아먹는다. 겨울이 오면 먼바다로 헤엄쳐 가서 겨울을 난다. 겨울에서 봄 사이에 낚시나 그물로 잡는다.

황복도 맛이 좋다. 황복은 민물과 바다를 오가며 산다. 알 낳을 때가 되면 강에 올라와서 모래와 자갈이 있고 물이 느리게 흐르는 곳을 찾아 알을 낳는다. 알에서 깨어 난 새끼는 두어 달쯤 강에서 살다가 바다로 내려가서는 삼 년쯤 지나 다시 강으로 와서 알을 낳는다. 성질이 사나워서 앞에 얼쩡거리는 것은 무엇이든 덥석덥석 무는 통에, 황복이 이빨 가는 소리를 내면 다른 물고기들은 멀찌감치 도망간다. 임진강, 한강, 만경강처럼 서해로 흐르는 강어귀에서 잡는다. 요즘은 하구둑이 없는 임진강에서 많이 잡는다.

복어는 회로도 먹고 탕이나 국을 끓이거나 튀겨 먹기도 한다. 자주복은 껍질을 따로 데쳐서 무쳐 먹고, 고기는 굽거나 튀겨 먹는다. 복어 지느러미는 술에 넣어 마신다. 요즘은 바다에서 잡는 것만으로는 모자라서 양식도 많이 한다. 자주복, 황복 따위를 기른다.

 30~40cm쯤
2~5월

다른 이름 참복, 검복아지, 자지복아지, 자지복, 점복
사는 곳 동해, 남해, 서해, 제주
먹이 새우, 게, 작은 물고기
알 낳는 때 3~5월

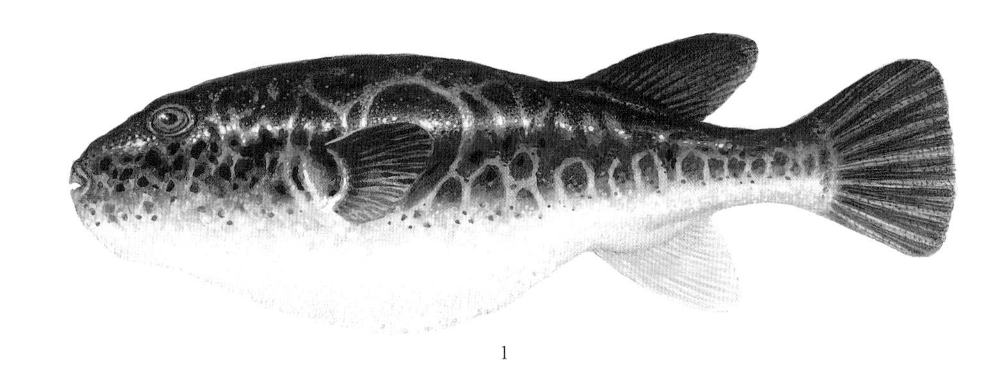

1

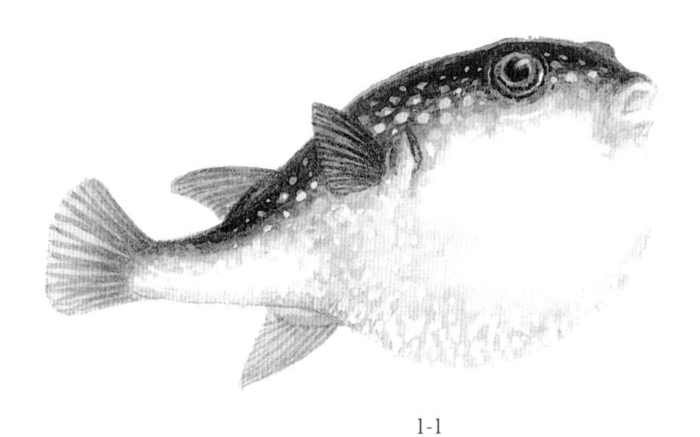

1-1

2

1 자주복

몸길이는 30~40cm쯤이다. 큰 것은 80cm까지도 자란다. 몸은 둥그스름하고 꼬리 쪽은 가늘다. 등이 검고 배는 하얗다. 등지느러미와 뒷지느러미가 아래위로 마주 보고 있다.

1-1 배를 부풀린 복어

2 황복 *Takifugu obscurus*

몸길이는 45cm쯤이다. 몸통 가운데로 노란 띠무늬가 있다. 가슴지느러미 뒤쪽과 등지느러미 아래에 까만 점무늬가 있다. 넓적한 이빨이 2개씩 위아래로 나 있다.

곤충

곤충

곤충은 우리 둘레 어디에나 산다. 사람 말고는 아무것도 살지 않을 것 같은 높은 아파트에도 살고, 오래된 책장 사이에서도 곤충이 기어 다닌다. 집 밖을 나서면 그야말로 곤충들 세상이다. 사람이 모여 사는 도시에서는 구석구석 곤충이 숨어 살지만, 도시를 벗어나면 어디로 눈을 돌리든 곤충이 있다. 흔히 벌레라고 하는 것 가운데 다리가 세 쌍인 것은 모두 곤충이다. 지구 전체로 보더라도 곤충이 살지 않는 곳은 없다.

곤충은 크게 보아 절지동물에 든다. 다리가 마디로 이루어져 있다는 뜻이다. 거미, 지네, 게, 새우 따위도 절지동물에 든다. 하지만 절지동물 가운데 곤충 무리가 가장 크고, 동물 전체를 보더라도 곤충은 아주 큰 무리이다. 곤충은 자라면서 알, 애벌레, 번데기, 어른벌레로 차츰 생김새가 바뀐다. 몸통은 머리, 가슴, 배로 나뉘어 있다. 머리에는 눈과 더듬이와 입이 있고, 가슴은 다시 세 마디로 나뉘어서 마디마다 다리가 한 쌍씩 있다. 그리고 가운뎃가슴과 뒷가슴에 날개가 한 쌍씩 있다. 날개가 있는 동물은 새와 곤충, 그리고 박쥐 같은 짐승뿐이다. 새나 짐승의 날개는 다리가 바뀐 것이지만, 곤충 날개는 다리와 상관없이 솟아났다. 날개를 가지고 가장 먼저 날아오른 동물이 곤충이다. 세 쌍 있는 다리는 걷고 뛰는 것이 본디 구실이지만 사마귀 앞다리는 먹이를 잡기 좋고, 땅강아지는 땅을 파기 좋다. 물방개 뒷다리는 헤엄치기에 좋다. 이렇게 곤충은 사는 곳이나 습성에 따라 적응하는 능력이 뛰어나서, 아주 오랜 세월 동안 지구 어디에서나 살아갈 수 있게 되었다.

옛 어른들은 곤충과 함께 살아왔다. 오래전부터 누에를 길러 명주실을 뽑아 비단을 짜고, 꿀벌을 쳐서 꿀을 얻었다. 굼벵이나 가뢰처럼 여러 곤충을 약으로 썼다. 또 논이나 밭에서 작물을 갉아 먹는 곤충 따위를 막는 데에도 무척 힘썼다. 한겨울이 오기 전에 논밭을 갈아엎고, 정월에는 논두렁과 밭두렁을 태웠다.

곤충은 워낙 가짓수가 많고 마릿수도 많다. 어디든 곤충이 살지 않는 곳이 없다. 사람이 지은 집은 비바람이나 추위나 더위를 피할 수 있다. 먹을 것도 있고, 또 천적을 피해 몸을 숨길 수 있는 곳이 많다. 부엌이나 음식 찌꺼기가 있는 곳에는 여지없이 파리가 모여든다. 달콤한 음식이 있으면 얼마 지나지 않아 초파리가 꼬인다. 부엌이나 화장실에는 바퀴가 산다. 바퀴는 시골보다 도시에 많다. 집에서 흔히 보는 바퀴는 원래 따뜻한 곳에서 살던 벌레여서 늘 따뜻한 도시의 집을 좋아한다. 곡식을 모아 둔 곳이 있으면 바구미나 화랑곡나방이 난다. 털실로 짠 옷이나 동물성 옷감이 있으면 옷좀나방이 생겨 그것을 갉아 먹는다. 개미를 빼놓을 수도 없다. 음식 부스러기가 조금이라도 떨어져 있으면 어떻게 알았는지 개미가 들고 나른다. 쉽게 눈에 띄지 않지만 좀 같은 곤충도 있다. 책이나 벽지 뒤에서 은빛이 나는 작은 벌레를 보았다면 좀일 가능성이 높다.

들에 나가면 곤충을 보기는 더 쉽다. 한겨울이 아닌데도 풀밭에 벌레가 없다면 독한 약을 뿌려 놓았거나 늘 자동차 매연에 시달리는 곳이기 쉽다. 어디나 마찬가지이지만 곤충이 자취를 감추고 전혀 나타나지 않는 곳에는 사람도 얼씬하지 말아야 한다. 아이와 함께 있다면 더욱 그렇다. 들에 봄이 오면 꽃 피는 것에 맞추어 벌과 나비가 난다. 날이 따뜻해질수록 온갖 벌레들이 기어 나와서 먹이를 먹고 짝짓기 할 채비를 한다. 비가 쏟아지는 장마철이나 무더운 한여름에는 곤충들도 더위나 비를 피해 지내는 것이 꽤 있다. 나비 무리 가운데는 아예 여름잠을 자는 것도 있다. 그래도 여름에는 날이 따뜻하고 먹을 것이 많아서 짝짓기를 하고 알을 낳는 곤충들이 많다. 매미처럼 온 동네가 떠들썩하게 짝짓기를 하는 것도 있고, 나방은 밤마다 불빛을 보고 모여든다. 스르르 잠이 들 참이면 영락없이 귓가를 맴도는 모깃소리가 난다. 논밭에는 온갖 벌레들이 끼어서 농부가 쉴 틈이 없다. 가을이 오면 금세 아침저녁으로 서늘해지는데, 풀밭에서 나는 벌레 울음소리를 듣고 가을이 온 것을 안다. 벌레들은 저마다 알이든 애벌레든 저한테 알맞은 모습으로 겨울을 나는데, 가을에는 겨울을 날 준비를 하느라고 바쁘다.

산에 사는 벌레들은 큰 나무와 숲에 기대어 살아간다. 논밭이나 사람이 사는 마을 근처를 오가기도 한다. 딱정벌레 무리들은 나뭇진을 먹고, 나무에 알을 낳는 것이 많다. 그러니 이런 벌레를 보자면 산으로 가야 한다. 나비도 산에서만 보이는 것이 있고, 매미나 벌도 산에서만 살아가는 것이 있다.

물에서도 곤충이 산다. 바다에서 사는 곤충은 드물지만, 민물에 사는 곤충은 아주 여럿이다. 특히 논이나 늪이나 웅덩이처럼 물이 고여 있는 곳이라면 곤충은 더 많다. 여울은 물이 맑기는 해도 물속에서 사는 곤충은 적다. 게아재비나 물자라처럼 평생을 물속에서 사는 곤충도 있고, 하루살이, 잠자리, 날도래, 모기처럼 애벌레 때만 물속에 사는 곤충도 있다. 고인 물에서 쉽게 보이는 것이 소금쟁이다. 물 위를 걸어 다니니 그렇다. 물맴이도 물 위에서 노닌다. 물장군이나 장구애비 같은 곤충은 물고기나 개구리 따위도 잡아먹는다. 물가에는 잠자리가 많이 날아다닌다. 모기도 많다. 물에 사는 곤충은 거의 논에서도 산다. 잠자리가 논에 많은 것도 그 때문이다. 산골짜기나 개울처럼 물이 차갑고 물살이 빠른 곳에는 하루살이 애벌레나 날도래 애벌레가 산다. 반딧불이도 애벌레 때는 물에서 살기 때문에 맑은 물이 있어야 반딧불이를 볼 수 있다.

사람이 키워서 먹을거리가 되고, 밀접한 관계를 맺고 사는 동물이라고 하면 개, 고양이나 소, 돼지, 닭 같은 동물을 떠올리기 쉽지만 그보다 중요한 것이 곤충이다. 흔히 벌레라고 하면 사랑스러운 인상보다 징그럽고 꺼림칙한 기분이 먼저 들어서 만지기를 주저한다. 많은 벌레들이 사람 가까이에 살면서 해를 입히는 것도 사실이다. 그러나 어떤 과학자들은 단 한 종류의 곤충, 이를테면 꿀벌이 사라지는 것만으로도 사람이 살 수 없게 될 거라고 예견하기도 한다. 사람이 가장 큰 신세를 지고 살아가는 동물이 곤충인 것이다. 사람이 먹는 음식 가운데 삼 분의 일은 곤충이 수정한 풀과 나무의 열매들이다. 반대로 온 세계 사람을 죽이고 살리는 전염병을 옮기는 것도 곤충이다. 음식물 쓰레기나 동물들의 배설물, 시체 같은 것들을 처리하는 데에도 곤충이 없어서는 안 된다. 그야말로 사람은 곤충이 먹여 살리고, 곤충에 기대어 살고, 또 곤충 때문에 죽는다. 요즘은 사람들이 자기 집에 사람 말고는 아무것도 살지 않기를 바란다. 보이지 않는 구석에서까지 완전히 벌레를 내쫓으려고 한다. 곤충이 전혀 살 수 없는 곳은 사람이 지내기에도 마땅한 곳이 아니다.

6_1 생김새와 생태

곤충은 다리가 마디로 이루어져 있어서 절지동물 무리에 든다. 몸은 머리, 가슴, 배로 뚜렷이 나뉜다. 몸 속에 뼈가 없는 대신 껍질이 단단해서 꼴을 유지한다. 혈관은 거의 없고 온몸에 피가 차 있다.

머리에는 더듬이와 눈과 입이 있다. 더듬이로는 냄새를 맡고, 온도와 습기를 느낀다. 어두운 곳에 사는 귀뚜라미나 바퀴는 더듬이가 길고, 밝은 곳에서 날아다니는 잠자리는 더듬이가 짧다. 눈은 겹눈 한 쌍과 홑눈이 세 개 있다. 잠자리는 곤충 가운데서도 시력이 좋은 편이다. 잠자리는 낱눈이 오만 개쯤 모여서 겹눈을 이루고, 호랑나비는 만 칠천 개, 개미는 삼사백 개쯤이다. 대개는 사람보다 색을 구별하는 능력이 떨어지지만, 벌은 자외선을 보고 꿀을 찾는다. 개미도 자외선을 본다. 동굴 속에 사는 곤충은 눈으로 볼 일이 별로 없으니 겹눈이 그저 낱눈 몇 개로만 이루어지기도 한다. 어른벌레는 홑눈이 머리 꼭대기에 세 개 있고, 애벌레는 머리 양쪽으로 한 개에서 여섯 개가 있다. 입은 곤충마다 생김새가 아주 다르다. 하는 일로 보면 씹는 입과 빠는 입으로 크게 나눌 수 있다. 메뚜기나 딱정벌레는 씹는 입인데 딱딱한 것을 잘 씹어 먹는다. 매미나 모기나 벼룩은 빠는 입이다. 대롱처럼 생겨서 나무즙이나 짐승 피를 빨아 먹기에 알맞다. 나비는 대롱처럼 입이 말려 있다. 소리를 내는 곤충은 대개 들을 수도 있다. 곤충마다 소리 듣는 기관이 있는 자리가 달라서 배나 가슴에 있기도 하고 다리에 있기도 한다. 냄새를 맡는 기관은 촉각을 느끼는 더듬이에 있거나 몸에 난 구멍으로 냄새를 맡기도 한다. 특히 페로몬이라는 특별한 물질을 내뿜어서 이 냄새를 맡고 서로 의사소통을 하는 곤충도 있다.

가슴은 세 마디로 되어 있으며 마디마다 다리가 한 쌍씩 있고, 가운뎃가슴과 뒷가슴에 날개가 한 쌍씩 있는 것이 많다. 다리가 세 쌍 있는 것은 곤충뿐이므로 이것을 보면 쉽게 곤충인지 알 수 있다. 곤충은 따로 숨을 쉬는 허파나 아가미가 있지 않고, 가슴과 배 옆으로 작은 숨관이 있어서 이곳으로 공기가 드나들며 숨을 쉰다. 물속에 사는 곤충들은 배끝에 기다란 숨관이 달린 것이 많다.

톱사슴벌레 생김새

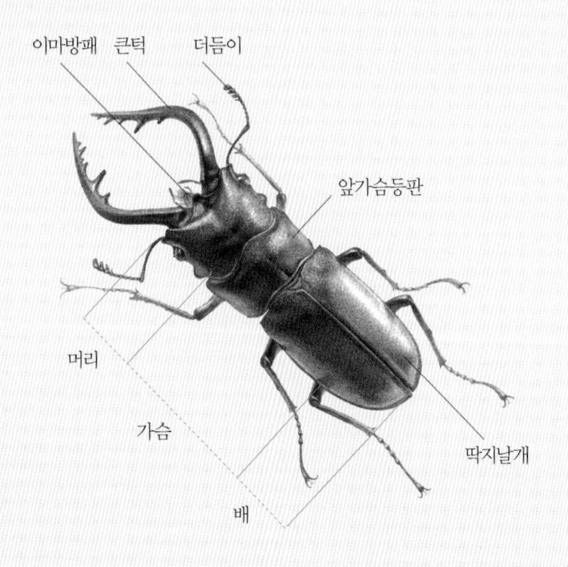

쉬파리 생김새

곤충의 한살이는 알에서 시작해서 애벌레와 번데기를 거쳐 어른벌레에서 끝난다. 이렇게 네 단계를 거치는 것을 갖춘탈바꿈이라고 하는데 진화한 곤충에서 볼 수 있다. 네 단계 가운데 번데기를 거치지 않고 애벌레에서 바로 어른벌레가 되는 것을 안갖춘탈바꿈이라고 한다. 하루살이나 강도래나 잠자리는 애벌레 때는 물속에서 살고 어른벌레가 되면 뭍으로 나와 살아서 애벌레와 어른벌레가 많이 다르게 생겼다. 애벌레 때는 물속에서 아가미로 숨을 쉬지만 어른벌레 때는 뭍에서 숨구멍으로 바로 공기를 마셔야 하기 때문이다. 바퀴나 메뚜기도 애벌레에서 바로 어른벌레가 되지만 생김새가 많이 달라지지는 않는다.

짝짓기가 끝난 암컷은 애벌레의 먹이 가까이에 알을 낳는다. 하나씩 낳기도 하고 수백 개를 덩어리로 낳는 것도 있다. 곤충은 애벌레일 때 가장 많이 먹는다. 애벌레로 살아가는 시간이 아주 긴 곤충도 많고, 어른벌레가 되면 짝짓기를 하고 알을 낳은 다음 곧바로 죽는 곤충도 많다. 애벌레는 허물을 벗으면서 크는데, 세 번 허물을 벗는 것부터 많게는 열여섯 번 허물을 벗는 것까지 있다. 애벌레 때는 날개가 없고 잘 도망치지 못하니까 몸에 털이나 가시나 돌기가 있는 것도 많다. 번데기는 갖춘탈바꿈을 하는 곤충만 거친다. 번데기 때는 아무것도 안 먹고 움직이지도 못하니까 다른 곤충이나 새의 눈에 덜 띄는 안전한 곳을 잘 골라서 자리를 잡는다. 번데기는 겉으로 보면 가만히 있는 것 같아도 번데기 껍질 안에서는 애벌레가 어른벌레로 바뀌는 큰 변화가 일어난다. 저마다 겨울을 나는 방법이 달라서 날이 추워지기 전에 겨울 채비를 한다.

곤충이 먹는 먹잇감은 곤충만큼이나 여러 가지이다. 그러나 이것저것 아무거나 먹는 곤충은 드물고 거의 정해진 먹이만 찾아 먹는다. 노린재 무리나 나방 애벌레, 메뚜기 무리에 드는 곤충은 채소나 열매를 먹는 것이 많아서 농사 해충으로 여겨지기도 한다. 다른 곤충을 잡아먹는 것도 있고, 이나 벼룩처럼 짐승의 피를 빨아 먹는 것도 있다. 음식 찌꺼기나 동물과 식물 죽은 것을 먹어 치워서 분해시키는 것도 있다. 또 저마다 먹이를 먹는 시간이 달라서 낮에 나오는 벌레가 있고, 밤에만 나오는 벌레가 있다.

칠성무당벌레의 한살이

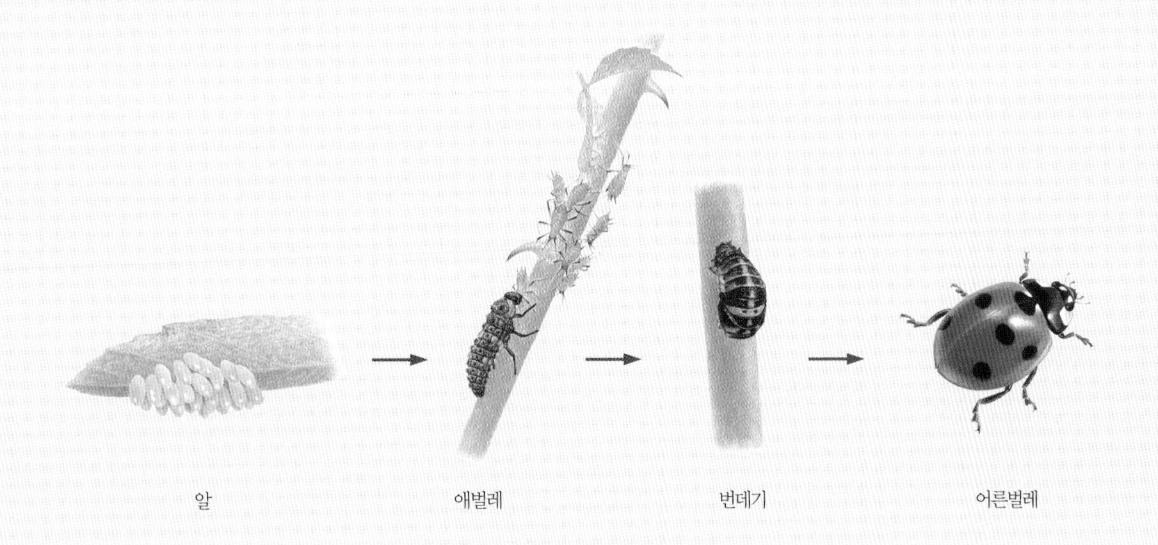

6_2 살림살이와 곤충

곤충 가운데는 사람에게 도움을 주는 익충도 있고 해가 되는 해충도 있다. 어떤 곤충이 익충이냐 해충이냐를 가르는 것은 쉬운 일이 아니다. 배추벌레는 배추나 양배추나 무에 붙어 살면서 잎을 갉아 먹는 해충이지만 어른벌레인 배추흰나비는 가루받이를 도와주는 익충이다. 곤충은 약으로도 많이 쓴다. 땅강아지는 말려서 부스럼이나 입안에 상처가 난 데 약으로 쓴다. 가뢰에서 칸다리딘을 뽑아내어 피부병 약으로 쓰고, 매미 허물은 신경통 치료제로 쓴다. 말린 누에나 번데기에서 키운 동충하초로 성인병을 다스리기도 한다.

누에와 꿀벌은 오래전부터 사람이 길러 온 곤충이다. 누에는 명주실을 얻으려고 삼천 년 전부터 길렀다. 조선 시대에는 나라에서 누에 치는 곳을 따로 두기도 했다. 잠실처럼 지명에 잠이라는 글자가 들어간 곳은 누에와 관계가 있는 곳이기 쉽다. 꿀벌은 꿀을 얻으려고 길러 왔다. 꿀벌에는 토종벌과 양봉꿀벌이 있다. 꿀벌은 꽃에서 꿀을 얻으면서 가루받이를 돕는다. 나비, 꽃등에, 풍뎅이 무리 가운데에도 꽃가루받이를 도와주는 것들이 많지만, 사람이 재배하는 작물일수록 꿀벌의 도움을 받는다. 그래서 과수원이나 비닐하우스 같은 곳에서는 가루받이를 위해서 꿀벌을 기르기도 한다.

해충을 없애 주는 천적 곤충도 있다. 잠자리나 사마귀 같은 육식성 곤충은 해충이나 익충이나 별로 가리지 않고 잡아먹지만, 논밭에 해충이 갑자기 불어났을 때는 이런 육식성 곤충도 덩달아 모여들어서 숫자를 줄인다. 먼지벌레 무리는 밤에 나와서 해충들을 잡아먹는다. 작물을 해치는 벌레 가운데는 밤에만 나오는 것이 많은데, 먼지벌레가 그런 해충을 잡는다. 깜깜한 곳에서도 아주 재빨리 다니면서 먹이를 찾아다닌다. 기생벌이나 기생파리는 해충 애벌레 몸속에 알을 낳거나, 먹잇감에 알을 낳아 먹게 해서 애벌레 몸속에서 알이 깨어 나도록 한다. 알에서 깨어 난 애벌레는 해충을 먹으면서 자라서 결국 해충이 죽는다. 솔잎혹파리먹좀벌도 이런 식으로 소나무 해충인 솔잎혹파리를 줄인다. 칠성무당벌레는 진딧물을 먹어 치운다. 진딧물은 채소나 곡식이나 과일나무에 붙어서 즙을 빤다. 진딧물이 끼면 식물이 시들면서 병이 든다. 칠성무당벌레와 풀잠자리는 애벌레나 어른벌레나 다 진딧물을 많이 먹어 치운다. 꽃등에 애벌레도 마찬가지다. 이렇게 곤충 가운데는 이로운 곤충도 많다. 그러므로 해충을 없앤다고 독한 살충제를 마구 뿌리면 안 된다. 해충을 줄이려다 익충까지도 해치기 때문이다.

중요한 먹을거리가 되는 곤충도 있다. 얼마 전까지만 해도 아이들은 흔히 메뚜기 따위를 잡아다가 구워 먹었다. 누에 번데기는 지금도 많이 먹는다. 온 세계를 살펴보면 사람이 먹는 곤충은 천구백 종류쯤이라고 한다. 사람한테는 아무래도 동물성 음식이 필요한데 최근에 유엔식량농업기구에서는 곤충이야말로 앞으로 사람을 먹여 살릴 중요한 먹을거리라는 이야기를 했다. 지금처럼 공장에서 물건을 만들어 내듯 소, 돼지, 닭을 길러 먹는 것은 단지 사람의 건강뿐만 아니라 다른 여러 가지 면에서도 좋지 않다는 것이다. 우리나라에서도 메뚜기, 누에와 더불어 갈색거저리나 귀뚜라미, 꽃무지 따위를 먹을거리로 기르는 일을 준비하고 있다.

사람한테 해가 되는 곤충도 있다. 가짓수로 따진다면 곤충 무리 가운데 얼마 되지 않는 것이지만, 해충한테 피해를 입으면 논밭을 해충이 다 뒤덮는 것처럼 보이고, 해충 아닌 것도 다 해충을 돕는 벌레처럼 보인다.

쌀자루를 열었는데 바구미가 버글거린다거나, 겨드랑이를 벼룩한테 물리거나, 기껏 차려 놓은 상에 파리가 먼저 와 있거나, 잠자리에 누웠는데 모기가 왱왱거리거나 하면 벌레가 왜 이리 많은가 하는 생각이 든다.

농작물을 해치는 곤충으로는 나방이나 노린재 무리가 많다. 나방은 애벌레 때 작물을 먹는데, 한번 나방 애벌레가 생기면 걷잡을 수 없이 번지는 데다가 먹는 양도 엄청나다. 곤충은 대개 먹잇감으로 삼는 것이 몇 가지로 정해진 것이 많지만 나방 애벌레는 별로 가리는 것이 없다. 채소나 과일 뿐만 아니라 벼 같은 곡식도 먹는다. 곡식을 거둔 다음에도 나방 걱정은 떨칠 수 없다. 화랑곡나방은 비닐봉지마저 뚫고 쌀을 파먹는다.

노린재는 침 같은 주둥이를 줄기나 열매에 꽂고 즙을 빨아 먹는다. 식물은 점점 말라가거나 열매가 상한다. 노린재가 낸 구멍으로 병이 찾아들기도 한다. 벼에 달라 붙는 노린재는 벼가 자라기를 기다렸다가 이삭에 주둥이를 꽂아 피해를 주는 것이 많다. 매미 무리에 드는 멸구나 매미충도 노린재처럼 작물의 즙을 빨아 먹는다. 벼멸구가 한 번 지나간 논은 알곡이 반 토막으로 줄기도 한다. 이것 말고도 땅속에는 굼벵이나 땅강아지가 있고, 딱정벌레 무리에 드는 잎벌레도 잎을 잔뜩 먹어 치운다.

산에서도 눈이 번쩍 뜨일 해충이 있다. 솔잎을 갉아 먹고 사는 송충이는 몇 년에 한 번씩 수가 확 불어서 소나무 숲을 해친다. 온 나라 소나무를 누렇게 말려 죽여서, 군데군데 소나무 무덤을 만들어 놓는 솔잎혹파리도 있고, 새파란 도토리를 가지째 잘라 떨어뜨리는 거위벌레도 있다. 나뭇잎에 구불구불한 자국이 보인다면 굴파리 짓이기 쉽다. 잎벌 애벌레는 나비 애벌레와 비슷하게 생겼는데, 둘 다 나뭇잎을 갉아 먹는다.

병을 옮겨서 더 크게 해를 입히는 곤충도 있다. 진딧물이 즙을 빨고 나면 채소나 곡식은 병에 걸리기 쉽다. 배추는 잎이 거뭇거뭇해지면서 자라지 않고 보리도 이삭이 꺼메지고 영글지 않는다. 또 사람에게 무서운 전염병을 옮기는 해충도 여럿 있다. 모기는 일본뇌염이나 말라리아 따위를 옮기고, 벼룩도 병을 옮긴다.

나방 가운데 독나방이 있는데 날개의 가루가 살갗에 닿으면 피부병을 일으킨다. 애벌레 몸에 난 털도 조심해야 한다. 맨살에 닿으면 살이 벌겋게 부어오른다. 쐐기나방 애벌레는 쐐기라고 하는데, 이것도 독털이 있다. 벌도 조심해야 한다. 특히 말벌은 더 조심해야 한다. 말벌한테 쏘이면 뜨겁게 달군 못으로 찔리는 것처럼 아프다. 죽을 수도 있다.

6_4 곤충의 갈래

동물은 무엇이든 비슷한 생김새로나 서로 가까운 친척 관계로나 무리를 이룬다. 곤충도 마찬가지이다. 딱정벌레니 노린재니 잠자리니 하는 것은 한 가지 종의 이름이 아니라 비슷한 곤충 무리 전체를 가리키는 이름이다. 알려진 것으로는 지구에 사는 동물은 백사십만 종쯤이라고 하고, 곤충은 백만 종쯤이라고 한다.

곤충을 나눌 때 첫 기준이 되는 것은 날개와 입틀이다. 우선 날개가 있는지 없는지, 있다면 날개맥은 어떤 모양인지 하는 것과 날개가 가죽이나 뼈대처럼 단단한지, 얇은 막으로 되어 있는지, 비늘이나 털로 덮여 있는지 따위를 살핀다. 입틀도 우선은 입틀이 있는지 없는지, 있다면 먹이를 씹을 수 있는 큰턱이 있는지, 즙을 빨아 먹을 수 있는 바늘이나 대롱 모양인지, 핥아 먹는 모양인지 하는 것을 살핀다. 곤충 무리를 한 단계씩 나누어 가면 날개가 생겨났는지 안 났는지에 따라 무시아강과 유시아강으로 나눈다. 무시아강은 흔히 원시 곤충이라고 한다. 좀 같은 것들이다. 개미, 벼룩, 이처럼 날개가 있다가 퇴화한 종은 유시아강에 든다. 날개가 있는 유시아강은 다시 고시류와 신시류로 나누는데, 가만히 있을 때 날개가 뒤쪽으로 젖혀지지 않는 곤충이 고시류이다. 날개가 덜 발달한 무리로 보는 것이다. 잠자리나 하루살이 무리이다. 고시류에 드는 곤충은 번데기를 거치지 않고 탈바꿈을 한다. 신시류를 다시 두 가지로 나누는데, 애벌레에서 곧바로 어른벌레가 되는 것을 외시류라고 하고, 번데기를 거치는 것을 내시류라고 한다. 메뚜기나 매미 무리가 외시류에 든다.

무시아강에 드는 것은 좀 무리가 있다. 흔히 좀약이라고 하는 것이 옷이나 종이를 갉아 먹는 좀을 쫓는 약이다. 좀은 날개는 없고 몸이 납작하다. 살짝 은빛으로 윤이 난다. 더듬이가 길고, 배에 막대기처럼 생긴 다리가 있다. 주로 밤에 다니고 아주 재빨라서 잡기가 쉽지 않다. 좀 말고 털옷이나 가죽옷을 갉아 먹는 곤충이 있는데 수시렁이이다. 수시렁이는 딱정벌레 무리에 드는데 좀약이 아무리 많아도 끄떡하지 않는다.

우리가 아는 거의 모든 곤충은 날개가 있는 유시아강에 든다. 날개가 덜 발달된 고시류에는 하루살이와 잠자리 무리가 있다. 하루살이 애벌레는 물에서 살기 때문에 물가에 가야 보기 쉽다. 하루살이는 제법 몸집이 커서 거의 일 센티미터쯤 된다. 날개가 얇은 막처럼 생겼고 천천히 난다. 긴 꼬리털이 한 쌍 있다. 잠자리는 아주 잘 난다. 날개가 덜 발달되었다고는 하지만 비행술로는 곤충 가운데 첫손에 꼽을 만하다.

날개를 접을 수 있는 신시류 가운데 안갖춘탈바꿈을 하는 것이 외시류인데, 메뚜기 계열과 매미 계열로 나눈다. 메뚜기 계열에는 바퀴·사마귀·메뚜기·집게벌레·대벌레 무리가 있고, 매미 계열에는 이·매미·노린재·진딧물·깍지벌레 무리가 있다. 메뚜기 계열에 드는 것은 모두 큰턱으로 씹어 먹는 입틀이 있고, 앞날개가 조금 두꺼운 종류가 많다. 바퀴는 더듬이가 가늘고 길며, 어두운 곳에서도 잘 보이는 눈이 있다. 대개 밤에 기어 다니고 낮에는 숨어 있기를 좋아한다. 사마귀는 큰턱, 겹눈, 홑눈이 모두 잘 발달했다. 특히 앞다리가 낫처럼 생기고 날카롭고 뾰족한 가시가 나 있어서 다른 곤충을 잡아먹기 알맞다. 몸 빛깔을 둘레 환경에 맞추어바꾼다거나, 암컷이 짝짓기를 하면서 수컷을 잡아먹는 것으로도 유명하다. 메뚜기 무리는 뒷다리가 커서 높이 뛰거나 멀리 뛰기에 알맞다. 메뚜기도 사마귀처럼 몸 빛깔을 바꾸는 것이 많고, 가을에 풀숲에서 소리를 내는 것도 많다. 메뚜기 무리는 다시 작은 두 무리로 나누는데, 여치아목과 메뚜기아목이다. 여치아목은 더듬이가 가늘고 길지만 메뚜기아목은 짧고 굵다. 산란관이 있는 것이 여치아목이고, 메뚜기아목은 꽁무니로 땅을 파고 알을 낳는다. 집게벌레 무리는 앞날개가 작고 가죽 같은 느낌이 난다. 배 끝에 커다란 집게가 있다. 어미가 알이나 새끼를 보호하는 곤충으로 유명하다. 대벌레는 몸이 대나무 줄기처럼 가늘고 길다. 나뭇가지와 꼭 닮아서 찾아내기가 어렵다. 알을 땅에다 하나씩 떨어뜨리는데 마치 씨앗 같아서 알도 눈속임을 한다.

매미 계열에 드는 것들은 입틀이 바늘처럼 생겨서 동물이나 식물의 즙을 빨아 먹는다. 이는 사람 몸에 붙어산다. 아주 작다. 다리도 짧고 날개도 없다. 매미 무리는 애벌레가 땅속에서 오래 산다. 배에 울음주머니가 있어서 큰 소리로 운다. 진딧물도 매미 무리에 든다. 노린재 무리는 사는 곳에 따라 땅에서 사는 것, 주로 물 위에서 사는 것, 물속에서 사는 것으로 나눈다. 물장군, 물자라처럼 물속 곤충 가운데 노린재 무리에 드는 것이 많다. 물 위에 사는 것은 소금쟁이 무리이다. 땅에 사는 것은 작물의 즙을 먹어서 농사 해충인 것이 많다.

내시류는 번데기를 거쳐 탈바꿈하는 곤충이다. 날도래는 어른벌레보다 애벌레가 더 익숙하다. 물속에서 모래나 가랑잎 부스러기로 원통형 집을 짓고 그 속에서 산다. 어른벌레는 작은 나방처럼 생겼다. 나비는 몸과 날개가 작은 비늘로 빽빽하게 덮여 있다. 나방과 나비가 모두 나비 무리에 든다. 애벌레 때는 잎이나 줄기, 꽃, 뿌리 따위를 먹고, 어른벌레는 꽃꿀을 먹고 가루받이를 돕는다. 애벌레가 농사 해충인 것이 많다. 파리는 앞날개가 한 쌍만 있다. 파리는 다시 모기, 등에, 파리 무리로 나눈다. 우리나라에 사는 모기 무리는 쉰 종이 넘는데, 사람 피를 빠는 것은 열다섯 종쯤이다. 각다귀는 큰 모기처럼 생겼다. 등에 무리는 파리와 비슷한데 대개 몸집이 더 크다. 짐승 피를 빠는 것도 있고, 다른 곤충을 잡아먹는 파리매도 등에 무리에 든다. 파리는 흔히 집에서 사는 집파리나 쉬파리가 있다. 기생파리도 이와 비슷한데 특히 나비 애벌레 몸속에서 기생하는 것이 많다. 꽃등에도 파리 무리에 드는데, 꽃에 모여든다. 벌인 줄 알고 보면 꽃등에일 때가 많다. 애벌레가 진딧물을 잡아먹는 것이 많다. 또, 파리 가운데 과실파리, 굴파리 따위는 과일 열매를 먹거나, 잎에 굴을 파고 다녀서 농사에 피해를 주는 것이 많다. 벼룩 무리는 이만큼이나 작다. 더듬이가 아주 짧고 눈이 없다. 입틀이 칼 모양이어서 살갗을 뚫고 피를 빨기에 알맞다. 거의 젖먹이동물에 기생하고, 새에 기생하는 것도 있다.

내시류 가운데 뿔잠자리, 딱정벌레, 벌 무리는 다른 무리와 어떤 관계인지를 두고 여러 의견이 오간다. 뿔잠자리 무리에 드는 곤충은 풀잠자리, 명주잠자리가 있다. 잠자리를 닮았지만, 천천히 난다. 명주잠자리 애벌레가 개미귀신이다. 딱정벌레는 삼십육만 종쯤이다. 가짓수로는 곤충 가운데 삼 분의 일이 넘고, 동물 전체에서도 사 분의 일쯤이다. 이렇게 종이 많으니 크기나 모습도 아주 여러 가지다. 튼튼한 큰턱이 있고, 딱딱한 딱지날개가 있는 것이 많다. 물방개처럼 물속에 사는 것도 있다. 풍뎅이, 반날개, 물땡땡이, 사슴벌레, 꽃무지, 방아벌레, 수시렁이, 바구미, 잎벌레, 거저리, 가뢰 같은 벌레가 모두 딱정벌레 무리이다. 벌 무리 가운데 허리가 잘록하지 않은 것들이 잎벌 무리이다. 애벌레가 송충이를 닮았다. 허리가 잘록한 벌의 애벌레는 구더기를 닮았다. 나방이나 딱정벌레 애벌레에 기생하는 맵시벌과 좀벌 무리가 있고, 다른 곤충의 애벌레를 잡아다가 새끼를 키우는 벌로 구멍벌, 말벌, 대모벌 무리가 있다. 여럿이 모여 사는 벌이 많고, 개미도 이 무리에 든다.

하루살이

Ephemeroptera

하루살이는 하루만 산다고 해서 붙은 이름이다. 하루살이 무리는 애벌레 때는 물속에서 살다가 어른벌레가 되면 물 밖으로 나오는데, 몇 달에서 길게는 두세 해 가까운 시간을 애벌레로 지내다가 어른벌레가 되어서는 몇 시간, 혹은 며칠을 살고 죽는다. 어른벌레가 되어서는 아무것도 먹지 않고 살면서 짝짓기를 하고 알을 낳은 다음 죽는다. 작은 벌레가 무리를 지어 날아다니는 것을 보고 하루살이라고 할 때가 많지만 하루살이는 대개 일 센티미터가 넘고, 길고 가느다란 꼬리털이 두 개 있어서 쉽게 알아볼 수 있다.

애벌레는 물속을 돌아다니면서 물에 떨어진 썩은 나뭇조각이나 물풀을 먹고 산다. 종에 따라서 저마다 사는 곳이 다르다. 바닥이 진흙인지, 모래인지에 따라서도 다르고, 물이 흐르는 속도에 따라서도 다르다. 맑은 물에서 사는 하루살이도 있고, 더러운 물에서 사는 하루살이도 있다. 그래서 어떤 하루살이 애벌레가 사는지를 보고, 물이 깨끗한지 더러운지 가늠할 수도 있다. 산골짜기의 깨끗한 물에서는 납작하루살이, 피라미하루살이가 살고, 강 중류나 하류에는 강하루살이, 동양하루살이, 알락하루살이가 산다. 고여 있는 더러운 물에는 꼬마하루살이와 등딱지하루살이가 산다.

봄에서 초여름 사이에 어른벌레가 되는 하루살이가 많다. 애벌레로 물에서 지내다가 어른벌레로 바뀔 때는 한 번에 어른벌레로 탈바꿈을 하는 것이 아니고, 한 번 탈바꿈을 한 다음, 다시 한 번 허물을 벗고 완전한 어른벌레가 된다. 이런 식으로 똑같은 모양새로 허물을 한 번 더 벗은 다음 어른벌레가 되는 것은 하루살이밖에 없다. 어른벌레가 된 하루살이는 저녁 무렵 물가에서 무리를 지어 날아다닌다. 이때 짝짓기를 한다. 짝짓기가 끝나면 수컷은 죽고 암컷은 알을 낳기 시작한다. 물 위에 알 덩어리를 낳는 하루살이도 있고, 아예 물속에 들어가서 물풀에 알을 붙이는 하루살이도 있다. 암컷도 알을 다 낳고는 죽는다.

알은 열흘에서 스무 날쯤 지나면 애벌레가 된다. 애벌레는 번데기를 거치지 않고 어른벌레가 된다. 애벌레로 겨울을 나는 것도 있고, 알로 나는 것도 있다.

 12~14mm

다른 이름 날파리, 하로사리, 하리사리

사는 곳 애벌레 - 물속 | 어른벌레 - 물가

한살이 알 ▸ 애벌레 ▸ 어른벌레

먹이 애벌레 - 물풀이나 돌말

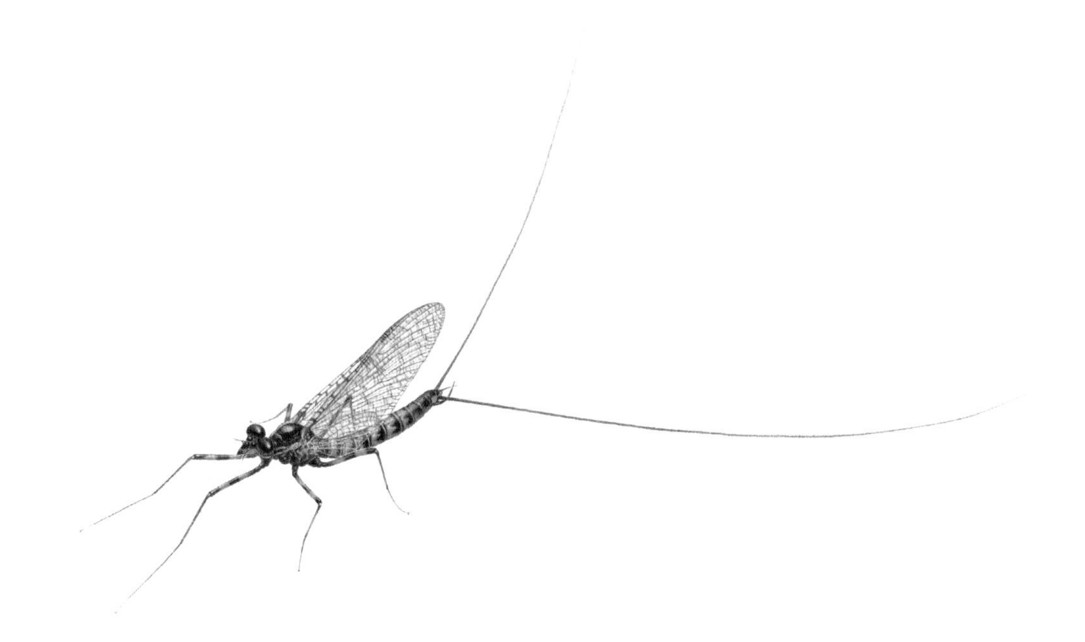

참납작하루살이 *Ecdyonurus dracon*

몸길이가 12~14mm이다. 넓적다리마디에 검은 밤색 띠무늬가 있다. 수컷은 암컷보다 눈이 훨씬 크고 튀어나왔다. 애벌레는 몸길이가 12~15mm쯤 된다. 애벌레도 밤색 띠무늬가 있다.

잠자리

Odonata

잠자리는 잘 난다. 곤충 가운데 가장 빨리 나는 것이 잠자리다. 쉬지 않고 오래 나는 힘도 좋아서 된장잠자리 같은 것은 멀리 동남아시아에서 우리나라로 날아온다고 알려져 있다. 또 눈도 아주 밝다. 잠자리는 애벌레 때는 물속에서 살면서 열 번 남짓 허물을 벗고 자란다. 번데기를 거치지 않고 어른벌레가 되는데, 물 밖으로 나온 애벌레가 풀 줄기에 붙어서 마지막으로 허물을 벗고 날개돋이를 한다. 어른벌레는 겨울이 오기 전에 알을 낳고 죽는다.

잠자리 애벌레는 학배기나 수채라고도 한다. 장구벌레나 실지렁이, 올챙이, 작은 물고기 따위를 먹고 산다. 학배기는 바닥을 기어 다니다가 위험한 상황에 부딪치면 꽁무니에서 물을 내뿜으면서 그 힘으로 재빨리 도망친다. 죽은 척을 하는 학배기도 있다.

어른벌레도 학배기처럼 다른 벌레를 잡아먹는다. 하늘을 빙빙 날면서 모기나 파리 같은 먹이가 나타나면 제자리에서 날다가 잽싸게 낚아챈다. 다리로 잡아챈 먹이는 놓치는 법이 없다. 잡은 먹이는 통째로 씹어 먹는데 주둥이가 아주 크고 턱이 억세다. 사람이 손으로 잠자리를 잡았을 때에도 허리를 구부려 손가락을 깨무는데, 무척 아프다. 장대나 빨랫줄에 가만히 앉아 쉴 때에는 여러 마리가 늘어서 있더라도 같은 쪽을 바라보고 앉는다. 바람이 불어오는 쪽을 향해 앉는데, 이렇게 앉아야 바람에 날아가지 않고 잘 버틸 수 있다.

짝짓기를 할 때는 암수가 서로 붙어서 난다. 수컷이 암컷을 꼭 붙들고 다니는데, 다른 수컷과 짝짓기하는 것을 막기 위해서다. 짝짓기를 한 암컷은 알을 물속에 떨구거나, 물속 풀잎에다 알을 붙여 놓는다. 알인 채로 겨울을 난다.

밀잠자리나 고추잠자리는 들에 흔하고, 물잠자리는 맑은 개울가에 많다. 된장잠자리가 떼를 지어 나타나기도 한다. 고추잠자리는 빨갛게 잘 익은 고추처럼 온몸이 붉다. 검은물잠자리는 온몸이 검은색이다. 날개도 검은데 햇빛을 받으면 검푸른빛이 나면서 번쩍인다. 물가에 있는 풀 사이를 천천히 날갯짓하면서 날아다닌다. 수컷은 앉아 있을 때 다른 수컷이 다가오면 날개를 폈다 접었다 하면서 가까이 오지 못하게 한다. 수컷끼리 쫓아다니는 모습이 정답게 노는 것처럼 보이지만 실은 서로 겨루는 것이다.

25~50mm

다른 이름 남자리, 자라미, 잰자리, 철기

사는 곳 애벌레 - 물속 | 어른벌레 - 논밭, 들판

한살이 알 ▸ 애벌레 ▸ 어른벌레

먹이 애벌레 - 작은 물벌레, 물고기 | 어른벌레 - 모기, 파리 따위

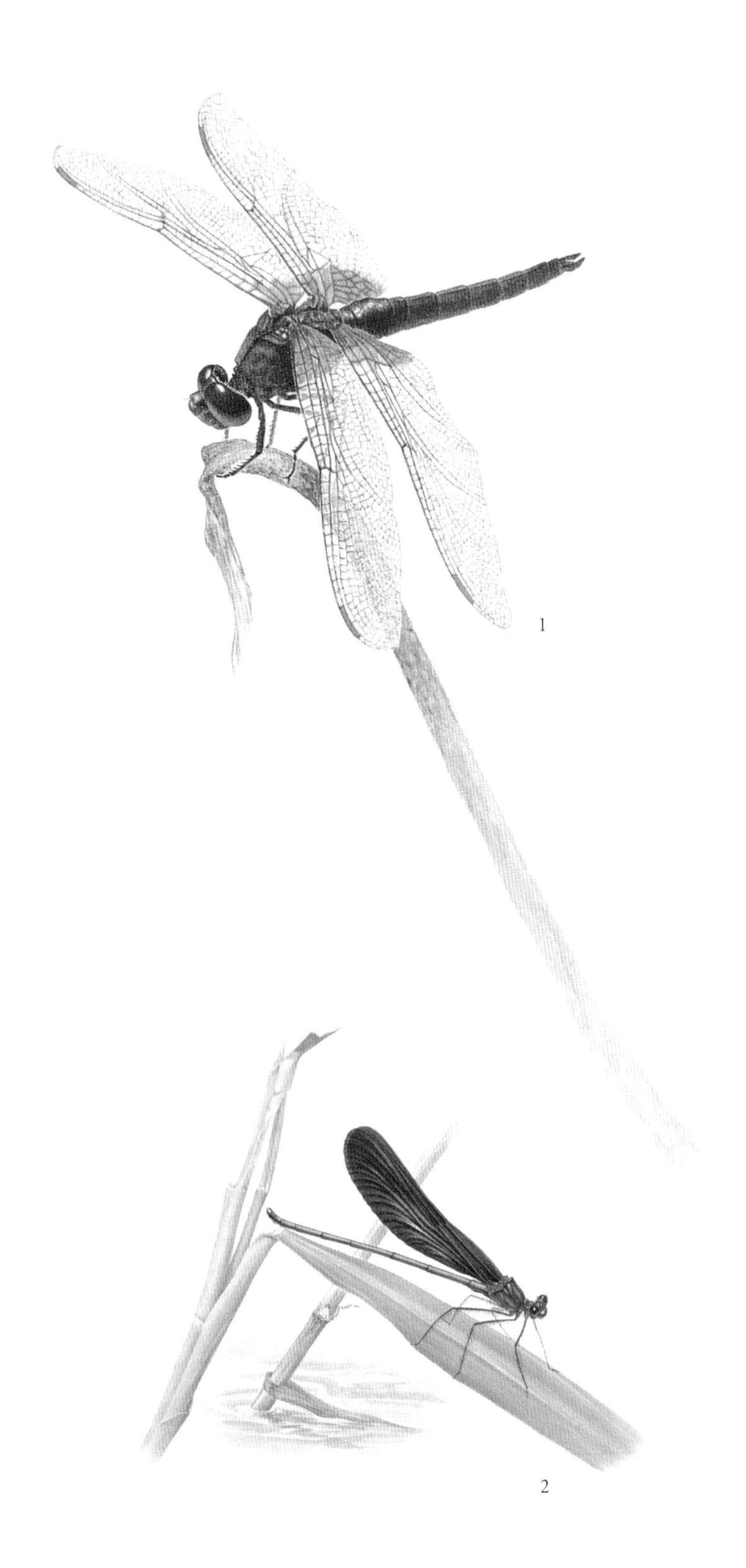

1 **고추잠자리** *Crocothemis servilia*
뒷날개 길이는 25~30mm이다. 가슴과 배가 누렇거나 붉은 밤색이다. 봄부터 가을까지 날아다니는데 여름과 가을에 많이 보인다. 넓게 트인 물웅덩이 근처에 많다.

2 **검은물잠자리** *Calopteryx atrata*
뒷날개 길이는 35~44mm이다. 까만 눈이 동그랗게 튀어나왔다. 몸은 검은색인데, 빛을 받으면 날개와 몸이 검푸르게 윤이 난다. 물살이 느리고 물풀이 많은 물가에 많다.

바퀴

Blattellidae

바퀴는 집에서 흔히 볼 수 있다. 음식 찌꺼기나 비누, 종이, 풀 따위를 가리지 않고 다 먹는다. 부엌처럼 먹이가 많은 곳이나 변소같이 어둡고 축축한 곳에 많다. 낮에는 좁은 틈새에 숨어 있다가 밤이 되면 먹이를 찾아서 밖으로 나와 돌아다닌다. 몸을 납작하게 할 수 있어서 조그만 틈에도 잘 들어간다. 여러 마리가 모여 살고 번식력도 강해서 암컷 한 마리만 있어도 금세 몇백 마리로 늘어난다.

바퀴는 지저분한 곳과 음식물 사이를 왔다 갔다 하면서 식중독 같은 병을 옮기기도 한다. 하지만, 집에서 사는 다른 벌레들에 견주어서 바퀴가 특별히 병을 많이 옮기는 것은 아니다. 낮에는 안 보이다가 밤에 갑자기 맞닥뜨리는 바람에 더 혐오스럽게 느끼고, 게다가 잡으려고 들면 덩치 큰 벌레가 재빠르게 이리저리 도망가서는 어느 구석엔가 숨어 버리니, 집 어느 구석에서 크고 거무튀튀한 벌레가 다시 나올지 몰라 불안해한다. 바퀴는 작은 떨림도 쉽게 알아차려서 도망가고, 다리와 발톱이 튼튼해서 벽이나 천장에서도 떨어지지 않고 잘 기어 다닌다. 날개는 있지만 잘 날지 않는다. 바퀴는 본디 더운 열대 지방에서 살았는데, 교통이 발달하면서 온 세계로 퍼졌다.

바퀴를 없애려면 바퀴가 들어가서 살 만한 틈새는 막고, 음식 쓰레기를 집 안에 오래 두지 않는 것이 좋다. 바퀴는 추운 곳에서는 못 사니까 난방을 덜 하는 것도 좋은 방법이다. 살충제를 써서 바퀴를 없애기도 하는데, 사람한테도 해로울 뿐 아니라, 살충제를 자꾸 쓰면 바퀴는 점점 살충제를 잘 견딜 수 있게 된다.

우리나라에 사는 바퀴 가운데 바퀴, 집바퀴, 먹바퀴, 이질바퀴 들이 집 안을 들락거리며 산다. 종류에 따라 다르지만, 대개는 한 해에 여러 번 발생한다. 이질바퀴 같은 것은 한 해에 한 번 발생한다. 암컷은 사는 동안 네 차례에서 여덟 차례 알을 낳는다. 알 주머니 속에 알을 낳아서 배 끝에 달고 다니다가 어둡고 눅눅한 곳에 붙여 놓는다. 알 주머니에는 알이 삼사십 개쯤 들어 있다. 삼 주쯤 지나면 애벌레가 나온다. 애벌레는 한두 달 동안 예닐곱 번 허물을 벗고 어른벌레가 된다. 어른벌레로 백 일에서 이백 일쯤 산다.

10~25mm

다른 이름 강구, 바꾸, 바퀴벌레, 돈벌레

사는 곳 집 안, 들판, 산

한살이 알 ▸ 애벌레 ▸ 어른벌레

먹이 가리지 않고 무엇이든 먹는다.

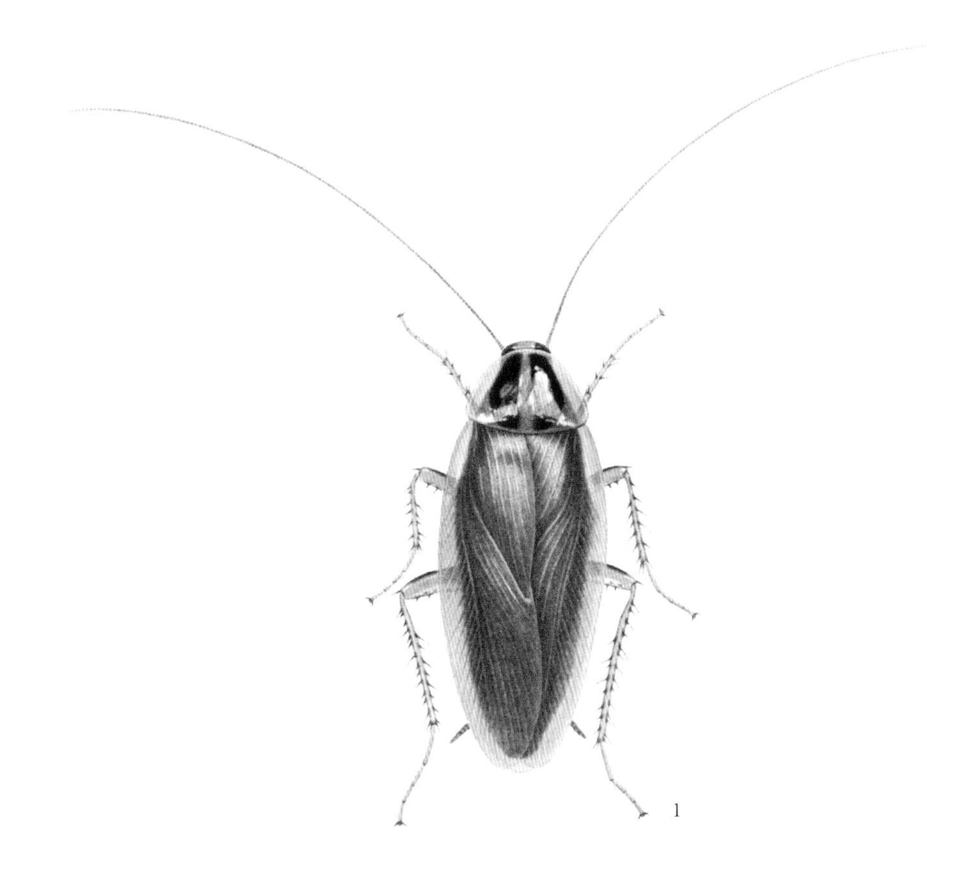

1 바퀴 *Blattella germanica*
몸길이는 10~15mm이다. 몸은 누르스름한 밤색이다. 앞가슴에 검은 줄무늬가 2줄 있다. 더듬이는 실처럼 가늘고 길다. 다리에 가시와 털이 나 있다. 집 안에서 흔히 보인다. 알집을 몸에 달고 다닌다.

1-1 알집에서 나오는 새끼 바퀴

사마귀

Mantidae

곤충 가운데 가장 사나운 곤충을 들라면 사마귀를 꼽는 사람이 많다. 흔히 오줌싸개라고도 했는데, 사마귀를 잡으면 꽁무니에서 오줌을 싸기 때문이다. 사마귀는 어릴 때는 진딧물이나 개미 같은 작은 벌레를 잡아먹다가 자라면 벌, 파리, 나비, 잠자리같이 큰 것을 잡아먹는다. 다 자란 사마귀는 작은 개구리도 먹을 수 있고, 심지어는 제 동족도 잡아먹는다. 앞다리가 길고 낫처럼 구부러진 데다가 톱니가 있어서 먹이를 사냥하기에 좋다. 풀 사이에 숨어 있다가 먹이가 나타나면 앞다리를 뻗어 재빠르게 낚아챈다. 짝짓기를 하고 있는 암컷이 수컷을 잡아먹기도 한다. 암컷은 등 위에서 짝짓기를 하고 있는 수컷이라도 앞다리에 걸리면 머리부터 아그작아그작 씹어 먹는다. 거미 가운데에도 이렇게 암컷이 수컷을 잡아먹는 경우가 있지만, 사마귀는 짝짓기를 하고 있는 동안에 암컷이 수컷을 잡아먹는다. 사마귀 말고는 이러는 동물이 거의 없다. 어쩌다 수컷을 잡아먹지 않기도 하는데, 그렇다고 알을 못 낳는 것은 아니다.

사마귀는 가을에 짝짓기를 하고 나서 풀 줄기나 나뭇가지나 돌 틈이나 바위 밑에 알을 낳는다. 배 끝에서 흰 거품을 뿜어 알집을 만들고 그 속에 낳는다. 알집은 공기와 섞여 있어서 탄력이 있고 따뜻하다. 만져 보면 조금 단단한 스펀지 같다. 사마귀 종류마다 알집이 다르게 생겼다. 알집에서 겨울을 보낸 다음, 봄에 애벌레가 깨어 난다. 애벌레는 여러 차례 허물을 벗으면서 자란다. 늦여름에 마지막 허물을 벗으면 날개가 생기고 어른벌레가 된다.

흔히 볼 수 있는 사마귀로 사마귀, 왕사마귀, 좀사마귀, 항라사마귀 들이 있다. 사마귀와 왕사마귀는 서로 비슷해서 가려내기가 어렵다. 왕사마귀가 등이 훨씬 넓고 굵은 것으로 가려내야 한다. 알집 모양도 다르다. 항라사마귀와 좀사마귀는 작은 편이다. 항라마사귀는 들이나 개울가 풀밭에 많고, 좀사마귀는 산기슭 풀숲에 많다.

애벌레는 어른벌레와 모양새는 닮았지만 날개가 없다. 예닐곱 번 허물을 벗으면서 몸길이가 열 배 넘게 자라고 마지막 허물을 벗었을 때 날개가 생긴다. 짝짓기를 하고 삼 주 뒤에 알을 낳는다. 두세 군데에 이백 개 남짓 낳는다. 암컷은 알을 낳고 나면 얼마 안 있어 죽는다.

45~80mm

다른 이름 버마재비, 오줌싸개

사는 곳 풀밭, 숲

한살이 알 ▸ 애벌레 ▸ 어른벌레

먹이 살아 있는 벌레

1 왕사마귀 *Tenodera sinensis*
몸길이는 70~80mm이다. 몸빛은 풀빛이거나 옅은 밤색이다. 머리가 세모나고 큰턱이 있다. 뒷날개에는 보랏빛이 도는 밤색 얼룩무늬가 있다. 앞다리에는 날카로운 톱니가 있다.

1-1 왕사마귀 알집

2 좀사마귀 *Statilia maculata*
왕사마귀보다 작다. 몸길이는 45~65mm이다. 머리가 옆으로 길고, 몸통이 가늘다. 뒷날개를 펴면 짙은 밤색 얼룩무늬가 있다. 풀밭이나 떨기나무 사이에서 자주 보인다.

곤충류
메뚜기목
귀뚜라미과

귀뚜라미

Gryllidae

가을밤 풀벌레 소리라고 하면 으레 귀뚜라미를 떠올린다. 귀뚜라미는 가을밤에 풀섶이나 집둘레에서 "뜨으르르르" 하고 운다. 아침이나 낮에도 울지만, 아무래도 귀뚜라미 소리는 밤에 또렷이 들린다. 귀뚜라미 수컷을 자세히 보면 앞날개가 투명하고 울퉁불퉁하다. 이 앞날개 두 장을 서로 비벼서 소리를 낸다. 소리는 수컷만 내는데 암컷을 불러 짝짓기를 하려는 것이다. 다른 수컷이 가까이 오지 못하게 하려는 것이기도 하다. 수컷끼리 만나면 더 큰 소리로 울면서 밀어내기도 한다. 암컷은 앞다리에 있는 귀로 소리를 듣고 수컷을 찾는다. 눈으로 보고 같은 종을 찾는 것이 아니라 소리로 구분하는 것이다. 귀뚜라미는 같은 종이라도 추운 곳에 사는 것과 더운 곳에 사는 것이 울음소리가 다르다. 이렇게 사는 지역에 따라 귀뚜라미 소리가 미묘하게 달라지는 바람에 서로 같은 종이라는 것을 못 알아보기도 한다.

가끔 집 안 화장실이나 창고 구석에서 다리가 큰 벌레를 보고 귀뚜라미로 착각하는 사람들이 적지 않다. 꼽등이라는 곤충인데, 꼽등이는 소리를 내지도 못하고, 듣지도 못한다. 귀뚜라미는 날개를 비벼서 소리를 내는데, 꼽등이는 아예 날개도 없다.

귀뚜라미는 깨끗한 곳 더러운 곳 가리지 않고 잘 산다. 돌담, 장독대 밑, 풀숲이나 논밭, 집 둘레, 도시에 있는 공원에서도 산다. 구석진 곳이나 풀 뿌리 둘레를 기어 다니면서 풀이나 죽은 벌레를 먹고 산다. 머리는 둥글고 단단하고, 몸은 납작한데, 땅굴을 파는 재주가 있다. 헤엄도 잘 친다. 다른 메뚜기 무리 곤충들처럼 뒷다리가 커서 풀쩍풀쩍 뛰는 것도 잘한다.

짝짓기를 한 귀뚜라미 암컷은 바늘처럼 생긴 대롱을 흙 속에다 꽂고 알을 낳는다. 왕귀뚜라미는 어미가 알을 낳고 겨울이 오기 전에 죽는다. 가을에 낳은 알은 그대로 겨울을 나고, 이듬해 봄에서 여름 사이에 애벌레가 깨어 난다. 애벌레는 어린 식물의 싹과 잎을 갉아 먹으면서 자라서는 예닐곱 번쯤 허물을 벗고 늦여름에서 가을에 어른벌레가 된다.

우리나라에서는 여치 집을 만들어서 여치 울음소리를 들었는데, 일본에서는 귀뚜라미를 잡아서 가까이에 두고 울음소리를 들었다. 중국에서는 귀뚜라미끼리 싸움을 붙이기도 하는데, 짝짓기 철에 수컷들끼리 싸우는 습성을 이용한 것이다.

20~26mm

다른 이름 구뚤기, 구들배미, 귀뚜리, 기또래미

사는 곳 들판, 집 가까이

한살이 알 ▸ 애벌레 ▸ 어른벌레

먹이 풀, 죽은 벌레

왕귀뚜라미 *Teleogryllus emma*

몸길이는 20~26mm이다. 몸은 검은빛이 도는 밤색이다. 더듬이가 길다. 더듬이와 눈 위쪽으로 하얀 띠무늬가 있다. 수컷은 배 끝에 꼬리털만 2개 있고, 암컷은 꼬리털 사이에 산란관이 있다.

메뚜기

Acrididae

가을에 논이나 밭에 들어서면 여기저기서 "후드득후드득" 메뚜기가 튀어 달아난다. 벼메뚜기, 방아깨비, 팥중이, 풀무치, 콩중이, 삽사리 따위가 다 메뚜기과에 든다. 귀뚜라미나 여치는 다른 벌레나 죽은 동물을 먹기도 하지만, 메뚜기는 거의 다 풀을 먹는다. 주둥이를 보면 풀잎을 씹기에 알맞게 생긴 것을 알 수 있다. 벼메뚜기는 특히 볏잎을 많이 먹는다고 이런 이름이 붙었는데, 메뚜기가 떼로 늘어나면 농작물이나 숲에 큰 피해를 주기도 한다. 요즘은 농약을 많이 뿌려서 옛날 만큼 메뚜기가 흔하지는 않다.

메뚜기 무리의 수컷은 소리를 낼 줄 안다. 애메뚜기, 삽사리 따위는 뒷다리에 있는 톱니로 날개를 비벼서 소리를 낸다. 귀뚜라미처럼 암컷을 부르고 다른 수컷을 멀리하기 위해서다. 메뚜기는 몸의 빛깔이 사는 곳에 따라 다르다. 풀밭에 사는 메뚜기는 풀빛이고, 땅 위에 사는 메뚜기는 흙색이다. 벼메뚜기는 여름에는 푸르다가 벼가 누렇게 익어 가면 저도 몸 빛깔을 풀빛에서 누런색으로 바꾼다.

벼메뚜기는 나락 논이나 풀섶에 사는데, 옛날에는 메뚜기를 잡아다가 구워 먹었다. 아이들도 좋아하지만 어른들도 잘 먹었다. 풀무치나 방아깨비 따위도 구워 먹었는데, 방아깨비는 주로 몸집이 큰 암컷을 먹는다. 방아깨비는 우리나라에 사는 메뚜기 무리 가운데 몸길이가 가장 길다. 머리는 아주 뾰족하고 앞으로 길게 튀어나왔다. 방아깨비 뒷다리 두 개를 잡고 몸을 건드리면 곡식을 찧는 방아처럼 아래위로 몸을 꺼떡꺼떡한다. 그래서 방아깨비라고 한다. 암컷은 몸집이 수컷보다 훨씬 크다.

메뚜기 암컷은 산란관과 꼬리털을 써서 땅속에 알을 낳는다. 봄이 되면 애벌레가 깨어 나서 허물을 여러 번 벗고 어른벌레가 된다. 번데기를 거치지는 않는다.

메뚜기 가운데 풀무치 같은 것은 한꺼번에 놀랄 만큼 많은 숫자가 갑자기 생겨나기도 한다. 메뚜기 대발생이라고 하는데, 수십억 마리가 떼를 지어 날면 하늘이 다 컴컴해질 정도라고 한다. 우리나라에서도 이런 일이 있었다는 기록이 있다. 그럴 때는 메뚜기가 날개와 가슴이 훨씬 커지고 힘도 세다. 바다를 건너 수천 킬로미터를 날아간다. 메뚜기 떼가 한번 휩쓸고 지나간 지역은 그야말로 아무것도 남지 않는다. 아직도 이유는 정확히 알려지지 않았다.

35~50mm

다른 이름 메때기, 메뚤기, 메띠

사는 곳 논밭, 풀밭

한살이 알 ▸ 애벌레 ▸ 어른벌레

먹이 벼 잎, 풀잎

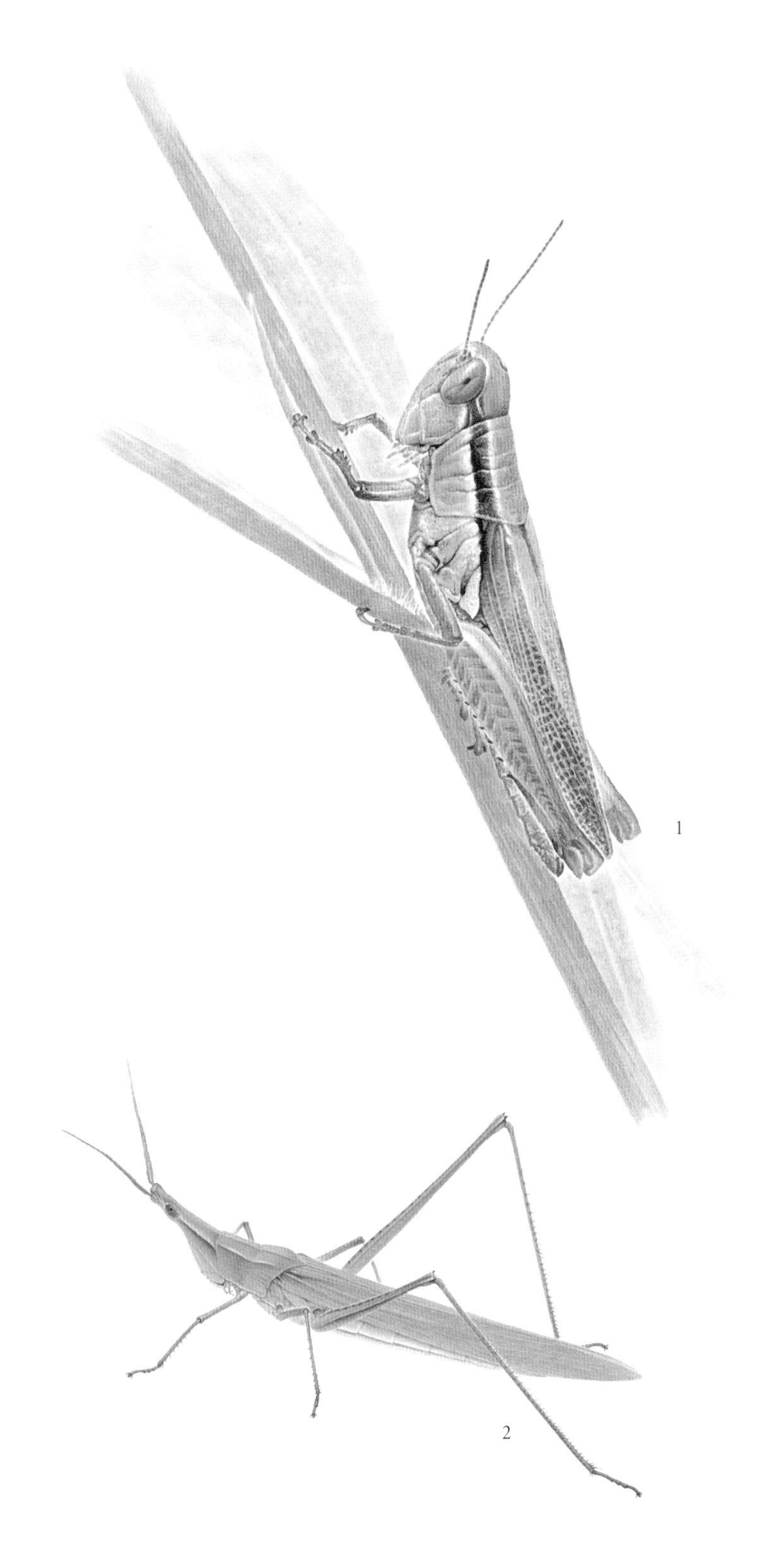

1 우리벼메뚜기 *Oxya chinensis sinuosa*

몸길이는 35~45mm이다. 몸은 누런 풀빛이고 눈 뒤로 검은 띠무늬가 있다. 암컷이 수컷보다 크다. 암컷은 꽁무니가 갈라져 있는데, 수컷은 그러지 않고 위로 들려 있다. 앞가슴등판에 가느다란 홈이 3개 있다.

2 방아깨비 *Acrida cinerea*

수컷은 몸길이가 40~50mm이고, 암컷은 70~80mm이다. 몸 빛깔은 풀빛이 많고 밤색인 것도 있다. 머리가 뾰족하고 꼭대기에 겹눈이 있다. 더듬이가 짧고 납작하다. 뒷다리가 가늘고 길다.

곤충류
이목
이과

이

Pediculidae

우리나라에 사는 이는 대개 짐승이나 사람 몸에 붙어살면서 피를 빨아 먹는다. 알에서 어른벌레까지 한 동물에 붙어서 평생을 산다. 동물마다 붙어사는 이의 종류도 다르다. 대부분 머리는 작고 더듬이가 아주 짧다. 다리가 아주 튼튼한 편인데, 종아리마디와 발목마디 사이에 돌기가 있어서 그것으로 털이나 머리카락 따위를 붙잡고 다닌다.

사람 몸에 사는 이에는 몸이와 머릿이가 있다. 사람의 생식기 털에 붙어사는 사면발이도 크게는 이 무리에 드는 곤충이다. 몸이는 옷 솔기 속에 살아서 옷이라고도 한다. 머릿이는 머리카락에 붙어서 산다. 사면발이가 가장 작고 몸이가 가장 크다. 다 큰 몸이는 보리알만 하다. 몸이는 빛깔도 더 검다. 붙어사는 사람이 어떤 인종이냐에 따라 이도 색깔이 조금씩 달라진다고 한다. 이가 있으면 근질근질하고 가렵다. 처음에는 물려도 아프지 않고 상처가 크게 나지 않아서 이가 생긴 줄 모른다. 특히 사면발이는 가려운 것이 심해서 살갗이 헐 만큼 긁는다.

돼지나 말이나 개에도 이가 붙어산다. 동물에 붙어사는 이와 사람 몸에서 사는 이는 다른 종이다. 동물에 붙어서 사는 이는 사람에게 옮겨 오면 못 살고 죽는다. 사람한테 붙어사는 몸이와 머릿이는 생긴 것도 다르고, 사는 곳도 다르지만 같은 종이다.

이가 머리카락이나 옷 솔기에 까 놓은 하얀 알을 서캐라고 한다. 쌔기라고 하는 곳도 있다. 몸이는 옷을 삶거나 다리미로 다리거나 아주 추운 곳에 한참 두면 죽는다. 머릿이를 없애려면 촘촘한 참빗으로 머리를 빗어서 잡아낸다. 옛날에는 이가 참 많았지만 이제는 찾아볼 수 없을 만큼 많이 줄어들었다. 그런데 요즘 들어서 학교나 유치원처럼 아이들이 많이 모이는 곳에서 머릿이가 다시 나타나고 있다. 우리나라뿐만 아니라 다른 나라에서도 머릿이가 늘고 있는데, 이가 새로운 환경에 적응하는 힘이 생겼기 때문이다.

어른벌레는 한 달 남짓 살면서 알을 이삼백 개 낳는다. 알을 털이나 옷 솔기에 하나씩 붙여 낳는데, 하루에 몇 개씩 꾸준히 낳는다. 일 주일쯤 지나면 애벌레가 깨어 나고, 다시 일 주일쯤 지나면 어른벌레가 된다. 애벌레를 가랑니라고 하고, 어른벌레는 퉁니라고 한다.

사람 몸에 붙어사는 벌레로 이 말고도 벼룩, 빈대, 진드기 따위가 더 있다. 벼룩이나 빈대는 곤충이고, 진드기는 거미처럼 다리가 네 쌍인 벌레이다.

2~3mm

다른 이름 니, 물것, 해기

사는 곳 짐승 털, 살갗

한살이 알 ▸ 애벌레 ▸ 어른벌레

먹이 짐승 피

1

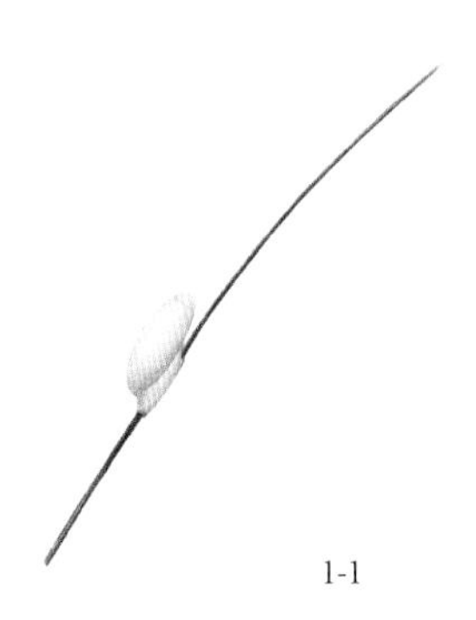

1-1

1 이 *Pediculus humanus*

이는 몸이 납작하고 날개가 없다. 더듬이는 아주 짧고 겹눈이 없다. 주둥이가 짧고 침처럼 생겼다. 다리 끝이 갈고리처럼 생겨서 털이나 옷감에 잘 붙어 있는다. 몸이는 몸길이가 3mm 조금 넘고, 머릿이는 이보다 조금 작다.

1-1 머리카락에 붙은 서캐

물자라

Muljarus japonicus

물자라는 물장군과 비슷하게 생겼는데 크기가 작다. 몸이 둥글넓적하며 머리가 작고 앞다리가 짧다. 목이 짧고 얼굴이 뾰족한 것이 자라를 닮아서 물자라라는 이름이 붙었다. 북한에서는 물자라를 알지기라고 하는데, 이 이름은 수컷이 알을 등에 지고 다니면서 지키는 모습을 보고 지은 것이다.

물자라는 작은 물고기나 올챙이, 달팽이, 개구리 따위를 잡아먹는다. 물풀 사이에 숨어 있다가 먹이가 다가오면 낫처럼 생긴 앞다리로 재빨리 잡아서는 꼭 끌어안고 바늘처럼 뾰족하게 생긴 입을 찔러 넣고 즙을 빨아 먹는다. 앞다리가 작아서 자기보다 큰 먹이는 못 잡고, 가운뎃다리와 뒷다리는 털이 나 있어서 헤엄을 잘 친다.

물자라는 수컷이 알을 돌본다. 짝짓기를 마친 암컷은 수컷 등에 알을 하나씩 낳는다. 수컷은 등에 알이 꽉 찰 때까지 여러 번 짝짓기를 한다. 수컷은 알이 깨어 날 때까지 알을 등에 지고 지낸다. 알을 다른 물고기들이 먹지 못하게 막고, 알이 깨는 데 알맞은 온도와 공기를 얻으려고 물낯 가까이에서 지낸다. 예전에는 논이나 물풀이 우거진 물웅덩이에서 물자라를 쉽게 볼 수 있었다. 농약이나 풀약을 많이 쓰면서 요즘은 보기가 힘들어졌다.

곤충은 대개 알을 많이 낳는 대신에 알을 따로 돌보지 않는다. 알을 낳을 때, 땅속이나 나무 속에 숨겨 낳거나, 알집을 만들어서 알을 보호한다. 그러나 그뿐이다. 적당한 자리에 알을 낳으면 어미는 그 자리를 떠난다. 물자라처럼 알을 돌보는 곤충은 아주 드물다. 그렇게 알을 돌보는 또다른 곤충으로 집게벌레, 땅강아지, 소똥구리 들이 있다.

물자라는 물 밑에 쌓인 가랑잎 속에서 겨울을 나고 봄에 짝짓기를 한다. 5월 초쯤에 알을 지고 다니는 수컷을 볼 수 있다. 알을 낳은 지 이 주일쯤 지나면 애벌레가 깨어 난다. 애벌레는 허물을 다섯 번 벗고 두세 달만에 어른벌레가 된다.

물자라와 비슷하게 생긴 물장군은 물자라처럼 밤에 불빛을 보고 날아드는 버릇이 있지만, 알을 지고 다니지는 않는다. 대신 암컷이 물풀 줄기에 알을 낳으면 수컷이 알이 깨어 날 때까지 곁에서 알을 지킨다. 물속에 사는 노린재 무리 가운데 가장 몸집이 크다.

17~20mm

다른 이름 알지기, 알지게

사는 곳 연못, 개울

한살이 알 ▸ 애벌레 ▸ 어른벌레

먹이 작은 물고기, 물벌레

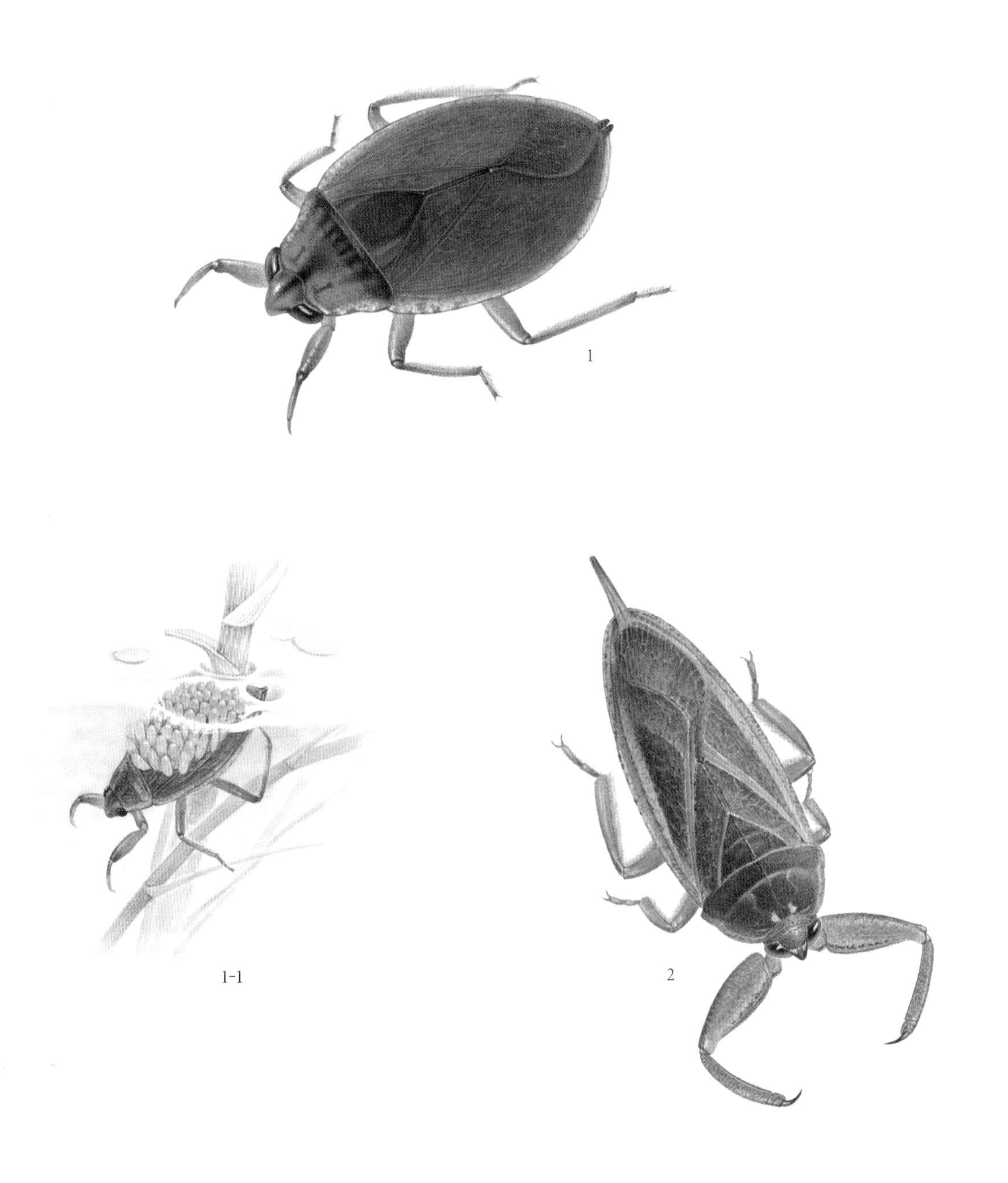

1 물자라
물장군과 비슷하게 생겼는데 크기가 작다. 머리가 작고 앞다리가 짧다. 몸길이는 17~20mm쯤이다. 몸은 누런 밤색이고 등이 둥글넓적하다. 앞다리는 낫처럼 생겼다. 입은 뾰족하다. 알은 희고 길쭉한데, 수컷이 등에 지고 있다.

1-1 등에 알을 진 물자라 수컷

2 물장군 *Lethocerus deyrollei*
물장군은 몸길이가 48~65mm쯤이다. 몸은 밤색이다. 몸에 견주어 머리가 작다. 커다란 앞다리 끝에 발톱이 하나씩 나 있다. 몸집이 큰 만큼 물고기나 개구리도 잘 잡아먹는다. 배 끝에 짧은 숨관이 있다.

노린재

Pentatomidae

노린재는 연한 풀이나 열매, 나뭇잎이나 가리지 않고 다 잘 먹는다. 뒤뚱뒤뚱 기어 다니면서 풀에서 즙을 빨고, 다른 풀로 옮겨 갈 때는 날아간다. 사마귀나 개구리 같은 천적이 나타나거나 사람이 손으로 잡으면 누린내를 뿜는다. 풀숲에서 어른벌레로 겨울을 난다. 늦가을에 겨울을 나려고 집 안으로 날아들기도 한다.

노린재 무리 가운데는 해충을 잡아먹어서 농사에 도움을 주는 노린재도 있지만, 대개는 채소와 곡식을 먹어 치우는 해충이 많다. 겨울에 날이 따뜻하면 이듬해에 노린재가 더 많이 나타난다. 본디 더운 것을 좋아해서 비닐하우스가 많은 곳에도 노린재가 끓는다. 노린재는 기다란 주둥이를 줄기나 열매에 꽂고 즙을 빨아 먹는다. 떼를 지어 나타날 때가 많아서 노린재가 끓기 시작하면 밭이 통째로 시들어 버리기 십상이다. 쫓아내기도 쉽지 않은데, 위험하면 날아서 도망쳤다가 나중에 돌아온다. 또 사람이 잡으려고 들면 서로 냄새를 풍겨서 위험을 알린다. 그러면 곧바로 땅바닥으로 툭툭 떨어져서 꼼짝 않고 있다가 돌아오는 식이다.

알락수염노린재는 봄에는 배추 잎이나 무 잎을 빨아 먹고, 가을에는 콩, 참깨, 벼, 귤, 단감을 빨아 먹는다. 콩이나 참깨가 채 익기 전에 꼬투리를 빤다. 빨고 나면 꼬투리가 검어지고 열매가 들지 않는다. 벼 이삭을 빨면 볍씨가 들지 않고 까매진다. 귤 꼭지가 달리는 곳을 빨아 먹어서 귤이 익기도 전에 바람에 쉽게 떨어지고 만다. 단감은 붉게 익어 갈 무렵 빨아 먹는데 빨아 먹은 자리가 까맣게 된다.

큰허리노린재는 노린재 가운데 아주 큰 편이다. 몸집이 커서 무거운데도 잘 날아다닌다. 몸은 거무스름한 밤색이 난다. 어깨처럼 생긴 앞가슴등판이 크고 넓적하다. 봄에서 가을 사이에 콩, 벼, 머위, 엉겅퀴, 덩굴딸기, 참나무 따위에 붙어서 즙을 빨아 먹는다. 봄에 올라오는 새순에 붙어서 즙을 빨아 순이 말라 죽게도 한다.

노린재는 어른벌레로 겨울을 나고, 봄에 겨울잠에서 깨어 나서 알을 낳는다. 알에서 깨어 난 애벌레는 여러 번 허물을 벗고 여름에 어른벌레가 된다. 요즘은 논밭에서 노린재를 쫓기 위해서 통발 같은 함정을 설치하거나, 노린재끼리 서로를 불러모으는 냄새를 이용하는 식으로 여러 방법을 쓴다. 다른 나라에서도 노린재 때문에 피해를 보는 경우가 늘고 있다.

11~25mm

다른 이름 노래이, 노레이, 노린재이

사는 곳 들판, 산

한살이 알 ▸ 애벌레 ▸ 어른벌레

먹이 풀잎, 열매, 작은 벌레

1 **알락수염노린재** *Dolycoris baccarum*
몸길이는 11~14mm이다. 몸은 붉은 밤색이나 연보라색이 많다. 몸에 부드러운 털이 빽빽하다. 배 양옆에 검은 줄무늬가 뚜렷하다. 날개는 배 끝보다 조금 길다. 더듬이가 알록달록하다.

2 **큰허리노린재** *Molipteryx fuliginosa*
허리노린재과의 곤충이다. 노린재 가운데 아주 큰 편이다. 몸길이는 19~25mm이다. 어깨처럼 생긴 앞가슴등판이 크고 넓적하다. 가장자리는 톱니처럼 우툴두툴하다. 더듬이가 길고 4마디로 되어 있다.

곤충류
매미목
매미과

매미

Cicadidae

귀를 즐겁게 하는 벌레 소리로 가을에는 귀뚜라미와 여치가 있다면 여름에는 단연 매미가 있다. 여름이 오면 시골이나 도시나 어디에서든 매미 소리를 듣는다. 참매미 소리는 "맴맴맴매앰" 하고, 쓰름매미는 늦은 여름에 "스을스을" 하고 울고, 털매미는 울음소리가 "씨이이잉" 하고 들린다고 해서 씽씽매미라고도 했다. 파도 소리처럼 "쏴아" 하고 우는 것은 말매미이다. 매미에 따라 내는 소리도 다르고 우는 때도 다르다. 참매미는 아침 나절에 잘 울고, 털매미는 하루 종일 울어 댄다. 우리나라에서 가장 흔한 매미인 애매미는 가로등 불빛에 꼬여서 밤낮없이 운다. 도시에서 많이 우는 매미는 애매미, 참매미, 말매미 따위이다.

매미는 수컷이 소리를 낸다. 암컷을 꾀어 짝짓기를 하려고 배에 있는 울음주머니를 울려서 소리를 낸다. 암컷은 소리가 우렁찬 수컷을 찾아가 짝짓기를 한다. 그러고는 배마디 끝에 있는 뾰족한 산란관을 찔러 넣어 나무줄기에 알을 낳는다.

추운 겨울을 알로 넘긴 다음 이듬해에 애벌레가 깨어 나서 땅속으로 들어간다. 매미 애벌레는 땅속에서 오래 살기로도 유명하다. 어른벌레는 여름에 보름쯤 사는데, 어른벌레가 되기까지 땅속에서 네댓 해쯤 지낸다. 땅속에 들어간 애벌레는 대롱처럼 생긴 주둥이를 나무뿌리에 박고 진을 빨아 먹는다. 몇 년을 사는 동안 옮겨 다니지 않고, 한 나무에서만 진을 빤다. 여러 번 허물을 벗고 자라서는 나무줄기를 타고 올라가 마지막 껍질을 벗고 어른벌레가 된다.

참매미는 7월 초에서 9월 중순까지 볼 수 있다. 산이나 숲이나 들판 어디서든 만날 수 있고 도시에서도 자주 볼 수 있다. 건물 벽에 앉아서 울기도 한다. 벚나무, 참나무, 은행나무, 소나무에 흔히 붙어 앉는다. 나무의 높은 곳이나 낮은 곳이나 가리지 않고 잘 앉는다. 털매미는 6월부터 9월 사이에 들이나 낮은 산에서 볼 수 있다. 밤에 불빛을 보고 많이 날아든다. 과일나무에 날아와서 주둥이를 줄기에 꽂고 즙을 빨아 먹는다. 털매미가 먹은 자리에서는 자꾸 즙이 흘러나와서 나무가 병에 걸리기 쉽다. 말매미는 덩치도 가장 크고 울음소리도 크다. 말매미도 과일나무에 많이 들러붙는데, 말매미가 알을 낳는 가지는 말라 죽고, 애벌레가 뿌리에서 진을 빨아 먹으면 나무가 시들어 간다.

35~64mm

다른 이름 매래이, 매랭이, 매암, 재

사는 곳 애벌레 - 땅속 | 어른벌레 - 나무 위

한살이 알 ▸ 애벌레 ▸ 어른벌레

먹이 애벌레 - 나무 뿌리 | 어른벌레 - 나무즙, 열매즙

1 **참매미** *Oncotympana fuscata*
머리부터 날개 끝까지 55~64mm이다. 몸은 검은 바탕에 풀빛 무늬가 많이 나 있다. 날개는 옅은 밤색이고 투명하다. 배에는 은빛의 가는 털이 나 있다.

1-1 허물을 벗고 나오는 매미

2 **털매미** *Platypleura kaempferi*
몸집이 작은 매미이다. 머리부터 날개 끝까지 35~40mm쯤이다. 온몸이 짧은 털로 덮여 있다. 앞날개에는 구름무늬가 있다. 등에는 검은 바탕에 풀빛 무늬가 있다.

진딧물

Aphididae

밭에 나가 채소나 곡식의 어린잎이나 연한 줄기를 보면 깨알처럼 작은 벌레들이 다닥다닥 붙어 있는 것을 흔히 볼 수 있다. 이것이 바로 식물의 즙을 먹고 사는 진딧물이다. 우리나라에서 지금껏 알려진 진딧물만 이백 가지가 넘는다. 진딧물은 같은 종류라고 할지라도 날개가 있거나 없거나 하고, 크기도 많이 달라서 겉모습만 보고는 무슨 종류인지 헷갈릴 때가 많다.

진딧물은 연한 상추와 고춧잎, 보리 이삭, 찔레 순, 옥수숫대와 사과나무 잎까지 식물의 연한 곳이라면 어디든 가리지 않고 달려든다. 사람이 가꾸는 작물일수록 여릿한 것이 많아서 논밭이나 화분에서 진딧물을 찾는 것은 어렵지 않다. 진딧물이 퍼지면 어린 잎은 더 자라지 못하고 말라 죽는다. 잎에 진딧물이 끼면 오그라들고 말리면서 시들시들해진다. 또 진딧물이 즙을 빨고 나면 그 식물은 병에 걸리기 쉽다. 진딧물은 먹고 난 자리에 끈적이는 단물을 내놓는다. 이 단물에 공기에 떠다니는 곰팡이가 붙으면 잎이 거뭇거뭇해지면서 자라지 않게 되고, 이삭도 검게 되면서 잘 영글지 않는다. 봄부터 6월까지 늘어났다가, 비가 많이 오고 무더운 한여름에는 수가 줄어든다. 8월 중순이 지나면서 다시 많아진다. 봄 가뭄이 든 해에는 아주 많아진다.

진딧물은 한번 생기면 놀랄 만큼 빨리 숫자가 불어난다. 진딧물 한 마리가 한 해 동안에 수천 마리로 불어나는데, 한 해에 수십 차례까지 번식을 한다. 번식을 하는 방법도 여러 가지여서 암컷과 수컷이 짝짓기를 해서 알을 낳기도 하고, 암컷 혼자서 새끼를 까기도 한다. 봄에 알에서 깨어 난 진딧물은 모두가 암컷인데, 이것은 수컷과 짝짓기를 하지 않고 몸 안에서 알을 까고 새끼를 낳는다. 이것이 자라서 다시 알을 까면 또 암컷이 된다. 이렇게 가을까지 늘어나다가 가을이 되어야 비로소 수컷이 깨어 나 암컷과 짝짓기를 한 뒤에 알을 낳고, 알로 겨울을 지낸다. 날개가 있는 진딧물은 대개 가을에 깨어 나는 수컷이다. 어른벌레는 한 달쯤 산다.

진딧물은 이렇게 금세 불어나는 대신에 제 몸을 지키는 능력은 형편없다. 도망치거나 숨는 재주도 별로 없고, 몸속에는 스스로 병을 이겨 내는 힘이 거의 없다. 천적인 무당벌레 따위를 물리치기 위해서는 단물을 내어 주고 개미의 도움을 받는다. 개미는 진딧물을 지켜 주기도 하고, 진딧물을 새로운 먹잇감이 있는 곳으로 옮겨다 주기도 한다.

1~3mm

다른 이름 뜨물, 뜬물, 비리, 진두머리, 진디

사는 곳 풀이나 나무에 붙어 산다.

한살이 알 ▸ 애벌레 ▸ 어른벌레

먹이 풀이나 나무의 즙

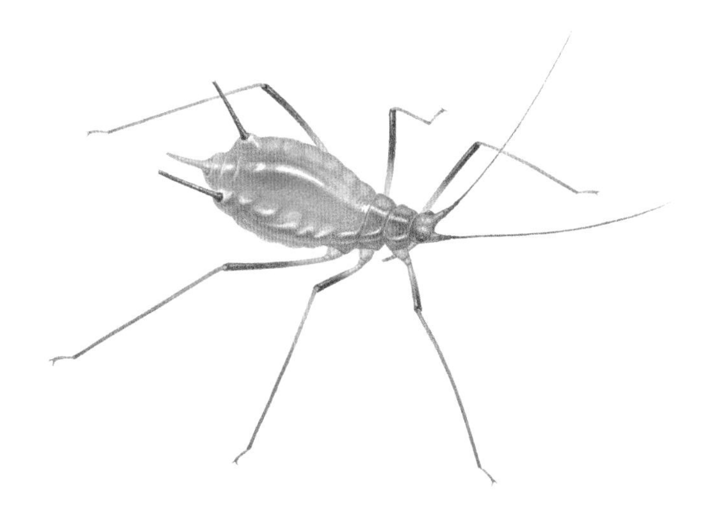

우리나라에 사는 진딧물은 대개 몸길이가
1~3mm이다. 종류마다 크기와 색깔이 다 다르다.
몸 빛깔은 풀빛이 가장 많고, 붉거나 검은 것도 있다.
같은 종류라도 사는 곳에 따라 달라진다.
몸은 매끈하거나 흰 가루로 덮여 있다.

사슴벌레

Lucanidae

여름이 되면 참나무 숲에는 나뭇진이 흘러나오는 나무가 많다. 이렇게 나뭇진이 흘러 나오는 자리에는 밤마다 사슴벌레가 모여든다. 사슴벌레는 낮에는 줄기 구멍 속이나 가까운 흙 속에 숨어 있다가 밤에 나와서는 털뭉치처럼 생긴 혀를 나뭇진에 적셔서 빨아 먹는다. 아이들은 사슴벌레가 숨어 있는 곳을 찾아서 잡아다가는 수컷끼리 싸움을 시키면서 놀기도 했다.

사슴벌레는 뿔처럼 생긴 커다란 턱이 있어서 쉽게 구별할 수 있다. 특히 수컷이 암컷보다 뿔도 크고 몸집도 크다. 뿔 생김새나 크기는 사슴벌레 종류마다 다르다. 수컷은 나뭇진이 흐르는 자리를 차지하려고 싸움을 벌이기도 한다. 제가 나뭇진을 먹기 위해서이기도 하지만, 그보다 나뭇진을 먹으려고 날아오는 암컷을 서로 차지하려고 그런다. 나뭇진이 나오는 자리 말고도 과일나무에 모여 과일에서 단물을 핥아 먹기도 한다. 밤에 돌아다니는데 불빛에 날아든다.

암컷은 짝짓기를 하고 썩은 나무를 찾아서 나무둥치 밑을 파고 알을 하나씩 낳는다. 알을 낳은 자리는 흙으로 덮어서 안 보이게 한다. 보름쯤 지나면 애벌레가 깨어 난다. 애벌레는 썩은 나무를 파먹으면서 굴을 파고 두 해 넘게 나무줄기 속에서 지낸다. 다 자란 애벌레는 나무 속에서 번데기 방을 만들고 번데기가 된다. 스무 날쯤 지나면 껍질을 벗고 단단한 어른벌레가 되어 나무 밖으로 기어 나온다. 가을에 번데기가 된 것은 봄이 되어서야 어른벌레가 된다.

사슴벌레 가운데 가장 흔한 것은 넓적사슴벌레이다. 아이들이 흔히 잡아다가 노는 것이 넓적사슴벌레였다. 비슷하게 생긴 것으로 참넓적사슴벌레가 있고, 사슴벌레와 톱사슴벌레도 흔한 편이다. 하지만 요즘은 들이나 산에서 사슴벌레를 찾는 것이 쉽지 않다.

톱사슴벌레는 앞으로 길게 뻗은 큰턱이 돋보인다. 큰턱이 길뿐만 아니라 아래 쪽으로 휘었다. 큰턱 안쪽에 작은 이빨처럼 생긴 돌기가 나 있어서 마치 사슴이나 노루의 뿔처럼 보인다. 덩치가 작은 것들은 안쪽 돌기가 작고 많아서 마치 톱날 같다. 그래서 톱사슴벌레라는 이름이 붙었다. 큰턱은 암컷을 차지하려고 수컷끼리 싸우거나 먹이를 두고 다른 곤충과 싸울 때 쓴다. 집게 같은 큰턱으로 상대를 잡고 들어 올려 던지거나 꽉 물어서 힘을 못 쓰게 한다.

23~45mm

다른 이름 집게벌레, 하늘가재

사는 곳 나무가 우거진 곳

한살이 알 ▸ 애벌레 ▸ 번데기 ▸ 어른벌레

먹이 애벌레 - 나무줄기 | 어른벌레 - 나무즙

1

1-1 나뭇진을 찾아온 톱사슴벌레 암컷과 수컷

1 톱사슴벌레 *Prosopocoilus inclinatus*

수컷은 몸길이가 23~45mm, 암컷은 23~33mm쯤이다. 앞으로 길게 뻗은 큰턱이 있다. 수컷은 큰턱이 몸길이의 절반쯤 되고, 암컷은 아주 작다. 몸 빛깔은 붉은 밤색인데, 검은빛이 도는 것도 있다.

소똥구리

Scarabaeidae

소똥구리는 소똥이나 말똥이 있는 곳에서 산다. 예전에는 소가 지나다니는 길이나 소를 매어 둔 냇가에서 소똥구리가 똥 경단을 굴리는 것을 쉽게 볼 수 있었다. 요즘은 소똥구리를 보기가 아주 힘들어졌다. 소똥구리는 풀을 먹은 소가 눈 똥에서만 산다. 사료를 먹고 눈 똥에는 소화가 덜 된 풀이나 영양분이 없다. 게다가 항생제가 들어 있어서 자칫하면 이것을 먹고 소똥구리가 죽기도 한다. 농약을 많이 치면서 소똥구리가 굴을 파고 사는 땅도 오염되었다. 그래서 이제는 소똥구리가 거의 사라졌다. 소똥구리 무리 가운데는 사람 똥이나 동물 시체에 모이는 것도 있다.

소똥구리가 다 소똥 경단을 굴리는 것은 아니다. 우리나라에는 서른 가지가 넘는 소똥구리가 있는데, 이 가운데 경단을 굴리는 것은 왕소똥구리, 소똥구리, 긴다리소똥구리, 깨알소똥구리 네 종류이다. 애기뿔소똥구리나 뿔소똥구리는 소똥 경단을 굴리고 다니지는 않는다. 소똥 가까이에 땅을 파고 소똥을 옮겨서는 땅속에서 경단을 빚고 알을 낳는다.

경단을 굴리는 소똥구리는 똥 경단을 미리 파 놓은 굴로 굴려 간다. 그러고 나서 소똥 경단 속에 알을 낳는다. 소똥이나 말똥에는 덜 소화된 풀과 함께 영양분이 들어 있어서 알에서 깨어 난 애벌레는 소똥을 먹고 자란다. 소똥구리는 똥을 먹어서 들에 널린 소똥을 없애고, 똥의 양분을 흙 속으로 넣어 준다. 소똥구리가 한 번 먹은 똥은 미생물이 분해하기 쉽기 때문이다. 남아 있는 똥 찌꺼기도 소똥구리가 들쑤셔 놓아서 금세 썩어 없어진다. 똥에 모여드는 파리도 쫓아낸다.

소똥구리는 새끼를 돌보는 곤충으로도 유명하다. 소똥 경단을 만들 때에는 소똥을 한 번 먹고 소화시켜서 죽처럼 만든 것을 안쪽 벽에 발라 놓는다. 그러면 갓 깨어 난 애벌레가 쉽게 소화시킬 수 있다. 그러고도 애벌레가 소똥을 먹고 어른벌레로 나올 때까지 새끼를 돌본다.

애벌레는 한 달쯤 소똥을 먹고 자라면 껍질을 벗고 번데기가 된다. 그리고 다시 서너 주가 지나면 어른벌레가 되어 똥 밖으로 기어 나온다. 비가 오거나 소똥이 축축해야 쉽게 나온다. 가뭄으로 똥이 마르면 딱딱한 똥 덩어리 속에서 못 나오기도 한다. 어른벌레는 날이 추워지면 땅속에서 겨울을 난 뒤 다음 해 봄에 밖으로 나온다.

14~16mm

다른 이름 말똥구리

사는 곳 소똥이나 말똥이 있는 곳

한살이 알 ▸ 애벌레 ▸ 번데기 ▸ 어른벌레

먹이 소똥, 말똥

1

1-1

1 애기뿔소똥구리 *Copris tripartitus*
몸길이는 14~16mm이다. 몸통이 동그랗다. 온몸이 새카맣고 빛을 받으면 반짝거리며 윤이 난다. 수컷은 이마에 기다란 뿔이 있고, 앞가슴등판에도 뿔이 여러 개 있다.

1-1 소똥을 먹는 소똥구리 애벌레

장수풍뎅이

Dynastidae

장수풍뎅이는 우리나라 풍뎅이 가운데 가장 크고, 몸이 단단한 껍질로 싸여 있다. 수컷은 머리에 긴 뿔이 나 있고 가슴등판에도 뿔이 나 있다. 머리뿔은 사슴 뿔처럼 가지가 있고, 가슴뿔도 나뭇가지처럼 끝이 갈라졌다. 해가 지면 참나무에 모여들어 참나무 진을 먹고 짝짓기도 한다. 나무를 옮겨 갈 때는 딱딱한 겉날개를 쳐들고 얇은 속날개를 넓게 펴서 날아간다. 장수풍뎅이는 몸집이 커서 날 때 "부르르릉" 하고 요란한 소리가 난다. 밤에 불빛을 보고 날아오기도 한다. 낮에는 나무 틈이나 가랑잎 아래 숨어 있어서 눈에 잘 띄지 않는다.

장수풍뎅이 암컷은 한여름에 썩은 가랑잎이나 두엄 밑으로 파고 들어가 알을 낳는다. 썩고 있는 풀이나 나무는 애벌레 먹이가 되고, 또 따뜻해서 살기에 좋다. 열흘이나 보름쯤 지나서 애벌레가 깨어 나온다. 가을이 되기까지 애벌레는 허물을 두 번 벗고 땅바닥 가까이에서 번데기 방을 만든다. 그곳에서 번데기가 되어 보름이 조금 더 지나면 어른벌레가 된다. 어른벌레가 된 뒤에도 땅속에서 열흘에서 보름쯤 머물렀다가 땅 밖으로 나온다.

풍뎅이 무리는 종류에 따라 생김새나 크기, 색깔, 버릇 따위가 매우 다르다. 우리나라에서 사는 풍뎅이 무리는 이백육십 가지가 넘는 것으로 알려져 있다. 풍뎅이는 애벌레 때부터 아무거나 잘 먹는다. 종류에 따라 똥이나 썩은 것, 식물의 잎, 줄기, 뿌리, 꽃가루 따위 여러 가지를 먹는다. 꽃무지 무리는 애벌레일 때 초가집 지붕이나 두엄 더미에서 지내면서 썩은 것을 먹어 치워서 거름 내는 것을 돕는다. 그러다가 어른벌레가 되면 과일이나 꽃에서 즙을 빨고 꽃가루를 즐겨 먹어서 가루받이를 돕는다. 또 꽃무지는 다른 풍뎅이와는 달리 날아갈 때 앞날개를 살짝 들고는 뒷날개만 펴고 날아간다. 풍이도 꽃무지 무리에 든다. 우리말 이름으로는 흔히 꽃무지 따위도 풍뎅이로 아울러 부르지만, 분류학에 따라 나눌 때에는 풍뎅이 무리가 여럿으로 나뉘어 있다.

풍뎅이는 어른벌레로 살 때를 빼고는 거의 땅속이나 거름 더미 아래에서 지낸다. 알은 땅속 얕은 곳에 하나씩 낳는다. 풍뎅이 애벌레는 매미 애벌레와 같이 굼벵이라고 한다. 땅속에서 세 번쯤 껍질을 벗고 번데기가 된다. 번데기 때는 이미 머리, 다리, 더듬이 같은 몸의 생김새가 뚜렷이 보인다. 어른벌레가 되면 바깥으로 기어 나온다. 풍뎅이는 날아다니기도 하지만 한곳에 가만히 머물 때가 많다. 그러다가 밤이 되면 불빛을 보고 모여들기도 한다.

17~55mm

다른 이름 풍덩이, 풍데이, 풍디

사는 곳 산과 들

한살이 알 ▸ 애벌레 ▸ 번데기 ▸ 어른벌레

먹이 나뭇잎, 나뭇진

1

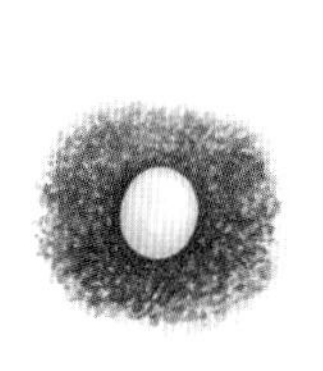

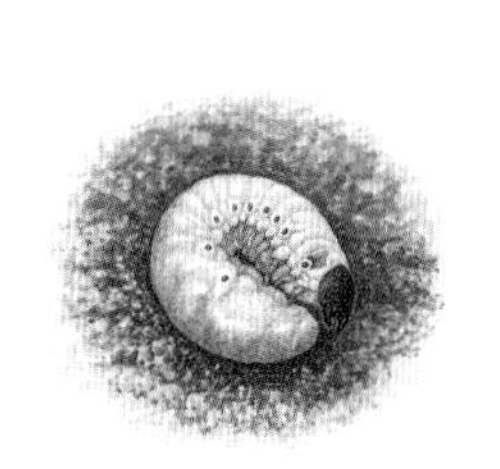

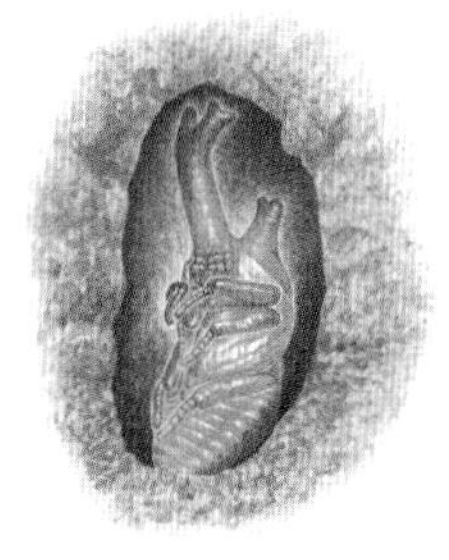

1-1

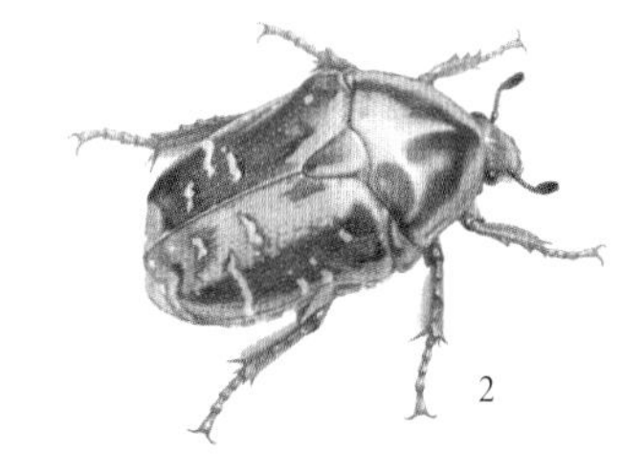

2

1 **장수풍뎅이** *Allomyrina dichotoma*
장수풍뎅이과의 곤충이다. 우리나라 풍뎅이 가운데 가장 크다. 큰 것은 몸길이가 55mm가 넘는다. 수컷은 머리에 긴 뿔이 나 있고, 가슴등판에도 뿔이 나 있다. 암컷은 수컷보다 색이 짙고 뿔이 없다.

1-1 장수풍뎅이의 알, 애벌레, 번데기

2 **점박이꽃무지** *Protaetia orientalis submarmorea*
몸길이는 17~25mm이다. 몸 빛깔은 여러 가지인데, 풀빛이 많고, 조금 검은 것도 있다. 몸집이 통통하고 등이 둥글다. 청동풍뎅이와 거의 똑같이 생겼다.

반딧불이

Lampyridae

반딧불이는 꽁무니에서 깜박이는 불빛을 낸다. 몸속에 있는 효소가 산소와 반응하면서 불빛을 내는데 열은 내지 않고 빛만 내는 차가운 빛이다. 짝짓기를 하기 위해 암수가 서로를 찾기 위해서 불빛을 낸다. 우리나라에 사는 반딧불이는 여덟 종으로 알려져 있다. 반딧불이는 농약을 치며 농사를 짓기 전에는 어디서나 볼 수 있었지만, 지금은 거의 다 사라졌다. 물이 맑고 공기도 맑은 곳을 찾아가야 볼 수 있다. 요즘은 귀해져서 반딧불이가 많이 사는 곳을 천연기념물이나 보호 구역으로 정해서 보호하고 있다. 그나마 보이는 것이 애반딧불이와 늦반딧불이이다.

애반딧불이는 애벌레일 때 물속에서 산다. 다슬기를 잡아먹는다. 다 자란 애벌레는 늦은 봄에 땅 위로 올라와서 번데기가 된다. 한 달쯤 지나서 어른벌레가 되는데, 암수 모두 날개가 있다. 수컷은 불빛이 두 줄, 암컷은 한 줄이다.

늦반딧불이는 애벌레가 땅 위에서 달팽이를 잡아먹고 산다. 애벌레도 꽁무니에서 빛을 조금 낸다. 늦반딧불이는 늦은 여름에 어른벌레가 나타나기 시작한다. 우리나라에 사는 반딧불이 가운데 몸집이 가장 크고 불빛도 밝다. 수컷만 날개가 있다. 암컷은 날개가 없어서 땅 위나 풀줄기 따위를 기어 다니며 불빛을 낸다. 암컷 불빛이 약하고, 수컷은 밝은 빛을 내면서 난다. 암컷을 발견한 수컷은 더 밝은 빛을 내면서 암컷을 찾아 날아간다. 암컷이 멀리 다닐 수 없어서 알도 해마다 정해진 곳에 낳는다. 사는 곳이 더러워지면 금세 반딧불이가 사라지는 것도 이 때문이다.

반딧불이가 불빛을 내는 것은 천적을 피해 밤에 돌아다니기 위해서다. 깜깜한 밤에는 벌레를 잡아먹는 새나 개구리 따위가 잘 다니지 않는다. 그때 날아다니면서 짝짓기를 하는 것이다. 불빛을 깜박이며 나는 반딧불이는 밤에 다니는 대신 느리게 날아서 아이들도 손으로 잡을 수 있을 정도다. 반딧불이 종류마다 서로 다른 불빛을 낸다. 불빛이 다른 것을 보고 서로 같은 종인지 아닌지 알아차린다.

반딧불이 암컷은 여름에 짝짓기를 하고 이삼 일 뒤 물가나 논둑 둘레의 이끼나 풀뿌리에 알을 낳는다. 알에서 나온 애벌레는 물속에 들어가 살다가 겨울이 되면 물이 얕은 곳이나 물이 말라붙은 논바닥 속에서 겨울잠을 잔다. 이듬해 늦은 봄에 땅 위로 올라와 흙으로 고치를 만들고 그 속에서 번데기가 된다. 열흘쯤 지나면 어른벌레가 된다.

10mm쯤

다른 이름 개똥벌레, 반디뿔, 불한듸, 깨띠벌기

사는 곳 산골짜기, 맑은 시냇물 가까이

한살이 알 ▸ 애벌레 ▸ 번데기 ▸ 어른벌레

먹이 애벌레 - 다슬기, 달팽이

1 **애반딧불이** *Luciola lateralis*
몸길이는 10mm쯤이다. 몸은 검고, 앞가슴등판은 불그스름하다. 가운데에 굵고 검은 줄이 있다. 애반딧불이는 수컷은 2줄, 암컷은 1줄로 깜박깜박거리면서 밤에 빛을 낸다.

1-1 밤에 불을 밝힌 반딧불이

곤충류
딱정벌레목
무당벌레과

무당벌레

Coccinellidae

보리 이삭이나 찔레 덤불처럼 진딧물이 잘 꼬이는 풀이나 나뭇가지에는 무당벌레도 많다. 화려한 날개 무늬가 무당 옷차림 같다고 무당벌레라는 이름이 붙었다. 우리나라에는 아흔한 가지에 이르는 무당벌레가 산다고 알려져 있다. 아주 작아서 몸길이가 이 밀리미터밖에 안 되는 것도 여럿이다. 저마다 크기도 다르고 빛깔이나 무늬도 다르다. 붉은 바탕에 검은 점이 있는 것도 있고, 검은 바탕에 붉은 점이 있는 것도 있다. 점 갯수도 두 개부터 스무 개가 넘는 것까지 다양하다. 가장 흔한 것은 칠성무당벌레와 무당벌레이고, 두 종 모두 진딧물을 잡아먹는다. 이십팔점박이무당벌레를 비롯해 다섯 가지 정도를 빼고는 모두 진딧물을 잡아먹고 살기 때문에 농부한테는 매우 고마운 벌레이다. 큰이십팔점박이무당벌레도 흔한 편인데, 딱지날개에 까만 점이 스물여덟 개가 있다. 큰이십팔점박이무당벌레는 가지나 감자 같은 농작물의 잎을 갉아 먹는다.

무당벌레는 위험한 상황에 놓이면 다리를 움츠리고 죽은 시늉을 한다. 그러고는 고약한 냄새가 나는 누런 즙을 내뿜는다. 냄새가 아주 지독하다. 새나 다른 천적이 무당벌레를 잡아먹으려다가 이 냄새를 한 번 맡으면 다시는 다가가지 않는다. 새들이 무당벌레는 안 잡아먹으니까 잎벌레 가운데 무당벌레처럼 점박이 모양을 하고 있는 벌레도 있다.

칠성무당벌레는 붉은 딱지날개에 까만 점이 일곱 개 있다. 이른 봄부터 가을 사이에 진딧물이 있는 곳이면 어디서나 쉽게 볼 수 있다. 어른벌레가 사는 곳에는 까맣고 길쭉한 애벌레가 많다. 서로 아주 다르게 생겼지만 모두 진딧물을 잡아먹고 산다. 고추나 보리 같은 채소와 곡식에 꼬이는 진딧물도 먹고, 사과나무나 배나무 같은 과일나무에 꼬이는 진딧물도 먹는다. 알에서 깨어 난 애벌레는 두 주쯤 사는 동안 진딧물을 사백 마리에서 칠백 마리쯤 잡아먹는다. 어른벌레는 진딧물을 수천 마리나 잡아먹는다고 한다. 작물에 피해를 주는 잎벌레 애벌레도 먹는다.

한 해 동안에 네다섯 번까지도 발생한다. 한 해에 한 부모로부터 아들, 손자, 증손자, 고손자까지 태어나는 셈이다. 겨울이 되면 나뭇잎이나 햇빛이 잘 드는 돌 밑에 여러 마리가 함께 모여서 겨울을 보낸다. 봄이 되면 짝짓기를 하고 알을 낳는다. 알을 낳을 때는 진딧물이 많은 곳을 찾아서 한 자리에 삼사십 개쯤 낳는다. 사나흘이 지나면 애벌레가 깨어 나고, 애벌레는 두 주쯤 지나 번데기가 된다. 번데기는 일 주일쯤 뒤에 어른벌레가 된다.

6~8mm

다른 이름 점벌레, 됨박벌레, 됫박벌레, 바가지벌레
사는 곳 들과 산의 진딧물이 있는 곳
한살이 알 ▸ 애벌레 ▸ 번데기 ▸ 어른벌레
먹이 진딧물

1 **칠성무당벌레** *Coccinella septempunctata*
몸길이가 6~7mm이다. 몸은 까맣다. 딱지날개는 주홍색이고 크고 뚜렷한 점이 7개 있다. 딱지날개 밑에 얇은 뒷날개 1쌍이 접혀 있다. 머리에는 큰턱이 있어서 먹이를 물거나 씹어 먹기 좋게 생겼다.

1-1 칠성무당벌레의 알, 애벌레, 번데기

2 **큰이십팔점박이무당벌레**
Henosepilachna vigintioctomaculata
몸길이가 6~8mm이다. 다른 무당벌레보다 등이 높고, 아주 짧은 흰 털이 온몸을 덮고 있다. 온몸에 까만 점이 28개나 있다. 몸은 밤색인데, 조금 누런 것도 있고, 붉은 것도 있다.

곤충류
딱정벌레목
하늘소과

하늘소

Cerambycidae

하늘소 무리는 딱정벌레 가운데서도 몸집이 큼직하고 멋있게 생겨서 예전부터 아이들이 하늘소를 잡고 놀았다. 손으로 잡으면 "꾹꾹" 소리를 내기도 한다. 우리나라에 사는 하늘소 무리 곤충은 삼백 가지가 넘는다고 한다. 그 가운데 가장 큰 것이 장수하늘소인데 아주 드물 뿐 아니라 천연기념물로 정해져 있어서 함부로 잡아서는 안 된다.

하늘소 무리는 대개 식물의 줄기나 뿌리를 파먹고 산다. 종류에 따라 애벌레가 먹는 식물이 저마다 다른데, 뽕나무하늘소는 뽕나무를 파먹고 미끈이하늘소와 하늘소는 참나무를 파먹으면서 자란다. 장수하늘소는 서나무, 신갈나무, 물푸레나무 따위의 줄기를 먹는다. 버섯을 기르려고 베어 둔 참나무에 알을 낳거나, 나무로 지은 집 기둥이나 서까래에도 알을 낳는다. 애벌레가 사는 나무에서는 톱밥 같은 나무 부스러기가 떨어진다.

하늘소 무리의 암컷은 짝짓기를 마치면 먹이가 되는 식물의 줄기에 알을 낳는다. 알에서 깨어난 애벌레는 나무줄기 속으로 굴을 파듯이 뚫고 들어가서 단단한 나무 속을 파먹고 산다. 하늘소 애벌레도 굼벵이라고 한다. 하늘소 종류마다 다르기는 하지만, 애벌레로 사는 시기가 길어서 두 해에서 다섯 해까지 나무 속에서 살면서 줄기를 파먹는다.

하늘소 무리 가운데 장수하늘소 다음으로 큰 것이 하늘소이다. 몸집이 커서 장수하늘소라고 잘못 알기도 한다. 하늘소는 늦봄부터 가을까지 보이는데 여름에 많다. 밤에 돌아다니고, 불빛을 보고 날아오기도 한다. 마을 가까운 낮은 산에도 사는데 굵은 참나무나 밤나무를 찾아서 알을 낳는다.

하늘소 암컷은 나무껍질을 입으로 물어뜯고, 나무 줄기 속에 알을 하나씩 낳는다. 알에서 깨어 난 애벌레는 어릴 때는 연한 나무 속을 갉아 먹다가 자라면서 점점 줄기 한가운데로 뚫고 들어간다. 그러다 보면 나무가 말라 죽거나 바람에 부러지기도 한다. 나무 속에서 번데기가 되었다가 어른벌레가 되어서 나무 밖으로 나온다. 옛날에 전라도에서는 하늘소를 뻼나무벌비라고 하여 머리에 상처가 나서 곪았을 때 약으로 썼다. 어른벌레와 애벌레를 모두 다 썼다.

19~57mm

다른 이름 돌드레, 하늘새, 찌께

사는 곳 산, 과수원

한살이 알 ▸ 애벌레 ▸ 번데기 ▸ 어른벌레

먹이 애벌레 - 나무줄기, 뿌리 | 어른벌레 - 나뭇진

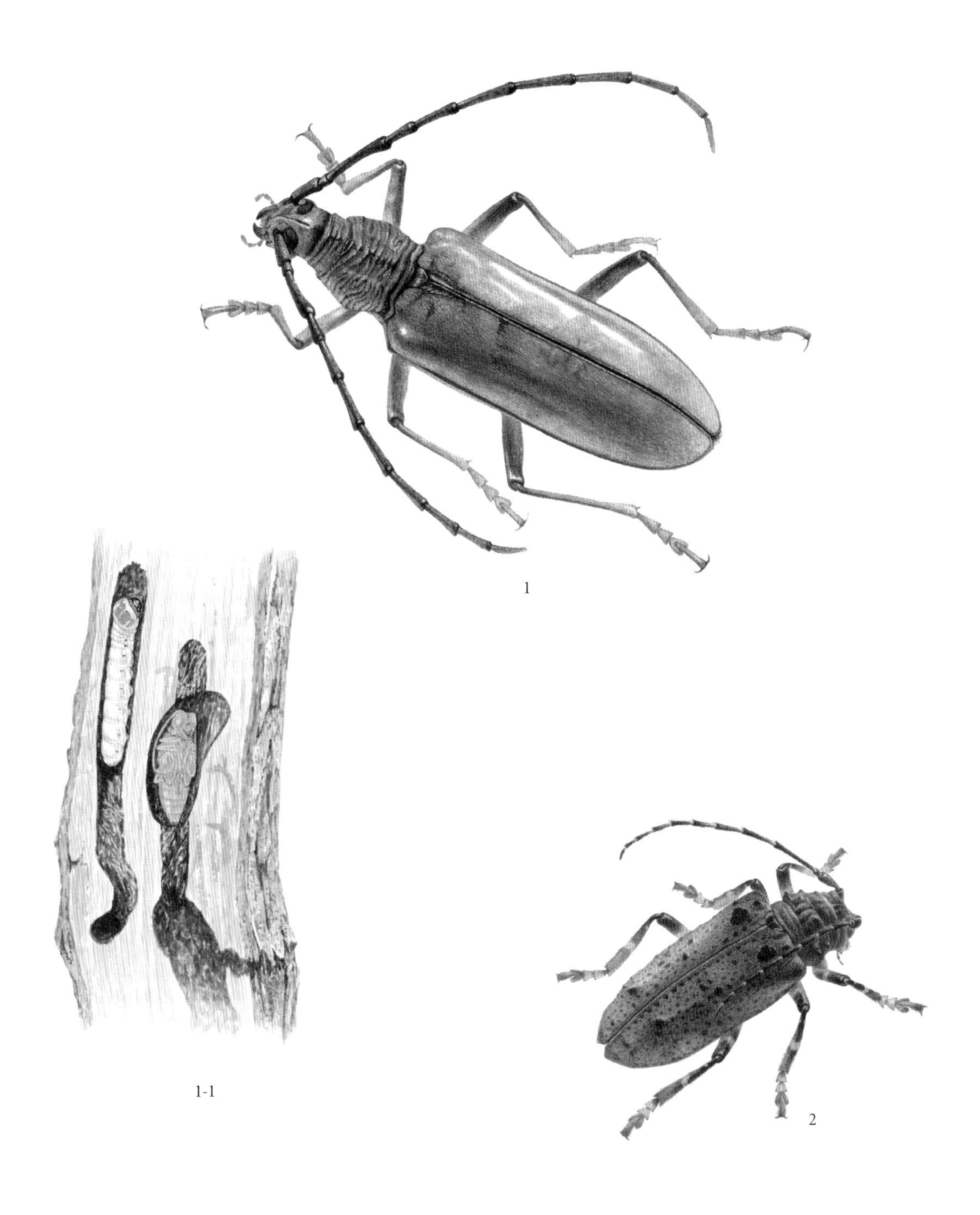

1 **하늘소** *Massicus raddei*
몸길이는 34~57mm쯤이다. 몸은 가늘고 긴 통 모양이다. 본디 몸은 까맣거나 검거무스름한 밤색인데 털 때문에 노랗게 보인다. 앞가슴등판에 가로로 주름이 있다. 날개는 끝이 둥글고, 딱지날개 안쪽 끝은 짧은 가시처럼 뾰족하다.

1-1 나무줄기 속에서 사는 애벌레와 번데기

2 **털두꺼비하늘소** *Moechotypa diphysis*
몸길이는 19~27mm쯤이다. 몸은 짧고 통통하고 까맣다. 온몸이 아주 짧고 가는 털로 덮여 있다. 앞가슴등판이 우툴두툴하고, 날개에도 까만 점무늬가 있다.

곤충류
딱정벌레목
바구미과

바구미

Curculionidae

찧어 놓은 쌀을 한참 먹다 보면 쌀보다 작고 까만 벌레가 꼬물거리는 것을 볼 때가 있다. 밤을 삶아 먹다가 애벌레가 나오기도 한다. 쌀에 생기는 것이 쌀바구미이고, 밤에서 나오는 밤벌레는 밤바구미 애벌레이다. 모두 바구미 무리에 드는 곤충이다. 바구미는 식물의 열매나 줄기, 뿌리에 구멍을 뚫고 알을 낳는다. 가늘고 긴 주둥이로 식물의 열매나 줄기 따위를 뚫고 알을 숨기는데, 감쪽같이 숨기는 재주가 아주 좋다. 애벌레나 어른벌레나 모두 농작물을 갉아 먹고 산다. 우리나라에 사는 바구미는 이백 가지가 넘는다고 하는데, 거의 다 농사에 큰 해를 끼친다. 한 번 바구미가 생기면 금세 번식을 해서 숫자가 늘어난다. 한 해에 서너번 알을 낳는다.

쌀바구미는 갈무리해 둔 쌀이나 보리나 밀이나 수수나 옥수수에 꼬인다. 쌀 알갱이보다 작고 몸 빛깔은 검은 밤색이다. 쌀통 속에서 기어 다니면서 낟알을 갉아 먹고, 낟알 속에 알을 낳는다. 어른벌레는 석 달에서 넉 달을 살면서 알을 백 개가 넘게 낳는다. 그대로 두면 쌀통 속에서 어른벌레가 거듭 태어나면서 수가 늘어난다. 따뜻하고 습도가 높은 곳, 바람이 잘 통하지 않고 햇볕이 잘 들지 않는 곳에서 아주 빨리 퍼진다. 쌀바구미가 먹은 쌀은 속이 비어서 잘 부스러지고, 밥을 하면 맛이 없다. 쌀바구미가 나오면 갈무리해 둔 곡식을 모두 꺼내서 널어 말린다. 그러면 어른벌레는 어디론가 도망가고, 애벌레는 죽는다. 쌀통을 서늘하고 건조한 곳에 두거나, 통 안에 붉은 고추나 마늘을 넣어 두는 것도 쌀바구미가 덜 생기게 하는 방법이다.

밤바구미는 가시가 뾰족한 밤송이 겉을 기어 다니면서 연한 자리를 찾아서는 주둥이로 구멍을 내고 밤 속살에 알을 낳는다. 벌레가 있는 밤은 껍데기를 살펴보면 바구미가 알을 낳은 구멍을 찾을 수 있다. 알에서 깨어 난 애벌레는 밤을 파먹으면서 자란다. 밤을 따서 두어도 줄곧 속을 파먹기 때문에, 밤을 오래 두고 먹으려면 밤을 물에 담가서 물에 뜨는 것을 골라낸다. 벼물바구미는 벼를 갉아 먹고 사는데, 어른벌레가 물속으로 들어가 벼에 알을 낳는다. 그러면 애벌레가 벼 뿌리를 갉아 먹고 자란다. 배자바구미는 칡 줄기에 홈을 파고 알을 낳는다. 칡 줄기 속에 혹을 만들면서 살다가 번데기를 거쳐 어른벌레가 된다.

2~10mm

다른 이름 바개미, 바구니, 바기미

사는 곳 논밭, 들판

한살이 알 ▸ 애벌레 ▸ 번데기 ▸ 어른벌레

먹이 풀잎, 나무 뿌리, 열매, 쌀, 밤

1 쌀바구미 *Sitophilus oryzae*

몸길이가 2~3mm쯤이다. 빛깔은 검은 밤색이나 붉은 밤색이다. 등에 세로로 얽은 자국이 많고 겉날개에 노르스름한 점이 4개 있다. 수컷은 주둥이가 짧고 뭉툭하며, 암컷은 주둥이가 가늘고 길다.

2 밤바구미 *Curculio sikkimensis*

밤바구미는 주둥이를 뺀 몸길이가 6~10mm이다. 주둥이는 가늘고 길어서 5mm쯤이다. 온몸이 비늘처럼 생긴 털로 빽빽하게 덮여 있다. 잿빛이 나는 노란 털인데 짙은 밤색 털이 섞여 있어서 무늬처럼 보인다.

곤충류
벌목
개미과

개미

Formicidae

개미는 가장 흔히 보는 곤충 가운데 하나이다. 옛이야기, 속담, 민요에도 부지런한 일꾼이거나, 작고 하찮지만 무시해서는 안 되는 존재로 자주 나온다. 시골이나 도시나 어디서든 개미는 흔하다. 심지어 높은 아파트 같은 건물에도 개미가 산다. 대개는 땅속에 집을 짓고 산다. 크게 보아 벌 무리에 든다. 무엇이든 잘 먹는다. 곡식이나 풀씨나 풀잎, 다른 벌레 따위를 먹는다. 집 안에서는 음식물 부스러기도 주워 먹는다. 진딧물한테서 단물을 얻어먹는 개미도 있다. 흔히 보는 개미는 왕개미, 곰개미, 불개미 따위로 우리나라에 사는 개미는 알려진 것만 백 가지쯤 된다.

개미는 모두 무리 생활을 한다. 여왕개미, 일개미, 수개미가 함께 산다. 일개미는 먹이를 찾고, 집을 짓고, 알을 돌보는 일을 서로 나누어 한다. 일개미 가운데 병정개미는 다른 개미 무리나 곤충으로부터 무리를 지킨다. 여왕개미는 알만 낳고, 수개미는 짝짓기만 맡아서 한다.

여왕개미는 태어날 때부터 몸집도 크고 날개도 있다. 여왕개미는 봄이나 여름에 수개미를 거느리고 혼인 비행을 한다. 수개미가 떼를 지어 함께 날아오르는데 가장 힘센 수개미와 짝짓기를 한다. 혼인 비행을 하고 나면 수개미는 모두 죽는다. 여왕개미만 살아서 알을 낳는다. 알에서 깨어 난 애벌레는 일개미가 맡아서 기르는데, 애벌레 때는 걸어 다닐 수도 없어서 일개미가 때마다 적당한 곳으로 물어서 나른다. 먹이도 가져다준다.

일본왕개미는 우리나라에 사는 개미 가운데 가장 크다. 운동장이나 마당 같은 양지바른 땅속에 굴을 파고 산다. 돌 밑이나 나무줄기 안에서 살기도 한다. 진딧물이 많은 밭에서도 흔히 볼 수 있다. 진딧물이 꽁무니에서 내는 달콤한 물이나 봉선화와 벚나무 같은 식물의 잎과 줄기에서 나오는 단물을 먹는다. 다른 곤충이나 여러 가지 애벌레를 잡아먹기도 한다. 곰개미는 땅속에 굴을 파고 산다. 일본왕개미보다 크기가 조금 작다. 곰개미는 불개미 무리에 드는데, 집에서 흔히 보는 개미는 애집개미라고 하는 작은 개미다.

곰개미와 일본왕개미는 추운 겨울 동안 굴속에서 어른벌레로 지낸 다음, 봄부터 가을까지 활동한다. 초여름에 짝짓기를 한다. 개미마다 혼인 비행을 하는 시간이 일정한데, 곰개미와 일본왕개미는 한낮에 날아오른다. 여왕개미는 한 번에 알을 수십 개에서 수백 개까지 낳는다. 알에서 어른벌레가 되기까지 한두 달쯤 걸린다.

6~18mm

다른 이름 개아미, 깨미

사는 곳 들, 산, 집 가까이

한살이 알 ▸ 애벌레 ▸ 번데기 ▸ 어른벌레

먹이 풀씨, 벌레, 버섯

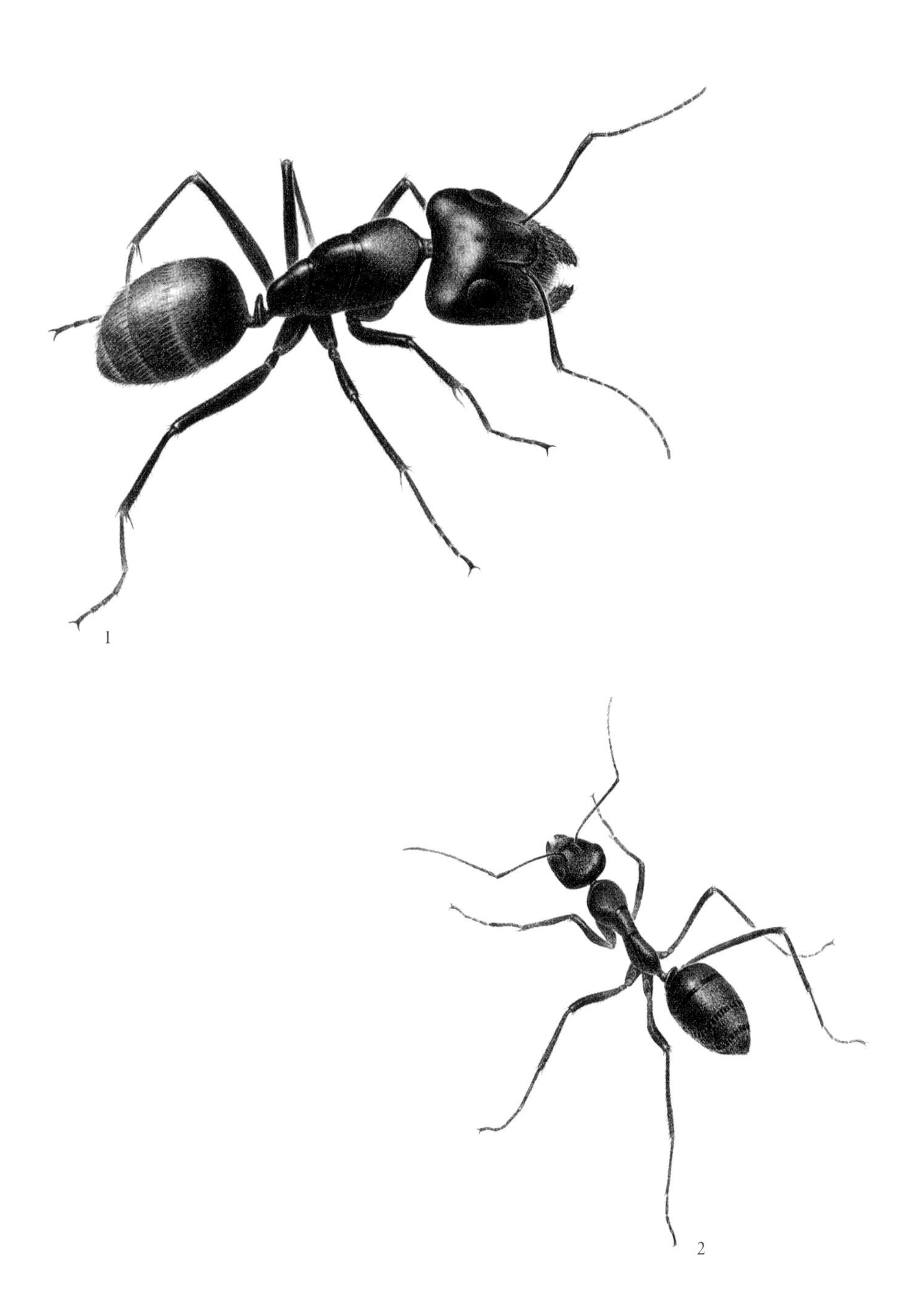

1 **일본왕개미** *Camponotus japonicus*
여왕개미는 몸길이가 18mm쯤이다. 수개미는 12mm, 일개미는 6~15mm쯤이다. 여왕개미와 수개미는 날개가 있다. 일개미와 여왕개미는 더듬이가 ㄱ 자 모양이고, 수개미는 짧고 반듯하다.

2 **곰개미** *Formica japonica*
여왕개미는 몸길이가 13mm쯤이다. 수개미는 11mm, 일개미는 4~11mm쯤이다. 몸은 잿빛이 도는 검은색이다. 배에는 은백색 털이 있어서 햇빛을 받으면 은색으로 보인다.

말벌

Vespidae

벌 무리 가운데 가장 사납고 무서운 벌이 바로 말벌이다. 말벌이나 장수말벌과 같이 몸집이 큰 무리도 있고, 땅벌처럼 몸집이 작은 무리도 있다. 모두 크게 말벌과 같은 무리에 든다.

말벌은 몸매는 가늘어도 매우 튼튼하게 생겼다. 독침이 있어서 말벌이 쏘면 많이 부어오르고 후끈후끈 열이 나면서 아프다. 말벌은 꿀벌과 달리 침을 쏘더라도 침이 벌 몸에서 빠져나가지 않아서 한 마리가 여러 번 침을 쏜다. 말벌에 쏘였을 때는 아프고 부어오른 자리를 찬물로 찜질해 주면 좋다. 아픈 증세가 심하면 치료를 받아야 한다. 꿀벌에 쏘인 경험이 있는 사람이 말벌은 꿀벌보다 조금 더 아프겠지 하고 생각하는 경우가 있는데, 말벌에 쏘이는 것은 꿀벌에 견줄 것이 아니다. 벌에 쏘여서 죽은 사람은 대개 말벌에 쏘인 것이다. 특히 가장 몸집이 큰 장수말벌은 그저 한 번 쏘이는 것만으로도 정신을 잃을 수 있다.

말벌은 무리를 이루고 모여 산다. 한 무리 안에 여왕벌, 수벌, 일벌이 모여 있다. 꿀벌 무리처럼 일벌은 집을 짓거나 먹이를 나르고, 애벌레를 돌본다. 집을 지키는 것도 일벌이 한다. 일벌은 빈 나무줄기 속이나 땅속, 혹은 추녀 밑에 벌집을 만든다. 큰턱으로 마른 나무껍질이나 풀 줄기 따위를 뜯어서는 침을 섞어 가면서 잘게 씹은 다음, 이것을 뱉어 가면서 줄무늬가 있는 둥그런 집을 짓는다. 먹이로는 다른 곤충이나 거미 따위를 잡아먹는다. 꿀, 과일즙, 나무줄기에서 나오는 찐득찐득한 진도 먹는다. 애벌레한테는 살아 있는 꿀벌이나 거미를 잡아다가 먹인다. 말벌은 벌통 가까이에 집을 짓기도 하는데, 꿀벌 애벌레나 알을 잡아먹고 벌집까지 다 부순다. 말벌이 나타나면 꿀벌 집은 온통 쑥대밭이 된다.

일벌과 수벌은 초겨울이 되면 모두 죽고, 짝짓기를 한 새 여왕벌만 땅속에서 겨울을 보낸다. 겨울잠에서 깨어 난 여왕벌은 5월쯤 날씨가 따뜻해지면 혼자 집을 짓고 알을 낳는다. 알은 애벌레와 번데기를 거쳐서 어른벌레가 된다. 늦여름에 수가 가장 많이 늘어나는데 한 집에 수백 마리까지 산다.

왕바다리는 말벌과 비슷하게 생겼는데 말벌보다 몸이 가늘고 배 윗부분은 좁다. 말벌처럼 사납지는 않지만 건드리면 침을 쏜다.

20~30mm

다른 이름 왕퉁이, 왕벌, 말버리

사는 곳 땅 위나 땅속에 집을 짓는다.

한살이 알 ▸ 애벌레 ▸ 번데기 ▸ 어른벌레

먹이 벌레, 나뭇진

1

2

1 **말벌** *Vespa crabro flavofasciata*
몸길이는 여왕벌이 30mm쯤이고, 일벌도 20mm가 넘는다. 몸 빛깔은 노란색, 붉은색, 짙은 밤색이 많다. 머리쪽은 귤색이다. 몸에 누런 밤색 털이 촘촘히 나 있다.

2 **왕바다리** *Polistes rothneyi koreanus*
몸길이가 25mm쯤이다. 쌍살벌이라고도 한다. 말벌보다 몸이 가늘고 배 윗부분은 좁다. 날개가 길고 가늘다. 긴 뒷다리 2개를 축 늘어뜨리고 날아다닌다. 쌍살벌은 말벌처럼 사납지 않지만 건드리면 침을 쏜다.

꿀벌

Apidae

꿀벌은 꽃에 있는 꿀을 따다가 벌집에 모아 둔다. 꿀벌은 입이 뾰족하고 혀가 길어서 꿀을 잘 빨고, 뒷다리 종아리 마디가 넓적해서 꽃가루를 붙여서 옮기기 좋다. 요즘 흔히 보는 꿀벌은 서양벌이라고 해서 양봉꿀벌이라고 한다. 우리나라에서는 꿀을 얻기 위해 오래전부터 꿀벌을 길렀다. 예전부터 길러 온 꿀벌을 토종벌이라고 하는데, 양봉꿀벌보다 색이 검고 크기가 작다. 토종벌은 양봉꿀벌이 없고, 인적도 드문 산속으로 들어가야만 기를 수 있게 되었다.

꿀벌은 육각형 방을 만들어 벌집에 알을 낳고 꿀을 모아 둔다. 한 집에는 여왕벌 한 마리와 수벌 수백 마리와 일벌 수만 마리가 있다. 여왕벌은 하루에 알을 이삼천 개씩 낳는다. 애벌레 가운데 새 여왕벌이 될 애벌레는 로열젤리를 먹으며 자란다. 수벌은 두세 달 살면서 한 번 짝짓기 하는 것 말고는 하는 일이 없다. 일벌은 꿀을 모으고 알과 애벌레를 돌보고 집 짓는 일을 한다.

꿀벌은 꿀과 꽃가루를 모으느라 이른 봄부터 날아다닌다. 어디서든 꽃이 피기 시작하면 벌도 나온다. 대개 그 날 아침에 찾은 꽃을 하루 내내 찾아다니면서 꿀을 모은다. 여왕벌은 알을 낳기 시작해서, 먹이가 많은 봄철에 식구를 늘린다. 초여름이 되면 벌의 수가 세 배쯤 늘어난다. 눈이 큰 수벌도 이때 깨어 난다. 벌이 너무 많아지면 벌떼가 두 무리로 나뉘어 한 무리는 이사를 한다. 분봉이라고 하는데, 원래 주인이던 여왕벌이 옛집을 새 여왕벌에게 맡기고 절반쯤 되는 일벌을 거느리고 새 터전을 찾아 떠난다. 여왕벌이 늙어서 알을 잘 못 낳을 때는 일벌이 늙은 여왕벌을 죽이고, 새 여왕벌이 알을 낳게 한다. 토종벌이나 양봉꿀벌이나 벌치기를 할 때는 사람이 일부러 분봉을 시키기도 한다. 벌들은 가을이 오면 꿀을 저장하기 시작한다. 겨울을 보내기 위해서다. 겨울을 보내면서 벌들 가운데 삼 분의 일쯤이 죽는다.

여왕벌이 낳은 알에서 사흘이 지나면 애벌레가 나온다. 엿새쯤 지나 애벌레가 다 자라면 방에서 번데기가 된다. 여왕벌은 일 주일 동안 번데기로 있고 일벌은 열이틀, 수벌은 보름쯤 번데기로 보낸다. 여왕벌은 어른벌레로 삼 년에서 오 년을 살고, 일벌은 한 달 남짓 산다.

꿀벌은 꿀을 주기도 하지만, 농사를 짓는 데 없어서는 안 될 존재이다. 꽃가루를 모으면서 가루받이를 하기 때문이다. 열매 채소나 과일처럼 가루받이가 필요한 작물 가운데 열에 아홉이 꿀벌의 도움을 받는다. 요즘 까닭도 모른 채 꿀벌이 갑자기 줄어서 농사짓는 것이 어려워지고 있다.

12~20mm

다른 이름 벌, 참벌

사는 곳 사람이 기른다. 산과 들에 산다.

한살이 알 ▸ 애벌레 ▸ 번데기 ▸ 어른벌레

먹이 꽃가루, 꿀

1-1

1-2

1

1 양봉꿀벌 *Apis mellifera*

양봉꿀벌은 머리와 가슴에 밤색 털이 많이 나 있다. 일벌은 몸길이가 12mm쯤이다. 여왕벌은 몸집이 가장 크다. 더듬이와 머리 위 가장자리가 누런 밤색이다. 수벌은 일벌보다 몸집이 더 크고 겹눈은 정수리에 서로 붙어 있다.

1-1 아까시나무 꽃에 모여든 꿀벌

1-2 꿀벌 집

누에나방

Bombyx mori

누에는 명주실을 뽑아 비단을 짜려고 기르는 누에나방의 애벌레이다. 누워 있는 벌레라는 뜻이다. 우리나라에서는 삼천 년 전쯤부터 누에를 길렀다. 누에를 치는 일은 매우 중요한 일이어서 누에를 가리키는 말도 알, 갓 난 애벌레, 허물을 벗은 애벌레, 고치를 짓기 직전의 애벌레 하는 식으로 세세하게 나뉘어 있다. 알에서 갓 깨어 난 누에는 개미만큼 작고 까만 털이 많아서 개미누에라고 한다. 어려서 작은 것을 실누에라고 하고, 자라서 통통해지면 손가락누에라고 한다.

누에는 자라면서 쉬지 않고 먹는다. 그러다가 허물을 벗을 때는 하루 동안 꼼짝을 안 하는데 이것을 잠을 잔다고 한다. 넉잠을 자고 나면 고치를 짓는다. 이때 소나무 가지를 올려 주거나 짚이나 종이 따위로 만든 섶을 올려 준다. 그러면 누에는 섶에 올라가 실을 뿜어서 고치를 짓는다. 사나흘쯤 걸린다. 고치에서 실을 뽑지 않고 두면 누에나방이 나온다. 누에나방은 몸이 둔해서 조금씩 움직일 뿐 날지 못한다. 오랫동안 사람이 길러서 둔해진 것이다. 누에나방은 아무것도 먹지 않고 열흘쯤 살면서 짝짓기를 하고 알을 낳는다. 알은 깨알처럼 작고 색깔이 거무스름하다.

누에를 기를 때는 어린 누에에게는 연한 뽕잎을 골라서 잘게 잘라 주지만 큰 누에는 먹성이 좋아서 가지째 주어도 잘 먹는다. 누에를 놓은 채반에 뽕잎을 주면 처음에 푸른 잎만 보이던 것이 금세 누에만 남아서 하얗게 되고, 때가 되었는데도 잎을 주지 않으면 누에는 고개를 들고 내두른다. 예전에는 집집마다 조금씩 누에를 치는 경우가 많았다. 그럴 때는 따로 누에방이 없이 잠 자는 방에 덕을 매고 누에 채반을 올렸다. 한밤중에는 조용해서 누에가 뽕잎 갉는 소리가 나는데 마치 빗소리처럼 들린다. 누에가 자랄수록 소리도 커진다.

고치를 짓는 데는 사나흘이 걸린다. 고치를 흔들어 소리를 듣고 번데기가 되었는지 알아낸다. 그 다음 섶에서 고치를 따서 끓는 물에 넣어 젓는다. 그러면 고치가 삶아지면서 올이 풀리는데, 한쪽에서 물레질을 하면 풀린 올이 저절로 맞물려서 딸려 간다. 고치 하나에서 천 미터에서 천오백 미터에 이르는 실이 나온다. 고치 속에 있는 번데기는 삶아서 먹고, 고치를 짓지 않는 누에는 약으로 쓴다. 지금은 면, 비단, 베 따위를 거의 다른 나라에서 들여오지만, 누에를 기르고 목화나 대마를 심는 집은 이삼십 년 전만 해도 어디서나 볼 수 있었다. 지금도 어느 마을에서든 누에를 먹이느라 기른 뽕밭 자리를 찾기는 어렵지 않다. 산누에나방이나 아주까리누에도 실을 얻었다.

20mm

다른 이름 집누에나비, 뽕누에나비, 나벵이

사는 곳 사람이 기른다.

한살이 알 ▸ 애벌레 ▸ 번데기 ▸ 어른벌레

먹이 뽕나무 잎

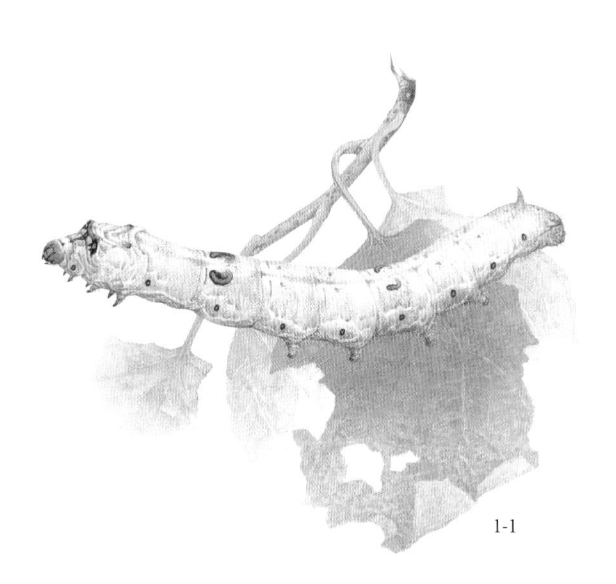

1-1

몸길이가 20mm, 날개 편 길이가 50mm쯤이다. 배가 통통한데 암컷이 수컷보다 크다. 몸과 날개가 모두 흰색이고 더듬이는 빗살 모양이다.

1-1 뽕잎을 먹는 누에

나방

Lepidoptera

나방과 나비는 크게는 한 무리에 든다. 나비는 더듬이가 끝이 부풀어서 곤봉처럼 생겼지만, 나방은 깃털이나 빗살 모양인데 끝이 뾰족하다. 나방은 밤에 움직이며 불빛에 모여드는 것이 많고, 가만히 앉아 있을 때는 날개를 펴고 앉는다. 또 나방은 색깔이 칙칙한 것이 많다.

나방은 애벌레 때 곡식이나 채소, 과일나무 같은 농작물을 갉아 먹고 사는 것이 많다. 덩치가 큰 곤충 가운데 농사 해충으로 피해를 많이 주는 것이 나방 무리와 노린재 무리이다. 흔히 송충이라고 하는 애벌레는 솔나방 애벌레이고, 쌀벌레라고 하는 작은 벌레는 화랑곡나방이다. 화랑곡나방 애벌레는 비닐이나 종이를 뚫고 들어갈 줄 알고, 건조한 곳에서 살아가는 능력도 뛰어나다. 곡물이라면 무엇이든 가리지 않고 먹어서 곡식을 보관할 때 가장 골칫거리이다. 또 몸집이 유난히 큰 박각시나방 애벌레는 온갖 식물을 갉아 먹는데, 특히 참깻잎에 피해를 주어 깻망아지라고 부르기도 한다. 밤나방 무리는 나비와 나방을 통틀어 가장 종류가 많은 나방인데, 금세 불어나고 작물도 많이 먹어 치운다. 애벌레가 밤중에 기어 다니며 채소든 곡식이든 가리지 않고 먹어서 도둑벌레라고 한다. 명나방 무리는 나비 못지않게 색이 아름답고 날개에는 갖가지 무늬가 있다. 이 가운데 이화명나방과 혹명나방은 애벌레가 벼를 많이 갉아 먹는다. 잎말이나방 애벌레는 과일나무에 많이 살면서 잎을 둘둘 말아 집을 만든다. 과일나무 잎이 둘둘 말려 있거나 뭉쳐져 있다면 그 속에 잎말이나방 애벌레가 있기 쉽다. 굴나방은 과일나무 잎에 꾸불꾸불한 굴 모양을 내면서 잎을 먹어 치운다. 굴나방이 잎을 먹은 자리에서 병이 잘 생긴다.

노랑쐐기나방 애벌레를 쐐기라고 한다. 쐐기는 한여름에 참나무나 여러 과일나무 잎을 갉아 먹는데, 몸에 날카로운 가시 같은 털이 나 있다. 나방 애벌레 가운데 털이 있는 것이 많은데, 쐐기처럼 털에 독이 있는 것도 있다. 찔리면 저릿하고 벌겋게 부어오르면서 쓰리고 따갑다. 쐐기에 찔렸을 때는 찬물로 씻어 부기를 가라 앉힌다.

그렇다고 나방이 해만 끼치는 것은 아니다. 숫자가 많은 만큼 새들한테는 귀한 먹이가 된다. 산과 들에 새소리가 나지 않는다면 벌레가 없기 때문일 수 있다. 나방은 밤에 많이 움직이기 때문에, 특히 밤에 벌레잡이를 하는 박쥐나 두꺼비 같은 동물한테는 중요한 먹잇감이다. 어른이 된 나방은 꽃을 찾아서 꿀을 빠는 나방이 있는데, 나비처럼 가루받이를 돕는다.

다른 이름 밤나비, 나방이

사는 곳 산, 들, 집 가까이

한살이 알 ▸ 애벌레 ▸ 번데기 ▸ 어른벌레

먹이 꿀, 꽃가루, 열매즙

1 **점갈고리박각시** *Ambulyx ochracea*

날개 편 길이는 91~99mm쯤이다. 날개와 몸은 황톳빛이고 가슴등쪽 어깨에 검은 밤색 무늬가 뚜렷하다. 날개에도 희미하게 검거무스름한 밤색 무늬가 줄지어 있다. 배와 앞날개 몸통 가까이에는 짙은 밤색 점이 있다.

2-1 노랑쐐기나방 고치

2 **노랑쐐기나방** *Monema flavescens*

날개 편 길이가 30mm쯤이다. 더듬이는 실 모양이고, 겹눈은 검은색이다. 앞날개는 노란데 끝에 비스듬한 밤색 줄이 뚜렷하다.

나비

Lepidoptera

아름답고 보기 좋은 곤충을 들라면 나비를 꼽는 사람이 많다. 빛깔과 무늬도 아름답지만, 날개를 팔랑거리며 꽃 가까이에서 노니는 것 또한 보기에 좋다. 나비는 나방과 달리 낮에 많이 날아다니고, 앉을 때 날개를 접고 앉는다. 예전부터 날개를 접고 앉는지 펴고 앉는지를 보고 나방과 나비를 구분했는데, 꼭 들어맞는 것은 아니다. 팔랑나비는 더듬이 끝이 가는 편이고, 뿔나비나방은 나방이지만 날개를 접고 앉고 낮에 날아다닌다.

나비는 앞다리로 맛을 본다. 꽃에 앉으면 먼저 꿀이 있는지 앞다리로 맛을 보고 대롱같이 생긴 입을 넣고 꿀을 빨아 먹는다. 벌처럼 가루받이를 돕는 곤충이다. 생긴 모습 못지않게 중요한 일을 하는 것이다. 그러나 요즘은 농약을 많이 치고, 풀밭이 줄어들면서 나비를 보는 것도 어려워졌다. 나비는 저마다 빛깔과 무늬가 고운데, 대개 희거나 노란 나비는 양지바른 풀밭에서 날고, 검은 빛이 도는 나비는 양지바른 곳과 숲을 오간다. 밤색이 나는 것은 덤불숲에서 많이 보인다. 나비 가운데는 네발나비처럼 어른벌레로 깨어 난 계절에 따라 모양이 바뀌는 것이 있다. 비가 올 때는 날개를 접고 앉아 비가 그치기를 기다린다. 나비의 날개에는 아주 작은 비늘이 있는데, 이 때문에 날개가 젖지 않는다. 비늘 짜임새가 달라지는 것에 따라 빛깔도 바뀐다.

나비 애벌레는 저마다 먹는 풀이 정해져 있다. 그래서 나비는 애벌레가 잘 먹는 식물을 찾아서 알을 낳는다. 생김새나 먹는 것이나 나방 애벌레와 크게 다르지 않다. 나비 애벌레는 털이 짧은 것이 많지만, 털이 길거나 가시돌기가 있는 것, 호랑나비 애벌레처럼 머리에 뿔이 난 것도 있다. 애벌레는 그 식물을 먹고 자라면서 여러 차례 허물을 벗고 번데기가 되었다가 어른벌레가 된다. 나비도 나방처럼 애벌레 때 채소나 곡식을 먹는 것이 있다. 배추 농사를 많이 짓는 우리나라에서는 무엇보다 배추흰나비가 골치이다. 요즘은 배추흰나비가 많이 줄었다. 산호랑나비 애벌레는 당근과 미나리를 갉아 먹고, 호랑나비 애벌레는 탱자나무나 어린 귤나무를 먹는다. 줄점팔랑나비 애벌레는 볏잎을 말고 들어앉아 그 속에서 벼를 갉아 먹는다.

나비 애벌레는 나방과는 달리 고치를 만들지는 않고 꼬리 끝을 가지나 잎에 붙이고 거꾸로 매달리거나, 실을 토해서 가지에 몸을 묶거나 한다. 가랑잎이나 나무줄기 사이에서 번데기가 되기도 한다. 번데기로 겨울을 나기도 하지만, 종마다 겨울 나는 모습이 다르다.

다른 이름 나벵이, 나부, 호접

사는 곳 산, 들

한살이 알 ▸ 애벌레 ▸ 번데기 ▸ 어른벌레

먹이 꿀, 꽃가루, 열매즙

1 **산호랑나비** *Papilio machaon*
날개 편 길이가 60~120mm쯤이다. 산호랑나비는 생김새가 호랑나비와 아주 비슷하다. 호랑나비보다 조금더 노란빛이 짙고 뒷날개 안쪽 가장자리에 붉은 점이 뚜렷하게 있다.

2 **네발나비** *Polygonia c-aureum*
날개 편 길이가 42~47mm이다. 날개 가장자리는 들쭉날쭉하고 모가 나 있다. 여름에 난 것과 가을에 난 것이 색이 다르다. 가을에 더 붉은빛을 띤다. 앞다리가 짧아서 다리가 4개처럼 보인다.

3 **노랑나비** *Colias erate*
날개 편 길이가 38~43mm이다. 날개는 노란 바탕에 검은 무늬가 조금 있다. 날개 가장자리가 검다. 수컷보다 암컷의 날개가 크고 둥글다.

곤충류
파리목
모기과

모기

Culicidae

여름철에 사람을 가장 괴롭히는 곤충 가운데 하나가 모기이다. 모기는 젖먹이동물의 따뜻한 피를 빨아 먹고 산다. 모기 주둥이는 바늘처럼 생겨서 이것으로 사람이나 짐승의 살갗을 뚫고 피를 빤다. 암컷만 피를 빨고 수컷은 과일이나 식물의 즙을 빨아 먹거나 아무것도 먹지 않는다. 모기가 물면 따끔하고 가렵다. 긁으면 부어오르고 상처가 남는다. 피를 빨면서 병을 옮기기도 한다. 사람한테는 뇌염, 말라리아, 뎅기열 같은 전염병을 옮기고 소나 다른 집짐승한테도 병을 옮긴다.

집 안에도 있고 집 밖에 있는 뒷간이나 풀섶에도 많다. 여름철에 어둡고 축축한 자리에 있다가 해 질 무렵부터 해 뜨기 전까지 많이 날아다닌다. 날이 추워지면 도시에서는 아파트의 지하나 하수도처럼 따뜻하고 축축한 곳을 찾아 지내면서 겨울이 다 되도록 날아다닌다. 사람이나 짐승이 있으면 어디든지 찾아온다. 그늘진 풀섶에 있는 것은 낮에도 피를 빤다.

밤에 모기가 날면 모깃소리에 잠을 깬다. 날갯짓을 아주 빠르게 해서 "애애앵" 하는 소리가 나는데, 종에 따라 날개 크기나 날갯짓하는 빠르기가 달라서 소리도 다르게 난다. 모기 수컷은 날개 소리를 듣고 암컷 모기가 같은 종인지 아닌지 안다. 짝짓기를 마친 암컷은 고인 물을 찾아 알을 낳는다. 논이나 연못, 웅덩이나 하수구에 많이 낳는다. 항아리나 통에 받아 놓은 물도 용케 찾아서 알을 낳기 때문에, 모기를 없애려면 집 둘레에 고인 물을 찾아 없애야 한다. 모기 애벌레는 장구벌레라고 하는데, 장구벌레는 물속에서 번데기가 된다. 장구벌레나 모기 번데기는 미꾸라지 같은 물고기나 잠자리 애벌레인 학배기가 잘 잡아먹는다. 모기 번데기는 번데기인 상태로 물속에서 움직이기도 한다. 어른벌레는 파리처럼 뒷날개는 퇴화되고 앞날개만 한 쌍이 있다.

짝짓기를 한 모기는 알을 백 개가 넘게 낳는데, 열흘에서 보름쯤 지나면 어른벌레가 나온다. 날씨가 춥지 않으면, 줄곧 모기가 깨어 난다. 집이 너무 따뜻해도 모기가 끊이지 않는 것이다. 겨울이 되면 대개 숲에서 사는 모기는 알로, 들이나 집 근처에 사는 모기는 어른벌레로 겨울을 난다.

도시나 집에서 많이 보이는 모기는 집모기 무리이다. 빨간집모기가 흔한데 피를 빨기는 해도 병을 옮기지는 않는다. 숲모기 무리는 낮에도 피를 빨기도 하는데, 몸이 검고 흰색 줄무늬가 있다. 흰줄숲모기가 흔하다. 논이나 밭에서 일할 때 많이 물린다. 모기와 비슷하게 생긴 것으로 각다귀가 있다. 몸집이 모기보다 크고 천천히 날아다닌다. 각다귀는 사람을 물지는 않는다.

4~6mm

다른 이름 모개이, 모구, 각다귀, 깔따구

사는 곳 집 둘레, 풀밭

한살이 알 ▸ 애벌레 ▸ 번데기 ▸ 어른벌레

먹이 풀 즙, 짐승 피

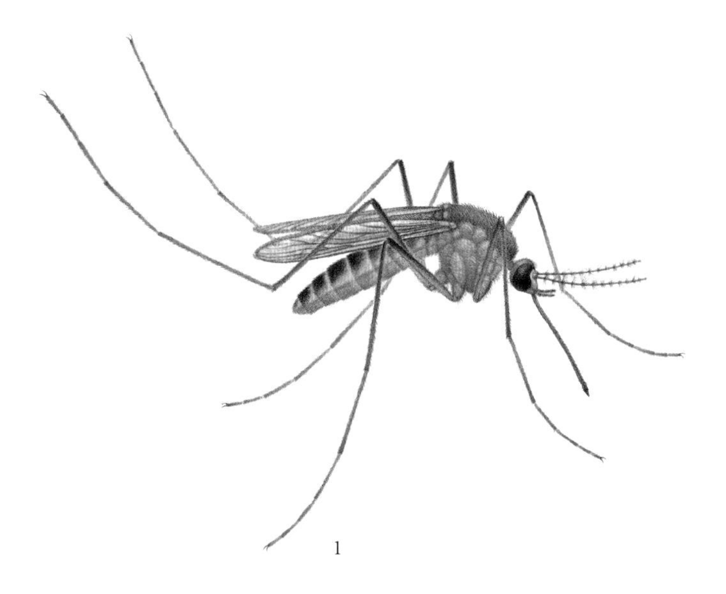

1

1-1

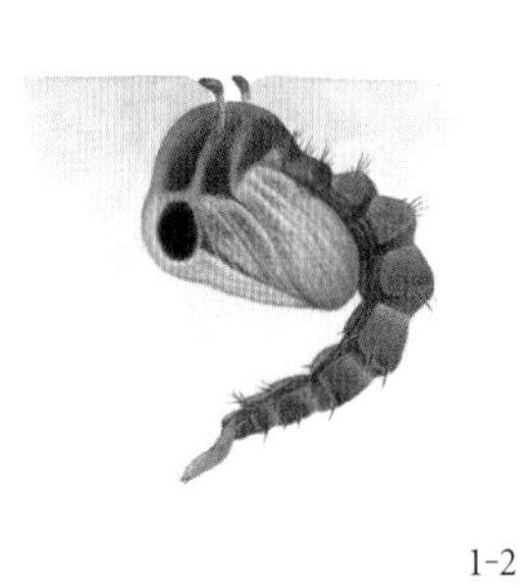

1-2

1 빨간집모기 *Culex pipiens pallens*

몸길이는 5~6mm쯤이다. 몸은 연한 밤색이다. 주둥이가 대롱 모양으로 길어서 찌르고 빨기에 알맞다. 뒷다리는 길고 들려 있다. 애벌레는 불긋한 밤색이거나 거뭇한 밤색이다.

1-1 애벌레인 장구벌레

1-2 번데기

파리

Diptera

집에서 가장 많이 보는 곤충 가운데 하나가 파리이다. 아무리 문을 꼭꼭 닫아 놓고 있어도, 먹다 남은 과일 찌꺼기에는 몇 시간이 지나지 않아 초파리가 꼬인다. 이른봄부터 늦가을까지 파리는 쉬지 않고 나타난다. 겨울에도 따뜻한 곳만 있으면, 집 어딘가에 살면서 알을 낳기까지 한다.

파리는 종류에 따라 생김새나 사는 법이 저마다 다르다. 집 안에 많이 꼬이는 집파리, 화장실이나 썩은 음식에 많이 꼬이는 쉬파리 따위가 흔하다. 쉬파리는 몸이 집파리보다 크고 몸에 잿빛과 검은빛 무늬가 번갈아 나 있다. 초파리는 몸집이 작아서 어디든 잘 들락거린다. 흔히 날파리나 하루살이라고 여길 때가 많은데, 썩은 과일이나 과일 껍질같이 신맛이 나는 음식이 있으면 금세 여러 마리가 모여든다. 집에 사는 초파리 가운데 가장 흔한 것은 노랑초파리이다. 몸이 푸른빛이 돌고 윤이 나는 것은 금파리 무리에 드는 파리이다. 날개 소리가 크고, 집파리처럼 지내는데, 산이나 들에서도 흔하게 볼 수 있다. 침파리는 소나 말 같은 집짐승의 피를 빨아 먹고 산다.

파리는 바닥에 앉아서 발을 비비고 있을 때가 많다. 발바닥에 끈끈한 판이 있어서 유리나 벽에 잘 붙을 수 있고, 또 발바닥을 음식에 대고 맛을 안다. 발바닥이 더러우면 벽에 잘 붙지도 못하고, 맛도 알 수 없기 때문에 발을 싹싹 비벼 먼지를 털어 낸다.

파리는 죽은 동물의 몸이나 쓰레기, 음식물, 똥 같은 곳에 알을 낳는다. 알에서 깨어 난 애벌레는 구더기, 쉬, 고자리라고 하는데 음식물이나 똥을 먹으며 자란다. 구더기는 턱이 없다. 그래서 먹이를 먹을 때는 소화 효소를 몸 밖으로 내보내서 음식물을 녹인 다음 천천히 흡수한다. 음식물 쓰레기나 똥을 먹고 분해하는 능력이 뛰어나다. 죽은 동물이 있으면 먼저 구더기가 생기는데, 이들이 있어야 죽은 동물이 흙으로 돌아간다. 똥거름을 삭히는 데에도 구더기가 큰 몫을 한다.

파리가 병을 옮기는 까닭은 더러운 곳에 앉았다가 우리가 먹는 음식에도 앉기 때문이다. 침도 뱉고 똥도 아무 데나 싼다. 쉬파리는 알을 낳지 않고 바로 구더기를 낳는다. 쉬를 슨다고 한다. 음식물에 금세 구더기가 생기는 것이 쉬파리가 쉬를 슬기 때문이다. 날이 더울 때는 집파리가 낳은 알에서도 채 열두 시간이 되기 전에 구더기가 깨어 난다. 구더기는 열흘쯤 지나서 번데기가 되었다가 네댓새 후에 어른벌레가 된다. 어른벌레가 되기까지 날씨에 따라서 시간이 많이 달라지는데, 더운 여름날에는 대개 보름쯤이면 알에서 어른벌레가 된다. 어른벌레는 두 달쯤 산다.

2~13mm

다른 이름 파래이, 포리

사는 곳 집 둘레, 들판

한살이 알 ▸ 애벌레 ▸ 번데기 ▸ 어른벌레

먹이 썩은 음식, 똥, 죽은 동물

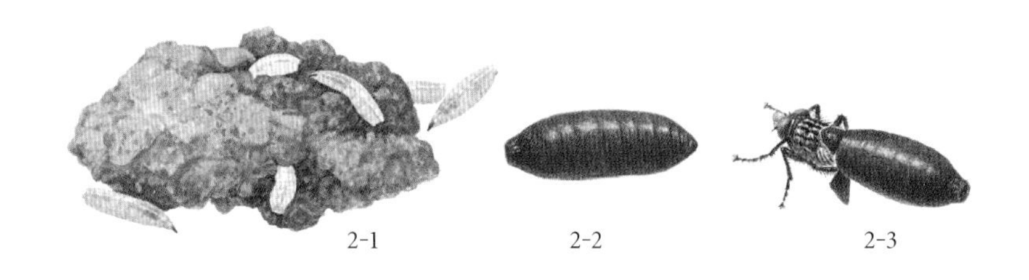

1 **노랑초파리** *Drosophila melanogaster*
몸길이는 2mm쯤이다. 더듬이가 짧고, 눈은 빨갛다. 가슴은 누런색이다. 배에는 노란색과 검은색으로 이루어진 띠무늬가 있다. 수컷은 배끝이 검다.

2 **검정볼기쉬파리** *Helicophagella melanura*
겹눈이 붉고 파리 가운데 몸집이 큰 편이다. 몸길이는 7~13mm쯤이다. 가슴등판 가운데에 검은 줄이 3줄 아래로 뻗어 있다.

2-1 된장에 슨 구더기
2-2 번데기
2-3 번데기에서 나오는 어른벌레

곤충류
벼룩목
벼룩과

벼룩

Siphonaptera

벼룩은 사람과 짐승, 새의 몸에 붙어 피를 빨아 먹는다. 이처럼 살갗에 달라붙어서 사는 것은 아니고, 피를 빨 때만 찾아온다. 같은 벼룩이 사람 피도 빨고 개나 고양이 피도 빤다. 입틀이 찔러서 빨아 먹기 좋게 생겼다.

벼룩은 몸집이 아주 작아서 좁쌀만 하다. 양옆에서 누른 것처럼 납작하고 진한 밤빛이 돈다. 날개는 없지만, 뒷다리가 크고 튼튼해서 톡톡 튀면서 이리저리 잘 옮겨 다닌다. 한 번 뛸 때 제 몸의 사오십 배쯤 뛰어오른다. 제 몸에 견주어 보자면 벼룩만큼 높이 뛰는 동물은 없다. 피를 빨아 먹을 때 한 자리를 물고 금세 다른 곳으로 튀어 가서 물어서 잡기 어렵다. 벼룩이 물면 모기가 문 것보다 훨씬 따갑고 가렵다. 그래서 물린 자리를 자꾸 긁다 보면 상처가 난다. 옛날에는 사람에게도 많이 붙어살았지만 지금은 거의 사라졌다. 벼룩은 피를 빨아 먹으면서 병을 옮기기도 한다. 흑사병, 발진열 따위를 옮기는데 아주 위험한 전염병이다. 십사 세기부터 삼백 년 가까이 유럽에서 흑사병이 돌아 사람이 많이 죽었던 것도 벼룩이 쥐한테서 병을 옮겼기 때문이다. 거의 사라졌다고는 해도 아직 다른 나라에는 흑사병으로 죽는 사람이 있다.

암컷은 알을 낳을 때가 되면 붙어살던 동물의 몸에서 떨어져 나온다. 구석지고 어두운 곳에 흩어져 있는 먼지 뭉치 같은 곳에 알을 낳는다. 여러 번에 걸쳐서 나누어 낳는데, 한 번에 열 개쯤 모두 사오백 개를 낳는다. 알은 희고 동그랗게 생겼는데 겨우 눈에 보일 정도로 작다. 닷새가 지나면 알에서 애벌레가 나온다. 애벌레는 아주 작은 구더기처럼 생겼다. 방구석이나 마루 틈바구니에서 먼지나 똥 따위를 먹고 산다. 다 자란 애벌레는 알처럼 생긴 고치를 짓고 그 속에서 번데기가 된다. 고치는 끈적끈적해서 모래나 먼지를 붙이고 있기 때문에 그저 먼지 덩어리인 줄 안다. 일 주일이나 열흘쯤 지나서 어른벌레가 된다.

우리나라에는 마흔 종 가까운 벼룩이 살고 있다고 한다. 사람을 가장 많이 무는 벼룩은 사람벼룩인데 몸길이가 사 밀리미터쯤으로 벼룩 가운데 큰 편이다. 소나 돼지한테도 붙어서 피를 빤다. 개벼룩, 고양이벼룩도 있는데, 사람을 물기도 한다. 무엇보다 쥐에 붙어서 사는 벼룩이 가장 많다.

2~4mm

다른 이름 버리디, 베레기, 벼루기

사는 곳 짐승이나 새의 몸에 붙어산다.

한살이 알 ▸ 애벌레 ▸ 번데기 ▸ 어른벌레

먹이 짐승이나 새의 피

몸길이는 2~4mm쯤이다. 몸이 납작하다. 주둥이가
머리 앞쪽에 있고, 피를 빨기 쉽게 아래로 삐져나와
있다. 몸색은 거무스름한 밤색이 많다.

무척추동물

7_1 연체동물

연체동물은 몸에 뼈가 없이 살이 물렁물렁하고 연한 동물이다. 우리가 많이 먹는 조개와 고둥, 오징어와 문어, 바위에 꼭 붙어 있는 납작한 군부와 전복, 물컹거리는 군소 따위가 모두 연체동물이다.

조개는 조가비 밖으로 내밀고 다니는 크고 튼튼한 발이 도끼날처럼 생겼다고 부족류라고 한다. 이 발로 갯바닥에서 옮겨 다니고 뻘 속으로 깊이 파고들기도 한다. 조가비가 두 장씩 있어서 이매패류라고도 한다. 석회질로 된 단단한 조가비 안에 부드러운 속살이 들어 있다. 연체동물은 대개 머리, 몸, 내장 덩어리, 단단한 껍데기로 이루어져 있지만 조개는 머리가 없다. 조개는 바다에서 사는 것이 있고 민물에서 사는 조개가 있다. 바다에서 사는 조개는 갯바닥에서 사는 것이 많다. 움직임이 느린 편이라 한번 자리를 잡으면 멀리 움직이지 않는다. 다만 큰가리비 같은 조개는 조가비를 여닫으면서 멀리 뛰어 헤엄치듯이 옮겨 다닐 수 있다. 굴이나 홍합은 여느 조개와 달리 바위나 돌에 꼭 붙어서 움직이지 않고 산다. 대개 봄부터 가을까지 알을 낳는다. 알에서 깨어 난 새끼는 보름쯤 바닷물에 떠다니다가 저한테 알맞은 자리를 찾아서 터를 잡고 살거나, 굴처럼 단단한 것에 붙어서 살아간다. 조개의 먹이는 바닷물에 들어 있는 영양분이다. 조개 몸에는 바닷물을 빨아들이고 내보내는 입수공과 출수공이 있다. 물이 들어오면 조개는 꼭 다물었던 조가비를 살짝 열고 바닷물을 빨아들여 먹이를 먹고 숨도 쉰다.

고둥이나 달팽이는 조개와 달리 껍데기가 하나이고, 구멍 밖으로 넓적하고 큼직한 발을 내밀어 기어 다니는데, 배에 발이 붙어 있다고 복족류라고 한다. 기어 다닐 때 끈적끈적한 물질이 나와서 울퉁불퉁한 바위에서도 발을 다치지 않고 옮겨 다닐 수 있다. 위험을 느끼면 재빨리 발을 오므려 껍데기 속으로 집어넣고 구멍을 덮개로 막는다. 치설이라고 하는 단단하고 촘촘한 혀이빨이 있어서 이것으로 먹이를 갉아 먹는다. 먹이로는 죽은 동물부터, 바닷말, 바위에 붙어 있는 영양분, 조개나 다른 고둥을 먹고 산다. 달팽이는 풀을 먹는다.

오징어나 문어는 조개나 고둥과 달리 단단한 껍데기가 없이 외투막으로 몸이 싸여 있다. 머리처럼 보이는 것이 몸통이고, 몸통 아래쪽에 머리가 있다. 머리에 다리가 붙어 있다고 두족류라고 한다. 적이 다가오면 몸 빛깔을 바꾸거나 시꺼먼 먹물을 뿜고 달아난다. 두족류는 다른 연체동물과 달리 심장이 세 개 있고, 연체동물 가운데 가장 머리가 좋은 무리이다.

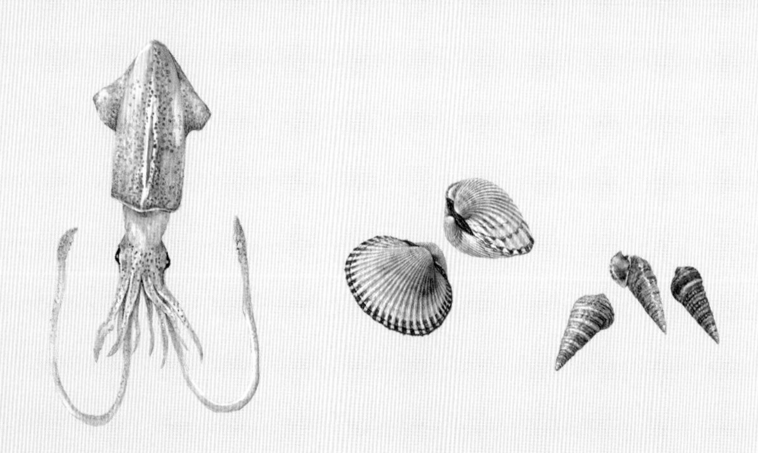

7_2 절지동물

몸이 마디로 되어 있는 동물을 절지동물이라고 한다. 절지동물은 온 세계 동물 가운데 절반이 훨씬 넘는다. 절지동물 가운데 가장 수가 많은 것은 곤충이고, 다른 절지동물로는 거미 무리, 지네처럼 다리가 많은 다지류, 게나 새우, 가재처럼 몸이 단단한 껍데기로 싸여 있는 갑각류가 있다. 절지동물은 몸이 자라도 단단한 껍데기는 안 자라기 때문에 몸이 자랄 때마다 껍데기를 바꾼다. 탈피라고 한다. 막 탈피를 했을 때는 껍데기가 말랑말랑하지만 곧 단단해진다. 게나 새우는 자라면서 여러 차례 껍데기를 바꾼다. 또 몸의 일부가 다치거나 떨어져 나가도 다시 생겨나기 때문에 위험을 느끼거나 적을 만나면 다리 하나를 스스로 끊고 달아나기도 한다.

거미는 곤충과 달리 몸이 머리가슴과 배로 이루어져 있고, 다리가 네 쌍이다. 더듬이도 없다. 거미줄을 치거나 사냥을 해서 먹이를 잡는데, 논이나 밭에서 해충을 잡아먹어서 농사에 큰 도움을 준다. 다지류는 몸이 머리와 가슴배로 나뉘고 마디가 여럿이다. 마디마다 다리가 한 쌍이나 두 쌍씩 있다. 지네, 노래기 같은 벌레가 다지류에 든다.

갑각류에는 사람이 즐겨 먹는 것이 많다. 게, 새우, 가재 따위인데 쥐며느리나 갯강구도 크게는 갑각류 무리에 든다. 바다에 사는 것이 많지만 민물에도 가재나 민물 새우들이 산다. 게는 다리가 열 개인데 맨 앞쪽에 있는 한 쌍은 집게다리다. 집게다리로 먹이를 집어 먹고, 굴을 파거나 집을 고치며 적과 싸우기도 한다. 갯벌에 사는 게는 긴 눈자루가 있어서 둘레를 살피기 좋다. 몸통이 넙적하고 이마가 넓은 게일수록 눈자루가 짧다. 게는 보통 봄과 여름에 짝짓기를 하고 알을 낳는다. 대게나 홍게처럼 추운 1~3월에 알을 낳는 종도 있다. 암컷은 알을 배에 품고 있다가 새끼가 깨어 나면 바닷물에 풀어 놓는다.

새우는 바다 밑에서 헤엄치며 산다. 다리가 열 쌍이고 더듬이가 길며 몸을 마음대로 구부릴 수 있다. 따개비나 거북손도 갑각류에 든다. 게나 새우와 달리 한 곳에 꼭 붙어 산다. 꼼짝 않고 있다가 물이 들어오면 뚜껑을 열고 갈퀴 같은 발을 내밀어서 바닷물에 떠다니는 플랑크톤 따위를 잡아먹는다.

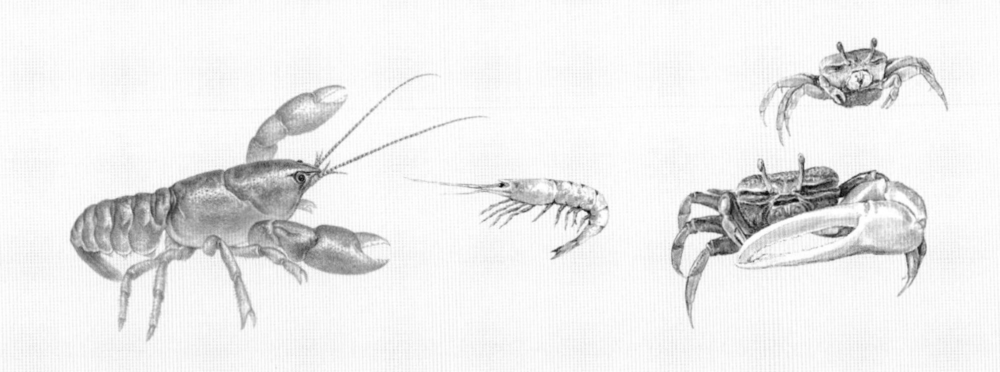

7_3 극피동물

불가사리나 성게나 해삼처럼 몸에 가시나 혹 같은 것이 나 있는 동물을 극피동물이라고 한다. 거의 모든 극피동물이 바다에서 산다. 극피동물은 따로 머리라고 할 만한 것이 없고, 몸 전체가 대칭형으로 생겼다. 움직일 때는 대롱처럼 생긴 관족이라는 발을 써서 바닥을 기어 다닌다. 관족은 속이 비어 있고, 끝에 빨판이 붙어 있고, 자유롭게 늘어났다 줄었다 한다. 기어 다니는 것은 느리지만 특히 불가사리 같은 것은 늘 활발히 움직이면서 먹잇감을 찾아다닌다. 제 몸에 견주어서 많이 먹는다. 극피동물은 다시 살아나는 힘이 세서 몸의 일부가 떨어져 나가거나 상처를 입어도 다시 온전하게 자라난다.

불가사리는 보통 팔이 다섯 개다. 먹잇감을 발견하면 팔로 꼭 잡거나 누른 채 몸 한가운데에 있는 입으로 먹어 치운다. 입은 배 쪽에 있고 똥구멍은 등에 붙어 있다. 똥구멍은 입만큼 발달하지 않았다. 팔이 잘린 불가사리를 갯벌에서 이따금 볼 수 있는데, 팔은 곧 다시 생겨난다.

성게는 뾰족한 가시가 촘촘히 나 있어서 밤송이처럼 보인다. 가시 사이에서 실같이 생긴 관족이 나와서 천천히 옮겨 다닌다. 관족 끝에 있는 빨판이 붙는 힘이 세서, 비탈진 곳에서도 떨어지지 않고 잘 오르내린다. 입은 몸 아래쪽에 있고 똥구멍은 몸 위쪽에 있다.

해삼은 겉에 울룩불룩한 혹이 많이 나 있다. 살갗은 미끈미끈하고 몸속에는 잔뼈 조각이 들어 있다. 해삼은 꼼짝하지 않고 지낼 것 같지만 천천히 움직여 다니며 산다. 발 구실을 하는 관족이 거의 없기 때문에, 몸의 힘살을 꿈틀거리면서 기어 다닌다. 단단한 물체에 부딪히거나 눌리면 내장이 터져 나오는데, 죽지 않고 내장이 다시 생긴다.

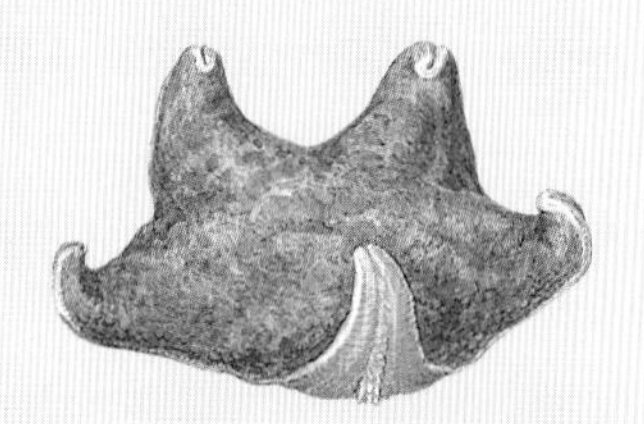

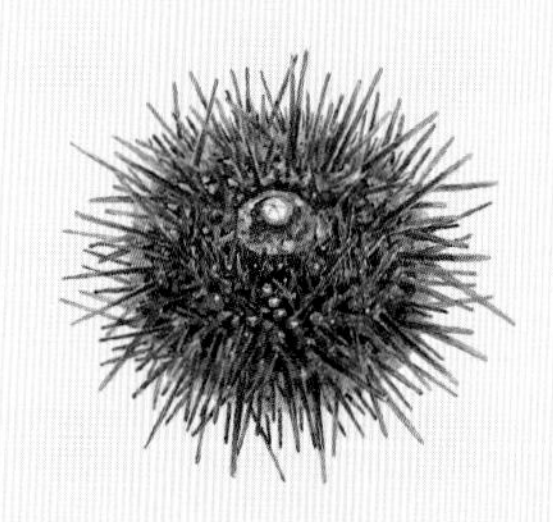

7_4 나머지 무척추동물

말미잘이나 해파리처럼 촉수에 독침을 갖고 있는 동물을 자포동물이라고 한다. 몸속이 항아리처럼 비어 있다고 강장동물이라고도 한다. 만지면 물컹거리고 부드럽다. 긴 수염같이 생긴 촉수로 냄새를 맡거나 침을 쏘아서 먹이를 잡는다. 해파리는 물에 떠다니며 살고, 말미잘은 한곳에 붙박이로 산다. 곤봉같이 생긴 바다 선인장도 자포동물이다. 해파리 촉수에 쏘이면 쏘인 데가 아프고 빨갛게 부어오른다.

개맛은 몸통이 조개처럼 조가비 두 장으로 덮여 있고, 발이 꼬리처럼 길게 달려 있다. 병부라고도 하는 이 발을 써서 다른 것에 붙거나 진흙을 파고들어 간다. 이런 동물을 완족동물이라고 한다. 아주 오래전에 처음 생긴 뒤 생김새가 바뀌지 않고 지금껏 그대로여서 살아 있는 화석 대접을 받는다.

개불은 몸통이 원통형이고 소시지처럼 생겼다. 개맛은 몸 앞쪽에 숟가락 같은 주둥이가 있다. 이런 동물을 의충동물이라고 한다. 지렁이 같은 환형동물에 가까운데 환형동물과 달리 몸에 마디가 없다. 큰 것은 몸길이가 오십 센티미터도 넘는다.

갯지렁이처럼 몸이 마디로 되어 있고 몸통이 가늘고 긴 원통처럼 생긴 동물을 환형동물이라고 한다. 환형은 고리 모양이라는 뜻이다. 뭍에 사는 지렁이나 거머리도 환형동물이다. 갯지렁이는 털처럼 생긴 발이 셀 수 없이 많아서 다모류라고도 한다.

모래 갯벌에 사는 갯지렁이 가운데는 긴 관을 만들어 갯벌에 박아 놓고 그 관 속에 살면서 갯벌 위로 들락날락하는 종들이 있다. 관은 몸에서 끈끈한 물질을 내어서 모래나 조개 껍데기 조각이나 식물 부스러기 따위를 붙여서 만드는데, 무척 정교하며 안쪽은 매끈하다. 이 관을 통해 숨도 쉬고 바닷물을 빨아들여 먹이를 걸러 먹기도 한다. 뻘 갯벌에 사는 갯지렁이들은 관을 따로 만들지 않고 뻘 속에 굴을 파고 산다. 지렁이가 밭을 기름지게 하듯이, 갯지렁이는 갯벌 속을 헤집고 다니며 쉴 새 없이 구멍을 내어 갯벌이 썩지 않게 도와준다.

7_5 갯살림과 갯벌 동물

우리 겨레는 아주 오래전부터 바다에서 나는 것을 먹고 살아왔다. 바닷가에 자리 잡은 선사 시대 집터나 조개더미를 보면 옛날부터 바닷가에서 갯일을 하고 물고기를 잡아먹었다는 것을 알 수 있다. 농사를 지어 먹을 것을 얻기에 앞서, 바다에 나가 손쉽게 먹을 것을 구해 왔던 것이다.

선사 시대 조개더미에서 나온 조개나 고둥 껍데기를 보면 낯익은 것이 많이 있다. 굴이나 바지락, 전복이나 소라같이 지금도 우리가 먹고 있는 것과 같은 것들이다. 바닷말도 오래전부터 먹어 왔다. 삼국 시대에 쓰여진 책에도 미역을 따서 먹었다는 기록이 나온다.

이렇게 우리는 몇천 년 동안 조상들이 해 오던 것처럼 바다에서 먹을 것을 얻고 있다. 지금도 갯마을 사람들은 갯벌에서 조개를 캐고 고둥을 줍는다. 또 바닷속에서 전복을 따고, 배를 타고 나가서 물고기를 잡는다. 요즘은 고기잡이 기술이 발달해서 먼바다에 나가 몇 년씩 바다에서 살며 고기를 잡기도 한다. 또 가까운 바다에서는 굴이나 가리비 같은 조개는 물론, 미역이나 다시마 같은 바닷말도 길러서 먹는다. 요즘은 바다에서 잡는 것은 점점 줄어들고 양식을 하는 것이 늘고 있다.

우리나라는 북쪽을 빼고 동쪽, 서쪽, 남쪽 삼면이 바다로 둘러싸여 있다. 해안선 길이만 만 킬로미터가 넘고, 섬까지 보태면 해안선 길이는 훨씬 더 길어진다. 동해와 서해와 남해의 해양 환경은 저마다 다 다르다.

동해는 물이 차고 깊어서 찬물을 좋아하는 물고기들이 많이 산다. 바닷가는 모래톱이나 바위로 이루어진 곳이 많고, 밀물과 썰물의 차이가 작아서 썰물 때에도 너른 바닷가 땅이 드러나지 않는다. 그래서 동해에 가면 바닷물이 늘 한자리에 있는 것처럼 보이기도 한다. 바다에서 헤엄치고 사는 게나 몸집이 큰 조개, 문어 같은 것이 많이 산다.

서해는 물이 얕고 따뜻하다. 물 빛도 동해와 달리 누른빛을 많이 띤다. 그래서 황해라고도 한다. 또 밀물과 썰물의 차이가 커서 물이 빠지면 뭍의 들판처럼 너른 갯벌이 펼쳐진다. 이렇게 물이 얕고 갯벌이 넓어서 아주 오래전부터 갯살림이 풍성하게 발달했다. 고기잡이 기술이 발달하지 않았던 때에도 사람들이 조개를 캐고 고둥을 줍고 물고기를 잡아먹고 살 수 있었다. 낙지나 주꾸미도 오래전부터 잡았다.

남해는 서해처럼 해안선이 꼬불꼬불하고 크고 작은 섬이 많다. 섬이 워낙 많아서 다도해라고도 한다. 겨울에도 날씨가 따뜻해서 물고기들이 알을 낳기에 좋다. 김이나 굴 양식처럼 여러 가지 바다 농사를 하기에도 알맞다. 가장 남쪽에 있는 제주도 바다에는 아열대성 생물이 많이 산다.

우리나라 서해와 남해는 바닷물이 빠지면 바닷가에 넓고 평평한 땅이 드러난다. 바닷물이 들어오면 잠기고 빠져나가면 땅으로 드러나는 이 너른 들판이 바로 갯벌이다. 갯벌은 강에서 흘러 내려온 흙과 모래가 오랫동안 쌓이고 또 쌓여서 이루어졌다. 우리나라 갯벌은 세계에서 다섯 손가락 안에 꼽히는 갯벌로, 생긴 지 팔천 년이나 된다.

갯벌은 뭍에서 내려온 온갖 찌꺼기를 걸러 내면서 스스로를 깨끗하고 기름지게 만든다. 얼핏 보면 아무것도 살지 않을 것 같고 그저 거무튀튀하고 칙칙해 보이지만, 수많은 생물이 깃들어 사는 보금자리다. 갯벌에서 사는 게나 갯지렁이나 조개는 끊임없이 갯벌에 구멍을 내고 개흙을 뒤집어 갯벌에 신선한 공기가 드나들게 해 주고 갯벌이 썩지 않게 도와준다. 갯벌은 사람한테도 고마운 텃밭이다. 따로 씨를 뿌리고 가꾸지 않아도 먹을거리를 풍성하게 얻을 수 있다. 갯마을 사람들은 갯벌에서 한 해 내내 먹을거리를 얻고 갯것을 팔아서 살림을 꾸려 나간다.

갯벌의 모습은 여러 가지다. 물살이 느린 바닷가에는 찰흙같이 질고 고운 뻘이 발달했다. 허벅지까지 푹푹 빠지고 한 번 빠지면 발을 빼기 힘든 곳도 있다. 물살이 빠른 바닷가에는 모래가 많이 섞인 갯벌이 발달했다. 경운기가 지나다닐 만큼 단단한 곳도 있다. 바닷가가 크고 작은 갯바위로 뒤덮인 곳이 있는가 하면, 산 가까이 있어서 자갈이 많이 깔린 갯벌도 있다.

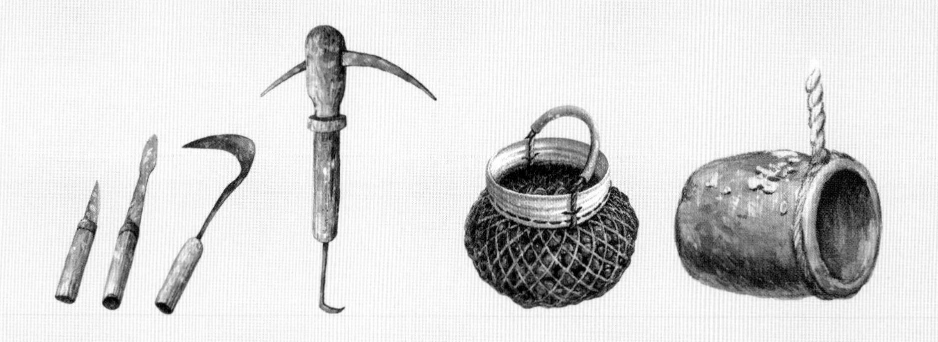

갯살림에 쓰이는 연장들

말미잘

Actiniaria

말미잘은 갯바위나 단단한 바닥에 붙어서 살거나 모래에 몸을 묻고 산다. 대개 움직여 다니지는 않지만 아예 바닥에 달라붙는 것은 아니다. 말미잘은 똥구멍이 따로 없어서 소화시키고 남은 찌꺼기를 다시 입으로 내보낸다. 먹이를 잡을 때는 촉수를 활짝 펼치고 있다가 먹잇감이 지나가면 촉수에서 독을 쏘아 잡아먹는다. 금세 늘어났다가 줄어들었다 하면서 촉수를 잘 움직인다. 둘레가 바뀌는 것에 따라 몸 빛깔도 바뀐다. 말미잘 독은 사람한테는 해를 끼치지 않는다. 말미잘은 흔히 공생하는 것으로 많이 알려져 있다. 말미잘 독에 아무렇지 않은 물고기나 새우는 말미잘 촉수 사이에서 지내고, 말미잘을 얹고 다니는 집게 무리도 있다.

말미잘은 종에 따라 암수한몸인 것도 있고, 그 반대인 것도 있다. 가까이에 여럿이 살아서 바닷물에 정소와 난소를 내뿜으면 몸 밖에서 수정이 된다. 아주 어릴 때는 바닷물에 떠다니다가 알맞은 곳을 찾아서 자리를 잡고 자란다.

물이 드나드는 곳에서 사는 말미잘은 물이 빠지면 촉수를 오므리고 있다가 물이 들면 다시 촉수를 내밀고 먹이를 기다린다. 몸통에 굵은 모래알이나 조개껍데기 조각 따위를 붙여서 꾸미기도 해서, 눈에 잘 띄지 않는다. 만지면 온몸이 물컹물컹하다.

말미잘 가운데 몇 가지는 먹는 것도 있다. 갯마을에서는 해양이나 회양이라고 하는데, 호미나 칼로 캐서 깨끗이 다듬은 뒤 된장이나 고추장을 넣고 자작자작하게 지져 먹는다. 사철 나는지라 늘 먹을 수 있다. 맛이 좋다. 싸각싸각 씹히고 달착지근한 맛이 난다. 국을 끓여서도 먹는다. 제주도에서는 배 아플 때 캐다가 죽을 쑤어서 약으로 먹기도 했다.

담황줄말미잘은 갯바위에 붙어 산다. 바닷물이 따뜻한 서해와 남해 바닷가에서 많이 볼 수 있다. 갯벌에 박힌 나무나 방파제에도 붙어 있는데, 훤히 드러난 곳보다 그늘지고 어두운 곳에 무리를 짓고 산다. 몸통을 동그랗게 오므리고 있을 때 건드리면 물을 찍 쏘면서 더 오므라든다. 바닷물이 들어오면 촉수를 활짝 펼치고 바닷물 속 영양분을 걸러 먹는다.

풀빛꽃해변말미잘은 모래 갯벌에서 산다. 모랫바닥이나 바위틈에 단단히 몸을 박고 있다. 바닷가 물웅덩이에서도 쉽게 볼 수 있다. 이름처럼 몸통이 풀빛이고 촉수는 연한 노란빛을 띤다.

2~5cm

다른 이름 바위꽃, 해양, 회양

사는 곳 모래 갯벌, 갯바위, 갯가 웅덩이

먹이 플랑크톤, 작은 물고기, 게, 새우

1 **담황줄말미잘** *Haliplanella lucia*

몸통 지름은 2cm쯤이다. 몸통에 귤색 줄무늬가 세로로 나 있다. 몸통은 짙은 초록색이다. 몸통을 동그랗게 오므리고 있을 때 건드리면 물을 찍 쏘면서 더 오므라든다. 만지면 물컹물컹하다.

2 **풀색꽃해변말미잘** *Anthopleura midori*

몸통 지름은 5cm쯤이다. 몸통은 풀빛이고 촉수는 연한 노란빛이다. 몸통에 굵은 모래알이나 조개껍데기 부스러기를 붙여서 꾸미기 때문에 눈에 잘 띄지 않는다. 만지면 물컹물컹하다.

소라

Batillus cornutus

소라는 남해와 제주도에서 많이 난다. 물이 맑은 바닷속 바위에서 산다. 껍데기는 푸른빛이 도는 짙은 밤색이다. 무척 두껍고 단단하며, 뾰족하고 큼직한 뿔들이 솟아 있다. 뚜껑은 두꺼운 석회질로 되어 있고 불룩하게 나와 있는데, 가시 같은 작고 우툴두툴한 돌기가 촘촘하게 나 있다. 돌기는 시계 방향으로 나선을 그린다. 이 돌기로 바위나 돌에 딱 달라붙어 있는다. 바다가 잔잔하고 육지 가까운 곳에 사는 소라는 뿔이 작다.

소라는 밤에 나와서 바닷말을 먹는다. 크고 넓적한 다시마나 감태 잎에 기어 올라가 잘 발달한 혀이빨로 부지런히 갉아 먹는다. 7월에서 9월 사이에 알을 낳는다. 어릴 때는 바닷가 바위 밑에 살다가 다 자라면 바닷말이 많은 깊은 바다 쪽으로 옮겨 간다. 큰 것일수록 더 깊은 바다에서 산다. 그래서 먹기 좋게 큰 것은 거의 해녀가 물질을 해서 딴 것이다. 소라는 쪄 먹거나 싱싱한 것은 날로 먹는다. 전복처럼 죽을 끓이거나 무침을 하거나 젓갈도 담근다. 소라는 전복과 사는 곳도 비슷하고, 양식을 할 때도 같이 하는 경우가 많은데 맛도 비슷하다. 소라를 더 귀하게 치는 사람도 많다. 알 낳기 전인 6월 무렵에 가장 맛이 좋다. 껍데기도 전복처럼 공예품이나 장신구 원료로 쓰인다.

갯마을에서는 피뿔고둥을 소라라고도 하는데, 소라와 피뿔고둥은 다르다. 피뿔고둥은 다른 고둥들이 대개 그렇듯이 육식을 한다. 다른 조개나 고둥을 잡아먹고 사는 것이다. 소라는 바닷말을 먹고 산다. 또 피뿔고둥은 뾰족한 뿔이 없고 나선형 무늬가 뚜렷하다. 구멍 뚜껑은 얇다.

피뿔고둥은 수심 일이십 미터쯤 되는 얕은 바다에서 산다. 서해에 많다. 바닷가 바위틈이나 물웅덩이에서도 가끔 볼 수 있다. 고둥 가운데 큰 편이며 껍데기가 두껍고 단단하고 무겁다.

봄에 많이 나는데, 배를 타고 나가서 그물이나 통발로 잡는다. 피뿔고둥은 살이 푸짐하다. 삶아서 얇게 썰어 먹고, 장조림처럼 졸여서 오래 두고 먹기도 한다.

빈 껍데기는 주꾸미 잡을 때 쓴다. 껍데기를 줄에 엮어서 바다에 던져 놓으면 주꾸미가 제집인 줄 알고 들어간다. 여기에 알을 낳기도 한다. 주꾸미를 잡는 서해 갯마을에 가면 줄에 엮인 피뿔고둥 껍데기가 층층이 쌓여 있는 것을 많이 볼 수 있다.

10cm쯤
4~6월

다른 이름 뿔소라, 꾸적, 구젱기, 살고동, 호랑, 골뱅이
사는 곳 제주도, 남해, 동해
먹이 바닷말

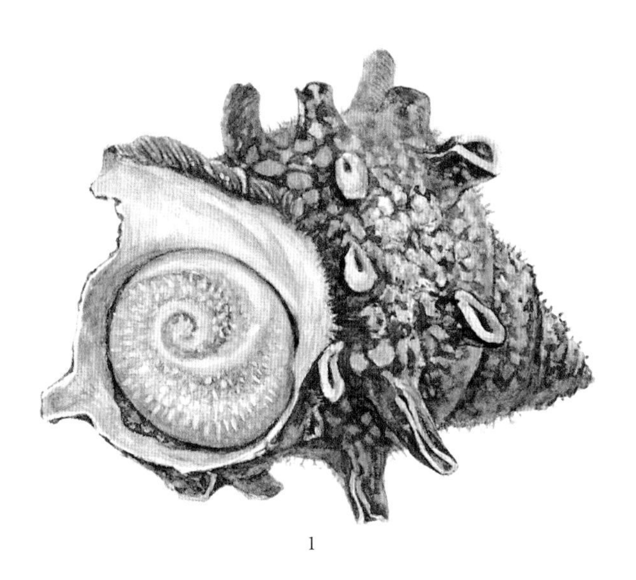

1

2

1 **소라**

껍데기 높이는 10cm쯤이다. 짙은 밤색인데, 푸른빛이 돈다. 껍데기가 두껍고 단단하며, 큼직한 뿔들이 솟아 있다. 뚜껑도 두껍다. 가시 같은 작고 우툴두툴한 돌기가 촘촘하게 나 있다.

2 **피뿔고둥** *Rapana venosa*

뿔소라과의 고둥이다. 소라보다 크다. 껍데기 높이가 15cm쯤이다. 껍데기에 뾰족한 뿔들이 없고, 뚜껑이 얇다.

갯고둥

Potamididae

갯고둥, 댕가리, 비틀이고둥, 갯비틀이고둥은 바닷가에서 흔하게 볼 수 있다. 떼를 지어 갯바닥에 모여 산다. 높이는 삼 센티미터쯤이고 껍데기가 가늘고 긴 원뿔처럼 생겼다. 서로 워낙 비슷하게 생겨서 가려내기가 어렵다. 또 같은 종이라도 사는 곳에 따라 생김새나 빛깔이 다르다. 갯고둥 무리는 딱딱한 나사 모양의 껍데기가 있는데, 사람 손톱과 비슷한 성분으로 이루어져 있다. 고둥과 비슷한 소라는 껍데기가 돌과 비슷한 성분이다.

갯고둥 무리는 바닥이 조금 단단한 갯벌에 많이 산다. 여럿이 모여 있는 것을 쉽게 볼 수 있다. 밀물 때는 개흙 속에 들어가 있다가 물이 빠지면 나와서 갯벌을 돌아다닌다. 개흙이 마르기 전에 다시 구멍을 파고 들어간다. 달팽이처럼 갯고둥도 혀이빨이 있다. 조개나 물고기가 죽어 있으면 떼로 몰려가서 먹는다. 개흙을 삼킨 다음 속에 섞여 있는 아주 작은 먹잇감을 골라내 먹기도 한다. 위험을 느끼면 껍데기에 쏙 들어가서 뚜껑을 닫는다. 예전에는 아주 흔해서 물이 빠졌을 때 손으로 쓸어 담아 와서 삶아 먹기도 했지만, 지금은 그렇게까지 모여 사는 것을 보기는 어렵다.

고둥이라고 하면 민물에서 나는 다슬기나 갯가에서 나는 갯고둥 무리를 두루 이르는 말이다. 둥글게 말린 원뿔 모양 껍데기가 있고 넓고 축축한 발을 써서 기어 다니는 연체동물을 가리지 않고 싸잡아 고둥이라고 한다. 고동이나 소라라고도 한다. 갯고둥은 민물에서 사는 다슬기와 비슷하다고 갯다슬기라고도 한다. 또 주둥이가 비틀어져 있다고 비틀이나 입삐틀이라고도 한다. 갯고둥은 껍데기가 두껍고 단단해서 빈 껍데기에 집게가 들어가 살기도 한다. 그래서 갯고둥들이 사는 곳에는 집게도 많이 산다. 집게가 들어가 산다고 게소라나 게집골뱅이 같은 이름도 생겼다.

여러 고둥을 가리지 않고 고둥이라고 묶어서 부르듯이, 먹을 때도 가리지 않고 거의 다 먹는다. 삼 센티미터쯤은 자라야 먹을 만한 크기라고 할 수 있는데, 두 해쯤 자란 것이다. 흔하고 맛이 좋아서 주워다 삶아 먹는다. 담백하고 시원한 맛이 난다. 매운 맛이 도는 고둥도 있다. 꽁지를 잘라 내고 입으로 쪽 빨면 알맹이가 쏙 빨려 나온다. 모래를 머금고 있는 것이 많아서 물에 넣어 두고 해감을 한 다음 삶아 먹는다. 삶은 것을 시장이나 가게에서 팔기도 한다.

3cm쯤

다른 이름 고동, 소라, 게소라, 갯다슬기, 비틀이, 입삐틀이, 빼래이, 쪼루, 뻘대고동

사는 곳 갯바닥

먹이 바닷말, 개흙

갯고둥, 댕가리, 비틀이고둥, 갯비틀이고둥은 서로 워낙 비슷하게 생겨서 가려내기가 어렵다. 높이는 3cm쯤이다. 껍데기가 가늘고 긴 원뿔처럼 생겼다.

1 **갯고둥** *Batillaria multiformis*
2 **비틀이고둥** *Cerithideopsilla djadjariensis*
3 **댕가리** *Batillaria cumingi*

큰구슬우렁이

Glossaulax didyma

큰구슬우렁이는 진흙과 모래가 섞인 갯바닥에서 산다. 서해, 남해, 동해에 다 있다. 흔히 골뱅이라고 하는 것이 큰구슬우렁이다. 이름처럼 생김새가 둥글고 매끄럽다. 껍데기는 밤색이고 윤이 나며, 아래쪽은 흰색이다. 구멍은 반달처럼 생겼다. 갯벌 속에 얕게 몸을 묻고 이동하는데, 밤에 물 빠진 갯벌에서 모래가 불룩불룩 솟아 있는 데를 파면 나오기도 한다.

큰구슬우렁이는 조개나 다른 고둥을 잡아먹는 육식성 고둥이다. 죽은 조개껍데기에 작고 동그란 구멍이 나 있을 때가 있는데, 큰구슬우렁이나 그와 비슷한 무리가 한 짓이다. 큰구슬우렁이는 갯벌을 헤집고 다니다가 먹잇감을 만나면 제 살로 조개나 고둥을 완전히 뒤덮은 뒤 혀이빨로 껍데기를 갈아서 작고 동그란 구멍을 뚫는다. 혀이빨이나 조개껍데기나 서로 비슷한 것으로 이루어져 있는데 혀이빨이 더 단단하다. 구멍을 뚫는데 며칠이 걸리기도 한다. 구멍이 뚫리면 그 구멍으로 분비물을 넣어서 조개를 마취시킨다. 그러면 조개 껍데기가 열리고 큰구슬우렁이가 조갯살을 뜯어 먹는다. 조개를 많이 잡아먹는데 다른 고둥도 먹고 같은 종끼리 서로 잡아먹기도 한다. 먹성이 아주 좋아서 조개 따위를 양식하는 어부들은 큰구슬우렁이를 골칫거리로 여긴다.

알을 낳는 오뉴월이면 갯바닥에서 동그란 큰구슬우렁이 알집을 흔히 볼 수 있다. 알집은 한쪽이 열린 둥그런 성 같은 모양새를 하고 있다. 병 위쪽을 잘라 놓은 것처럼 보이기도 한다.

큰구슬우렁이는 모래를 빼내고 삶아 먹는다. 속에 모래가 많아서 잘 씻어야 한다. 나는 곳에 따라 배꼽, 개소랑, 모래고동, 홍아 같은 여러 이름이 있다. 흔히 골뱅이라고 해서 먹는 것은 물레고둥과 큰구슬우렁이인데, 갈색띠매물고둥, 수염고둥도 골뱅이라고 한다. 소라나 고둥, 우렁이 따위를 모두 일러 골뱅이라고 하는 지역도 있다.

갈색띠매물고둥은 물 깊이가 십에서 오십 미터쯤 되는 얕은 바다에서 산다. 바닷가 바위에서도 가끔 볼 수 있다. 서해, 남해, 동해에서 두루 난다. 껍데기가 두껍고 단단하며, 이름처럼 껍데기에 갈색 띠가 있다. 사는 곳에 따라 빛깔이나 무늬나 크기가 조금씩 다르다. 천천히 돌아다니면서 굴이나 조개를 잡아먹어서 조개나 굴 양식을 하는 어부들은 얼른 잡아 올린다.

갈색띠매물고둥은 배를 타고 나가 통발로 잡는다. 육식성이라 통발에 썩은 고기 토막을 미끼로 넣는다. 소금물에 담가 모래를 빼낸 뒤 삶아 먹는다.

10cm쯤

4~7월

다른 이름 골뱅이, 반들골뱅이, 배꼽, 모래고동

사는 곳 갯벌, 얕은 바닷속

먹이 조개, 고둥

1

2

1 큰구슬우렁이

껍데기 지름은 12cm쯤이다. 이름처럼 생김새가 둥글고 매끄럽다. 껍데기는 밤색이고 윤이 난다. 아래쪽은 흰색이다. 구멍은 반달처럼 생겼다.

2 갈색띠매물고둥 *Neptunea cumingi*

껍데기 길이는 9cm쯤이다. 바깥쪽 껍데기는 옅은 밤색이고, 안쪽 껍데기는 흰색이다. 가로로 띠가 있는 것도 있다. 사는 곳에 따라 모양이 조금씩 다르다. 원뿔의 층마다 돌기가 있다.

달팽이

Bradybaenidae

달팽이는 고둥이나 우렁이와 같은 무리에 든다. 몸이 늘 축축해야 살고, 비 오는 날이나 물기가 많은 곳을 좋아한다. 햇빛이 내리쬐는 낮에는 나무 그늘이나 이끼가 낀 축축한 바위틈에서 껍데기 속에 몸을 집어넣고 쉰다. 할미고딩이라는 말은 고둥과 닮았다고 붙은 이름이다.

달팽이는 몸에 뼈가 없고 물렁물렁하기 때문에 단단한 껍데기로 몸을 지킨다. 움직일 때는 껍데기를 등에 진 채 머리와 배를 내밀고 꾸물꾸물 기어간다. 배 힘살을 늘였다 줄였다 하면서 기어가는데, 이렇게 배가 발 구실을 하기 때문에 배다리라는 뜻으로 복족이라고 한다. 달팽이는 끈끈한 물을 내뿜으면서 기어 다니기 때문에 울퉁불퉁한 곳을 지날 때도 연한 몸을 다치지 않는다. 칼날 위도 어렵지 않게 기어간다.

머리에는 더듬이가 두 쌍 있는데 짧은 앞더듬이로는 냄새도 맡고 맛도 본다. 소리를 듣는 기관은 없어서 아무 소리도 못 듣는다. 긴 뒷더듬이 끝에는 눈이 달려 있다. 눈이 있다고는 해도 잘 볼 수 있는 것은 아니고 그저 밝고 어두운 것을 알아차리는 정도이다. 달팽이의 입속에는 혀가 있고, 혀에는 만 개도 넘는 이빨이 촘촘히 박혀 있다. 치설이라고 하는데, 달팽이는 이 치설로 나뭇잎이나 식물의 어린 싹을 갉아 먹는다. 더위나 추위를 잘 견디지 못해서, 아주 더울 때는 여름잠을 자고, 추워지면 겨울잠을 잔다.

암수가 한몸이지만 두 마리가 만나야 알을 낳을 수 있다. 여름에 짝짓기를 많이 하는데, 짝짓기를 해서 다른 달팽이의 정자를 받아서 알을 낳는다. 알을 낳을 때는 제 몸 길이만큼 땅을 파고 축축한 흙 속에 알을 낳은 다음 다시 흙을 덮는다. 둥글고 흰 알을 낳는다. 크기는 삼사 밀리미터쯤이고 달걀 모양새를 닮았다. 보름쯤 지나면 알에서 새끼가 깨어 나는데 처음 깨어 날 때부터 집을 지고 있다.

민달팽이는 등에 껍데기가 없다. 단단한 껍데기가 없는 대신 온몸에 끈적끈적한 막이 있다. 채소나 풀잎도 먹고 버섯도 먹어서 밭에서 민달팽이가 보이면 잡는다. 가끔 도시에서 키우는 화분의 풀도 먹어 치우는데, 낮에는 숨어 있다가 밤에 먹는다. 숨어 있을 때는 자기가 먹는 화분에 있지 않고, 다른 곳에 숨어 있을 때가 많아서 찾기가 쉽지 않다. 민달팽이가 오는 것을 막으려면 재나 소금 따위를 뿌려 두면 된다.

다른 이름 골뱅이, 달파니, 할미고딩이, 뜰팽이

사는 곳 서늘하고 축축한 풀밭이나 숲 속

먹이 풀잎, 나뭇잎

1 달팽이 *Acusta despecta sieboldiana*

껍데기 높이는 1-2cm쯤이고, 소용돌이 모양은 다섯 겹이 흔하다. 고둥과 같은 뚜껑은 없다. 머리가 뚜렷하고 발은 넓고 편평하다. 몸이 늘어났다 줄어들었다 한다. 항상 끈적한 물이 나온다. 머리에는 2쌍의 더듬이가 있는데 큰 더듬이 끝에 눈이 있다.

2 민달팽이 *Incilaria bilineata*

몸길이는 4~5cm쯤이다. 잘 늘어난다. 껍데기는 없고, 온몸이 끈적하다. 머리에서 꼬리까지 검은 줄이 3줄 나 있고, 검은 점무늬가 있다. 머리에 더듬이가 2쌍 있다.

꼬막

Tegillarca granosa

꼬막은 뻘 갯벌에서 산다. 전라남도 보성만과 순천만처럼 뻘이 부드럽고 푹푹 빠지는 갯벌에서 많이 난다. 뻘이 얕거나 모래가 섞인 갯벌에서 나는 꼬막은 작고 맛이 덜하다. 바다 쪽으로 갈수록 뻘이 깊어서 물이 많이 빠지는 사리 때 잡은 꼬막이 더 크고 맛있다. 갯마을 사람들은 긴 널판으로 만든 뻘배를 타고 다니면서 꼬막을 잡는다. 생명력이 강해서 바다에서 건져 와도 입을 다물고 있으면 일 주일을 산다. 냉장고에 넣어 두면 한 달이 지나도록 살아 있기도 한다.

꼬막은 껍데기가 볼록하고 두껍고 단단하다. 껍데기에 털이 없다. 골은 스무 개쯤 나 있다. 가로로 난 무늬를 보고 몇 년 자란 꼬막인지 알 수 있다. 맛이 좋아서 참꼬막이라고 하고 제사상에 올린다고 제사꼬막이라고도 한다. 껍질째 살짝 데쳐서 속살을 먹는데 짭조름하고 담백한 맛이 난다. 꼬막은 늦가을부터 살이 오르고 맛이 들기 시작해서 봄까지 많이 먹는다. 추운 겨울에 나는 것이 더 맛있고 쫄깃쫄깃하다. 다른 조개도 마찬가지이지만 꼬막은 슬쩍 데쳐 내듯 삶아 내야 제맛이 난다. 살도 줄지 않는다. 그것이 간단하지 않아서 꼬막이 많이 나는 벌교에서는 꼬막은 흔해도 제대로 삶은 꼬막은 흔하지 않다는 말이 있다.

꼬막과 비슷한 것으로 꼬막보다 조금 더 큰 새꼬막도 있다. 새꼬막은 꼬막보다 크고 피조개보다 작다. 껍데기에 털이 있고 껍데기에 있는 골 숫자도 꼬막보다 많다. 꼬막은 두 껍데기가 맞닿아 있는데, 새꼬막은 한쪽 껍데기가 더 커서 다른 쪽 껍데기를 덮는다. 꼬막이나 새꼬막이나 양식을 하기도 한다. 꼬막은 서너 해쯤 키우고 새꼬막은 두 해쯤 키운다.

피조개는 털이 많이 나서 털꼬막이라고 한다. 바닷속 모래가 섞인 진흙 바닥에서 산다. 조갯살을 발라내면 붉은 피가 뚝뚝 떨어진다고 피조개라는 이름이 붙었다. 비슷하게 생긴 꼬막이나 새꼬막보다 훨씬 크고, 더 깊은 바닷속에서 산다. 피조개는 껍데기가 두껍고 단단하다. 골 수도 셋 가운데 가장 많다. 껍데기에 털이 많아서 털조개라고도 한다. 서해나 남해에서 많이 나는데 배를 타고 나가서 조개 그물로 잡는다. 북녘에서는 새꼬막을 피조개라고 하고, 피조개는 큰피조개라고 한다. 맛이 좋아서 겨울에 싱싱할 때 날로 많이 먹는다. 전라북도 바닷가에서는 동죽을 일러 꼬막이라고도 한다.

5cm

다른 이름 참꼬막, 고막, 안다미조개, 제사꼬막

사는 곳 서해·남해 뻘 갯벌

먹이 뻘 속 영양분

1 **꼬막**

껍데기 길이가 5cm쯤이다. 껍데기가 볼록하고 두껍고 단단하다. 껍데기 위로 두꺼운 세로줄이 17~18줄 나 있다. 줄 사이에 골이 넓다. 껍데기에 털이 없다.

2 **피조개** *Scapharca broughtonii*

껍데기 폭이 9cm쯤이다. 꼬막과 비슷하게 생겼는데 훨씬 크다. 껍데기가 두껍고 단단하다. 골이 가늘게 패어 있다. 껍데기에 털이 많아서 털조개라고도 한다.

홍합

Mytilus coruscus

홍합은 조갯살이 붉다고 홍합이라는 이름이 붙었다. 물 흐름이 세고 맑은 바다에서 산다. 몸에서 실같이 생긴 족사를 내어 바위나 돌에 단단히 몸을 붙이고 산다. 족사는 자세히 보면 가느다란 실이 밧줄처럼 꼬여 있는데, 빳빳한 것과 고무줄처럼 유연한 것이 섞여 있다. 파도가 세게 칠 때는 족사를 조금 느슨하게 해서 충격을 흡수한다.

사람이 따지 않는 곳이거나 물 깊은 곳에서 자라는 것은 아주 크다. 어른 뼘보다 크게 자라기도 한다. 제주도에서는 까마귀처럼 까맣다고 가마귀부리라고도 한다. 껍데기에 따개비가 붙어 살거나 바닷말 같은 것이 잘 달라붙는다. 자연산 홍합은 거의 해녀가 물질을 해서 딴다. 빗창이라는 도구를 쓴다. 끝이 반듯하고 넓어서 바위에 달라붙어 있는 족사를 찔러 떼어 낸다. 자연산 홍합은 한여름에는 독성을 띠기도 해서 먹지 않는 것이 좋다. 홍합이 원래 독이 있는 것은 아니고 독이 있는 먹이가 바다에 퍼질 때가 있다. 그것을 먹고 독성을 띤다. 양식을 하는 홍합은 따로 검사를 한다.

홍합은 국을 끓이면 시원한 맛이 일품이다. 큼직한 홍합 껍데기를 숟가락 삼아 국물을 떠 먹기도 한다. 구워 먹거나 전을 해 먹기도 한다. 전을 할 때는 잘 익혀야 한다. 덜 익은 홍합을 먹으면 입이 아리다. 강원도에서는 홍합 살로 죽을 끓여 먹고 울릉도에서는 살을 잘게 썰어 넣고 홍합밥을 해 먹기도 한다. 살이 단단해서 젓갈을 담가 먹어도 좋다.

지중해담치는 시장에서 흔히 홍합으로 팔리는 조개이다. 홍합과 생김새가 비슷하지만, 껍데기가 홍합처럼 두껍지 않고 매끈하며 윤이 난다. 또 크기도 홍합보다 작다. 갯바위에 무리를 짓고 다글다글 붙어 산다. 따개비가 붙어 사는 곳에 자리를 잡으면 따개비와 자리 싸움을 하듯 밀어내면서 제자리를 넓힌다. 바닷가 방파제나 그물에도 많이 달라붙는다. 족사를 내어 바위에 단단히 붙어 있지만, 어린 것은 갈매기가 쪼아 먹고, 대수리 같은 고둥도 와서 잡아먹는다. 좀 큰 것은 불가사리가 많이 잡아먹는다. 담치 무리가 껍데기만 너불대고 있다면 불가사리가 한 번 지나간 자리이기 쉽다. 이름처럼 지중해가 고향이다. 다른 환경에 금세 적응하고, 기르기도 쉬워서 일부러 많이 기른다. 지중해담치로 국을 끓이면 국물 맛이 시원하다.

14~18cm

다른 이름 섭조개, 담치, 합자, 섭, 동해부인, 가마귀부리
사는 곳 서해·남해 바닷가 바위틈
나는 때 한 해 내내

1 **홍합**

껍데기 높이는 15cm쯤인데, 18cm까지 자라기도 한다. 껍데기는 검은 보랏빛이고 두껍고 단단하며 크다. 껍데기에 따개비가 붙어 살거나 바닷말 같은 것이 잘 달라붙는다. 조갯살이 붉다.

2 **지중해담치** *Mytilus galloprovincialis*

껍데기 높이는 7cm쯤이다. 홍합과 생김새가 비슷하지만 작다. 껍데기가 홍합처럼 두껍지 않고, 매끈하며 윤이 난다. 껍데기에 따개비 같은 것도 잘 붙지 않는다.

연체동물
이매패류
굴과

굴

Crassostrea gigas

굴은 바닷가 바위나 돌에 붙어 사는 조개다. 가장 많이 먹는 조개 가운데 하나이다. 양식을 많이 하는데, 양식이라고는 해도 따로 먹이를 주어서 키우는 것은 아니다. 바다에서 자연산이나 다름없이 자란다. 서해에서는 갯벌에 돌덩이를 던져 놓거나 나무를 꽂아 놓는다. 그러면 굴이 붙어서 자란다. 남해에서는 수하식 굴이라고 해서, 긴 줄에 굴 껍데기나 가리비 껍데기를 엮어서 바다에 떠다니는 새끼 굴을 붙인 다음 물속으로 내려놓는다. 두 해쯤 지나서 굴을 거두는데, 흔히 양식산 굴이라고 하는 것은 거의 남해에서 이런 방식으로 기른 것이다. 굴은 민물과 바다를 통틀어서 우리나라에서 가장 양식을 많이 하는 동물이다. 그 다음이 홍합류인데, 굴 양식량은 홍합의 다섯 배쯤 된다. 신석기 시대 조개더미에서도 굴 껍데기가 많이 나왔을 만큼 오래전부터 굴을 먹었다. 조선 시대 기록에도 나는 곳에 따라 굴 맛이 어떻게 다른지 자세히 적은 것이 있다. 굴은 영양분이 많고 맛이 좋아서 꿀동이라고도 하고 바위에 붙어 있는 모양이 꽃 같다고 석화라고도 한다. 참굴이라고도 한다.

여느 조개처럼 조가비가 두 장인데 한쪽 조가비를 바위에 단단히 붙이고 평생 붙박혀 산다. 생김새나 크기가 일정하지 않고 저마다 제멋대로 생겼다. 껍데기는 두껍고 우툴두툴한데 종이를 겹겹이 발라 놓은 것 같다. 겉은 거칠고 잿빛이지만 껍데기 안쪽은 매끄럽고 눈같이 희다. 껍데기가 단단하게 붙어 있기도 하고, 끝이 날카로워서 맨손으로는 따기 어렵고 조쇠나 호미로 딴다. 늦가을부터 살이 올라 겨울이 제철이다. 싱싱할 때 날로 많이 먹는다. 국을 끓여 먹고 껍질째 구워 먹기도 한다. 김장할 때 넣기도 하고 젓갈도 담근다. 굴 껍데기는 밭에 거름으로 넣으면 좋다. 알을 낳는 늦봄부터 여름 사이에는 잘 먹지 않는다.

토굴, 강굴, 바위굴 들도 맛이 좋다. 토굴은 얕은 바닷속 바위나 돌에 붙어서 사는데, 다 자라면 떨어져 나와 갯바닥을 이리저리 굴러다니기도 한다. 소나무 껍질 같은 얇은 껍데기가 겹겹이 붙어 있는데 마르면 잘 떨어진다. 큼직한 껍데기에 따개비나 미더덕 같은 것이 붙어 살기도 한다.

강굴은 민물과 바닷물이 만나는 곳에서만 산다. 지금은 섬진강 하류에만 사는 것으로 알려져 있다. 아주 크게 자라는데 어른 손바닥만 하게 자란다. 큰 것은 삼십 센티미터가 넘기도 한다. 굴이 나는 광양이나 하동에 벚꽃이 피면 강굴도 제철이 시작된다. 그래서 벚굴이라고도 한다.

한 해에 7cm쯤 자란다.
10~2월

다른 이름 참굴, 꿀, 꿀동이, 석화, 꿀치, 꿀팽이
사는 곳 서해, 남해, 동해 갯바위
따는 때 늦가을~봄

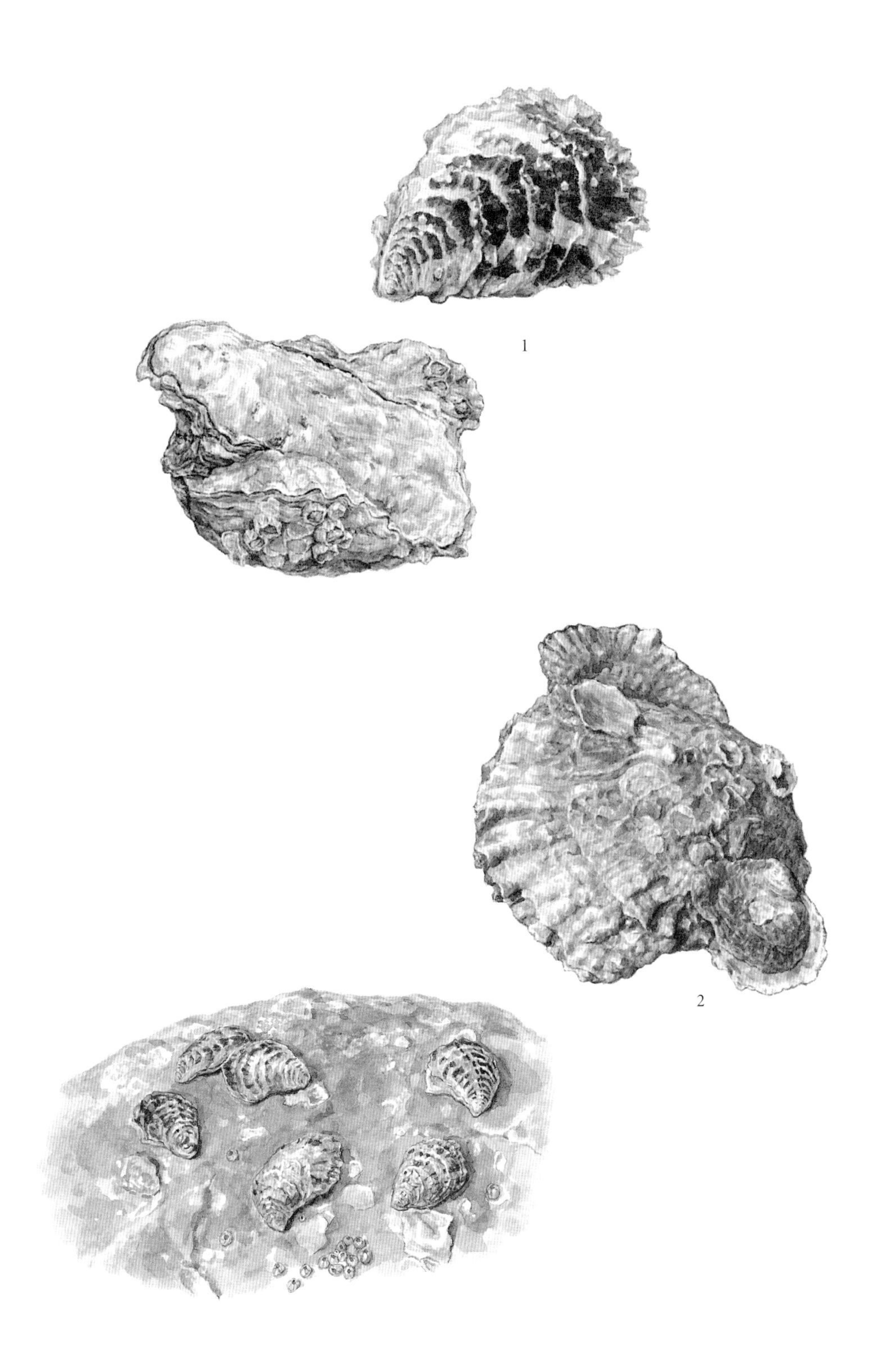

1

2

1 굴

생김새나 크기가 고르지 않고 저마다 다르게 생겼다. 껍데기는 두껍고 우툴두툴한데 종이를 겹겹이 발라 놓은 것 같다. 겉은 거칠고 잿빛이지만 껍데기 안쪽은 매끄럽고 눈같이 희다.

2 **토굴** *Ostrea denselamellosa*

굴 가운데 가장 크다. 크게 자란 것은 껍데기 폭이 한 뼘 가까이 되기도 한다. 껍데기가 두껍고 단단하며 둥글둥글하게 생겼다.

연체동물
이매패류
백합과

백합

Veneridae

백합은 서해 갯벌에서 많이 난다. 민물이 흘러들고 뻘과 모래가 섞인 곳을 좋아한다. 나는 곳이 드문 편이다. 전라북도 새만금 갯벌에서 많이 났지만 방조제를 만들면서부터 많이 죽고 수가 크게 줄었다. 조개 가운데 으뜸이라고 상합이라고도 하는데, 전복 만큼이나 귀한 조개로 친다. 바지락처럼 빛깔과 무늬가 다 다르다. 백합이라는 이름이 백이면 백, 모양이 다 달라서 붙은 이름이라고도 한다. 껍데기는 둥근 세모꼴로 두껍고 단단하며 매끈하다. 속에 뻘이 별로 안 들어 있어서 바로 먹을 수 있다. 구워 먹거나 국에 넣어 먹고 싱싱할 때는 날로 먹기도 한다. 백합 살을 넣어 죽을 끓여 먹기도 한다. 북녘에서는 대합이라고 한다.

전라도에서는 그랭이나 그레라고 하는 도구로 백합을 캔다. 갯바닥에 그랭이를 살짝 박고 뒷걸음질로 끌고 가면 "타닥" 하고 조개 걸리는 소리가 난다. 열에 아홉은 백합이다.

바지락이나 가무락조개도 백합 무리에 드는 조개이다. 바지락은 조개 하면 바지락이라고 할 만큼 흔하게 먹는 조개이다. 서해 갯벌에서 많이 나는데 민물이 흘러들고 자갈이 섞인 곳에 많다. 남해에서 나는 바지락은 크기도 더 크고 좀 더 깊은 바다에서 산다. 껍데기는 거칠거칠하고, 빛깔이며 무늬가 저마다 다르게 생겼다. 맛이 좋고 기르기가 쉬워서 양식도 많이 한다. 모래가 조금 섞인 갯벌을 좋아해서 양식을 할 때는 일부러 모래를 뿌리고 갯벌을 갈아 주기도 한다. 바지락은 갯벌에 얕게 묻혀 있어서 캐기 쉽다. 한 해 내내 캘 수 있지만, 복사꽃이 피는 때가 가장 여물고 맛이 좋다. 알을 까는 여름에는 안 먹는 것이 낫다. 살이 별로 없고 씁쓰름한 맛이 난다.

바지락은 국에 많이 넣어 먹는다. 바지락만으로 맑은 조갯국을 끓이기도 한다. 조갯살을 넣어 바지락 죽을 끓이고, 조개젓도 담근다. 막 캐낸 바지락은 하루쯤 바닷물이나 소금물에 담가 두어 모래나 개흙을 빼내고 먹는다. 북녘에서는 바지락을 바스레기라고 한다.

가무락조개는 모래가 조금 섞인 고운 뻘 갯벌에서 산다. 껍데기가 허옇거나 잿빛, 밝은 밤색이 도는 것도 있는데, 바탕이 까맣고 테두리에 자줏빛이 도는 것을 더 좋은 것으로 친다. 시장에서는 흔히 모시조개라고 한다. 속에 뻘이 거의 없어서 소금물에 따로 담가 두지 않고 바로 먹을 수 있다. 가무락조개만으로 맑은 조갯국을 끓이는데, 끓을 때 국자로 저으면 "아그락아그락" 소리가 난다고 전라도에서는 아갈탕이라고 한다.

5~9cm
2~4월

다른 이름 대합, 생합, 상합, 쌍합, 참조개
사는 곳 서해·남해 갯벌
먹이 뻘 속 영양분

1

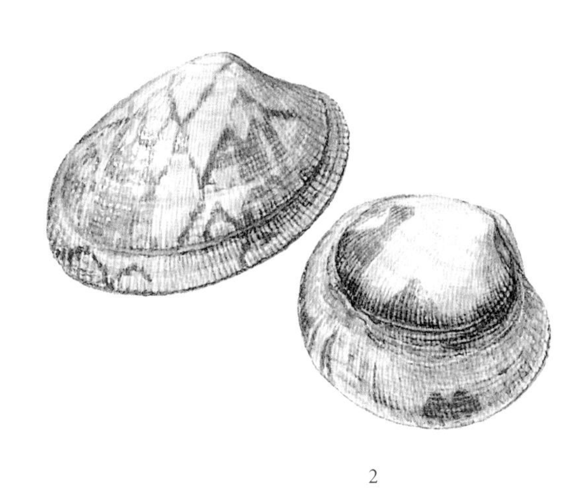

2

3

1 **백합** *Meretrix lusoria*

껍데기 폭은 8.5cm쯤이다. 빛깔과 무늬가 다 다르다. 껍데기는 둥근 세모꼴로 두껍고 단단하며 매끈하다. 색깔은 밤색이 많다. 안쪽은 윤이 나는 젖빛이다.

2 **바지락** *Ruditapes philippinarum*

껍데기 폭은 5cm쯤이다. 껍데기는 봉긋하게 부풀어 오른 모양이며 딱딱하다. 겉에 가는 홈이 있고, 거칠거칠하다. 백합처럼 빛깔과 무늬가 저마다 모두 다르다.

3 **가무락조개** *Cyclina sinensis*

껍데기 폭은 5cm쯤이다. 껍데기가 까맣다고 이런 이름이 붙었으나, 허옇거나 잿빛, 밝은 밤색도 있다. 껍데기는 두껍고 볼록하며 꼭지 부분이 한쪽으로 조금 꼬부라져 있다.

연체동물
두족류
살오징어과

오징어

Teuthida

오징어는 꼴뚜기, 낙지, 문어와 같이 다리와 머리가 붙어 있다고 두족류 무리로 나눈다. 낙지와 문어는 다리가 여덟 개이고, 오징어와 꼴뚜기는 다리가 열 개이다. 오징어 다리 가운데 두 개는 더듬이 노릇을 한다. 보통 때는 더듬이 주머니 속에 들어 있다가 먹이를 잡거나 짝짓기할 때 길게 뻗는다. 오징어 같은 두족류는 몸 빛깔을 맘대로 바꿀 수 있다. 위험을 느끼면 순식간에 몸 빛깔을 바꾸거나 시꺼먼 먹물을 뿜는다. 짝짓기 할 때도 몸 빛깔을 화려하게 바꾼다. 흔히 오징어 귀나 머리라고 하는 것은 지느러미이다. 헤엄칠 때 균형을 잡는다. 다른 물고기들처럼 헤엄을 잘 치지는 못하지만 급할 때는 몸속에 물을 머금었다가 내뿜으면서 휙휙 나간다.

오래전부터 오징어는 우리나라에서 가장 많이 잡고 가장 많이 먹는 수산물 가운데 하나이다. 우리나라만큼 오징어를 많이 먹는 나라도 드물다. 동해에서 많이 잡았는데, 요즘은 어디서나 잡힌다. 오징어를 잡을 때는 밤새 배에 불을 환하게 켜 놓는다. 오징어는 낮에는 깊은 바닷속에 있다가 캄캄한 밤에 얕은 바다로 올라온다. 불빛이 있으면 그것을 보고 오징어 떼가 모여든다. 이때 미끼를 써서 낚시로 챈다. 그물도 쓴다.

오징어는 살이 많고 쫄깃쫄깃해서 맛이 좋다. 날것으로 무쳐 먹기도 하고, 삶거나 데쳐서 먹기도 한다. 말려서 군것질 삼아서도 많이 먹는다. 젓갈도 담가 먹는다.

서해에서 많이 나는 갑오징어는 흔히 오징어라고 하는 살오징어와 많이 다르다. 몸속에 크고 단단한 뼈가 있다. 이 뼈는 약으로도 쓴다. 갑오징어는 늦봄에 통발로 많이 잡는다. 오징어는 먹이를 찾으려고 물낯 가까이로 올라오지만, 갑오징어는 바닥 가까이에서 지내는 것을 좋아한다. 먹이는 둘 다 비슷하다. 살이 도톰하고 부드럽고 맛이 좋아서 참오징어라고도 한다. 서해에서는 지금도 갑오징어를 두고 오징어라고 하는 곳이 있다. 예전 기록에는 어부들이 구리로 오징어 모양을 만들면 다리가 낚시 바늘이 되는 셈인데, 진짜 오징어들이 와서 걸린다고 했다.

꼴뚜기는 서해 얕은 바다나 남해에서 많이 난다. 호레기라고도 하고, 꼬록이라고도 한다. 봄에 불빛으로 꾀어 그물로 잡는다. 아주 작지만 오징어처럼 먹물이 있고, 짧은 다리 여덟 개와 긴 더듬이 두 개가 있다. 제철에는 회로 많이 먹고, 꼴뚜기젓도 많이 담근다.

40cm쯤
6~9월

다른 이름 오징애, 먹통고기, 수래미,
피둥어꼴뚜기, 흑어

사는 곳 동해, 남해, 서해

먹이 새우, 게, 작은 물고기

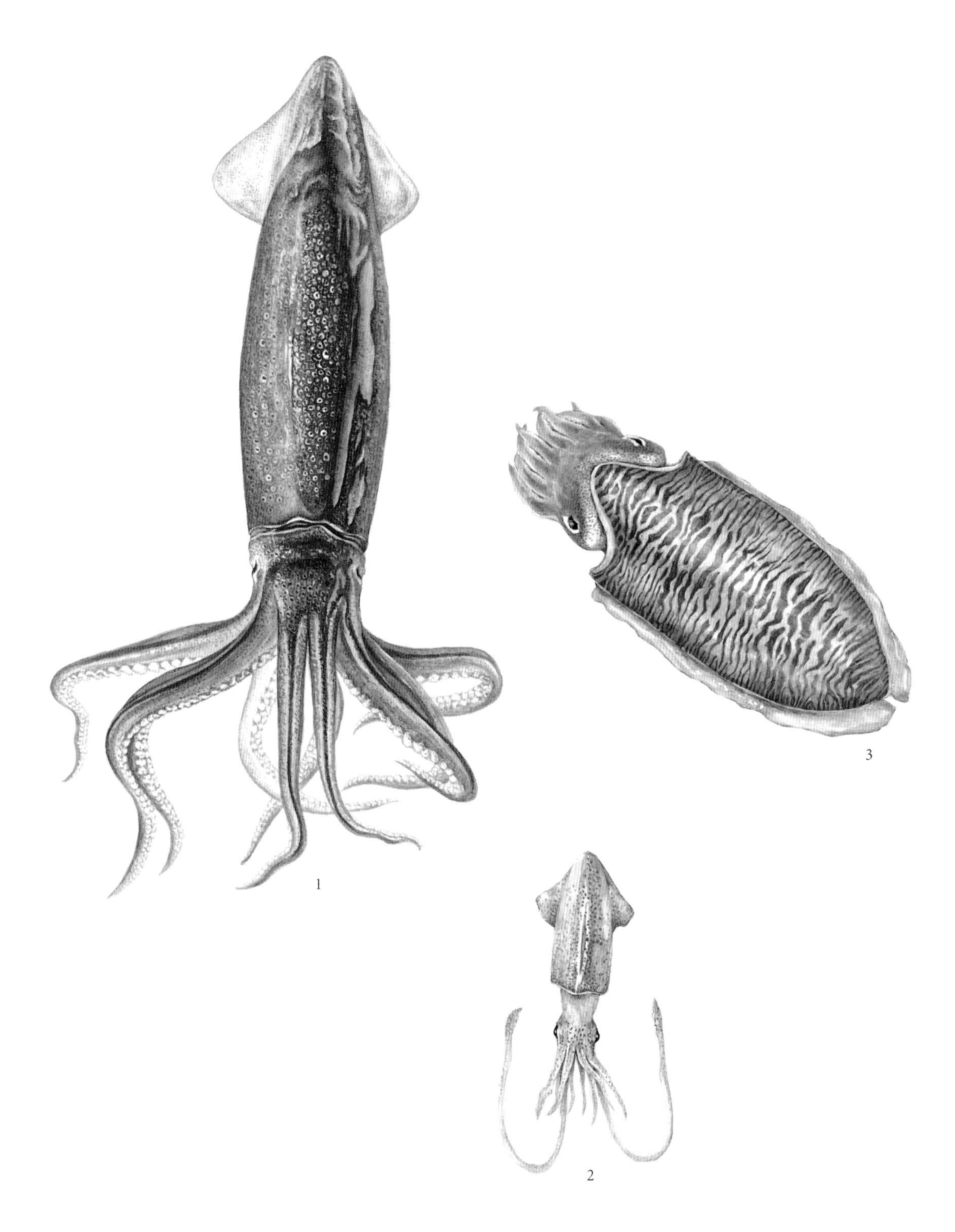

1 살오징어 *Todarodes pacificus*

몸길이는 40cm쯤이다. 길고 통통한 몸통에 머리가 붙어 있고, 그 아래 다리가 붙어 있다. 흔히 오징어 귀나 머리라고 하는 것은 지느러미이다. 헤엄을 칠 때 몸의 균형을 잡는다.

2 꼴뚜기 *Loligo* sp.

몸길이는 7cm쯤이다. 흰 바탕에 자줏빛 점무늬가 있다. 다리는 8개이고 긴 더듬이 2개가 있다.

3 갑오징어 *Sepia* sp.

몸길이는 20~30cm쯤이다. 다리는 10개이다. 몸 속에 크고 단단한 타원형 뼈가 있다. 몸이 납작하고, 짧은 지느러미가 몸통 가장자리를 둘러싸고 있다.

연체동물
두족류
문어과

문어

Octopodidae

문어는 동해와 남해에서 많이 난다. 제주도 바다에도 많다. 바닷속 바위틈이나 구멍에 들어가는 것을 좋아한다. 머리와 다리가 붙어 있는 두족류 가운데 가장 커서, 큰 것은 사람 키를 훨씬 넘기도 한다. 물질을 하는 잠수부가 직접 문어를 잡아 올리기도 하는데, 이렇게 큰 문어는 잠수부도 쉽사리 못 잡는다. 문어는 제집처럼 거의 정해 놓고 지내는 자리가 있어서 많이 움직이지 않고 자기 자리를 찾는다. 밤에 나와서 고둥이나 조개나 새우나 물고기 따위를 보는 대로 마구 잡아먹는다. 자기 자리에 가져와서 먹을 때가 많아서 문어 사는 곳에는 조개나 고둥 껍데기가 널려 있다. 이것을 보고 문어를 잡는다. 문어는 껍데기가 두꺼운 소라를 깨어 먹을 정도로 날카로운 이빨도 있고, 빨판으로 잡아당기는 힘이 아주 세서 무엇이든 잘 잡는다.

머리도 무척이나 좋아서 무척추동물 가운데 가장 똑똑한 동물로 여겨진다. 간단한 미로도 통과할 수 있고, 이것을 기억할 수도 있다. 위험을 느끼면 둘레와 비슷한 색으로 몸 빛깔을 바꾸거나 먹물을 뿜고 피한다. 어미는 알을 낳은 뒤 새끼가 깨어 날 때까지 여섯 달쯤 돌본다. 그동안 아무것도 안 먹어서 새끼들이 깨어 날 때쯤 죽는다.

문어는 한 해 내내 잡을 수 있지만 겨울 문어가 씨알이 더 굵고 좋다. 작은 옹기나 단지를 줄에 엮어서 바다에 던져 놓으면 문어가 제집인 줄 알고 들어간다. 낚시로도 잡는다. 낚시로는 조금 더 작은 문어를 잡는다. 예전에는 명태 따위를 미끼로 썼는데, 요즘은 돼지 비계를 많이 쓴다.

문어는 데쳐서 얇게 썰어 먹는다. 문어를 데치면 검붉은색으로 변한다. 오징어처럼 말렸다가 오래 두고 먹기도 한다. 경상도에서는 삶은 문어를 잔칫상이나 제사상에 올린다.

문어는 바닷속을 헤엄치면서 살고 낙지는 뻘 속에 산다. 낙지는 낮에는 거의 보기 어렵고 밤에 나와서 돌아다닌다. 먹성이 좋아서 새우나 게나 굴이나 물고기를 긴 다리로 잡아서 닥치는 대로 먹는다. 낙지도 문어처럼 위험할 때는 먹물을 쏜다. 낙지를 잡을 때는 통발, 낚시, 맨손, 횃불, 가래 따위를 쓰는데, 맨손으로 잡는 것이 가장 맛있다고 한다. 낙지는 도망갈 구멍을 여럿 미리 파 놓는다. 그래서 낙지 구멍을 보면 도망갈 것을 미리 짐작해 가며 재빨리 파낸다. 온몸이 갯벌에 처박힐 듯 하면서 잡는다. 어려서 익힌 사람일수록 많이 잡고, 잘하는 사람과 못하는 사람 차이가 크다. 아무리 힘이 좋아도 재주가 없으면 아예 낙지 구멍을 쳐다 보지도 못한다고 한다.

80~200cm

다른 이름 문에, 물낙지, 뭉게, 물꾸럭, 무꾸럭

사는 곳 동해, 남해, 제주 바다

먹이 새우, 게, 조개, 고둥

1 **왜문어** *Octopus vulgaris*

큰 것은 사람 키를 훨씬 넘기도 한다. 머리라고 여기기 쉬운 둥그스름한 부분이 몸통이고, 몸통과 다리가 이어진 곳에 눈과 머리가 있다. 다리는 8개인데, 몸통 길이보다 3배쯤 길다. 다리마다 빨판이 있다.

2 **주꾸미** *Octopus ocellatus*

낙지와 비슷하게 생겼는데 낙지보다 작고, 다리가 짧다. 몸 색깔은 밤색에 가깝지만 사는 곳에 따라 조금씩 다르다. 몸 색깔을 마음대로 바꿀 수 있다. 세 번째 다리에는 눈알처럼 생긴 무늬가 있다.

3 **낙지** *Octopus minor*

몸길이는 30cm에서 60cm쯤이다. 몸 색깔은 밤색이 많다. 다리는 8개인데, 길어서 몸통 길이의 3~4배쯤 된다. 다리마다 빨판이 20쌍 넘게 있다.

갯지렁이

Polychaeta

갯지렁이는 갯벌의 터줏대감이라고 할 만큼 갯벌에 많이 산다. 몸이 가늘고 긴 원통 모양이고 몸 양쪽에 다리가 많이 나 있다. 다모류라고 하는 것은 털이 많다고 붙은 이름이다. 다 큰 갯지렁이는 털이 잘 보이지 않지만, 어릴 때는 온몸에 털이 빽빽하다. 종류가 아주 많다. 갯벌에 그냥 굴을 파고 사는 것이 있고, 제가 드나드는 관을 만들어 사는 것이 있다.

갯지렁이는 아주 예민해서 직접 보기는 어렵다. 사람 소리가 나거나 그림자만 얼씬해도 관 속으로 들어가서 나오지 않는다. 모래 갯벌에서 관을 찾는 것은 어렵지 않다. 갯지렁이가 살 만한 모래 갯벌에는 갯벌 위로 솟은 갯지렁이 관 입구가 줄줄이 늘어서 있다. 이 관을 타고 갯지렁이가 갯벌 위로 나왔다 들어갔다 한다. 갯바닥 위로는 조금 나와 있고 아래쪽으로는 갯벌 속으로 길게 이어져 있다. 관 바깥으로는 모래알이나 잘게 부서진 조개껍데기 따위를 붙여서 정교하게 만든 것도 있다. 관 안쪽은 대개 매끄럽게 해 놓아서 급할 때는 미끄러져 떨어지듯이 관 속으로 숨는다. 갯지렁이는 종류에 따라 관 위로 촉수를 내밀고 물에서 먹이를 걸러 먹기도 하고, 구멍 앞을 들락거리면서 갯바닥에서 식물성 먹이를 긁어 먹거나 한다. 석회관갯지렁이 같은 것은 아주 작은 편인데, 돌이나 나무, 배 밑바닥 같은 단단한 곳에 구멍을 내고 들어가 산다.

갯지렁이는 쉴 새 없이 갯벌에 구멍을 내고 들락거리면서 갯벌에 신선한 공기를 쏘인다. 지렁이가 밭을 기름지게 하듯이 갯지렁이는 갯벌이 썩지 않고 살아 있게 도와준다. 제 몸길이의 수십 배 깊이까지 갯벌을 파고드는 것도 많다.

두토막눈썹참갯지렁이는 갯지렁이 가운데 무척 흔한 종이다. 뻘 갯벌에서 많이 살고 다른 갯벌에서도 볼 수 있다. 관을 따로 만들지 않고, 뻘 속을 헤집고 다니며 굴을 파고 산다. 몸에 푸른빛이 돈다고 청지렁이나 청충이라고 한다. 작지만 힘센 이빨로 다른 작은 무척추동물을 잡아먹는다. 사람도 물리면 따끔하니 아프다. 낚시 미끼로 쓰기 좋아서 사람들이 많이 잡는다. 낚시 미끼로 많이 잡는 것으로 흰이빨참갯지렁이도 있다. 이 갯지렁이 몸길이가 이 미터쯤이다. 몸이 너무 길고 잡히면 굴 속에서 온 힘을 다해서 버티기 때문에 솜씨 좋게 꺼내지 않으면 끌어 올리다가 몸이 끊어지기도 한다.

2~200cm

다른 이름 갯거시랑, 갯지네, 그시랑, 거시래이

사는 곳 서해, 남해 갯벌

먹이 뻘 속 작은 동물

몸이 가늘고 긴 원통 모양이다. 몸길이가 2cm인 것부터 2m에 이르는 것까지 있다. 몸 양쪽에 다리가 많이 나 있는 것이 지렁이류와 다른 점이다. 실제로 보기는 어렵고, 갯지렁이가 만들어 놓은 관을 쉽게 볼 수 있다.

1 **날개갯지렁이 관**
2 **유령갯지렁이 관**
3 **털보집갯지렁이 관**
4 **두토막눈썹참갯지렁이**
Perinereis vancaurica tetradentata

지렁이

Oligochaeta

지렁이는 땅속에 산다. 햇빛이 안 드는 곳이나 축축한 곳, 돌 밑이나 거름기가 많은 땅을 좋아한다. 거름기가 넘칠수록 지렁이가 많다. 우리나라에는 지렁이가 예순 종쯤 산다고 알려져 있다. 흔히 비가 오고 난 다음 마당에서 자주 보이는 것은 붉은지렁이이고, 거름이 쌓여 있는 곳에 모여 사는 줄지렁이, 나무뿌리 가까이에 사는 회색지렁이도 어렵지 않게 찾을 수 있다.

지렁이는 몸통이 둥글고 길다. 고리처럼 생긴 마디가 여럿이라 거머리나 갯지렁이와 함께 환형동물에 든다. 가늘고 긴 몸에는 흰 띠가 둘러져 있는데 환대라고 한다. 그쪽이 머리이고 반대쪽이 꼬리이다. 환대는 짝짓기를 하고 알을 낳을 때에 쓰이는 것이라 깨어 난 지 얼마 되지 않았을 때는 없다가 자라면서 생긴다. 온몸에는 센털이 나 있다. 한 마디에 여덟 쌍에서 열두 쌍쯤 나 있다. 강모라고 하는데, 몸을 늘였다 줄였다 하면서 기어갈 때, 몸을 받치거나 미끄러지는 것을 막는다.

지렁이는 소리도 듣지 못하고, 볼 수도 없다. 그러나 살갗에 밝은지 어두운지 알고, 누르는 힘 같은 것을 느끼는 감각 세포가 있다. 지렁이의 살갗은 본디 거칠거칠하지만 늘 끈끈한 물이 스며 나와서 미끌미끌하다. 숨을 쉬는 것도 따로 기관이 있지 않고 살갗으로 쉰다.

지렁이도 달팽이처럼 암수가 한몸이지만 두 마리가 만나서 짝짓기를 해야 알을 낳을 수 있다. 따로 짝짓기 하는 때가 있는 것은 아니고, 짝짓기를 하면서 다른 지렁이의 정자를 받아 두었다가 몸속에서 수정을 시킨다. 알은 난포라고 하는 알 주머니에 싸서 낳는다. 보름 정도가 지나면 알에서 어린 지렁이가 깨어 난다. 한 해에 수십에서 수백 개의 알을 낳는다. 지렁이는 작은 벌레이지만 꽤 오래 살아서 너덧 해를 넘게 살기도 한다. 몸이 잘렸을 때 죽지 않고 나머지 부분을 되살려서 살아나는 지렁이도 있다.

지렁이는 흙을 먹고 산다. 흙 속에 들어 있는 양분을 먹는다. 짐승이나 사람의 똥도 먹어 치운다. 흙이나 똥을 먹고 남은 찌꺼기 흙을 꽁무니로 내보낸다. 그래서 지렁이가 많이 사는 곳은 흙이 아주 부드럽다. 또 지렁이 똥은 식물의 영양분으로 쓰인다. 이렇게 지렁이는 땅을 기름지게 할 뿐 아니라 두더지나 새나 쥐 같은 작은 동물한테 중요한 먹이가 된다. 낚시 미끼로도 쓰인다.

2~3000mm

다른 이름 거생이, 거시, 거시랑, 거의, 껄갱이, 구인, 지룡, 지룡이

사는 곳 거름기 많은 땅속

먹이 흙 속에 있는 양분

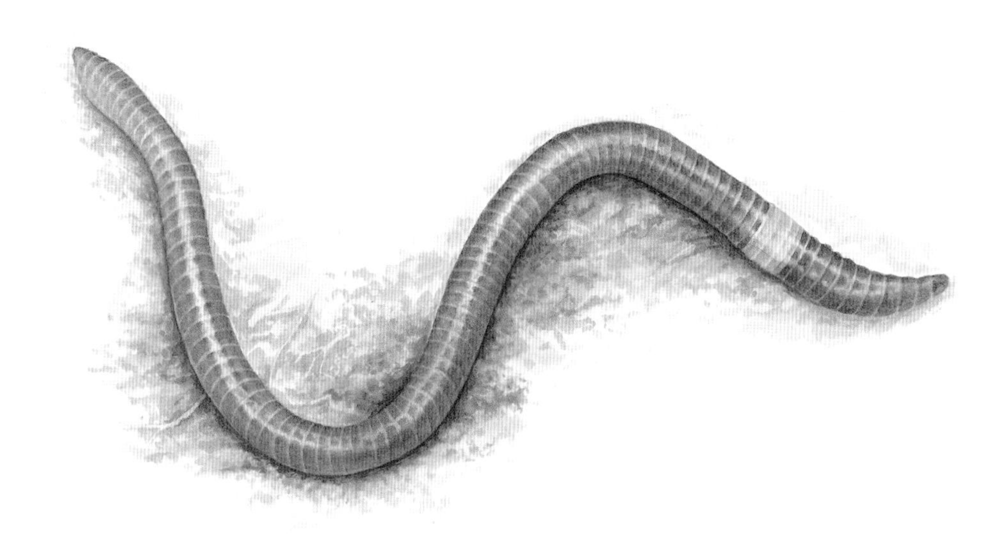

붉은지렁이 *Lumbricus terrestris*

흔히 보이는 것은 10cm쯤이지만, 작은 것은
2~5mm부터 큰 것은 2~3m에 이르는 것도 있다.
앞쪽부터 뒤쪽까지 거의 비슷하게 생긴 체절로
이루어져 있다. 늘 끈끈한 물이 나와서 살갗이
미끌거린다.

갑각류
완흉목
따개비과

따개비

Balanidae

따개비는 바닷물이 드나드는 바닷가 갯바위에 붙어서 산다. 바위나 돌은 물론 말뚝이나 조개 껍데기나 배 밑창에도 잘 달라붙는다. 전라도에서는 따개비를 쩍이라고 하는데 배 밑에 따개비가 붙은 것을 보고 쩍이 적게 슬었네, 많이 슬었네 한다. 따개비가 너무 많으면 배가 나가는 데 방해가 된다. 갯바위에서 미역을 따는 곳에서는 음력 정월에 가래착이라는 연장으로 갯닦기라는 것을 한다. 따개비처럼 바위에 붙어 사는 것들을 떼 내야 미역이 잘 자라기 때문이다.

따개비는 물이 빠졌을 때는 뚜껑을 꼭 닫고 물기가 마르지 않게 한다. 그러다가 물이 들어오면 뚜껑을 열고 갈퀴 같은 발을 내밀어서 물에 떠다니는 플랑크톤을 걸러 먹는다. 마치 손으로 잡아채듯 하는 모양새다. 따개비마다 자라는 곳이 달라서 조무래기따개비는 물이 드는 윗쪽에 많고, 그 아래쪽으로 검은따개비, 좀 더 아래로 검은큰따개비가 산다.

한곳에 붙어 살고, 생긴 것이 굴이나 조개를 닮아서 조개 무리라고 생각하기 쉽지만, 플랑크톤을 걸러 먹는 발을 자세히 보면 마디가 있다. 그래서 연체동물이 아니고 절지동물에 든다. 따개비는 암수한몸이다. 혼자서 알을 낳을 수 있는 것은 아니고, 짝짓기를 해야 하는데 길다랗고 유연한 생식기로 바로 옆에 사는 따개비한테 정액을 넣는다. 암수한몸이라 수컷이나 암컷을 따로 찾을 필요는 없다. 알에서 나온 새끼는 처음에는 물에 떠다니다가 조금 더 자라면 제힘으로 조금씩 헤엄을 친다. 그러다가 바위처럼 마땅한 곳을 찾으면 자리를 잡고 살아간다.

고랑따개비는 민물이 흘러드는 곳에 더 많은데 우리나라 모든 바닷가에서 흔하게 볼 수 있다. 빨강따개비는 고랑따개비보다 좀 더 깊은 물에 산다. 검은큰따개비는 이름처럼 빛깔이 거무튀튀하고 크다. 밑동 지름이 삼 센티미터쯤으로 커서 다른 작은 따개비가 검은큰따개비에 붙어서 살기도 한다. 봉긋하니 원뿔처럼 생겼고 맨 위에는 분화구 같은 구멍이 나 있다. 물이 맑고 파도가 들이치는 갯바위에 무리를 짓고 붙어 산다. 짙은 잿빛 껍데기는 무척 두껍고 단단해서 파도가 몰아쳐도 잘 부서지지 않는다. 남해안에서는 흔하게 볼 수 있지만 서해에는 드물어서 뭍에서 멀리 떨어진 갯바위에서나 볼 수 있다. 검은큰따개비를 띠꾸지나 굴통이라고 하면서 먹기도 한다. 호미나 낫으로 윗부분을 쳐 내고 칼로 속살을 도려낸다. 국을 끓이면 담백하고 시원한 맛을 낸다. 살이 통통하게 여무는 여름에 많이 먹는다. 먹을 것이 모자라던 보릿고개에도 따개비를 따 먹었다.

1~3cm

다른 이름 꾸적, 쩍, 굴등
사는 곳 갯바위, 말뚝, 배 밑창
먹이 바닷물 속 영양분, 플랑크톤

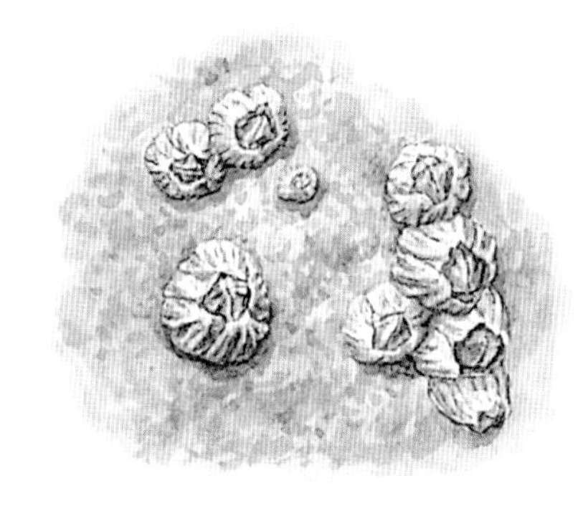

1

2

3

1 **고랑따개비** *Balanus albicostatus*
밑동 지름이 1~2cm쯤이다. 껍데기가 잿빛이고, 세로줄이 뚜렷하게 나 있다. 줄무늬에 보랏빛이 돌기도 한다. 서해나 남해에서 흔히 볼 수 있는 따개비이다.

2 **검은큰따개비** *Tetraclita japonica*
밑동 지름이 3cm쯤이다. 빛깔이 거무튀튀하고 따개비 가운데 큰 편이다. 분화구처럼 생겼다. 다른 작은 따개비가 여기에 붙어 살기도 한다.

3 **빨강따개비** *Megabalanus rosa*
밑동 지름이 1~2cm쯤이다. 껍데기가 붉다.

새우

Macrura

새우는 몸이 머리와 가슴과 배로 나뉜다. 머리와 가슴이 이어져 있어서 흔히 머리가슴이라고 한다. 머리가슴에는 수염이 두 쌍, 걷는 다리가 다섯 쌍 있고, 배에는 헤엄치는 다리가 다섯 쌍 있다. 배는 일곱 마디로 이루어져 있는데, 마음대로 구부릴 수 있다. 젓새우처럼 헤엄을 치고 다니는 새우 무리가 있고, 대하나 가재처럼 잘 걸어 다니는 무리가 있다.

대하는 서해에서 많이 난다. 새우 가운데 몸집이 커서 흔히 왕새우라고 한다. 색깔은 옅은 잿빛 바탕에 짙은 잿빛 점무늬가 있다. 몸이 옆으로 납작하고, 껍데기는 매끈하다. 수염 한 쌍이 몸길이보다 훨씬 길다. 암컷이 수컷보다 훨씬 크다. 대하는 낮에는 바위 아래나 모랫바닥에 숨어 있다가 밤에 나와서 어린 새우나 갯지렁이나 다른 작은 동물을 잡아먹는다. 4월에서 6월에 수심 오십 미터쯤 되는 얕은 바다로 올라와 밤에 알을 낳는다. 겨울에는 깊은 바다로 갔다가 봄이 되면 다시 얕은 바다로 돌아온다. 대하는 봄과 가을에 배를 타고 나가 그물로 잡는다. 그물이 바다 밑바닥에 닿아 흔들리면 대하가 무리 지어 튀면서 걸려든다. 대하는 살이 많고 맛이 담백해서 사람들이 즐겨 찾는다. 구워 먹거나 튀겨 먹는데 익히면 껍질이 붉게 변한다. 국에도 넣어 먹고, 게장처럼 간장에 절여서 먹기도 한다. 양식도 한다.

젓새우도 서해에서 많이 난다. 새우젓을 담그는 새우이다. 늦가을에 무리를 지어 먼바다로 나가서 겨울을 난 뒤 봄에 다시 얕은 바다로 돌아온다. 젓새우는 배를 타고 나가서 그물로 잡는다. 한겨울만 빼면 한해 내내 잡는데 봄과 가을에 많이 잡힌다. 봄에 잡힌 새우로 담근 젓은 봄젓이라고 하고 가을에 잡힌 새우로 담근 것은 추젓이라고 한다. 육젓은 음력 6월에 잡힌 새우로 담근 것인데, 담백하고 비린내가 별로 안 나서 새우젓 가운데 으뜸으로 꼽는다. 곤쟁이는 새우는 아니지만 새우와 닮아서 이것으로도 젓갈을 담근다. 민물 새우로 담근 것은 토하젓이다. 가을에 갓 잡은 젓새우는 갈아서 김장을 할 때 넣기도 한다.

꽃새우는 회로 먹기도 하는데, 말려서 볶거나 조림을 해서 반찬으로 많이 먹는다. 보리새우는 말리면 색이 희고 머리에 밤색 빛이 돈다.

4~18cm

9~11월

다른 이름 새비, 새오, 새우지, 생우

사는 곳 가까운 바다, 기르기도 한다.

먹이 물속 작은 동물, 물고기

1 대하 *Penaeus chinensis*
새우 가운데 몸집이 크다. 색깔은 옅은 잿빛 바탕에 짙은 잿빛 점무늬가 있다. 수염 1쌍이 몸길이보다 훨씬 길다. 암컷이 훨씬 크다. 암컷 몸길이가 16~18cm쯤이고, 수컷은 12~13cm이다.

2 젓새우 *Acetes japonicus*
새우젓을 담그는 새우로 몸길이는 4cm쯤이다. 몸은 연한 분홍색이거나 하얗다. 암컷이 수컷에 비해 크고, 눈이 자루에 달려 있어서 길게 튀어나와 있다.

3 마루자주새우 *Crangon hakodatei*
모랫바닥에 잘 숨어 지내는데, 둘레와 비슷하게 몸 빛깔을 바꾼다. 더듬이가 아주 길고, 몸에 잔털이 나 있다.

가재

Cambaroides similis

가재는 맑은 골짜기나 시냇물 속에서 산다. 게나 새우처럼 몸이 딱딱한 껍데기에 싸여 있다. 갯가재나 쏙과 비슷하게 생겼다. 예전에는 마을 앞을 흐르는 개울이나 논도랑에서도 찬물이 흐르는 곳을 찾아서 구멍을 파거나 돌틈에 들어가 살았다. 하지만 물이 조금만 더러워져도 견디지 못해서 요즘은 아주 드물어졌다. 아직도 가재가 살고 있는 물이라면 사람이 마셔도 좋을 만큼 깨끗하다. 예전에는 가재를 잡아서 삶거나 구워서 먹었다. 돌틈에 많이 숨어 있어서 돌을 들춰 가며 가재를 잡는다. 흔히 도랑 치고 가재 잡는다는 말은 한 가지 일로 두 가지를 한꺼번에 해냈다는 뜻으로 쓰인다. 그러나 본디는 가재를 잡으려면 물이 맑아야 하는데, 도랑 친다고 물을 흐려 놨으니 다음 일도 어렵다는 뜻으로, 일의 순서가 바뀌어서 고생만 하고 일은 되지 않는 것을 이르는 말이다. 가재는 날것으로는 먹기 어렵고 구워 먹는다. 익으면 새우처럼 껍데기가 빨갛게 되고 맛이 아주 좋다. 덜 익혀 먹으면 기생충이 옮을 수 있다.

머리에는 더듬이가 두 쌍 있는데 큰 더듬이 한 쌍으로 몸의 균형을 잡고, 작은 더듬이로는 먹이를 찾는다. 가슴에는 다리가 다섯 쌍 붙어 있다. 크고 억센 두 집게다리로는 먹이를 잡고, 옮겨 다닐 때는 집게다리를 쳐들고 짧고 가는 여덟 개의 다리로 걷는다. 작은 다리 네 쌍 가운데 두 쌍은 끝이 갈라져 있어서 작은 집게처럼 보인다. 위험할 때는 몸을 뒤로 튕겨서 재빠르게 도망간다. 보통 낮에는 돌 밑에 가만히 숨어 있다가 밤이 되면 움직인다. 새끼 때는 물풀을 먹고, 자라면 작은 벌레나 물고기나 옆새우 따위를 먹는다. 겨울이 되면 땅속으로 파고들어 가 겨울잠을 잔다. 민물에 사는 징거미새우는 새우이지만 가재와 비슷하게 생겼는데, 두 번째 다리에 큰 집게발이 있다.

가재는 5월에서 6월 사이에 알을 낳는다. 암컷이 알을 예순 개쯤 낳아서 배에 붙이면 수컷이 와서 수정을 한다. 알에서 깨어 난 새끼는 얼마쯤 클 때까지 어미 배에 붙어 지낸다. 새끼는 여러 차례 허물을 벗으면서 어른으로 자란다.

5~6cm

다른 이름 까재, 석해

사는 곳 산골짜기, 맑은 시내

먹이 벌레, 물고기, 옆새우

몸길이는 5~6cm쯤이다. 다리가 5쌍 있다.
집게다리는 아주 크고 억세게 생겼다. 두 번째와
세 번째 집게다리에도 작은 집게가 있다.
등은 매끈하고, 다리에는 잔털이 있다.

갑각류
십각목
쏙과

쏙

Upogebia major

쏙은 서해와 남해 갯벌에서 산다. 얼핏 보면 갯가재를 닮았다. 갯가재보다 몸집이 작고 몸통이 동그랗다. 모래가 섞인 진흙 바닥에 삼십에서 백 센티미터 남짓 구멍을 깊이 파고 산다. 갯벌에 구멍을 두 개 뚫어 놓는데, 물이 빠지면 구멍 속에 들어가 있다가 물이 들어오면 나와서 물속을 돌아다니며 먹이를 잡아먹는다.

쏙 구멍은 여럿이 모여 있을 때가 많다. 갯벌에서 그냥 보면 구멍이 작지만 호미나 삽으로 뻘을 오에서 십 센티미터쯤 걷어 내면 훨씬 크고 동그란 구멍이 수십 개씩 한데 모여 있다. 이 구멍에 나무 막대기를 넣어 힘껏 쑤시면 그 힘 때문에 맞은편 구멍으로 물이 나오면서 쏙이 나온다. 반대로 구멍에 막대기를 넣었다가 한순간에 힘껏 잡아 빼도 쏙이 딸려 나온다. 흔히 설게라고 하는데 뻥 하고 튀어나온다고 뻥설게라고도 한다. 자기가 파 놓은 구멍에 다른 놈이 들어오는 것을 무척 싫어하는데 이런 버릇을 이용해서 잡기도 한다. 쏙을 한 마리 잡아서 허리에 실을 묶거나 손으로 쥐고 다른 구멍에 밀어 넣으면 속에 있는 쏙이 이것을 구멍 밖으로 밀어내려고 나온다. 그때 잡는다. 쏙 대신 붓 따위를 쓰기도 한다.

방조제를 쌓아서 개흙 쌓이는 곳이 바뀌면 그것을 따라 쏙이 갑자기 늘어나기도 한다. 바지락과 먹는 것이 비슷해서, 쏙이 많아지면 바지락이 줄어든다. 바지락을 키워서 잡는 사람들은 그래서 쏙을 골칫거리로 여긴다. 쏙은 봄에 나는 것이 여물고 맛이 좋다. 국을 끓여 먹거나 구워서도 먹는다. 게장 담그듯이 장을 담가 먹기도 한다.

쏙붙이는 서해와 남해 모래 갯벌에서 산다. 젖은 갯바닥에 삼십에서 오십 센티미터 깊이로 구멍을 파고 들어가서 산다. 쏙과 비슷한데 몸집이 훨씬 작다. 두 집게발 크기가 달라서 한쪽 집게발이 아주 크고 허옇다. 꼬리는 부채를 펼친 것 같고 튼튼해 보인다. 껍데기가 물렁물렁하고 속이 비쳐 보인다.

쏙붙이는 낮에는 구멍 밖으로 안 나온다. 또 물이 빠지면 구멍 속으로 들어가서 여간해서 보기가 어렵다. 바닷물이 들어오면 구멍 밖으로 나와서 먹이를 찾으러 돌아다닌다. 낚시 미끼로 쓰기도 한다.

7cm
2~4월

다른 이름 설게, 뻥설게, 쏙새비, 설기
사는 곳 서해·남해 갯벌
먹이 바닷물 속 영양분, 플랑크톤

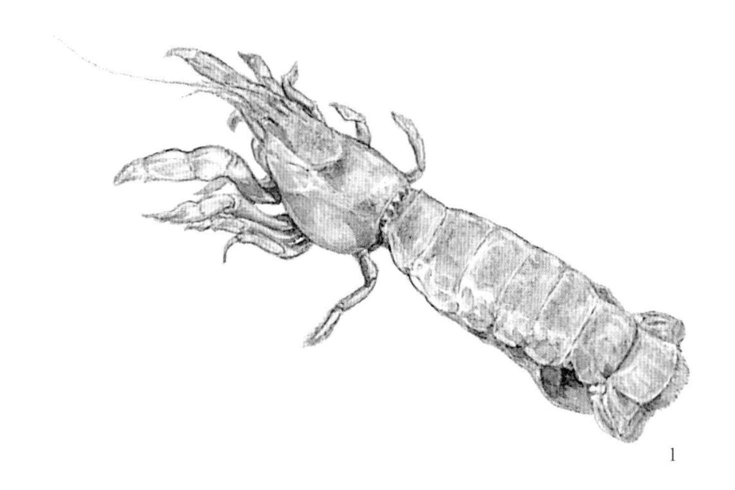

1

2

1 **쏙**

몸길이는 7cm쯤이다. 갯가재와 비슷하게 생겼다. 몸에는 작은 털이 촘촘히 나 있다. 남해에서 사는 것이 더 클 때가 많다. 암컷의 배다리는 5쌍이지만, 수컷은 4쌍이다.

2 **쏙붙이** *Callianassa japonica*

쏙과 비슷한데 몸집이 작다. 몸길이는 4cm쯤이다. 두 집게발 크기가 다르다. 꼬리는 부채를 펼친 것 같다. 껍데기가 물렁물렁한 편이다.

꽃게

Portunus trituberculatus

꽃게는 서해와 남해 얕은 바닷속에서 산다. 갯벌에서는 보기 어렵다. 기어 다니기보다 헤엄치는 것을 좋아한다. 맨 뒤쪽 다리 한 쌍이 노처럼 납작하고 넓어서 헤엄치기 좋다. 집게발 한 쌍이 무척 크고 억세다. 건드리면 집게발을 쳐들고 벌떡 일어난다고 뻘떡게라고도 한다. 성질이 사나워서 만질 때 물리지 않게 조심해야 한다.

낮에는 바다 밑 모랫바닥 속에 가만히 있을 때가 많다. 밤에 먹이를 잡으러 헤엄쳐 나온다. 갯지렁이나 조개나 새우 따위를 닥치는 대로 잡아먹는다. 초여름부터 가을까지 열댓 번 허물을 벗으면서 자란다. 막 허물을 벗은 꽃게는 살이 별로 없다. 여름에 알을 낳고, 늦가을에 물이 차가워지면 서해 남쪽으로 내려가서 모래 속으로 들어가 겨울잠을 잔다.

꽃게는 봄과 가을에 배를 타고 나가서 그물이나 통발로 잡는다. 밀물 때 통발을 던져 두었다가 썰물에 끌어 올린다. 밀물에 맞춰서 헤엄쳐 들어왔다가 썰물에 나가는 습성이 있는데, 예전에는 이것을 이용해서 갯벌에 독살을 지어 잡기도 했다. 바다 밑바닥에 그물을 길게 쳐 놓고 잡을 때는 사흘에서 보름 간격으로 그물을 본다. 꽃게를 너무 많이 잡아서 숫자가 줄지 않도록 7월과 8월에는 잡지 못하게 금어기로 정해 놓았는데, 서해안 남쪽으로는 알 낳는 시기가 일러서 6월에 이미 알 밴 암컷이 잡힌다. 꽃게는 맛이 좋아서 아주 많이 먹는다. 사람들이 봄에는 알을 배고 있는 암컷을 더 많이 찾고, 늦가을이 되면 살이 단단한 데다가 겨울을 나려고 기름기가 오른 수컷을 더 찾는다. 쪄 먹거나 국을 끓여 먹고 게장도 담가 먹는다.

민꽃게는 꽃게보다 작다. 얕은 바다에 사는데, 썰물 때 돌 밑이나 바위틈에서도 쉽게 볼 수 있다. 성질이 사납기로는 꽃게보다 더해서 만질 때 무척 조심해야 한다. 서해안 남쪽에서는 민꽃게를 뻘떡게라고 한다. 독기, 박하지, 방카지라고도 하는데, 꽃게만큼 맛이 좋지만 꽃게보다는 값이 싸다. 게장을 많이 담가 먹는다.

우리나라 바다에서 나는 게 가운데, 기어 다니기 보다 헤엄을 많이 치고 사는 게로는 꽃게 말고도 동해에 많이 사는 털게나 대게 따위가 있다. 모두 맛이 좋아서 귀하게 여긴다.

17~22cm

5~6월, 10~11월

다른 이름 꽃기, 기, 뻘떡게, 놀낑이

사는 곳 서해, 남해 바닷속

먹이 갯지렁이, 조개, 새우, 게, 물고기

알 낳는 때 6~7월

1 **꽃게**

등딱지 가로 길이는 17~22cm쯤이다. 다리가 10개이고, 집게다리 모서리에는 크고 억센 가시가 있다. 맨 끝 다리 1쌍은 넓적하게 노처럼 생겨서 헤엄을 치기 알맞다.

2 **민꽃게** *Charybdis japonica*

꽃게와 비슷한데 꽃게보다 작다. 등딱지는 딱딱하고 매끈하며 윤이 난다. 밤색 바탕에 얼룩덜룩한 무늬가 있다. 이마에 뭉툭한 가시 같은 혹이 6개쯤 있는데, 가운데 2개가 조금 튀어나와 있다.

갑각류
십각목
달랑게과

농게

Uca arcuata

농게는 뭍이 가까운 뻘 갯벌에 구멍을 파고 산다. 나문재처럼 소금기가 많은 땅에서 사는 염생 식물이 자라는 곳에서도 볼 수 있다. 농게는 물이 빠지면 구멍 밖으로 나와서 갯고랑 언저리 같은 곳에 무리 지어 있는다. 등딱지가 검푸르고 윤이 난다. 수컷의 한쪽 집게발이 붉어서 붉은농발게라고도 한다. 갯가에서는 농게 수컷을 황발이라고 하는 곳이 많다. 집게발은 왼쪽이 클 때도 있고 오른쪽이 클 때도 있다. 집게발이 워낙 크고 빨개서 멀리서도 눈에 잘 띈다. 뻘밭 구멍마다 농게가 줄줄이 다 나와서 서 있는 것을 보면 꽃밭인가 싶을 만큼 빛깔이 곱다. 그래서 농게를 보고 꽃게라고 하는 마을도 있다. 큰 집게발을 쳐들고 먼 산을 바라보는 것처럼 있기도 한다. 암컷은 두 집게발이 다 작다.

농게는 갯벌에 굴뚝처럼 생긴 집을 짓는다. 사람이 다가간다 싶으면 멀리서도 알고 집으로 잽싸게 들어간다. 도요 같은 새가 긴 부리로 구멍 속으로 들어간 농게를 잡아먹기도 한다. 한여름에는 몸을 말리려고 구멍 밖으로 나와 볕을 쬐기도 하는데 소금기가 말라 붙어서 등딱지가 허옇게 보인다. 물이 들어오면 집게발로 뻘을 떠서 구멍을 막는다. 날이 추워지면 구멍 안으로 깊이 들어가 겨울을 난다. 농게가 사는 갯벌은 아주 무른 곳보다 조금 물기가 있으면서도 단단한 곳이 많다. 썰물 때 농게를 잡으러 나가면 뻘은 더 단단해진다. 농게 구멍에 손을 넣기도 힘들고 빼기도 힘들다. 그런 뻘에서 엎드려 기어 다니면서 농게를 잡는다. 농게는 게장을 담가 먹는다. 갯마을에서는 양념을 넣고 껍데기째 갈아서 밥에 비벼 먹기도 한다.

흰발농게는 모래가 많이 섞인 뻘 갯벌에 구멍을 파고 산다. 수컷 한쪽 집게발이 희다고 이런 이름이 붙었다. 짝짓기 철에 수컷은 농게와 마찬가지로 큰 집게다리를 들고 앞뒤로 흔들어 댄다. 암컷 눈에 띄려고 그러는 것이다. 암컷은 양쪽 집게다리가 작고 크기도 같다. 등딱지에는 잿빛 바탕에 검푸른 무늬가 있다.

흰발농게는 농게보다 작다. 농게와 이웃해서 살기도 하는데, 같이 살지는 않고 흰발농게는 흰발농게끼리 농게는 농게끼리 영역을 나누어서 산다. 물이 빠지면 모두 구멍 밖으로 나와 부지런히 뻘을 먹는다. 위험을 느끼면 눈 깜짝할 사이에 구멍 속으로 들어간다.

3cm쯤

다른 이름 농발게, 붉은농발게, 황발이, 꽃기

사는 곳 서해·남해 뭍 가까운 뻘 갯벌

먹이 뻘 속 영양분

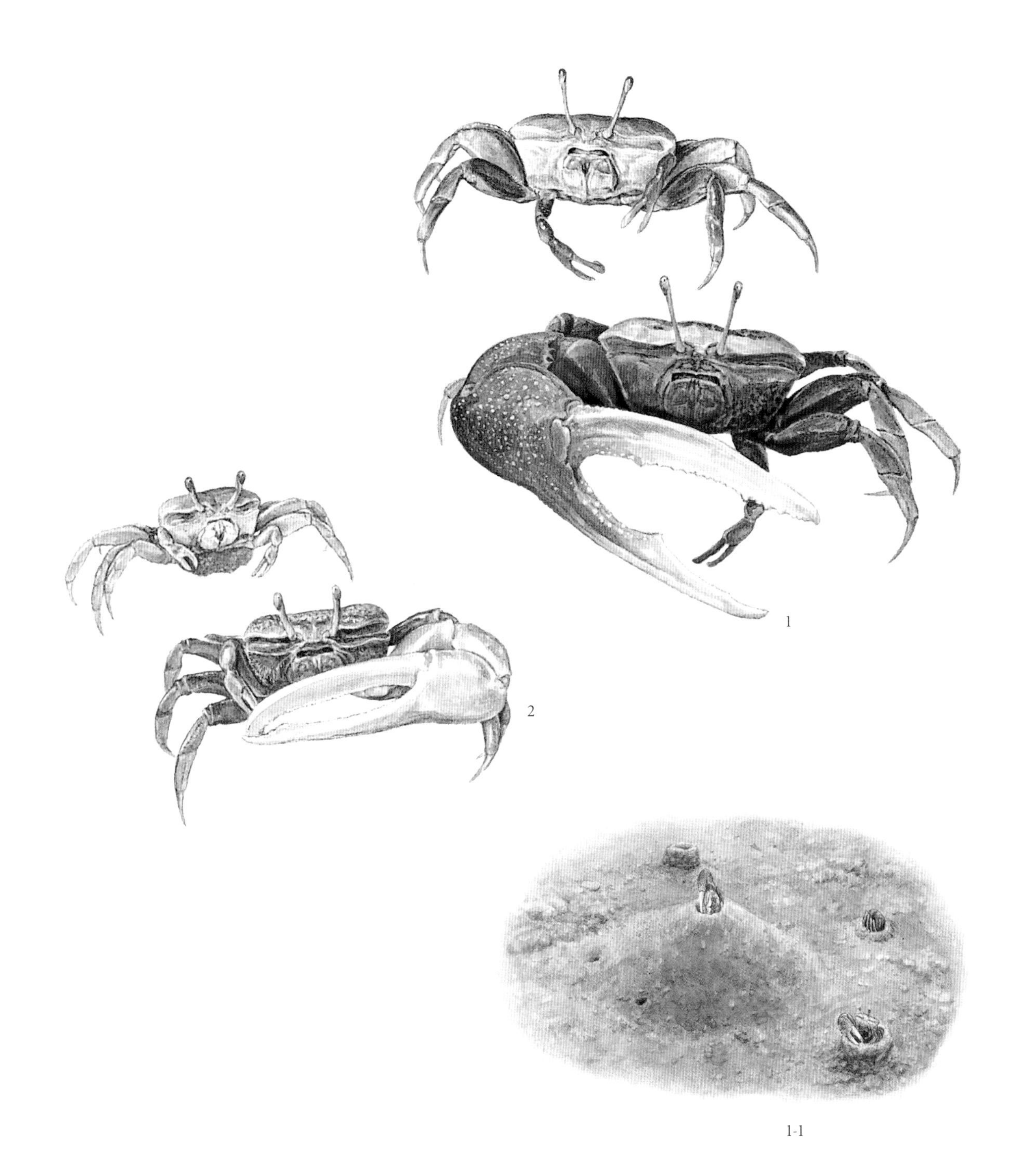

1 농게
등딱지 폭은 3cm쯤이다. 수컷의 집게발은 왼쪽이 클 때도 있고 오른쪽이 클 때도 있다. 집게발이 워낙 크고 빨갛다. 암컷은 두 집게발이 다 작다.

1-1 농게 구멍

2 흰발농게 *Uca lactea lactea*
농게보다 작다. 등딱지 폭은 2cm쯤이다. 수컷 한쪽 집게발이 희고 아주 크다. 암컷은 양쪽 집게다리가 작고 크기도 같다. 등딱지는 잿빛 바탕에 검푸른 무늬가 있다.

달랑게

Ocypode stimpsoni

달랑게는 뭍이 가까운 깨끗한 모래밭에서 산다. 구멍을 오십 센티미터쯤으로 깊이 파고들어 간다. 등딱지는 네모꼴이고 눈이 크고 눈자루가 길다. 집게다리는 왼쪽이나 오른쪽 가운데 어느 한쪽이 크다. 마른 모래밭에서는 바람에 가랑잎이 날려 가듯 무척 빨리 달린다. 밤낮으로 나와서 다니지만 낮에는 구멍 속에 있을 때가 많다. 밤에 많이 돌아다녀서 유령게라고도 한다.

달랑게는 크기가 작고 빛깔이 모래와 비슷해서 눈에 잘 띄지 않는다. 엽낭게와 비슷하게 생겼는데 달랑게가 몸집이 더 크다. 달랑게는 집게발이 한쪽은 크고 한쪽은 작다. 엽낭게는 양쪽 크기가 같다. 달랑게는 햇빛을 쬐면 거무스름해지기도 한다. 집을 고치느라 구멍 밖으로 모래를 어지럽게 흩뿌려 놓기도 한다. 이상한 낌새를 느끼면 구멍 속으로 얼른 들어가 눈자루만 밖으로 높이 세워 둘러보며 밖을 살핀다.

엽낭게도 달랑게와 사는 곳이 비슷한데, 조금 더 물이 많이 드나드는 곳에 자리를 잡는다. 파는 구멍은 더 얕다. 굴을 곧게 파고 산다. 등딱지는 앞쪽이 좁은 사다리꼴 모양인데, 커 봐야 일 센티미터이다. 엽낭게도 눈에 잘 안 띄기는 마찬가지이고, 둘 다 재빨리 뛰어다녀서 달랑게와 구별하기도 쉽지 않다. 물이 빠지면 갯벌에서 가장 먼저 움직이는 것이 엽낭게다. 굴을 고치기도 하고 구멍 밖으로 나와서 열심히 모래를 먹는다. 엽낭게는 조그만 기척에도 모두가 잽싸게 구멍으로 들어간다. 급할 때는 아무 구멍이나 가까운 곳을 찾아서 들어간다. 가만히 앉아 기다리면 다시 구멍 밖으로 머리를 내밀고 나온다. 그러다 다시 조그만 움직임이라도 느끼면 얼른 구멍 속으로 몸을 숨긴다.

물 빠진 바닷가 모래밭에는 달랑게와 엽낭게가 뱉어 놓은 모래 뭉치가 널려 있다. 둘 다 두 집게발을 바꿔 가며 모래를 떠서 입에 넣고는 먹이만 골라 먹고 나머지는 경단처럼 동그랗게 뭉쳐서 뱉어 낸다. 엽낭게가 뱉은 것은 동글동글하고 달랑게가 뱉은 것은 길쭉하다. 엽낭게는 집게발로 하나하나 모래 뭉치를 잘라 가며 놓고, 달랑게는 툭 떨어트리듯이 놓아서 그렇다.

칠게는 달랑게 무리에 들지만 좀 더 길쭉하게 생겼다. 물기가 촉촉한 뻘 갯벌에 구멍을 파고 산다. 갯벌에서 가장 흔한 게가 칠게이다. 게장을 담가 먹거나 튀겨 먹기도 한다. 주낙으로 낙지를 잡을 때 미끼로도 많이 쓴다.

1~2cm

다른 이름 유령게, 옹알기, 옹알이

사는 곳 바닷가 모래밭

먹이 모래 속 영양분

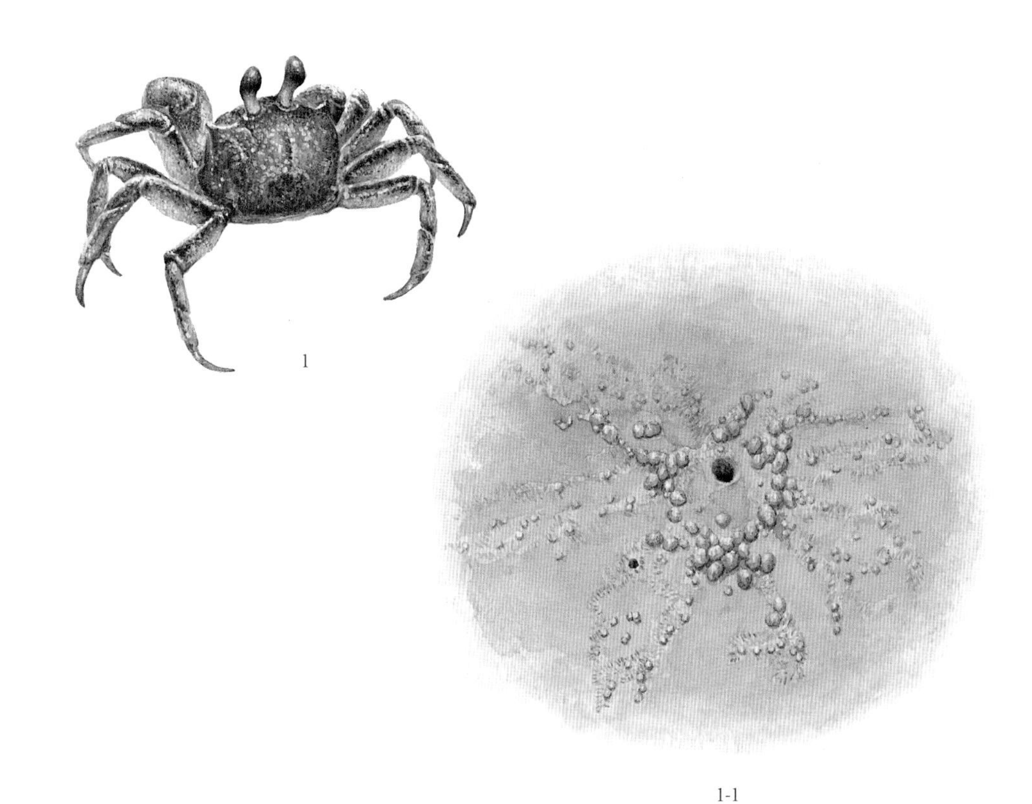

1 달랑게

등딱지 폭은 2cm가 조금 넘는다. 몸빛이 모래하고 같아서 눈에 잘 띄지 않는다. 등딱지가 네모꼴이고 눈이 크고 눈자루가 길다. 집게다리는 왼쪽이나 오른쪽 가운데 어느 한쪽이 크다.

1-1 달랑게 구멍

2-1 엽낭게가 뱉어 낸 모래 뭉치

2 엽낭게 *Scopimera globosa*

등딱지는 앞쪽이 좁은 사다리꼴 모양인데, 1cm를 넘기지 않는다. 빛깔이 모래와 비슷하고 크기도 작아서 눈에 잘 띄지 않는다.

불가사리

Stelleroidea

불가사리는 바다 밑바닥에 산다. 별처럼 생겼다. 성게와 함께 살갗에 가시가 나 있다고 극피동물로 나눈다. 불가사리라는 이름은 몸이 여러 조각으로 잘려도 죽지 않고 다시 살아난다고 붙은 이름이다. 불가사리는 보통 다리가 다섯 개인데 삼천발이처럼 다리가 셀 수 없이 많이 달린 것도 있다. 우리나라 바다에는 일흔 가지쯤 되는 불가사리가 산다고 알려져 있다. 발이 다섯 개라고 오바리라고도 하고, 별 같다고 별이라고도 한다.

불가사리 등 쪽에는 가시가 많다. 머리가 없기 때문에 어느 쪽으로든 옮겨 다닐 수 있다. 배 쪽에는 관족이라고 하는 빨판 다리가 있어서 바닥에 딱 달라붙을 수 있다. 불가사리 입은 배 가운데 있고, 똥구멍은 등 가운데 있다. 먹이로는 조개나 전복 같은 것을 잡아먹고 산다. 바닷말도 먹는다. 힘이 세서 살아 있는 조개껍데기를 열고 속을 파먹기도 한다.

별불가사리는 별처럼 생겼다고 이런 이름이 붙었다. 갯벌이나 바닷속에서 흔하게 볼 수 있다. 물웅덩이에서 꼼짝 않고 있기도 하고 파도가 찰랑이는 바위에도 많이 붙어 있다. 색은 파란색이나 붉은색이 많고 주홍빛 점이 흩어져 있다.

별불가사리는 팔이 짧고 움직임이 둔해서 살아 있는 먹잇감을 잘 못 잡는다. 그래서 죽은 물고기나 썩어 가는 조개 따위를 주로 먹는데, 먹을 것이 없으면 살아 있는 생물을 공격하기도 하고 저희끼리 서로 잡아먹기도 한다. 물이 따뜻해지는 여름에 식욕이 왕성해져서 많이 먹는다.

아무르 불가사리는 우리나라 바다에 널리 퍼져 살고 있고 가장 흔하게 볼 수 있는 불가사리다. 덩치가 큰 편인데다 움직임도 빨라서 먹잇감이 보이면 닥치는 대로 먹어 치운다. 아무르불가사리 떼가 한 번 지나가면 가까이에 있는 조개나 게, 고둥, 따개비 따위가 살아남는 것이 거의 없을 정도이다. 아무르불가사리 한 마리가 하루에 큰 조개를 스무 마리까지도 잡아먹는다고 한다. 그래서 조개나 미역을 기르는 사람들은 불가사리를 싫어한다. 불가사리는 썩으면서 고약한 냄새가 나지만 밭에 넣으면 좋은 거름이 된다.

5~10cm

다른 이름 오바리, 삼바리, 별, 물방석, 알땅구

사는 곳 바닷속이나 갯벌

먹이 죽은 물고기, 바닷말, 조개, 고둥

불가사리류는 몸이 별 모양 또는 오각형이다. 흔히 보이는 아무르불가사리나 별불가사리는 몸길이가 5~10cm쯤이다. 입이 있는 쪽이 배 쪽, 반대가 등 쪽이다. 배 쪽에는 많은 관족과 돌기가 달려 있다. 관족 끝에는 빨판이 있다.

1 **아무르불가사리** *Asterias amurensis*
2 **별불가사리** *Asterina pectinifera*
3 **검은띠불가사리** *Luidia quinaria*

성게

Echinoidea

성게는 겉보기에는 먹을 것처럼 보이지 않지만, 맛있게 먹는 갯것 가운데 하나다. 밤송이같이 생겼는데, 가시가 크고 날카롭고 단단하다. 가시는 길이가 긴 것과 짧은 것이 고르게 섞여 있다. 몸통 길이만큼 긴 가시도 있다. 가시 끝에 독이 있어서 찔리면 오랫동안 아프다. 가시 사이에 있는 관족은 가시보다 더 길게 늘어나는데, 몸이 뒤집히면 관족을 써서 재빨리 바로 세운다. 아래쪽 가운데에 입이 있다. 미역이나 다시마 같은 바닷말을 즐겨 먹는다. 바위에 붙어 있는 영양분을 긁어 먹기도 하고 먹을 것이 없으면 죽은 물고기도 먹는다. 낮에는 빛이 들지 않는 바위틈에 있다가 밤에 바닷말을 뜯어 먹으려고 기어 나온다.

보라성게는 바다 밑에서 촘촘하게 무리 지어 산다. 가장 흔한 성게로 어느 바다에서나 다 나지만 남해와 동해에서 더 많이 난다. 몸통이 단단하고 짙은 보랏빛이다. 보라성게에 칼집을 넣어 반으로 쪼개면 노란 알이 네 덩어리가 있다. 날로 많이 먹는다. 양식을 조금 하기도 하지만, 많이 나지 않고 먹을 수 있는 철도 길지 않아서 귀하게 여긴다. 제주도에서는 성게 알을 넣고 미역국을 끓여 먹는다. 밥을 지을 때 넣어서 성게밥을 하기도 한다. 알을 낳기 바로 전, 여름이 제철이다. 알을 낳으면 거의 먹을 것이 없다.

분지성게는 수심 오 미터쯤 되는 얕은 바닷속, 모래와 진흙이 섞여 있는 바닥에서 무리를 짓고 산다. 밝은 밤색이고, 온몸에 뾰족한 가시가 나 있어서 갯마을에서는 밤송이라고도 한다. 가시는 부러지면 다시 생긴다. 가시 사이사이에는 관족이 있다. 관족 끝이 빨판으로 되어 있어서 바위 같은 데도 잘 붙는다. 가시와 관족을 써서 이동한다. 몸통 아래쪽에 입이 있고 위쪽에 똥구멍이 있다.

분지성게는 밤에 나와서 갯바닥 영양분을 긁어 먹거나 바닷말을 갉아 먹는다. 동해나 남해에서는 잠수부가 바닷속에 들어가서 주워 오고, 서해에서는 썰물 때 갯벌에 나온 것을 줍는다.

성게 알은 부드럽고 향긋하다. 담백하고 고소한 맛이 좋아서 날로 먹거나 삶아 먹는다. 국을 끓여서도 먹는다. 늦은 겨울에서 이른 봄 사이에 알이 차고 맛이 좋다.

5cm쯤

다른 이름 밤송이, 섬게, 물밤, 알땅구, 퀴, 구살

사는 곳 얕은 바닷속, 갯바위

먹이 개흙, 바닷말

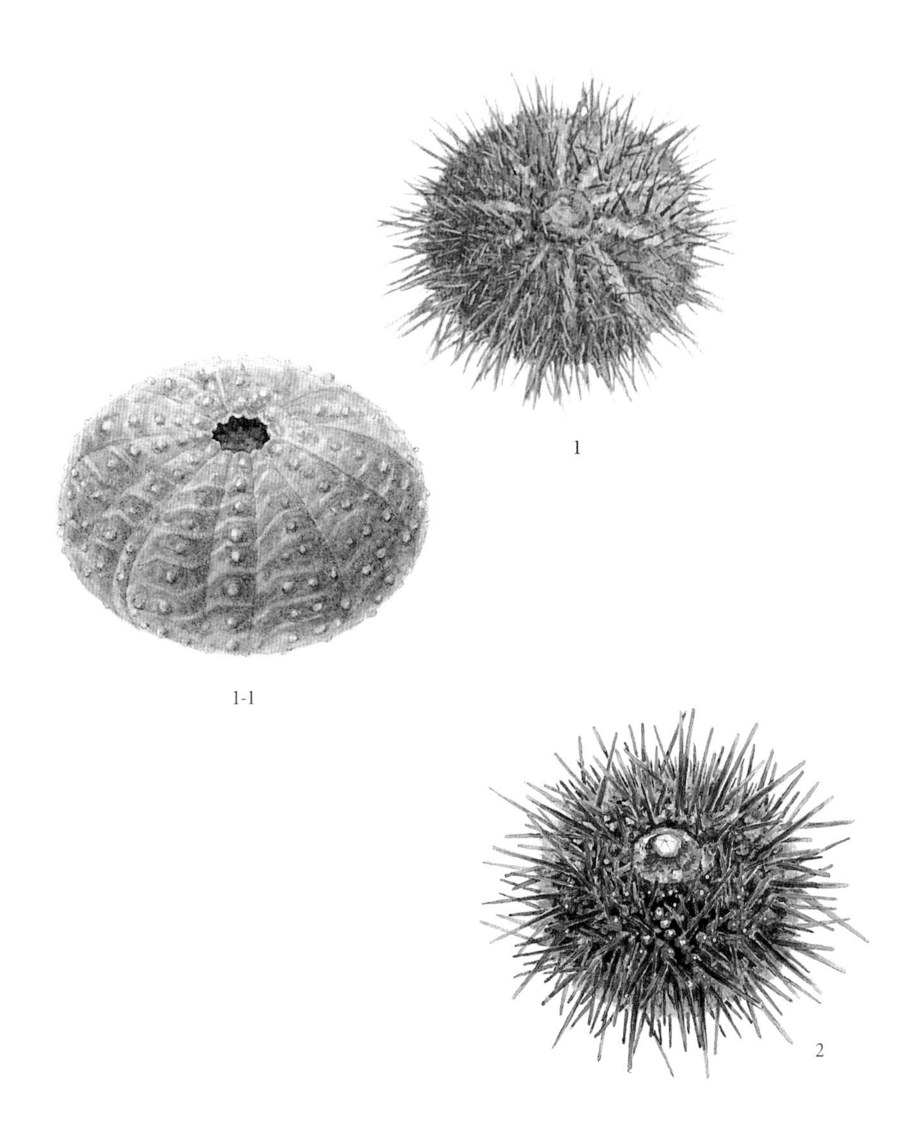

1 **분지성게** *Temnopleuridae*

몸통 지름은 5cm쯤이다. 밤송이처럼 생겼다.
가시는 길이가 긴 것과 짧은 것이 고르게 섞여 있다.
가시 사이사이에 관족이 있다. 관족 끝이 빨판으로
되어 있다.

1-1 가시가 떨어지고 남은 분지성게 몸통

2 **보라성게** *Anthocidaris crassispina*

가장 흔한 성게이다. 몸통 지름은 5cm쯤이다.
몸통이 단단하고 짙은 보랏빛이 돈다. 밤송이처럼
생겼는데, 가시가 크고 날카롭고 단단하다. 몸통
길이만큼 긴 가시도 있다. 가시 사이에 있는 관족은
잘 늘어난다.

멍게

Halocynthia roretzi

멍게는 수심 오 미터에서 이십 미터쯤 되는 바닷속 바위에서 무리를 짓고 산다. 물이 맑은 바다를 좋아해서 바다가 더러워지면 가장 먼저 사라진다. 지금도 스스로 자라는 것은 아주 드물고 우리가 먹는 것은 거의 모두 양식을 하는 것이다. 남해와 제주도와 동해에 사는데 우렁쉥이라고도 한다. 색깔은 붉고, 큼직한 혹이 볼록볼록 거칠게 솟아 있다. 몸 아래쪽에 있는 풀뿌리처럼 생긴 것으로 바위에 단단히 붙어서 산다. 껍질이 가죽처럼 두껍고 질기고 단단하다. 사람이 일부러 기른 것은 껍질이 얇고 부드러우며 혹도 작다. 속살은 물렁물렁하다.

멍게는 건드리면 물총처럼 물을 내뿜는다. 몸 위쪽에 젖꼭지같이 생긴 구멍이 두 개 있는데, 하나는 바닷물을 빨아들이는 입수공이고 다른 하나는 내보내는 출수공이다. 출수공이 입수공보다 크고, 낮게 솟아 있다. 물속에서 보는 멍게와 물 밖에서 보는 멍게는 생김새가 퍽 다르다. 물속에서는 입수공과 출수공을 활짝 열고 있지만, 물 밖으로 나오면 두 구멍을 꼭 닫은 채 몸을 단단하게 오그린다. 출수공은 걸러진 바닷물을 내뿜기도 하고, 새끼를 치려고 정자와 난자를 뿜어내기도 한다. 출수공으로 나온 정자와 난자는 물속에서 수정이 되어 떠다니다가 바위 같은 단단한 것에 달라붙어 자란다.

멍게는 봄에서 여름이 제철이다. 상큼하고 향긋한 맛이 나서 날로 많이 먹는다. 아주 특이한 냄새가 나서 처음에는 쉽게 먹기 어렵지만, 한번 맛을 들이면 자꾸 찾게 된다. 젓갈을 담가서도 먹는다. 바다에서 서너 해쯤 키워 낸 것이 맛이 좋다.

미더덕은 바닷속 바위에 거꾸로 붙어 산다. 남해에 많다. 몸통 아래쪽에 긴 자루가 달려 있는데 자루 끝을 바위에 꼭 붙이고 있다. 자루는 어릴 때는 짧다가 자라면서 길어진다. 껍질은 얇은데 가죽처럼 질기고 딱딱하다. 색깔은 누런 밤색이고 겉이 오톨도톨하다.

바다에서 나는 더덕같이 생겼다고 미더덕이라는 이름이 붙었다. 미더덕은 저절로 자라는 것은 껍질이 두껍고 단단해서 껍질을 벗기고 먹고, 양식을 하는 것은 껍질째 먹는다. 국에 넣어 먹거나 쪄 먹는다. 알이 차는 4월에서 5월이 가장 맛이 좋다. 제철에는 미더덕도 멍게처럼 회로 먹는다. 오도독 씹히는 맛이 좋고 독특한 향이 난다.

10cm 쯤
4~6월

다른 이름 우렁쉥이, 돌멍게, 참멍게
사는 곳 남해 · 제주도 · 동해 바닷속
먹이 플랑크톤
따는 때 봄에서 여름

1

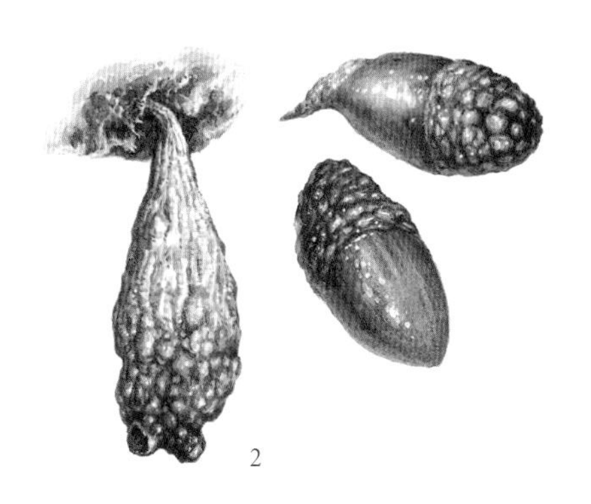

2

1 멍게

몸길이는 10cm쯤이다. 몸통에 큼직한 혹이 볼록볼록 거칠게 솟아 있다. 몸 아래쪽에 있는 풀뿌리처럼 생긴 것으로 바위에 단단히 붙어서 산다. 껍질은 가죽처럼 두껍고 질기고 단단하다.

2 미더덕 *Styela clava*

몸통 아래쪽에 긴 자루가 달려 있다. 자루까지 포함한 몸길이는 10cm쯤이다. 자루는 어릴 때는 짧다가 자라면서 길어진다. 껍질은 얇지만, 가죽처럼 질기고 딱딱하다. 색깔은 누런 밤색이고 겉이 오톨도톨하다.

찾아보기

학명 찾아보기

참고한 책

《세밀화로 그린 보리 어린이 동물 흔적 도감》 보리, 2006

《세밀화로 그린 보리 어린이 새 도감》 보리, 2012

《세밀화로 그린 보리 어린이 양서 파충류 도감》 보리, 2007

《세밀화로 그린 보리 어린이 민물고기 도감》 보리, 2007

《세밀화로 그린 보리 어린이 바닷물고기 도감》 보리, 2013

《세밀화로 그린 보리 어린이 곤충 도감》 보리, 2008

《세밀화로 그린 보리 어린이 갯벌 도감》 보리, 2007

이 책은 위에 적은 일곱 책을 바탕으로 엮었으며, 여기에 표시된 참고 문헌은 따로 적지 않았다.

《곤충 크게 보고 색다르게 찾자!》 김태우, 필통, 2010

《그 강에는 물고기가 산다》 김익수, 다른세상, 2012

《논 생태계 수서갑각류 및 패류 도감》 농촌진흥청, 국립농업과학원, 2012

《논 생태계 어류 양서류 파충류 도감》 농촌진흥청, 국립농업과학원, 2011

《농정회요》 최한기, 농촌진흥청, 2007

《물속 생물 도감》 권순직, 자연과 생태, 2013

《새는 고향이다》 박진관, 노벨미디어, 2011

《새의 노래 새의 눈물》 박진영, 필통, 2010

《야생 동물 흔적 도감》 최태영, 최현명, 돌베개, 2007

《우리 생선 이야기》 김소미 외, 효일, 2007

《우리가 정말 알아야 할 우리 곤충 백가지》 김진일, 현암사, 2006

《웅진 세밀화 동물 도감》 심조원, 김시영 외, 호박꽃, 2012

《작물을 사랑한 곤충》 한영식, 들녘, 2011

《조복성 곤충기》 조복성, 뜨인돌, 2011

《조선반도의 농법과 농민》 다카하시 노보루, 농촌진흥청, 2008

《한국 곤충기》 김정환, 진선, 2008

《한국의 맹금류》 채희영 외, 국립공원관리공단, 2009

《한국의 양서파충류》 김종범 외, 월드사이언스, 2010

〈월간 자연과 생태〉

〈월간 낚시 춘추〉

〈월간 전라도닷컴〉

저자 · 감수자

젖먹이동물

그림 | 강성주
전남 고흥에서 태어나 홍익대학교 동양화과에서 공부했다. 그린 책으로 《세밀화로 그린 동물 흔적 도감》《산짐승》이 있다.

그림 | 임병국(젖먹이동물, 새, 무척추동물)
1971년 경기 강화에서 태어났다. 홍익대학교에서 회화과를 졸업하고 '제1회 보리 세밀화 공모전'에서 대상을 수상하고 지금껏 세밀화를 그리고 있다. 그린 책으로 《산짐승》《호랑이》〈아기아기 우리 아기〉가 있다.

그림 | 문병두
전남 광주에서 태어나 중앙대학교에서 조각을 공부했다. 그린 책으로 《야, 발자국이다》《겨울잠 자니?》《세밀화로 그린 동물 흔적 도감》《산짐승》《동물들은 일 년을 어떻게 보낼까요》《겁쟁이 너구리와 깔끔이 오소리》가 있다.

그림 | 김경선
1969년 서울에서 태어나 이화여자대학교에서 미술을 공부했다. 그린 책으로 《놓기구》가 있다.

글 | 박인주(朴仁珠)
중국 헤이룽장 성에서 태어나 중국 둥베이 임업대학에서 야생 동물 생태학을 공부했다. 서울대학교와 경희대학교에서 초빙 교수를 지냈으며, 중국 헤이룽장 성 야생동물연구소 수석 연구원이다. 지은 책으로 《세밀화로 그린 동물 흔적 도감》가 있고, 《산짐승》을 감수했으며, 《아무르산양의 생태와 행동》을 우리말로 옮겼다.

감수 | 한상훈
경희대학교 생물학과를 졸업하고 도쿄농업대학을 거쳐 홋카이도대학에서 동물학을 전공했다. 현재 환경부 국립생물자원관에서 동물자원과장으로 포유류, 양서파충류에 대한 연구를 하며, 국제자연보존연맹 종보존위원회 등에서 활발하게 활동하고 있다. 지은 책으로는 《한반도의 자연 환경과 야생동물》《백두고원의 야생동물》《한국의 포유동물》 들이 있으며, 동물과 자연을 다루는 여러 책을 옮기고 감수했다.

새

그림 | 천지현
1984년에 서울에서 태어났다. '제1회 보리 세밀화 공모전'에서 상을 받은 뒤로 지금껏 새 그림을 그리고 있다. 그린 책으로 《세밀화로 그린 보리 어린이 새 도감》〈아기아기 우리 아기〉가 있다.

그림 | 이우만
1973년 인천에서 태어나 《바보 이반의 산 이야기》에 그림을 그린 후로 우리 자연과 생명체를 그리는 일을 계속 해 오고 있다. 그린 책으로 《세밀화로 그린 보리 어린이 새 도감》《내가 좋아하는 동물원》《창릉천에서 물총새를 만났어요》《내가 좋아하는 야생동물》《웅진 세밀화 동물도감》이 있다.

글 | 김현태
1968년 충남 온양에서 태어났다. 대학에서 생물 교육을 전공하고, 서산에 살면서 고등학교에서 생물을 가르치고 있다. 습지와 새들의 친구, 서산태안환경운동연합, 한국조류학회 같은 모임에서 활동하면서 새를 연구하고 있으며, 지은 책으로 《세밀화로 그린 보리 어린이 새 도감》《내가 좋아하는 시냇가》가 있다.

파충류와 양서류

그림 | 이주용
1967년 서울에서 태어났다. 경원대학교에서 서양화를 공부하고, 2002년부터 동식물 생태를 주제로 세밀화를 그렸다. 그린 책으로 《개구리와 뱀》《세밀화로 그린 보리 어린이 양서 파충류 도감》《갯벌 식물 도감》《수생식물 도감》《세밀화로 그린 보리 어린이 버섯 도감》이 있다.

글 | 심재한
강릉대학교를 졸업하고, 인하대학교 대학원에서 박사 학위를 받았다. 환경부 자연생태계조사 연구원과 한국 양서파충류 생태연구소 소장을 지냈다. 지은 책으로 《세밀화로 그린 보리 어린이 양서 파충류 도감》《생명을 노래하는 개구리》《꿈꾸는 푸른 생명 거북과 뱀》 들이 있다.

글 | 김종범
인하대학교 생물학과를 졸업하고 인하대학교에서 박사 학위를 받았다. 한국 양서파충류연구소 소장으로 있으면서 양서류와 파충류를 꾸준히 연구하고 있다. 지은 책으로 《우리 개구리》《한국의 양서 파충류》《세밀화로 그린 보리 어린이 양서 파충류 도감》 들이 있다.

글 | 민미숙
인하대학교 생물학과에서 공부하고 미국 캘리포니아에 있는 산타 크루즈 주립대학교에서 연구원 생활을 했다. 서울대학교 수의과대학 한국야생동물유전자원은행의 책임 연구원으로 일하고 있으며, 한남대학교 자연과학부 겸임 교수이다. 지은 책으로 《개구리》《한국의 양서류》 《세밀화로 그린 보리 어린이 양서 파충류 도감》 들이 있다.

글 | 오홍식
제주대학교 사범대학 과학교육과 교수이다. 현재 한국국가적색목록위원회 위원과 한국양서파충류학회장, 한국조류학회장을 맡고 있다.

글, 감수 | 박병상
인하대학교 대학원 생물학과에서 박사학위를 받았으며, 환경운동가로 일하고 있다. 근본생태주의 견지에서 도시 문제, 생태계 문제를 고민하고 대안을 찾고자 하고 있으며, 현재 인천도시생태환경연구소 소장을 맡고 있다. 지은 책으로 《굴뚝새 한 마리가 GNP에 미치는 영향》《파우스트의 선택》《내일을 거세하는 생명공학》《생태학자 박병상의 우리 동물 이야기》《참여로 여는 생태공동체》《녹색의 상상력》《이것은 사라질 생명의 목록이 아니다》 들이 있다.

민물고기

그림 | 박소정
춘천에서 태어나 성신여자대학교에서 서양화를 전공했다. 그린 책으로 《민물고기》《세밀화로 그린 보리 어린이 민물고기 도감》 《내가 좋아하는 바다 생물》《웅진 세밀화 동물도감》《상우네 텃밭 가꾸기》 들이 있다.

글, 감수 | 김익수
서울대학교 사범대학 생물학과와 중앙대학교 대학원, 미국 노던 일리노이 대학에서 공부했다. 전북대학교 교수로 학생들을 가르쳤으며, 현재 명예교수이다. 한국동물분류학회장, 한국어류학회 편집위원장을 맡고 있다. 지은 책으로 《한국 동식물도감 동물편(담수어류)》《원색 한국 담수어류 도감》《원색 한국어류 도감》《한국의 민물고기》《춤추는 물고기》《그 강에는 물고기가 산다》 들이 있다.

글 | 조성장
보령 민물생태관 대표를 맡고 있다.

바닷물고기

그림 | 조광현
1959년 대구에서 태어나 홍익대학교에서 서양화를 공부했다. 그린 책으로 《세밀화로 그린 보리 어린이 갯벌 도감》《갯벌, 무슨 일이 일어나고 있을까?》《야생동물 구조대》《우포늪의 생태》《세밀화로 그린 보리 어린이 바닷물고기 도감》《세밀화로 그린 우리 바닷물고기》 들이 있다.

글 | 명정구
1955년 부산에서 태어나 부산수산대학교에서 바닷물고기를 공부했다. 지금은 한국해양과학기술원에서 우리 바다와 바닷물고기를 연구하고 한국형 바다목장, 생물종 다양성, 독도 및 전략 무인도서 생태 연구 사업을 이끌고 있다. 지은 책으로 《해양생물의 세계》《한국 해산어류도감》《우리바다 어류도감》《푸른아이 연어》《연어가 자랐어》《바다목장 이야기》《독도지리지》《울릉도, 독도에서 만난 우리 바다 생물》《세밀화로 그린 우리 바닷물고기》 들이 있다.

곤충

그림 | 권혁도
1955년 경상북도 예천에서 태어나 추계예술대학에서 동양화를 공부했다. 1995년부터 지금까지 우리 자연에서 살아가는 동식물을 세밀화로 그리고 있다. 쓰고 그린 책으로 《세밀화로 보는 곤충의 생활》《세밀화로 보는 호랑나비 한살이》《세밀화로 보는 꽃과 나비》《세밀화로 보는 나비 애벌레》《세밀화로 보는 사마귀 한살이》가 있으며, 그린 책으로 《세밀화로 그린 곤충 도감》《누구야 누구》《세밀화로 그린 보리 어린이 동물도감》《세밀화로 그린 보리 어린이 식물도감》이 있다.

글 | 김진일
1942년 서울에서 태어나 고려대학교 생물학과와 프랑스 몽펠리에2 대학에서 곤충을 공부했다. 성신여자대학교 교수를 지냈다. 지은 책으로 《한국곤충명집》《한국곤충생태도감·딱정벌레목》《쉽게 찾는 우리 곤충》《우리가 정말 알아야 할 우리 곤충 백가지》 들이 있다.

글 | 신유항
북한의 원산농업대학(김일성대학)을 졸업하고, 6·25 전쟁 이후 남한으로 왔다. 경희대학교와 일본 구주대학에서 공부했다. 경희대학교에서 오랫동안 곤충을 가르쳤다. 지은 책으로 《일반 곤충학》《한국 동·식물도감》《한국 나비 도감》《한국 곤충 도감》《한국 나방 도감》《호랑나비》《반딧불이는 별 아래 난다》《한눈으로 보는 한국의 곤충》《한반도의 나비》《세밀화로 그린 곤충 도감》 들이 있다.

글 | 김성수
1957년 서울에서 태어나 경희대학교 생물학과를 졸업했다. 경희여자고등학교에서 생물 교사로 23년 근무했고, 현재 한국나비학회 회장을 맡고 있다. 지은 책으로 《한국의 나비》《맑고 고운 우리 나비》《세계곤충도감》《한국 나비 생태도감》《 필드가이드 잠자리》《선생님들이 직접 만든 이야기곤충도감》《우리가 정말 알아야 할 우리 나비 백가지》 들이 있다.

글 | 최득수 농림수산검역검사본부에서 일하고 있다.

글 | 이건휘 농촌진흥청 연구정책국에서 일하고 있다.

글 | 차진열 국립공원연구소 책임연구원으로 일하고 있다.

글 | 변봉규 국립수목원 산림생물분류연구실 연구사로 일하고 있다.

글 | 장용준 생명다양성문화연구소에서 일하고 있다.

글 | 신이현 국립보건연구원 질병매개곤충과 보건연구관으로 일하고 있다.

글 | 이만영 농촌진흥청 농업연구관으로 일하고 있다.

글 | 전동준 한국환경정책평가연구원 연구위원으로 일하고 있다.

글 | 황정훈 국립식물검역원에서 일하고 있다.

글, 감수 | 김태우
성신여자대학교 생물학 박사 과정을 마치고 환경부 국립생물자원관에서 일하고 있다. 지은 책으로 《알고 보면 더 재미있는 곤충 이야기》《놀라운 벌레 세상》《재미있는 곤충 이야기》《떠나자 신기한 곤충의 세계로》《세밀화로 그린 곤충 도감》《곤충, 크게 보고 색다르게 찾자!》 들이 있다.

무척추동물

그림 | 이원우

1964년 인천에서 태어나, 추계예술대학교에서 서양화를 공부했다. 그린 책으로 《고기잡이》《갯벌에 뭐가 사나 볼래요》《뻘 속에 숨었어요》《갯벌에서 만나요》《세밀화로 그린 보리 어린이 갯벌 도감》《세밀화로 그린 보리 어린이 약초 도감》 들이 있다.

그림 | 백남호

경기도 가평에서 나고 자랐다. 그린 책으로 《야, 미역 좀 봐!》《소금이 온다》《둠벙마을 되지빠귀 아이들》《꼬마물떼새는 용감해》《백로 마을이 사라졌어》《홀로 남은 호랑지빠귀》《영차영차 그물을 올려라》《일하는 우리 엄마 아빠 이야기》《세밀화로 그린 보리 어린이 갯벌 도감》들이 있다.

감수 | 고철환

서울대학교와 영국 킬대학교에서 해양생물학을 공부했다. 서울대학교 명예교수이며, 지은 책으로 《한국의 갯벌》《해양생물학》이 있다.